Eugen Reichl

SPACE 2026

Das aktuelle Raumfahrt-Jahrbuch mit allen Starts

Web: www.space-jahrbuch.de / E-Mail: redaktion@space-jahrbuch.de

1. Auflage, November 2025

Initiator:	Verein zur Förderung der Raumfahrt e. V., www.vfr.de
Herausgeber:	Thomas Krieger
Lektorat:	Heimo Gnilka, Margit Drexler, Thomas Krieger, Michael Erle, Stefan Schiessl
Titelmotiv:	NASA
Layout & Satz:	Stefan Schiessl, www.exploredesign.de
Druck:	Rainer Gottschalk, www.flyer-store.de
ISBN:	978-3-944819-26-6

INHALT

EDITORIAL

LIEBE LESERIN, LIEBER LESER,

wenn ich das Raumfahrtjahr 2025 mit einem einzigen Begriff charakterisieren sollte, dann fällt mir dazu nur das Wort „tumultös" ein. Es war ein Auf und Ab mit allem, was das Genre zu bieten hat. Aufstiege und Abstürze, Explosionen und Erfolge, Trauriges und Heiteres.

Insgesamt ging es mit der Raumfahrt, vor allem mit ihrem kommerziellen Teil, mächtig voran. Zu erkennen war das an den weiterhin enorm steigenden Startzahlen. Ich habe bereits in der vorherigen Ausgabe unseres Jahrbuches von einer goldenen Phase der Raumfahrt gesprochen. Diese Aussage gilt weiterhin und mehr denn je.

Einen der „Aufstiege und Abstürze" haben wir in zwei Kurzbeiträgen im Raumfahrt-Panorama thematisiert: Die Ernennung von Jared Isaacman durch Donald Trump zum NASA-Administrator, und wenige Monate darauf die Rücknahme dieser Ernennung, gerade als sie eben vom Senat bestätigt worden war. Nicht ohne Ironie ist der Umstand, dass eben jetzt (ich schreibe dieses Editorial am 24. Oktober 2025) Isaacman nun erneut als Kandidat für diese Position gehandelt wird.

Ein bisschen hat das wohl mit Elon Musk zu tun, der Anfang des Jahres noch „Everybody's darling" im Weißen Haus war, danach (vor allem wegen zu kritischer Äußerungen zu Trumps Finanzpolitik und einem heftigen Streit mit dem Präsidenten darüber) in Ungnade fiel, doch nun – gegen Jahresende – wieder zu einem etwas normalisierten Verhältnis zu Trump zurückgefunden hat. Es geht auch nicht anders, die beiden brauchen einander.

Zum Thema Explosionen und Erfolge gäbe es ebenfalls einiges zu berichten (die Alpha von Firefly ist hier ein Kandidat). Aber bleiben wir doch gleich bei SpaceX und Elon Musk, denn die Starship-Entwicklung hatte beides zu bieten. Vier Explosionen in Folge folgten zwei erfolgreiche Tests. Man kann schon gespannt sein, was das Jahr 2026 bringen wird. Eins ist sicher: Die ersten Flüge der neuen Jahres von der Starbase aus werden von der brandneuen zweiten Startanlage erfolgen. Die Rampe 1, von der aus bislang alle elf der so genannten „Integrated Flight Tests" erfolgten, wird abgebaut und danach vollständig neu wiedererrichtet.

Zum Thema „Traurig": Es leben nicht mehr viele der Mondflieger aus dem Apollo-Programm und es wäre schön, wenn zumindest einer noch die nächste bemannte Landung nach Apollo 17 erleben würde. Jim Lovell hat es leider nicht geschafft, obwohl er 97 Jahre alt geworden ist. Er war einer von nur drei Menschen, die zweimal zum Mond geflogen sind.

Eher erheiternd ist ein Vorfall (wenngleich nicht für den Hersteller Space One) der sich beim Erstflug der KAIROS-Rakete zutrug. Dort wurde die perfekt funktionierende Rakete fünf Sekunden nach dem Liftoff vom automatischen Flugabbruchsystem gesprengt, weil die Grenzwerte dafür zu konservativ eingestellt gewesen waren. Zu viel Vorsicht schadet manchmal auch.

Raumfahrt spielt sich auch im Jahr 2025 vor allem in den USA und in China ab. Europa läuft weiterhin weit abgeschlagen hinterher, noch hinter Russland, noch hinter Indien und Japan. Doch inzwischen gibt es schon den einen oder anderen Silberstreifen am Horizont. Das europäische „Missionskonto" durfte nach einem All-time-low im Jahre 2024 mit nur drei Orbitalstarts wieder leicht steigen, und ist heuer (es sind noch zehn Wochen zum Jahresende, als diese Zeilen entstehen) auf sieben angewachsen. Darunter auch der bereits in einer sehr frühen Flugphase gescheiterte Erstflug der Spectrum-Rakete von Isar Aerospace.

Sieben, das liest sich nicht schlecht, aber man muss es ins Verhältnis setzen zu den insgesamt etwa 310 Starts, die wir bis Jahresende weltweit erwarten können. Mehr als 160 davon werden alleine aus den USA kommen, mehr als 80 aus China.

Aber es gab natürlich auch viele positive Highlights in der weltweiten Raumfahrt. Meine drei Favoriten unter den Top-Ereignissen 2025 sind:

- Die Starship-Testmissionen IFT-10 und IFT-11. Nach einer Durststrecke zwischen Januar und August, bei der vier Starships in Folge explodierten (eines davon auf dem Teststand) kam SpaceX bei der Starship-Entwicklung erst Ende August wieder auf den Erfolgspfad zurück.
- Der erfolgreiche Jungfernflug des New Glenn, der drittgrößten aktiven Trägerrakete der Welt. Er erfolgte im Januar.
- Und die Landung des Blue Ghost von Firefly Aerospace auf dem Mond. Es war dies die erste erfolgreiche private Mondlandung.

Mein „Aufsteiger des Jahres" ist in diesem Jahr Stoke Space. Wir haben dem Unternehmen deswegen auch gleich einen Artikel gewidmet. Die Nova, so der Name der Rakete, welche das Unternehmen grade entwickelt, ist voll wiederverwendbar und soll den Raumtransport in der unteren Mittelklasse mit Nutzlasten bis drei Tonnen revolutionieren.

Der „Sonderklasse-Award" kann erneut an niemanden anderen als SpaceX gehen. Als Stichworte seien hier nur drei Begriffe genannt: Starlink, Starship, Startrate. Auch wenn nicht immer alles klappt, wie beim Starship-Technologieprogramm, der Vorsprung von SpaceX gegenüber der Konkurrenz ist immens.

Noch einen „Daueraufsteiger" haben wir, nämlich die hierzulande wenig beachtete chinesische Raumfahrt. Sie brachte unbeirrbar und stetig ihr bemanntes Mondprogramm weiter voran. In Wenchang entstehen gerade gewaltige Infrastrukturanlagen, statische Brennläufe der Langer Marsch 10-Mondrakete sind in diesem Jahr erfolgt, ein so genannter Launch Pad-Abort-Test mit dem Mengzhou-Raumschiff verlief erfolgreich ebenso wie die Landeversuche des bemannten Lanyue-Mondlanders. Das selbst gesetzte Ziel, bis 2030 Menschen auf den Mond zu bringen, scheint aus aktueller Sicht gut erreichbar.

Nun zu unserem traditionellen „Sneak Preview" in die diesjährige Ausgabe.

Den Leitartikel haben wir unserem letztjährigen Aufsteiger des Jahres, nämlich Rocket Lab, gewidmet. Dieses Unternehmen hört nicht auf, zu beeindrucken. Deshalb finden wir, dass ***Rocket Lab auf der Überholspur*** ist.

Auch unserem diesjährigen Aufsteiger des Jahres, Stoke Space, widmen wir einen Artikel. Er trägt den Titel ***Vollständig wiederverwendbar – Stoke Space***. Er zeigt die Richtung, in der es bei diesem ungemein innovativen Unternehmen geht.

Indiens Raumfahrtprogramm ist im Westen weitgehend ein unbeschriebenes Blatt. Das Land steht an der Schwelle zu bemannten Einsätzen. Wir wollen mit ***Einer kleinen Geschichte der indischen Raumfahrt*** aufrollen, wie es dazu kam und wie es in Zukunft mit der indischen Raumfahrt weitergeht.

Das Starship-Technologieprogramm hatte 2026 eine recht gemischte Bilanz. Wir berichten darüber in unserem Artikel ***Das Ende des Starship***?

Anfang 2026 werden wir erstmals wieder seit mehr als 53 Jahren eine bemannte Mondmission erleben. Keine Landung, aber immerhin eine Umfliegung des Erdtrabanten. Der Artikel ***Artemis II – Vom Start bis zur Landung*** beschäftigt sich mit dem Ablauf dieser Mission und zeigt, was wir von ihr erwarten können.

Hätten Sie gedacht, dass es im Libanon jemals so etwas Ähnliches wie ein Raumfahrtprogramm gab? Unsere Gast-Autorin Janine Napirka liefert mit ***Das libanesische Raumfahrtprogramm*** den Beweis.

Eine außerordentlich mysteriöse Geschichte um den Raumfahrpionier Willy Ley bringt uns Dr. Wolfgang Both näher. Es handelt sich um ***Willy Leys letzte Reise***.

Wie schon in den vergangenen Jahren beleuchten wir auch in SPACE 2026 Jahr die Situation auf dem europäischen Trägermarkt. Titel: ***Die europäischen Träger – Ein Statusbericht***.

Und wie ebenfalls schon im letzten Jahr haben wir an allfällige Weihnachts-, Geburtstags- und sonstige Geschenke, und natürlich auch an das persönliche Lesevergnügen gedacht, und fünf unserer Ansicht nach gute aktuelle Raumfahrtbücher im Artikel ***Die besten Raumfahrtbücher*** besprochen, um Ihnen die Beschaffungsentscheidung zu erleichtern.

Ein weiterer Gastartikel kommt von Sirwan Aminy, der den bekannten Raumfahrt-Kanal „Mars Chroniken" auf YouTube betreibt. In seinem Beitrag geht es um ***Gigantische Spiegel im All***.

Heimo Gnilka berichtet über die vom VFR e.V. organisierte Raumfahrtausstellung ***Fit wie Apollo – Zeitreise ins Jahr 1966***.

Und über ***Dystopien und Utopien*** sprechen wir mit dem bekannten Historiker,

Soziologen, Unternehmer, Buchautor und Filmproduzenten Rainer Zitelmann.

Unser diesjähriger Science Fiction Wettbewerb befasste sich mit dem Thema ***Lichtsegelschiffe – Segeln im Sonnenwind***. Ein Thema, das in der Science Fiction immer wieder gerne aufgegriffen wird. Wie stets finden Sie in der aktuellen Ausgabe von SPACE die drei ersten Preisträger. Ich kann nur sagen: es sind dramatische und spannende Stories. Jede von ihnen ist ein Lesegenuss.

Im VFR-Science Fiction Wettbewerb des letzten Jahres ging es um das Thema „Space Art – Kunst im Weltraum". Der zweite Platz wurde damals wegen Punktgleichheit zweimal vergeben. Versehentlich haben wir aber nur eine der Geschichten gedruckt. Wir sind es dem letztjährigen Zweitplatzierten und Ihnen als Leser des SPACE-Jahrbuches schuldig, diesen Beitrag ebenfalls zu veröffentlichen, was wir in dieser Ausgabe gerne tun. Sie kommen somit zu einer spannenden Zusatzstory.

Die ultrakurzen Science Fiction Mikro-Stories haben seit einigen Jahren ihren festen Platz im Jahrbuch gefunden. Diese Geschichten sind in ihrem Umfang auf maximal 500 Zeichen inklusive der Leerzeichen beschränkt. Die Anzahl der Zusendungen ist immer wieder erstaunlich. In dieser Ausgabe stellen wir die nach unserem Dafürhalten zehn bemerkenswertesten Beiträge vor.

Auf unsere Rubrik ***Raumfahrt-Panorama September 2024 – August 2025*** sind wir anfangs schon kurz im Zusammenhang mit Jared Isaacman eingegangen. Auch in diesem Jahr gibt es wieder 24 Kurzartikel zu wichtigen und interessanten Ereignissen des Berichtsjahres, die wir nicht in unseren Fachartikeln abdecken konnten.

Neben den Artikeln und den Kurzgeschichten widmen wir einen wesentlichen Teil des Buches wie immer einer ausführlichen Dokumentation aller Raumfahrtstarts in der SPACE-typischen Berichtsperiode, die für den aktuellen Band vom September 2024 bis August 2025 reicht. Wir haben damit in den bislang erschienen 22 Bänden jede einzelne Mission, die seit 2003 in den Orbit oder darüber hinausging, im Detail dokumentiert. Aufgrund der steil wachsenden Anzahl an Starts mussten wir das Format dafür vor zwei Jahren umstellen, weil sonst das Jahrbuch aus allen Nähten platzen würde. Sie finden seither in unserer Raumfahrt-Jahreschronik einen kleinen „Anlauftext" von jeweils etwa 500 Zeichen Länge, ausgestattet mit einem Bild und einem QR-Code. Der leitet Sie dann zur detaillierten, längeren Beschreibung des jeweiligen Starts zu einer externen Datei weiter.

Für die Zahlenfreaks und die Daten-Fans unter unseren Lesern haben wir wie jedes Jahr einen großen Block zur Raumfahrtstatistik des Berichtsjahres erarbeitet, und ganz hinten im Buch finden Sie wie immer ein Glossar und eine

Raumfahrtgeschichte in Jahrestagen.

Am Schluss dieses Editorials ist wie jedes Jahr der Platz, denen zu danken, die wesentlich zum Entstehen dieser Ausgabe beigetragen haben. Das ist vor allem unser Grafiker und Ideengeber Stefan Schiessl, der dafür sorgt, dass jedes Jahr ein hochwertiges Buch entsteht. Unterstützend tätig war in diesem Jahr wieder Lothar Karl, der umsichtige Organisator des VFR-Science Fiction Kurzgeschichten- und Ultrakurzgeschichten-Wettbewerbs. Ein weiterer herzlicher Dank geht nach Berlin an unsere Lektorin Margit Drexler und nach Weilheim und Dachau, wo Heimo Gnilka und Michael Erle ebenfalls darüber wachen, dass das Buch so fehlerfrei wie möglich bei Ihnen auf dem Tisch liegt.

Wie immer noch einige Zeilen zu unserem Kontaktangebot. Sie können uns per E-Mail unter redaktion@space-jahrbuch.de erreichen. Auf unserem SPACE-Portal www.space-jahrbuch.de finden Sie alle Infos zu unserem Jahrbuch und seinem Entstehen sowie jede Menge weiteren Raumfahrt-Content. Diese Seite ist auch der Ort, an dem Sie die Bände vergangener Jahre nachbestellen können, die im Buchhandel möglicherweise schon vergriffen sind.

Am besten abonnieren Sie unseren Newsletter der Sie mit allen Updates versorgt auf www.space-jahrbuch.de/newsletter

Sie sind viel auf Social Media Plattformen unterwegs? Unser Facebook-Konto www.facebook.com/SPACE.Jahrbuch erfährt fast täglich Updates. Abonnieren Sie es und kommentieren Sie mit. Und auch über linkedin.com/company/space-jahrbuch dürfen Sie sich seit kurzem gern mit uns vernetzen und austauschen.

Wenn Sie Kritik für uns haben oder Lob, Tipps oder Meinungen, ein Problem oder eine Frage zu den Inhalten, wenn Sie sich schon mal die Ausgabe für das nächste Jahr reservieren wollen oder gerne der Tochter oder dem Sohn eines oder mehrere der Bücher schenken wollen, gerne auch signiert: nehmen Sie über eine der vielfältigen Möglichkeiten Kontakt mit uns auf. Wir freuen uns auf Ihr Feedback.

Und jetzt hinein ins Raumfahrtgeschehen. Wir wünschen Ihnen viel Freude bei der Lektüre von SPACE 2026. Bleiben Sie uns weiterhin treu und gewogen.

Im Namen des SPACE-Teams,

Ihr ***Eugen Reichl***

ROCKET LAB.

Ein Blick in die Rocket Lab Range Control am Raumfahrtzentrum Mahia während des Starts der „Symphony In The Stars"-Mission am 28. Juni 2025.

THEMEN IM FOKUS

Die Neutron gibt die zweite Stufe mit der Nutzlast frei. Künstlerische Darstellung.

ROCKET LAB AUF DER ÜBERHOLSPUR

Es gibt einiges, was an Peter Beck Aufsehen erregt. Rein äußerlich ist es sein etwas rundliches Gesicht mit dem ungebändigten Lockenkopf, sein markanter neuseeländischer Dialekt und seine unbedingte Hingabe an die Raumfahrt, mit der er stark an den sechs Jahre älteren Elon Musk erinnert. Auch sein ansteckender Humor und seine Gabe, komplett natürlich zu sein. Er ist wie der Nachbar von nebenan, oder der „Schrauber" im Blaumann, dem man im Baumarkt über den Weg läuft.

Peter Beck

Peter Beck ist ein klassischer Selfmade-Man. Ein Typus, wie man ihn zeitlich eher am Ende des 19. oder Anfang des 20. Jahrhunderts verorten würden. Er hat kein College absolviert und schon gar keine Universität. Von seiner Ausbildung her könnte man ihn als Maschinenbau-Techniker bezeichnen, ein Handwerker. Er absolvierte eine Lehre beim neuseeländischen Haushaltsgerätehersteller Fisher & Paykel. Und das war es dann auch schon so ziemlich mit einer formellen Ausbildung. Zwischen 2001 und 2006 war er als Techniker bei der Industrial Research Ltd (einem staatlichen Forschungsunternehmen in Neuseeland) tätig, wo er sich mit Smart Materials, Verbundwerkstoffen und Supraleitern beschäftigte. Den ganzen riesigen Rest hat er sich autodidaktisch angeeignet, was ihn zu einem der weltweit führenden Raketen- und Produktionsexperten gemacht hat. Trotz seiner fehlenden universitären Ausbildung wurde er 2019 zum Adjunct Professor (außerplanmäßiger Professor) der Universität von Auckland berufen. 2006 gründete er das Unternehmen Rocket Lab. Um den Betrieb am Laufen zu halten musste er zunächst Eigenmittel aufbringen, und das war vor allem das Geld seiner Frau, aber es gelang ihm mit seiner gewinnenden Art zusätzlich schon früh eine erstaunliche Anzahl von Investoren zu mobilisieren. Vor Peter Beck und seinem Unternehmen Rocket Lab gab es übrigens in Neuseeland keine Spur irgendwelcher auch nur im Ansatz astronautischer Tätigkeit.

Die Atea. Neuseelands erste Rakete die es auf über 100 Kilometer Höhe schaffte.

Rocket Lab entwickelte zunächst – quasi als Werbeträger – die Höhenforschungsrakete Atea-1, was in der Sprache der Maori ‚Weltraum' bedeutet. Die sechs Meter lange und 60 Kilogramm schwere Rakete absolvierte einen einzelnen erfolgreichen Start, der sie angeblich (Beck erzählt diese Geschichte immer etwas augenzwinkernd) auf eine Höhe von über 100 Kilometer brachte. Der Start erfolgte am 30. November 2009 vom Great Mercury Island aus. Die Investoren zeigten sich gebührend beeindruckt.

2010 begann Rocket Lab mit der Entwicklung der zweistufigen Mikro-Trägerrakete Electron, die Nutzlasten bis 225 Kilogramm in eine Erdumlaufbahn

Die Startanlagen 1A und 1B (rechts) auf dem kleinen privaten Weltraumbahnhof von Rocket Lab auf der neuseeländischen Halbinsel Mahia

ELECTRON

Die Electron ist eine zweistufige Kleinträgerrakete für Nutzlastgewichte von bis zu 320 Kilogramm in den niedrigen östlichen Erdorbit. Optional kann die Electron mit einer Kickstufe mit der Bezeichnung „Curie" ausgerüstet werden, um hochpräzise Bahneinschüsse und Zirkularisierungsmanöver bei elliptischen Bahnen durchzuführen oder – in der Variante als „Photon" – sogar lunare Transferbahnen oder heliozentrische Umlaufbahnen anzusteuern. In der Realität fliegt die Electron praktisch bei nahezu jedem Einsatz mit der Curie. Angetrieben wird die Rakete in der ersten Stufe von neun Rutherford-Triebwerken und in der zweiten Stufe von einem einzelnen Rutherford-Motor.

Eine Weltneuheit in der Raumfahrt sind die elektrisch betriebenen Treibstoffpumpen der Triebwerke. Sie erhalten ihre Energie über Lithium-Polymerbatterien.

Der Erstflug der Electron am 25. Mai 2017 scheiterte aufgrund eines Softwarefehlers in der Kommunikationsausrüstung einer Bodeneinheit, die fälschlicherweise das Zerstörungssignal an die Rakete sendete. Der zweite Testflug am 21. Januar 2018 gelang. Dabei wurden drei CubeSats in eine Erdumlaufbahn transportiert. Der erste kommerzielle Einsatz und gleichzeitig der dritte Flug fand am 11. November 2018 statt.

Zukünftig will Rocket Lab die erste Stufe der Electron wiederverwendbar machen. Aus diesem Grund liefen ab der neunten Produktionseinheit Versuche zur Rückführung der Stufe. Zunächst war angedacht, die erste Stufe durch einen Fallschirm auf eine geringe Sinkgeschwindigkeit zu bringen und dann durch einen Helikopter zu bergen. Dieses Verfahren zeigte sich aber nur bedingt praktikabel. In einer weiteren Versuchsreihe wurde zwar der fallschirmgestützte Abstieg beibehalten, aber die Landung erfolgte nun auf dem Wasser und die Rakete wurde von einem Bergungsschiff aufgenommen. Dafür muss sie aber korrosionssicher versiegelt sein. Rocket Lab erzielte mit diesem Verfahren bereits gute Resultate, doch zum Zeitpunkt, an dem diese Zeilen entstehen (Oktober 2025) ist das Programm temporär auf Eis gelegt, da andere Programme derzeit höher priorisiert werden.

Zu den in der Tabelle genannten 71 orbitalen Electron-Raketen kommen noch vier erfolgreich gestartete suborbitale militärische HASTE-Vehikel, die strukturell verstärkt, aber ansonsten weitgehend baugleich mit der Electron sind.

Zwei Electron werden am Startplatz in Mahia auf ihre Mission vorbereitet. Die Rakete rechts, mit dem „Bauchring" ist bergungsfähig, und damit potentiell wiederverwendbar.

Typ	**Electron**
Hersteller:	Rocket Lab
Länge über Fairing (Meter):	17
Durchmesser Basis (Meter):	1,2
Startmasse (Tonnen):	13
Nutzlast LEO/SSO (Kilogramm):	320/200
Startschub (Kilonewton):	224
1. Stufe	
Triebwerke:	9 x Rutherford
Bodenschub (Kilonewton):	9 x 19
Brenndauer (Sekunden):	160
Treibstoff/Oxidator:	Kerosin/Sauerstoff
2. Stufe	
Triebwerk:	1 x Rutherford
Vakuumschub(Kilonewton):	1 x 22
Brenndauer (Sekunden):	250
Treibstoff/Oxidator:	Kerosin/Sauerstoff
3. Stufe/Kickstufe	**Curie**
Triebwerk:	1 x Curie
Schub (Kilonewton):	0,12
Brenndauer (Sekunden):	66
Treibstoff:	Einkomponenten-Treibstoff
Erstflug:	25. Mai 17
Anzahl Starts bis 15.10.2025:	71
Davon erfolgreich:	67

bringen können sollte (inzwischen ist die Nutzlastkapazität auf 320 Kilogramm gestiegen). Als Startplatz dafür wurde die Halbinsel Mahia an der Ostküste der neuseeländischen Nordinsel ausgewählt.

Für eine gute finanzielle Ausstattung trug neben der schon bestehenden Investorengemeinde auch eine Absichtserklärung des amerikanischen Operationally Responsive Space Office bei. Das erklärte sich bereit, Starts bei ihm zu beauftragen, wenn er denn einen Kleinträger zur Einsatzreife bringen sollte. Diese Zusage eines potentiellen institutionellen Kunden brachte zusätzliche Finanziers ins Unternehmen. Rocket Lab betreibt zwar große Teile seiner Entwicklungs- und Fertigungstätigkeit, sowie bis auf weiteres auch noch die überwiegende Starttätigkeit in Neuseeland, ist aber aus vermarktungstechnischen Gründen seit 2013 in den USA registriert. Um weiteren finanziellen Spielraum zu gewinnen ist Rocket Lab außerdem seit 2021 ein börsennotiertes Unternehmen. Die neuseeländischen Aktivitäten sind heute in einer Tochtergesellschaft ausgelagert. Auch wenn sich Rocket Lab in der Industrie aus gutem Grund als US-Unternehmen präsentiert, und seinen Hauptsitz in Los Angeles hat, ist immer noch fast die Hälfte der derzeit etwa 2.000 Angestellten in Auckland und am Startzentrum in Mahia mit seinen beiden Startanlagen beschäftigt.

Mit der Electron betreibt Rocket Lab die weltweit am zweithäufigsten eingesetzten Orbitalrakete. Längst besteht das Betätigungsfeld des Unternehmens aber nicht mehr nur aus diesem einen Produkt. Die Firma bietet inzwischen ein breites Portfolio an Raumfahrtsystemen, Komponenten und Dienstleistungen an. Werfen wir einen Blick auf die wichtigsten der aktuellen Produkte. Da wären, alphabetisch geordnet, die…

- …Electron, die erfolgreichste Kleinträgerrakete der Welt. Die haben wir oben beschrieben.
- …HASTE. Diese Abkürzung steht für Hypersonic Accelerator Suborbital Test Electron. Das ist ein zweistufiger Booster auf Basis der Electron für die Flugerprobung militärischer Hyperschall-Gleitkörper. Bislang wurden damit vier erfolgreiche Missionen abgewickelt, allesamt von der Rocket Lab-Startanlage 2 auf Wallops Island in Virginia aus (in der Terminologie des Spaceport-Betreibers MARS auch Pad 0C genannt). Also in den USA.

Seit einigen Jahren wird die Electron im kalifornischen Long Beach produziert. Hier sieht man auch zwei HASTE-Raketen in der Fertigungslinie.

- …die völlig neuartige Neutron-Rakete mit ihren Archimedes-Triebwerken. Auch sie ist in diesem Artikel detailliert beschrieben.
- …Photon, ein kleines, modulares Satellitenbus-System, das als eigenständiges Raumfahrzeug oder als Nutzlast für interplanetare Missionen dient. Die Photon basiert auf der Curie-Kickstufe der Electron-Rakete und ist mit dem etwa 200 Newton Schub leistenden HyperCurie-Triebwerk für Bahnanpassungen ausgestattet. Die Photon wurde bislang erst einmal verwendet, und zwar bei der Capstone-Mondmission. Die Curie-Oberstufe dagegen, auf der die Photon basiert, wurde bereits in über 60 Missionen eingesetzt. Die Nutzlastkapazität beider Varianten beträgt etwa 170 Kilogramm. Die „Photon" stellt eine 28-Volt-Stromversorgung, S-Band-Kommunikation und ein Terabyte an Speicherplatz zur Verfügung.
- …die Systeme Pioneer, Lightning und Explorer. Bei ihnen handelt es sich um eine Familie konfigurierbarer Satellitenplattformen für Erdbeobachtung, Kommunikation und Konstellationsaufbau.
- …Solargeneratoren für die Stromversorgung von Satelliten und Plattformen. Bislang hat Rocket Lab für etwa 1.100 Satelliten die Solargeneratoren geliefert, unter anderem für die One Web-Satelliten, die Doves von Planet Labs und die Lemur-Satelliten von Spire Global. Aber auch US-Mars-Missionen wurden mit Solargeneratoren von Rocket Lab bestückt. Rocket Lab liefert Solargeneratoren (Solarpaneele, Solarzellen und Arrays) über seine Tochtergesellschaft SolAero Technologies, die es 2022 übernommen hat.
- … Satellitenkomponenten und Subsysteme, Trennsysteme, Avionik und Carbon-Composite-Strukturen, sowie Standardsoftware für Satellitensteuerung, Missionssimulation und Bodenstationen.

Rocket Lab plant zudem den Einstieg in den Bau von Satelliten für die Raketenabwehr und in Breitband-Netzwerke.

Werfen wir nun einen Blick auf eine der neuesten Errungenschaften des Unternehmens, den Startkomplex 3 (auch LC-3 oder Pad 0D genannt) am Mid-Atlantic

Eine Rocket Lab Electron wird an der Startanlage 1 in Mahia aufgerichtet.

Regional Spaceport (kurz: MARS) auf Wallops Island in Virginia. Der entstand für die exklusive Nutzung durch Rocket Labs neue Trägerrakete, die Neutron.

Die Einweihung der neuen Flutungsanlage verlief ziemlich feucht.

Die Neutron stellt einen entscheidenden Fortschritt bei der Umstellung der Firma als Anbieter für Starts von Kleinträgerraketen hin zu solchen für mittelschwere Nutzlasten dar. Für das Unternehmen ist diese Anlage ein wichtiger Zwischenschritt zum Ziel der vollständigen Wiederverwendbarkeit von Trägerraketen.

Der neue Komplex ist Rocket Labs insgesamt vierter Startplatz. Das sind übrigens genauso viele wie SpaceX betreibt (wobei man zugeben muss: Die Raketen von SpaceX und die dafür notwendigen Anlagen sind in einer komplett anderen Größenordnung). Die neue Rampe befindet sich direkt neben dem Startplatz für die Electron- und HASTE-Raketen des Unternehmens. LC-3 ist eine robuste Anlage, die für den Betrieb mit hoher Frequenz konzipiert ist und aus Beton und Stahl in den für Rocket Lab typischen Farben Rot, Schwarz und Grau gebaut wurde.

Die Startrampe besteht aus rund 700 Tonnen Stahl. Die umfangreichen Betonverstärkungen sind da noch nicht mit eingerechnet. Sie ist so konstruiert, dass sie der erheblich größeren Dimension und Schubkraft der Neutron im Vergleich zur Electron-Rakete standhält, die seit 2019 vom nahegelegenen Pad 0C startet. Anfangs wird die Integration der Rakete mithilfe von Kränen geschehen, um das Fahrzeug auf dem Pad aufzurichten. Das ist aber nur die erste Iteration.

Zukünftige Upgrades umfassen eine spezielle Infrastruktur für das He-

Blick auf die Startanlage 0D auf Wallops Island. Von hier aus startet die Neutron.

ben und Integrieren vor Ort, eine verdoppelte Lagerkapazität für Treibstoff und Oxidator (also flüssiges Methan und flüssigen Sauerstoff) sowie zusätzliche Systeme zur Unterstützung schnellerer Durchlaufzeiten – mit dem Ziel der Wiederverwendbarkeit und der schnellen Abfolge der Missionen.

Ein beeindruckendes Merkmal des neuen Pads ist das fortschrittliche Flutungssystem, das Flammen, Hitze und Schallenergie beim Start dämpfen soll. Während der Einweihungszeremonie aktivierte es Beck per Knopfdruck, und hatte dabei nicht die Windrichtung berücksichtigt, worauf die Teilnehmer des Festaktes vollständig durchnässt wurden.

Peter Becks persönliche Geschichte und die seines Unternehmens ist gespickt mit solch anekdotischen Ereignissen, die das Unternehmen sehr sympathisch erscheinen lassen. Besonders bekannt ist die „Hut-fress-Wette". Sie beruht darauf, dass Beck bei Entwicklungsbeginn der Electron mehrfach öffentlich kundgetan hatte, dass er eher seinen Hut essen würde (wörtlich: „I'll eat my hat"), als auf die Wiederverwendbarkeit von Raketenstufen zu setzen oder etwas dergleichen zu entwickeln. Zu teuer, zu kompliziert, zu unwirtschaftlich war seine damalige Devise. Rocket Lab werde so etwas nie tun.

Bald schon war die Entscheidung aber klar in Richtung „Wiederverwendung" gefallen. Sowohl bei der Electron, aber mehr noch bei der noch ganz am Anfang ihrer Entwicklung stehenden Neutron. Und so löste Beck im März 2021 seine Wette ein. In einem Promo-Video zur Neutron-Präsentation „aß" Beck demonstrativ zwei Hüte (es waren zwei Takes nötig, schauen Sie es sich hier https://www.youtube.com/watch?v=Rafa_WBFIyE an), was – vielfach kopiert – viral ging. Es war natürlich keine echte Mahlzeit, sondern ein witziges Schauspiel,

Noch ist es eine grafische Darstellung, aber schon 2026 soll ein solches Bild einer landenden Neutron Wirklichkeit werden.

welches die Strategiewende bei Rocket Lab markierte. Die tatsächliche Erprobung der Wiederverwendbarkeit der Electron-Erststufe begann im November 2020. Eine erste erfolgreiche Bergung erfolgte 2022.

Der Gouverneur von Virginia, Glenn Youngkin, und Peter Beck.

Diese witzige Inszenierung zeigt, dass Beck sich nicht scheut, Fehlentscheidungen nicht nur zuzugeben, sondern sie auch zum frühest möglichen Zeitpunkt zu korrigieren, selbst wenn diese Umkehr anfänglich teuer erscheint. Es spricht für das Unternehmen, daraus sogar noch einen humorvollen „Take“ zu kreieren.

Die Entscheidung, ein Bergungsschiff für die Neutron einzusetzen, war erneut einer von Becks Momenten, in denen es fällig gewesen wäre, seinen Hut zu essen. Zuvor hatte er mit allen Mitteln versucht, diese komplexe Bergungsmethode zu vermeiden. In einem Interview mit der Online-Plattform NASASpaceFlight (kurz: NSF) meinte er „Ich muss in aller Ehrlichkeit sagen, dass der Einsatz von Marine-Assets großer Mist ist. Wenn Du da mit einer Rakete drauf landest, dann schmelzen die Dir unter dem Hintern weg“. Aber es ließ sich nun mal nicht vermeiden. Ein Bergungsschiff erhöht die Nutzlasttragkraft der Rakete und verbessert damit ihre Wirtschaftlichkeit im Wiederverwendungsmodus erheblich, denn es spart den treibstoffintensiven Rückflug zum Startort.

Um diesem Umstand Rechnung zu tragen taufte Beck das Bergungsschiff (das im Übrigen kurz vor der Fertigstellung ist) auf den Namen „Return on Investment“. Die Abschlussarbeiten an dem Schiff laufen dieser Tage bei den Bollinger Shipyards in Louisiana. Zum Jahresanfang 2026 soll es ausgeliefert werden. Anders als die Bergungsschiffe von SpaceX, die keinen Eigenantrieb haben und geschleppt werden müssen, ist Becks Barke mit einer Leistung von etwa 1.500 PS recht stramm motorisiert.

Für den Erstflug der Neutron ist der Einsatz der „Return on Investment“ übrigens noch nicht vorgesehen. Auch ein Rückflug zur Startanlage wird nicht stattfinden. Vielmehr wird man das gesamte Flugprofil über dem offenen Meer erproben und die Rakete am Ende im Ozean versenken. Klappt Flug eins, dann wird man zunächst mit Bergungen durch das Schiff beginnen und schließlich auch – bei leichteren Nutzlasten – den Rückflug und die Landung am Startplatz anpeilen.

Die Neutron ist in erster Linie für den Aufbau und den Unterhalt von Satellitenkonstellationen konzipiert. Aber auch interplanetare Missionen, beispielsweise zur Venus oder zum Mars, peilt Peter Beck an. In der mittleren Zukunft sogar bemannte Flüge. Das würde für Beck einen seiner Träume wahr werden lassen.

Wenn der Zeitplan weiter hält, dann könnte es ganz zum Ende des Jah-

Noch sehen wir den Start zum Mars mit einer Neutron nur als Grafik.

res 2025 mit dem Erstflug noch klappen. Virginia-Gouverneur Glenn Youngkin meinte dazu während der Einweihungszeremonie der Startanlage 0D: „Womöglich noch vor Jahresende werden wir alle wieder zusammenkommen und gemeinsam den Start der ersten Neutron am Pad 0D verfolgen. Und wenn das an Weihnachten sein sollte, bringe ich die Geschenke mit."

Auch bezüglich der Flugfrequenzen der Neutron gibt es bei Rocket Lab schon eine Planung: Nach dem Testflug – also wenn möglich noch vor Ende des Jahres 2025 – soll es im kommenden Jahr drei Missionen geben, 2027 dann fünf, danach sieben Starts und schließlich bis zu zwölf Starts jährlich. Die geplanten drei Flüge des Jahres 2026 sind übrigens schon alle verkauft. Einer an die US-Luftwaffe und zwei an einen noch nicht öffentlich genannten Betreiber einer Satellitenkonstellation.

Rocket Lab ist innovativ und macht durch ständig neue Vorschläge in der Raumfahrtgemeinde von sich reden. Eines der neuesten Beispiele dafür ist der so genannte Mars Telecommunications Orbiter (kurz: MTO), zu dem Peter Beck kürzlich einen Programmvorschlag formuliert hat. Der Mars steht gegenwärtig im Fokus der Trump-Regierung. Wo bei anderen NASA-Raumfahrtprogrammen gestrichen wird, gibt es im Mond- und Marsbereich Aufwuchs. Der Vorschlag des Weißen Hauses (in Trumps so genannter „Big Beautiful Bill") sieht jedenfalls für den Aufbau einer MTO-Kommunikationsinfrastruktur auf dem Mars und in dessen Umlaufbahn ein Budget von 700 Millionen Dollar vor. Der Termin für den Start ist für 2028 vorgesehen. Diese Zeitspanne ist so kurz, dass man da keine „Fancy"-Neuentwicklungen starten kann, sondern schauen muss, was man im Lager im Regal hat. Die Antwort von Rocket Lab: Ein Derivat der Photon, ergänzt um Komponenten aus der Lightning-Plattformtechnologie. Beides quasi direkt aus dem Katalog von Rocket Lab.

Der Vorschlag besticht durch seine Einfachheit: Ein einzelner Satellit in einer aerosynchronen Umlaufbahn (so nennt man das für den Mars, was auf der Erde eine geosynchrone Bahn wäre), die auf die Rotation des Planeten abgestimmt ist und ihn über einem zentralen Punkt etwa 17.000 Kilometer über der Oberfläche fixiert. Dies steht im Gegensatz zu den bisher vorgeschlagenen komplexen Konstellationen mit mehreren Satelliten, von denen einer oder mehrere alle fünf Jahre ausgetauscht werden müssten. Ein logistischer Albtraum angesichts der bis zu 225 Millionen Kilometer langen Reise, von den Kosten ganz zu schweigen. Stattdessen bevorzugt Rocket Lab ein einzelnes hochorbitales Objekt mit einer Lebensdauer von bis zu 30 Jahren.

Ein weiterer Punkt, den Peter Beck mit seinem Vorschlag adressiert, ist der Flaschenhals namens DSN. Also das Deep Space Network der NASA. Es ist das Empfangs- und Sendenetzwerk für die Tiefraummissionen der US-Raumfahrtbehörde. Eine herkömmliche Hochfrequenz-Dauerverbindung mit dem Mars würde eine große Belastung für das DSN darstellen, das schon jetzt überlastet ist. Angesichts der vielen Tiefraum-Missionen, die es zu betreuen gilt, wird die Überzeichnung des DSN im Jahr 2030 schon jetzt absehbar eine Marke von 150 Prozent erreichen. Beck schlägt daher vor, die herkömmlichen Hochfrequenzverbindungen durch Laserkommunikation zu ersetzen. Ein optischer Laserlink würde für maximale Bandbreite sorgen und gleichzeitig das DSN entlasten.

Rocket Lab ist auf dem Mars kein Unbekannter. Durch einige Akquisitionen (vor allem durch die bereits erwähnte SolAero) verfügt das Unternehmen schon über Menge an Hardware auf dem Roten Planeten. Tatsächlich hat die Firma mehr Solarenergie auf dem Mars als jedes andere Unternehmen. Darüber hinaus sollen noch in diesem Jahr die beiden von Rocket Lab entwickelten und hergestellten ESCAPADE-Raumfahrzeuge auf den Weg zum Roten Planeten geschickt werden. Wenn alles gut geht, stellt Rocket Lab damit seine Kompetenz beim Bau langlebiger interplanetarer Hardware unter Beweis. Starten sollen die beiden jeweils etwa

Die beiden EscaPADE-Raumsonden von Rocket Lab warten auf ihren Start.

500 Kilogramm schweren Sonden übrigens mit dem New Glenn von Blue Origin gegen Ende 2025. Aber nur noch für dieses Mal soll die Rakete eines anderen Herstellers verwendet werden. Zukünftig werden Raumsonden in dieser Größenklasse ein „perfect match" für Rocket Labs Neutron sein.

Peter Beck hat den Trägermarkt und seine Möglichkeiten genau im Auge. Zu seinen (theoretisch möglichen) zukünftigen europäischen Konkurrenten äußerte er sich In einem Interview mit dem Raumfahrt-Fachmagazin Space News am 10. April 2025. Dabei bekräftigte er sein Vertrauen in die langfristige Wirtschaftlichkeit spezialisierter Kleinträger. Er meinte auch, dass die Nachfrage für mehrere Anbieter auf dem Markt ausreicht. „Starts, welche für die Bedürfnisse bestimmter Kunden maßgefertigt sind, bilden einen realen Markt und dürfen nicht mit Rideshare-Missionen verwechselt werden", meinte Beck in diesem Interview.

Er äußerte aber deutliche Zweifel an der Wettbewerbsfähigkeit europäischer Hersteller von Kleinträgerraketen, und nahm dabei Isar Aerospace und andere europäische Firmen unter die Lupe. Wörtlich meinte er: „Ich sehe nur dann einen Erfolg für diese Unternehmen, wenn sie massiv staatlich subventioniert werden".

Dabei blieb unklar, ob er damit meinte, dass diese Unternehmen für ihr Überleben auf Startverträge staatlicher europäischer Institutionen angewiesen sind, oder dass die ESA, so wie es seit jeher mit der Ariane 5, der Ariane 6 und der Vega C läuft, jährlich Geld an diese Unternehmen überweist, um sie am Leben zu halten. Kommerzielle Kunden von einem neuen und unerprobten System zu überzeugen, dürfte schwierig sein, wenn diese Kunden problemlos auf die bewährte Zuverlässigkeit von Raketen wie der Electron von Rocket Lab zurückgreifen können. Erst dann, wenn Unternehmen wie Isar Aerospace, RFA oder MaiaSpace 15 oder 20 erfolgreiche Flüge absolviert haben wird deren Attraktivität für die kommerziellen Kunden deutlich steigen.

Die bewährte Zuverlässigkeit der Electron müssen die europäischen Hersteller von Kleinträgerraketen erst unter Beweis stellen.

Einfach die etablierte Konkurrenz zu unterbieten, so meinte Beck weiter, wird das Interesse für Kunden aus der Privatwirtschaft nicht steigern. Beck dazu: „Selbst wenn jemand kommt und eine Million Dollar billiger ist als ein Listenpreis von acht Millionen Dollar (das in etwa kostet ein Start mit der Electron), würden Sie dann wirklich Ihre gesamte Nutzlast und Ihr Geschäft dafür riskieren, nur weil der Preis ein wenig niedriger ist?".

Weiter kritisierte Beck vor allem Isar Aerospace und die Spectrum-Rakete deutlich und bezeichnete deren Einsatzspektrum als „Niemandsland". Die Spectrum sei zu klein für eine sinnvolle Rideshare-Mission und zu groß für eine sinnvolle spezialisierte Kleinträgermission, so Beck.

NEUTRON

Die Neutron von Rocket Lab ist eine teilweise wiederverwendbare zweistufige Trägerrakete für das mittlere Trägersegment. Angesichts ihres ziemlich revolutionären Konzeptes schreitet die Entwicklung mit beachtlicher Geschwindigkeit voran und bewegt sich im geplanten Zeitrahmen. Ungewöhnlich bei Raumfahrtentwicklungen. Die Arbeiten begannen im März 2021. Die Neutron soll eine Nutzlast von über 13.000 Kilogramm in einer teilweise wiederverwendbaren Konfiguration in eine niedrige Erdumlaufbahn befördern können, und bis zu 17.000 Kilogramm im Verbrauchsmodus. Sie ist vor allem auf den stark wachsenden Markt von Satellitenstarts für die neuen Megakonstellationen ausgerichtet

Die Neutron wird in beiden Stufen mit flüssigem Sauerstoff und flüssigem Methan als Treibstoff und Oxidator betrieben.

Die Rakete ist in vielerlei Hinsicht einzigartig. Sie besteht vollständig aus Kohlefaserverbundwerkstoffen und verfügt über einen enormen Laderaum, in dem die gesamte zweite Stufe samt Nutzlast unterkommt. Diese zweite Antriebseinheit braucht deswegen auch nicht aerodynamisch geformt zu sein. Die Rakete verfügt über eine riesige aufklappbare und wiederschließbare Nutzlastverkleidung, so dass die Rakete als vollständige, monolithische Einheit wieder zurückkehrt, nachdem sie die Orbitaleinheit, bestehend aus zweiter Stufe und den Satelliten abgesetzt hat. Diese weit aufklappbare Fairing in Verbindung mit der gedrungenen Form der Rakete verschafft der Neutron den Spitznamen „Hungry Hippo", also hungriges Nilpferd.

Die Landungen der Rakete erfolgen, sofern es das Nutzlastgewicht zulässt, entweder am Startort, dem Mid-Atlantic Regional Spaceport (kurz: MARS) in Wallops Island, Virginia oder aber auf einem Bergungsschiff mit der Bezeichnung Return on Investment. Die Starts der Neutron erfolgen für die absehbare Zukunft von MARS aus, und zwar von der für diese Rakete neu errichteten Startanlage 3 (auch als LC-0D bezeichnet).

Sowohl die erste als auch die zweite Stufe werden von einem Triebwerk mit der Bezeichnung Archimedes angetrieben, das in der vakuum-optimierten Version für die zweite Stufe einen Schub von 890 Kilonewton leistet, und – angesichts der eingesetzte Treibstoffkombination – den bemerkenswerten spezifischen Impuls von 367 Sekunden erbringen soll. Die erste Stufe wird von neun Archimedes-Triebwerken angetrieben, die zweite Stufe von einem einzelnen.

Der „Hungry Hippo"-Mechanismus wird getestet.

Typ	**Neutron**
Hersteller:	Rocket Lab
Länge (Meter):	42,8
Durchmesser Basis (Meter):	7
Startmasse (Tonnen):	480
Nutzlast LEO wiederverwendbar (Kilogramm):	13.600
Nutzlast LEO Verbrauchsmodus (Kilogramm):	17.000
Startschub (Kilonewton):	6.870
1. Stufe	
Triebwerke:	9 x Archimedes
Schub Meereshöhe (Kilonewton):	9 x 730
Schub Vakuum (Kilonewton):	890
Treibstoff/Oxidator:	CH4/LOX
Nutzlast LEO wiederverwendbar (Kilogramm):	13.600
Nutzlast LEO Verbrauchsmodus (Kilogramm):	17.000
Startschub (Kilonewton):	6.870
2. Stufe	
Triebwerk:	1 x Archimedes
Schub (Kilonewton):	890
Treibstoff/Oxidator:	CH4/LOX
Durchmesser (Meter):	5
Erstflug (geplant):	Dez 25

Venus Life Finder Projekt von Rocket Lab.

Seit dem 3. Juni 2024 darf sich Peter Beck übrigens mit dem Adelstitel „Sir" schmücken. Er wurde im Rahmen der King's Birthday Honours am 3. Juni 2024 damit ausgezeichnet, als er zum Knight Companion of the New Zealand Order of Merit (KNZM) ernannt wurde. Begründet wurde die Ehrung mit seinen Verdiensten um die Luft- und Raumfahrtindustrie Neuseelands, für die Förderung der neuseeländische Wirtschaft und für die Ausbildung seiner Bürger. Die King's Birthday Honours sind eine jährliche Veranstaltung in Neuseeland, die herausragende Beiträge ihrer Landsleute würdigt. Im Zusammenhang damit wird der Titel „Sir" vom britischen Königshaus verliehen.

Sir Peter ist für seine Passion für Planetenwissenschaften bekannt. So ganz nebenbei, man könnte es fast als Wochenend- oder Hobbyprojekt bezeichnen, betreibt das Unternehmen das Vorhaben „Life Finder". Dabei handelt es sich um eine Mikro-Venussonde. Es ist die erste private Mission zu einem anderen Planeten. Die Sonde wird in Zusammenarbeit mit dem MIT (dem Massachusetts Institute of Technology) entwickelt. Er wird sich auf die Suche nach organischen Verbindungen in den Wolken der Venus machen. Inspiriert wurde das Projekt durch die Entdeckung von Phosphin in der Venus-Atmosphäre im Jahr 2020. Die kompakte Sonde wird nicht mehr als etwa 20 Kilogramm wiegen. Sie wird mit einem autofluoreszierenden Nephelometer-Instrument ausgestattet, welches die Partikel in der möglicherweise habitablen Wolkenregionen der Venus in einer Höhe zwischen 48 und 60 Kilometern analysiert. Der Start mit der Electron-Rakete und dem Photon-Raumfahrzeug als Trägerplattform ist für 2026 geplant. Die Kosten ohne den Start sollen unter 10

Millionen US-Dollar liegen. Als kleiner Nebenzweck dient der „Life Finder" auch als Prototyp für weitere günstige interplanetare Missionen.

Auch einen Vorschlag zu einer Mars Sample Return Mission hat Rocket Lab unterbreitet. Dabei sollen die 30 Proben, welche der NASA-Mars-Rover Perseverance bislang gesammelt und teilweise sogar schon an bestimmten Stellen platziert hat, abgeholt werden. Der Vorschlag basiert auf größtenteils bereits bei Rocket Lab bestehender Technologie. Sie würde drei Starts zum Mars erfordern und alles in allem etwa vier Milliarden Dollar kosten. Klingt viel, ist aber nur etwa ein Drittel der Kosten, die der bisherige NASA-Programmvorschlag kostet. Und er wäre viele Jahre schneller zu realisieren.

Eine Entscheidung über diesen Vorschlag ist noch nicht gefallen. Die NASA will sich 2026 dazu äußern.

Doch derzeit gibt es näher liegende Ziele. Rocket Labs ehrgeiziges Vorhaben, die Neutron-Rakete noch vor Jahresende zu starten, biegt zum Zeitpunkt an dem diese Zeilen entstehen, gerade in die Zielgerade ein. Peter Beck erklärte gegenüber NSF, sein Team schlafe „buchstäblich auf dem Boden neben den Produktionsanlagen", um den strammen Zeitplan zu schaffen. „Wir werden bis zur letzten Minute des letzten Dezembertags versuchen, den Start noch heuer hinzubekommen", sagte Beck kürzlich in diesem Interview. „In den Zeitplänen, nach denen wir arbeiten, ist kein Gramm Fett drin. Aber noch schwenkt niemand die weiße Flagge." Alle Produktionsschritte sind abgeschlossen. Nun kommen Integration und Test.

Die Architektur der Neutron und ihrer Bodenanlagen spiegelt die hart erarbeiteten Erfahrungen mit der Electron wider, die inzwischen über 70 Orbitalflüge absolviert hat. Sollte sich der Erstflug trotz aller Bemühungen auf Anfang 2026 verschieben, würde sich kein Branchenkenner wundern. Auch dann noch würde die Indienststellung der Neutron immer noch eine der schnellsten Entwicklungen eines Trägers der mittleren Leistungsklasse in der Raumfahrtgeschichte darstellen. „Ein paar Monate hier und da sind angesichts der 20- oder 30-jährigen Lebensdauer eines Produkts wie der Neutron ziemlich irrelevant", bemerkte Beck. „Aber wir werden auf jeden Fall so lange weitermachen, bis es nicht mehr durchzuhalten ist."

Die Aufstiegsrakete der Mars Sample Return Mission mit den Bodenproben an Bord startet in die Mars-Umlaufbahn. Der Lander dient als Startplattform.

Der Hopper 2-Flugdemonstrator der zweiten Stufe im Einsatz.

VOLLSTÄNDIG WIEDERVERWENDBAR – STOKE SPACE

Entgegen der landläufigen Meinung spielt sich die Revolution bei Raumtransportsystemen nicht ausschließlich bei SpaceX und seinem Starship ab. Nicht nur Elon Musk versucht sich an der teilweisen oder vollständigen Wiederverwendbarkeit von Raumfahrt-Trägersystemen, man probiert das auch anderswo. Und so mancher ist schon ziemlich weit damit. Mehr als zwei Dutzend chinesische Unternehmen sind derzeit dabei, zumindest die ersten Stufen ihrer Raketen wiederverwendbar zu machen, knapp die Hälfte davon hat bereits mit Testflügen begonnen. Die beiliegende Grafik, sie stammt aus dem chinesischen Internet, mag wegen der vielen Details und der chinesischen Schrift nicht besonders gut lesbar sein, sie demonstriert aber sehr gut den Umfang der chinesischen Aktivitäten auf diesem Gebiet. Die staatliche CASC (China Aerospace Science and Technology Corporation) versucht in China sogar ihren zukünftigen Superträger Langer Marsch 9 vollständig wiederverwendbar zu machen.

In den USA arbeitet die United Launch Alliance für den Triebwerksblock der Vulcan an der teilweisen Wiederverwendbarkeit, Blue Origin will in Kürze beim zweiten Flug mit der New Glenn mit der Landung der ersten Stufe auf dem Bergungsschiff Jacklyn erfolgreich sein und auch der Neutron ist die teilweise Wiederverwendbarkeit ins Programm geschrieben. Aber – SpaceX wie immer ausgenommen – keiner zieht das Konzept der vollständigen Wiederverwendbarkeit von Orbitalraketen aktuell so radikal durch, wie Stoke Space Technologies. Grund genug, sich das Unternehmen und seine Protagonisten näher anzusehen.

DIE ENTSTEHUNGSGESCHICHTE

Stoke Space Technologies ist in Kent, im US-Bundesstaat Washington ansässig. Gleich um die Ecke des Firmensitzes von Blue Origin. Es hat sich in nur wenigen Jahren zu einem der vielversprechendsten Newcomer in der kommerziellen Raumfahrt entwickelt. Gegründet von den ehemaligen Blue Origin-Ingenieuren Andy Lapsa und Tom Feldman, zielt das Unternehmen auf die Schaffung einer boomenden Weltraumwirtschaft ab, in denen zu 100 Prozent wiederverwendbare Raketen die entscheidende Rolle spielen. Im Fokus der Entwicklungsaktivitäten steht bei Stoke die Nova-Rakete, die sowohl die erste als auch die zweite Stufe vollständig wiederverwenden kann, und zukünftig tägliche Flüge mit derselben Rakete er-

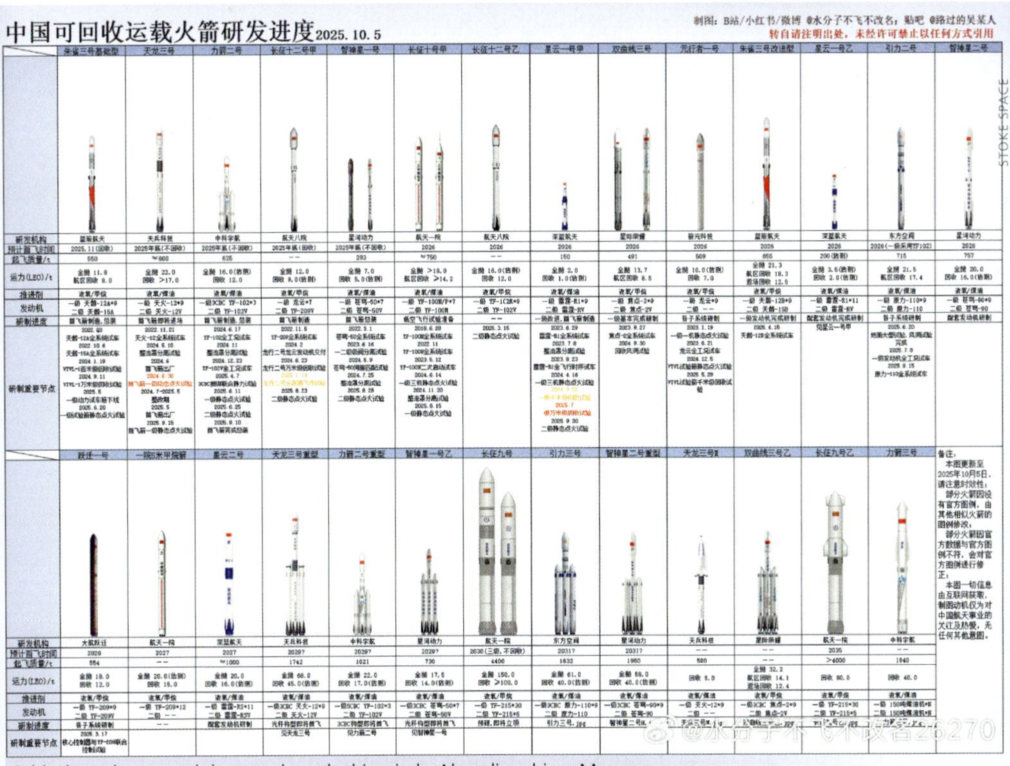

Schlecht zu lesen, und dann auch noch chinesisch. Aber die schiere Menge der abgebildeten Raketentypen zeigt, wie massiv die chinesische Raumfahrt auf Wiederverwendbarkeit setzt

STOKE SPACE

Die Andromeda-Oberstufe der Nova. Noch ist sie nur als Grafik zu bewundern.

möglichen soll. Die Entstehungsgeschichte von Stoke Space wurzelt in der Unzufriedenheit ihrer Gründer mit den Branchenführern wie SpaceX, der United Launch Alliance und Blue Origin. Dort tat sich zwar schon einiges, die Revolution ging den beiden aber nicht weit genug. 2019 war das Jahr des Booms der Kleinträgerraketen. Es gab damals mehr als 150 Startups, die sich an Nano-, Mikro- und Kleinträgerraketen versuchten. Lapsa und Feldman analysierten die Konzepte und erkannten, dass deren neue Systeme praktisch allesamt die Oberstufe vernachlässigten, was am Ende zu hohen Betriebskosten führt.

Mit nur fünf Mitarbeitern starteten die beiden im Oktober 2019 von einem „clean sheet"-Konzept aus. Sie stellten alles in Frage und waren bereit, die ausgetretenen Pfade zu verlassen. Die anfängliche Finanzierung musste hart erkämpft werden. Lapsa lernte Fundraising „on the job", während gleichzeitig schon sein Team die Prototypen konstruierte. Dieser unternehmerische Mut, gepaart mit eigener Erfahrung in der Branche aus den renommierten Programmen, legte den Grundstein für ein Unternehmen, das die zukünftige Weltraumwirtschaft revolutionieren könnte. Stoke Space beschäftigt momentan etwa 260 Mitarbeiter. Zum Zeitpunkt, an dem diese Zeilen entstehen (15. Oktober 2025) könnten es noch etwa neun bis zwölf Monate bis zum Erstflug der Nova mit ihrer revolutionären Andromeda-Oberstufe sein.

DIE GRÜNDER UND IHR TEAM

Die beiden Gründer des Unternehmens, Andy Lapsa und Tom Feldman, absolvierten ihre prägenden Jahre in der Raumfahrt bei Blue Origin und SpaceX. Lapsa fungiert bei Stoke als CEO. Er verkörpert den Protagonisten einer klassischen Ingenieurskarriere in der Raumfahrt. Nach einem Studium am Massachusetts Institute of Technology (MIT), das er mit einem Doktortitel abschloss, und ersten beruflichen Stationen bei ATK und Pratt & Whitney trat Lapsa 2013 bei Blue Origin ein. Dort war er am Ende als Bereichsdirektor maßgeblich an der Entwicklung der BE-3-, BE-3U-Triebwerke beteiligt.

In einem Interview mit dem Online-Technologiemagazin GeekWire erinnert sich Lapsa an die Zeit vor sechs Jahren: „In der Branche herrschte eine enorme Geschäftigkeit, aber es gab kaum klare Signale für neue Ansätze zur vollständigen Wiederverwendbarkeit von Raketen. Damals begann ich mit Tom (Feldman) zu sprechen. Zunächst gar nicht mal mit dem Ziel, eine Firma zu gründen, aber je mehr wir darüber redeten, desto klarer wurde uns, dass es ein solches „nächstes" Unternehmen noch nicht gab, und wir es dann wohl gründen müssten."

Tom Feldman, der Mitgründer und Chief Technology Officer (CTO), ergänzt Lapsa quasi als technischen Ideengeber. Heute treibt er vor allem die Triebwerkstechnologie im Unternehmen voran. Er hat in Purdue studiert, dort seinen Master gemacht und danach seine ersten Ingenieursjahre bei SpaceX verbracht. 2014 wechselte er zu Blue Origin und trug dort entscheidend zur Entwicklung des BE-4-Triebwerks bei. Feldman ist bekannt für seine pragmatische Herangehensweise. Wie Elon Musk ist er ein Freund iterativer Entwicklungsprozesse, bei denen schon früh erste Versuche durchgeführt werden bei denen viel Hardware eingesetzt wird. Für diese Arbeitsweise ist SpaceX bekannt, aber immer noch findet man sie in der etablierten Raumfahrtindustrie eher nicht. Ein solches Arbeiten ist auch gut für die Moral der Truppe und schützt trotz des aggressiven Arbeitstempos das Team von Burnout. Man sieht mit dieser Methode sehr schnell Ergebnisse und vermeidet Fehlentwicklungen. Vom Design bis zum Test werden bei Stoke Komponenten in Tagen produziert, und nicht wie in der klassischen Aerospace-Industrie in Monaten oder Jahren.

Andy Lapsa (links) und Tom Feldman.

Das Kernteam von Stoke Space besteht aus talentierten Protagonisten, die alle aus den Top-Teams der Raumfahrt kommen. Neben Lapsa und Feldman gehören viele ehemalige Ingenieure und Techniker von SpaceX, Spaceflight, Blue Origin und Dynetics dazu. Dazu gibt es ein prominent besetztes „Board of Directors, darunter – neben Feldman und Lapsa selbst – Ex-Generalleutnant John Shaw, der vor allem für die Verbindungen zu den institutionellen Kunden zuständig ist. Chairman des Boards ist Steve Angel, der zuvor CEO beim Industriegasproduzenten Linde war.

DIE FINANZIERUNG

Mit der Finanzierung steht und fällt der Erfolg eines Raumfahrt-Startups (und natürlich nicht nur eines solchen). Anders als etwa Jeff Bezos sind Lapsa und Feldman keine Milliardäre. Sie müssen sich also Geld leihen, um ihre Träume wahr werden zu lassen. An der Stelle ist es beeindruckend zu sehen, welche Summen in den USA – natürlich das nötige Geschick und eine überzeugende Geschäftsidee vorausgesetzt – eingeworben werden können, wenngleich es in der Zwischenzeit nicht mehr ganz so leicht ist, wie noch vor wenigen Jahren. Dennoch: Kapitalgeber gibt es in den USA viele, und viele sind ungemein risikofreudig. Ein komplett anderes Bild als in Europa. Die Finanzstory von Stoke Space begann im Mai 2020, als das eben gegründete Unternehmen von der National Science Foundation eine SBIR-Phase-I-Zuwendung (SBIR = Small Business Innovation Research Program) in Höhe von 225.000 Dollar für die Arbeit an einer neuartigen Antriebslösung für wiederverwendbare Raketenoberstufen erhielt. Wenige Monate später folgten 125.000

Testanlagen kosten viel Geld. Stoke Space ist finanziell gut ausgestattet.

Baubeginn der Anlagen am Startkomplex 14 der Cape Canaveral Space Force Basis.

Dollar für eine kleine NASA-Studie für innovative Raketendüsen. Im Februar 2021 sammelte das Unternehmen in einer von den Risikokapitalfonds NFX Guild und MaC Venture Capital angeführten ersten Finanzierungsrunde 9,1 Millionen US-Dollar an Startkapital ein. Im Dezember 2021 liefen in einer von den „Breakthrough Energy Ventures" angeführten weiteren Finanzierungsrunde 65 Millionen Dollar ein, um die Entwicklung und Erprobung der Oberstufe einer wiederverwendbaren Trägerrakete zu finanzieren. Hinter den Breakthrough Energy Ventures verbirgt sich im Übrigen niemand anders als Bill Gates. Im Oktober 2023 kamen weitere 100 Millionen Dollar durch Industrious Ventures dazu.

Im Januar 2025 erhielt Stoke Space eine so genannten „Series C-Finanzierung" über 260 Millionen Dollar erneut durch Breakthrough Energy Ventures, sowie von Y Combinator und Glade Brook Capital. Das Geld dient der Fertigstellung der Nova-Rakete, des Zenith-Triebwerks und des Launch Complex 14 in Cape Canaveral. Dazu kamen im Laufe der letzten Jahre knapp 50 Millionen Dollar weiterer kleinerer privater Einleger dazu.

Im März 2025 wurde Stoke Space für das US Space Force NSSL-Programm ausgewählt. Dieses National Security Space Launch Programm ist ein zentrales Förder- und Beschaffungsprogramm der United States Space Force (USSF), das den zuverlässigen Zugang zum Weltraum für militärische und nachrichtendienstliche Nutzlasten der US-Regierung sicherstellen soll. Es fördert unter anderem auch Innovationen auf dem Trägersektor, und in dieser Rubrik, den „Phase 3 Lane 1"-Beschaffungen, bekam Stoke Space einen von neun Verträgen (andere gingen an SpaceX, Blue Origin und Rocket Lab) in Höhe von fünf Millionen Dollar. Der letztere Betrag erscheint nicht viel angesichts der für die Entwicklung notwendigen Gesamtsummen, aber immerhin ist Stoke Space damit als US Space Force Dienstleister gelistet und kann sich damit, nach Abschluss erfolgreicher Testmissionen, um lukrative institutionelle Startaufträge bewerben. Das Unternehmen hat damit quasi einen Fuß in der Tür bei zukünftigen Ausschreibungen der Space Force, die dann wirklich viel Geld bringen. Allerdings ist der Behörde auch bewusst, dass es mit einer enorm risikobehafteten Entwicklung wie der von Stoke Space auch schief gehen kann, und will die Nova zunächst nur für „hoch- und mittelrisikotolerante" Nutzlasten einsetzen. Mit der vorläufig letzten und größten Finanzierungsrunde von 510 Millionen US-Dollar im Oktober 2025 hat Stoke nun insgesamt eine knappe Milliarde Dollar an Investorengeldern eingesammelt. Die Mittel der letzten Tranche stammen vom Thomas Tulls US Innovative Technology Fund (USIT) und erneut den Breakthrough Energy Ventures. Dazu kommt noch ein Kontokorrentkredit in Höhe von 100 Millionen US-Dollar von der Silicon Valley Bank. Stoke Space hat somit einen Verfügungsrahmen von etwa 1,1 Milliarden Dollar. Die Aussichten für weitere Kredite und Zuwendungen stehen gut, denn diese Investoren, aber auch andere Analysten, schätzen den aktuellen Firmenwert von Stoke auf etwa zwei Milliarden Dollar.

Bau des Flammenschachtes am Startkomplex 14.

TECHNISCHER FORTSCHRITT

„Diese Finanzierung verschafft uns die „runway", um die Entwicklung abzuschließen und die Nova bei ihren ersten Flügen zu demonstrieren", sagte Andy Lapsa in einer Pressemitteilung. Wenn alles nach Plan läuft, soll die erste Nova-Rakete im Herbst nächsten Jahres vom Startkomplex 14 der Cape Canaveral Space Force Station in

Florida abheben. Wie in iterativen Entwicklungsprogrammen üblich begann die Hardware-Phase schon früh. Bereits 2022 testete Stoke einen Prototyp des Zweitstufen-Triebwerks bei 22 Brennläufen im Teststand. Dem folgte 2023 der Bau des Hopper1-Prototypen. Am 17. September 2023 hob dieses Testvehikel zehn Meter hoch ab, demonstrierte dabei die neuartige Schubvektor-Steuerung ohne schwenkbare Triebwerke und landete sicher. Er bewies auch die technische Machbarkeit der aktiven Kühlung des Hitzeschilds. Die erfolgreiche Durchführung dieser Tests zeigte, dass vollständige Wiederverwendbarkeit machbar ist.

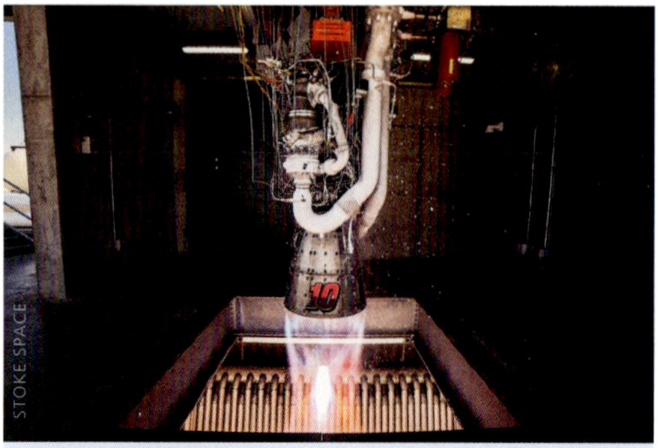

Ein Zenith-Triebwerk im Teststand.

Im Juni 2024 feuerte das Zenith-Triebwerk der ersten Stufe zum ersten Mal, und im April 2025 erreichte das Andromeda-Triebwerk der zweiten Stufe erstmals 100 Prozent Leistung.

Am 8. März 2023 erhielt die Firma den Komplex 14 auf Cape Canaveral zur Verfügung gestellt, eine ikonische Startanlage in der Missile Row von Cape Canaveral. Von hier aus startete John Glenn im Februar 1962 zum ersten Orbitalflug der US-Raumfahrtgeschichte. Bis November 1966 wurden von dort 32 Missionen mit verschiedenen Varianten der Atlas-Rakete geflogen. Seit etwa einem Jahr laufen jetzt die Umbauarbeiten für die Anforderungen von Stoke Space. Stoke betreibt auf einem 30 Hektar großen Gelände in der Nähe des Moses Lake-Flughafens (besser bekannt als der Grant County International Airport) seine Triebwerkstestanlagen. Die Fertigungs- und Büroanlagen in Kent, die auch das zukünftige Missionskontrollzentrum beinhalten werden, umfassen knapp 16.000 Quadratmeter.

Die Versuchsanlage für das Zenith-Triebwerk verfügt über zwei Teststände.

DIE NOVA

Mit der Nova versucht Stoke Space Technologies als erst zweites Unternehmen weltweit eine voll wiederverwendbare Rakete zu entwickeln, und das unter Einsatz revolutionärer neuer Technologien. Dank der beschriebenen Mittelzusagen ist das Unternehmen gut finanziert, und der Entwicklungsverlauf gestaltete sich bis zum Redaktionsschluss zufriedenstellend und ohne größere Probleme.

Die Nova ist eine zweistufige, vollständig wiederverwendbare Trägerrakete mit einer Nutzlastkapazität von drei Tonnen in eine niedrige Erdumlaufbahn (LEO). Die erste Stufe soll im Regelbetrieb eine Rückkehr zum Startplatz durchführen. Die sieben Zenith-Hauptstromtriebwerke der ersten Stufe, vom Unternehmen selbst hergestellt, werden mit Methan und Sauerstoff betrieben.

Das einzelne Zweitstufentriebwerk, das mit 24 Brennkammern ausgerüstet ist, wird mit Flüssigwasserstoff und Flüssigsauerstoff betrieben. Die ringförmige Anordnung dieser zwei Dutzend Brennkammern erzeugt einen Aerospike-Effekt, der die Effizienz des Systems verbessern soll. Der Hitzeschild der zweiten Stufe wird erstmalig in der Raumfahrt aktiv gekühlt, was einen speziellen Thermalschutz wie etwa Keramikkacheln überflüssig macht. Laut Stoke Space soll für diesen Zweck eine doppelwandige Stahlplatte, durch welche der Treibstoff fließt, genügen. Diese zweite Stufe der Rakete, Andromeda genannt, hat einen Durchmesser von 4,9 Metern und eine Höhe von sechs Metern. Die Brennkammern und Düsen werden im 3D-Druckverfahren hergestellt.

Die Tabelle rechts zeigt, wie die Spezifikation der Nova nach gegenwärtigem Wissensstand aussieht. Die genannte Nutzlastkapazität von drei Tonnen gilt im vollen Wiederverwendbarkeitsmodus über beide Stufen. Sollten beide Stufen im Verbrauchsmodus verwendet werden, dann würde die Nutzlastkapazität auf sieben Tonnen steigen.

Typ	**Nova**
Hersteller:	Stoke Space Technologies
Länge über Fairing (Meter):	40,2
Durchmesser Basis (Meter):	4,2
Startmasse (Tonnen):	227
Nutzlast LEO (Kilogramm):	3000
1. Stufe	
Triebwerke:	7 x Zenith
Schub Meereshöhe (Kilonewton):	3110
Schub Vakuum (Kilonewton):	3470
Treibstoff	Flüssiges Methan
Oxidator:	Flüssiger Sauerstoff
Länge (Meter):	27,1
Basisdurchmesser (Meter):	3,81
2. Stufe	
Triebwerk:	1 x S2E
Schub (Kilonewton):	111
Brenndauer (Sekunden):	430
Treibstoff:	Flüssiger Wasserstoff
Oxidator:	Flüssiger Sauerstoff
Länge (Meter):	13,1
Durchmesser (Meter):	4,2
Erstflug geplant:	2. Halbjahr 2026

COME TO JESUS

Eine Rakete, die wie ein Flugzeug täglich fliegt, ohne aufwändige Wartungs- und Überholungsaktivitäten nach einem Flug, das ist von jeher einer der beiden „heiligen Grale" der Raumfahrt (der andere ist „single-stage-to-orbit",

Noch kann die komplette Nova bislang nur als grafische Darstellung bewundert werden.

also der Flug einer nur einstufigen Rakete in die Erdumlaufbahn). Leicht wird es also nicht für Stoke Space. Es gibt ähnlich gelagerte Vorhaben bei den aktuellen Raumfahrt-Startups, die anfangs gut aussahen, dann aber im letzten Jahr vor dem Erstflug scheiterten. Denn dieses letzte Jahr wird – zu Recht – bei den Fachleuten als die „development hell" bezeichnet, also die „Hölle der Entwicklung".

Es gibt einige bemerkenswerte Parallelen zwischen Stoke Space und einem anderen zukunftsorientierten Trägerunternehmen, nämlich Relativity Space. Letzteres wurde 2016 mit dem Versprechen gegründet, eine Rakete vollständig im 3D-Druckverfahren herzustellen. Im November 2020 gab Relativity seine eigene Finanzierungsrunde D in Höhe von 500 Millionen US-Dollar bekannt. Zu diesem Zeitpunkt beschäftigte das Unternehmen rund 230 Mitarbeiter und plante einen Start im folgenden Jahr. Es stand seinerzeit zeitplanmäßig also da, wo Stoke heute steht.

Statt 2021 abzuheben, sollte Relativitys Terran-1-Rakete jedoch erst 2023 zum Erstflug starten. Die Mission scheiterte, und seitdem hat das Unternehmen keinen weiteren Flug mehr absolviert. 2024 war Relativity knapp davor, Insolvenz anzumelden. Tatsächlich wäre das auch geschehen, hätte es nicht überraschend eine großzügige Finanzspritze vom ehemaligen Google-Manager Eric Schmidt gegeben. Relativity hat inzwischen die additive Fertigung von Raketen fast vollständig aufgegeben und konzentriert sich auf die Entwicklung einer ziemlich traditionellen (und wesentlich größeren) Rakete, der Terran R.

Es gibt auch einige signifikante Unterschiede zwischen den beiden Unternehmen. Besonders bemerkenswert ist, dass die Kapitalbeschaffung von Stoke Space in einem Umfeld erfolgt, das deutlich schwieriger ist als sie das Ende 2020 für Relativity war, sowohl hinsichtlich der Kapitalverfügbarkeit als auch des Marktvertrauens gegenüber neuen Trägerraketenunternehmen. Dies deutet darauf hin, dass die aktuellen Investoren zuversichtlich genug sein müssen, dass Stoke dort erfolgreich sein wird, wo andere scheiterten. Stoke investiert zudem weniger Kapital in große Produktionsanlagen und mehr in die Hardware-Entwicklung. Was kein Wunder ist, denn bei einem vollständig wiederverwendbaren Fahrzeug muss natürlich auch weniger produziert werden.

Unabhängig davon sind die Entwicklung und der Bau orbitaler Trägerraketen ein schwieriges Geschäft. Und eine eiserne Regel bei der Entwicklung von Trägerraketen lautet: Je näher eine Rakete ihrem Erstflug kommt, desto größer werden die technischen Herausforderungen. Diese Phase wird manchmal als die „Bekehrungsphase"(wörtlich: Come to Jesus-Phase) der Raketenentwicklung bezeichnet.

Die „Come-to-Jesus-Phase" dürfte bei einer Rakete mit anspruchsvollen und neuartigen Technologien wie einer wiederverwendbaren Oberstufe und einem fortschrittlichen Triebwerksdesign besonders ausgeprägt sein. Die ziemlich gute Finanzierung stellt sicher, dass Stoke über die nötigen Ressourcen verfügt, um diese Endspurtphase heil zu überstehen.

Das Unternehmen und sein Ingenieurteam genießen in der Branche einen ausgezeichneten Ruf. All dies werden sie in den kommenden schwierigen Monaten brauchen, bevor die erste Nova-Rakete am Startkomplex 14 in Cape Canaveral abhebt. Es werden spannende und arbeitsintensive Monate sein, Monate, die über den Erfolg oder Misserfolg des Unternehmens entscheiden. Hoffentlich wird die Nova dann auch ihrem Namen gerecht und zu einem strahlenden neuen Stern am Trägerraketenhimmel.

Die Andromeda-Zweitstufe der Nova auf den Weg in den Orbit.

Ein LMV-3 bringt Chandrayaan 3 auf den Weg zum Mond.

EINE KLEINE GESCHICHTE DER INDISCHEN RAUMFAHRT

Seit einer ganzen Weile ist in Indien eine Bewegung zu beobachten, die im Westen in häufig abwertender Weise als „nationalistisch“ bezeichnet wird. Diese Bewegung, man sollte sie vielleicht eher als Werteordnung bezeichnen, wird in Indien als Bharat bezeichnet, was in Sanskrit nichts anderes bedeutet als „Indien“. In diesem neuen Nationalismus sieht sich das Land als traditionsverwurzelt, selbstbewusst und vor allem autark. Es folgt nicht länger automatisch den Werten des euro-atlantischen Kulturkreises, sondern besinnt sich auf die eigenen Werte.

In diesem Sinn ist es das Bestreben der Regierung unter Premierministers Narendra Modi, das Bild eines aufstrebenden Landes zu vermitteln, das seinen ihm zustehenden Platz in der globalen Elite beansprucht und einnimmt. Raumfahrt ist hierfür ein wichtiges Element. Sie hat eine Leuchtturmfunktion nach außen und stellt nach Innen ein verbindendes Element zwischen den vielen Ethnien des Landes dar. Zusätzlich gewinnt sie zunehmend an wirtschaftliche Bedeutung, wie zum Beispiel mit der Durchführung bezahlter Starts für andere Nationen, wie etwa im Dezember 2024 für die beiden PROBA-Satelliten der ESA.

Auf dem Gebiet des Satellitenbaus ist Indien schon seit längerem eine der bedeutendsten Nationen auf diesem Planeten. Mehr als 160 Raumfahrzeuge hat das Land bislang entwickelt und produziert. Breit aufgestellt, wie Indiens Raumfahrt heute ist, kann der nachfolgende Artikel nur Einblicke in einige Basisbausteine des indischen Programms – hier mit Schwerpunkt auf Trägerraketen – vermitteln.

ISRO

Vikram Sarabhai, der „Vater" des indischen Raumfahrtprogrammes und Thomas Paine (NASA-Administrator März 1969 – September 1970

Wie bei vielen Raumfahrtnationen gab es auch in Indien einen „Gründervater", der das Weltraumprogramm in Gang brachte. In diesem Fall war das Vikram Sarabhai. Auslöser seiner Aktivitäten war der Start von Sputnik 1, dem ersten Erdsatelliten im Jahre 1957. Kurioserweise lief das Raumfahrtprogramm in Indien zunächst unter der Ägide der Nationalen Atomenergiebehörde, bis im Jahre 1962 das „Indian National Committee for Space Research (INCOSPAR)" gegründet wurde, dessen erster Direktor Sarabhai wurde.

Schon bald nach der Gründung der INCOSPAR begann Indien mit dem Start von Höhenforschungsraketen. Das Startgelände war die Thumba Equatorial Rocket Launching Station, an der Südwestspitze Indiens gegenüber den Malediven. Zunächst wurden nur amerikanische, französische, britische und russische Raketen verwendet, wie die Loki, die Nike-Apache, die Skua, die Centaure oder die Dragon. Ab 1965 kamen auch erste indische Eigenentwicklungen zum Einsatz, beginnend mit der winzigen RH-75, die gerade mal Höhen um die zehn Kilometer erreichen konnte. Im Jahre 1969 wurde die indische Raumfahrtagentur ISRO (Indian Space Research Organisation) gegründet, in der seither alle indischen Raumfahrtaktivitäten gebündelt sind. Seit dem Jahre 1972 gibt es in Indien auch ein eigenes Raumfahrtministerium. Etwa um diese Zeit war auch die Rohini RH-300 im Einsatz. Sie stellte einen gewaltigen Entwicklungssprung dar, erreichte diese Rakete doch bereits Höhen von 150 Kilometern. Im Jahre 1974 startete mit der RH-560 die erste zweistufige indische Rakete und erreichte Höhen um 400 Kilometer.

SLV 3 UND ASLV

Aufgrund der Fertigkeiten, die man mit dem Bau von Feststoffraketen der Rohini-Serie erreicht hatte, konnte man sich nun daran wagen, ein einfaches und kleines Satellitenträgerfahrzeug auf Basis der Feststoff-Technologie zu bauen. Daraus wurde schließlich das so genannten Satellite Launch Vehicle 3 (oder kurz: SLV 3), das stark von der vierstufigen amerikanischen Scout beeinflusst war. Diesen Trä-

Ein SLV 3 wird für den Start vorbereitet.

ger würde man heute als Nano-Launcher bezeichnen. Seine maximale Nutzlast für einen niedrigen Erdorbit lag bei nur etwa 50 Kilogramm.

Im Jahre 1979 war das SLV 3 (für Satellite Launch Vehicle) startbereit, und dies auf dem neuen Startplatz, der Shriharikota Rocket Launching Station (SRLS). Auffallend war die extrem schlanke Form des Trägers: Bei 24 Metern Höhe verfügte er nur über einen Durchmesser von einem Meter. Wie bei den ersten Orbitalversuchen anderer Nationen waren die Starts der SLV 3 zunächst nicht sehr erfolgreich. Der Erstflug am 10. August 1979 misslang, weil die Schubvektorsteuerung der zweiten Stufe versagte. Die zweite Mission, am 18. Juli 1980, war jedoch ein Erfolg, und mit dem 35 Kilogramm schweren Rohini RS 1 brachte die ISRO einen eigenen Satelliten mit einer eigenen Trägerrakete in den Orbit. Als dritte asiatische Nation und weltweit als siebtes Land.

Eine dritte Mission am 31. Mai 1981 wurde von den indischen Offiziellen seinerzeit als Teilerfolg gewertet, allerdings war die erreichte Umlaufbahn so niedrig, dass der Satellit nach noch nicht einmal einem Tag wieder in die Erdatmosphäre eintrat und verglühte. Die vierte und letzte Mission im SLV3-Programm, der Start von Rohini 3 am 17. April 1983, war dagegen wieder erfolgreich und die Karriere der ersten indischen Orbitalträgerrakete damit auch schon wieder beendet.

Die zweite Evolutionsstufe indischer Trägerraketen bildete das Augmented (verstärkte) SLV, kurz ASLV. Dabei handelte es sich um eine SLV3-Zentraleinheit, der durch weitere zwei seitlich angeflanschte SLV3-Einheiten zu einem Höhenstart verholfen wurde. Das Vorgehen war also ähnlich wie bei vielen Trägerraketen anderer Nationen: Man erweiterte die erste Stufe um zwei Booster. Hier allerdings waren diese Booster nicht Starthilfsraketen im klassischen Sinne, sondern definitiv eine eigenständige erste Stufe, da die zentrale Antriebseinheit erst gezündet wurde, nachdem die beiden seitlich angebrachten „Booster“ ausgebrannt waren. Durch diese und weitere Maßnahmen stieg die Nutzlast des nunmehr fünfstufigen Trägers auf fast das Vierfache der SLV3 an.

Das ASLV war keine glückliche Konstruktion. Es wurden nur vier Starts in großen Zeitabständen durchgeführt, von denen zwei komplett missglückten. Eine weitere Mission konnte man mit etwas gutem Willen als Teilerfolg werten, nur der letzte Start war vollständig erfolgreich. Beim Erstflug am 24. März 1987 zündete die zweite Stufe nicht, beim zweiten Flug versagte die Flugsteuerung und beim dritten Einsatz am 20. Mai 1992 misslang die Drallstabilisierung der fünften Stufe. Der Satellit erreichte trotzdem einen niedrigen Erdorbit.

Start eines ASLV

PSLV

Mit dem PSLV, dem Polar Satellite Launch Vehicle, gelang Indien sechs Jahren nach dem Erstflug des ASLV der gewaltige Schritt hin zu einem der heutigen Standardträger des unteren Mittelklassesegments. Der Name ist ein Hinweis auf den bevorzugten Zielorbit dieser Rakete, nämlich die polare, sonnensynchrone Erdumlaufbahn. Die Hauptnutzlast ihrer frühen Einsätze waren die circa 1.000 Kilogramm schweren Erderkundungssatelliten der IRS-Reihe (Indian Remote Sensing), die auf genau diesem Orbit abgesetzt wurden.

Der Aufbau der vierstufigen Rakete ist eigenwillig. Sie besteht aus zwei Feststoff-Stufen und zwei mit flüssigen Treibstoffen betriebenen Antriebseinheiten, die sich jeweils abwechseln. Auf die feststoffbetriebene Erststufe folgt eine flüssigkeitsbetriebene Zweistufe auf die wiederum ein Feststofftreibsatz folgt, und auf diesen wieder eine Stufe mit flüssigen Treibstoffen. Dieser konstruktive Wahnsinn ist aus der Not geboren, um eine Kombinationsfähigkeit mit Komponenten der größeren GSLV-Rakete zu erlauben.

Die erste Stufe ist im Wesentlichen ein knapp 140 Tonnen schwerer Feststofftreibsatz. Dieses Zentraltriebwerk ist auch heute noch bei allen aktiven Varianten des PSLV im Einsatz. Die zweite Stufe wird mit flüssigen Treibstoffen betrieben. Als Motor wird dabei ein in Lizenz gebautes Viking 4-Triebwerk der ehemaligen europäischen Ariane 4-Trägerrakete verwendet. Damit kommt auch die gleiche Treibstoffkombination wie bei diesem ehemaligen europäischen Standardträger zum Einsatz, nämlich N_2O_4 (Stickstofftetroxid) und UDMH (Unsymmetrisches Dimethylhydrazin). Die Kevlar-ummantelte dritte Stufe arbeitet wiederum mit festem Treibstoff, während die vierte erneut flüssigkeitsbetrieben ist und wiederum N2O4 als Oxidator und MMH (Monomethylhydrazin) als Treibstoff einsetzt. Wenig erstaunlich, dass es mit einer derart komplexen Konstruktion auch gelegentlich zu

Ein PSLV XL startet mit dem Navigationssatelliten IRNSS-1F an Bord.

Misserfolgen kommt. Über alle Varianten gerechnet gab es bei insgesamt 61 Missionen vier Fehlschläge, zuletzt am 18. Mai 2025. Damit gehört die Rakete in punkto Zuverlässigkeit nicht gerade zur Weltspitze.

Die Basisversion des Trägers, das PSLV-G, ist inzwischen nicht mehr im Einsatz. Es wurde am 26. September 2016 letztmalig verwendet. Es verfügte über eine Nutzlastkapazität von 1600 Kilogramm für den polaren Orbit in 500 Kilometern Höhe und wurde beim Start durch sechs Feststoffbooster des Typs S9 mit jeweils neun Tonnen Treibstoffzuladung angetrieben.

Die S9-Booster sind die gleichen Antriebseinheiten, die schon bei der SLV und der ASLV als Basis- und Zweitstufen verwendet wurden. Heute sind sie nicht mehr im Einsatz. Sie wurden in den aktuellen Versionen des PSLV durch die S12-Zusatzraketen ersetzt, die, der Name sagt es schon, jeweils zwölf Tonnen Festtreibstoff enthalten.

Heute gibt es das PSLV in vier Versionen, nämlich

- das PSLV CA (für "Core Alone"). Das hatte seinen Erstflug am 23. April 2007. Dieses Modell fliegt ohne Booster. Die vierte Stufe der CA nimmt 400 Kilogramm weniger Treibstoff auf als die beiden anderen aktiven Varianten. Die „Core Alone" ist in der Lage, eine Nutzlast von 1.100 Kilogramm auf einen sonnensynchronen polaren Orbit zu transportieren.
- das PSLV DL verfügt über zwei Zusatzbooster vom Typ S 12. Ihr bislang einziger Einsatz fand am 24. Januar 2019 statt. Sie kann 1.260 Kilogramm Nutzlast auf eine polare Umlaufbahn bringen.

- das PSLV QL ist die Variante mit vier Boostern des Typs S12. Ihr Erstflug erfolgte am 1. April 2019. Sie flog bislang zweimal und kann gut 1500 Kilogramm Nutzlast auf eine polare Umlaufbahn bringen, und schließlich…
- die Version XL, die mit Abstand am häufigsten eingesetzte Variante des PSLV. Sie flog erstmals am 29. Dezember 2005. Diese schwerste Version kann bis zu 1800 Kilogramm Nutzlast auf einen sonnensynchronen polaren Orbit bringen. Bei dieser Variante des PSLV werden die S12-Treibsätze zu unterschiedlichen Zeitpunkten gezündet. Zwei beim Liftoff noch am Boden, zwei weitere nach dem Ausbrennen der ersten vier Motoren während des Fluges.

GSLV

Spätestens mit dem ab 2001 eingesetzten GSLV war Indien auf dem Weg zur Raumfahrt-Großmacht. GSLV, das steht für „Geosynchronous Space Launch Vehicle", womit auch schon die Hauptaufgabe dieser Rakete markiert ist. Um diesen nächsten Schritt in der Trägerraketen-Evolution realisieren zu können, musste anfangs viel ausländisches Know-How eingesetzt werden, denn zunächst stammte von den drei Stufen und den Boostern lediglich die erste Antriebseinheit aus indischer Technik, denn die ist praktisch baugleich mit der ersten Stufe des PSLV.

Die vier Booster verwenden, wie die zweite Stufe des PSLV, einen Lizenz-Nachbau des Viking-Triebwerks der Ariane 4, das dort in den ersten Stufen und in den Boostern zum Einsatz kam. Dieses Triebwerk trägt den Namen Vikas (nach dem eingangs erwähnten Vikram Ambalal Sarabhai). Allerdings hat sich Indien inzwischen nach vielen Iterationen so weit von der französischen Vorlage entfernt, dass man zu Recht von einem eigenständigen Triebwerk sprechen kann. Auch die zweite Stufe verwendet ein Vikas-Triebwerk, das mit einer größeren Expansionsdüse für den Vakuumbetrieb ausgerüstet ist.

Ein GSLV Mk. II verlässt das Montagegebäude und ist auf dem Weg zur Startanlage.

Die dritte Stufe des GSLV nutzte zunächst das russische RD-56-M-Triebwerk, das mit Wasserstoff und Sauerstoff als Treibstoff und Oxidator arbeitet. Mit diesem Raketenmotor gab es von Anfang an erhebliche Probleme, vor allem politischer Art. Im Jahre 1991, kurz nach Beginn der Entwicklung des GSLV, war sogar noch geplant gewesen, die komplette dritte Stufe aus Russland zu beziehen. Zusätzlich sollte ein Know-How-Transfer stattfinden und Konstruktionspläne übermittelt werden, damit Indien alleine in der Lage gewesen wäre, die Drittstufe samt Triebwerk zu bauen. Dies wurde jedoch von den USA mit Hinweis auf eine Verletzung des „Missile Technology Control Regime" blockiert. Indien durfte daraufhin zwar Triebwerke in Russland kaufen, jedoch ohne den Knowhow-Transfer und den Erhalt von Konstruktionsplänen. Daraufhin kaufte die ISRO zwar sieben der russischen Triebwerke, begann aber parallel im Jahre 1994 mit der eigenen Entwicklung einer mit flüssigem Wasserstoff und Sauerstoff betriebenen Stufe. Die russischen Triebwerke wurden für die ersten sechs Flüge der GSLV verwendet, die daraufhin die Bezeichnung GSLV Mark I bekam. Die Variante mit dem eigenen indischen Triebwerk wurde als GSLV Mark II bezeichnet.

Wie schon beim PSLV ist auch beim GSLV eine eigenartige Stufenabfolge bemerkenswert. Die erste Antriebseinheit mit ihrem Feststofftreibsatz hat eine viel kürzere Brennzeit als die vier Booster. Jeder dieser Booster verfügt über einen Durchmesser von 2,1 Metern und wird mit 42 Tonnen Treibstoff betrankt. Ihre Triebwerke können jeweils in einer Ebene geschwenkt werden und sorgen im Zusammenwirken für die Steuerung der Rakete.

Die Zündsequenz läuft so ab, dass zunächst die vier flüssigkeitsbetriebenen Boostermotoren zünden und hochlaufen und auf ihre Funktionsfähigkeit über-

Mit dieser GSLV Mk. II wurde der indische Kommunikationssatellit GSAT-6A gestartet.

prüft werden. Nach 4,6 Sekunden wird auch der zentrale Feststoffmotor aktiviert und die Rakete hebt ab. Nach dem Ausbrennen der Feststoff-Zentralstufe – 107 Sekunden nach dem Verlassen der Startrampe – müssen die Booster die ausgebrannte Stufe mehr als 30 Sekunden lang als tote Masse weiter mitschleppen, ein Umstand, der zu dramatischen Leistungseinbußen führt. Die erste Stufe ist mit 20,2 Metern nur wenig länger als die 19,7 Meter langen Booster.

Das GSLV ist in der Lage, eine Nutzlast von bis zu 6.000 Kilogramm in eine niedrige Erdumlaufbahn zu bringen oder etwa 2.200 Kilogramm auf einen geostationären Transferorbit.

Alles in allem ist das GSLV bislang nicht gerade ein Erfolgsmodell. Von bislang 18 Starts gelangen nur zehn vollständig. Es gab vier komplette Fehlschläge und zwei Teilerfolge, bei denen jedes Mal die Nutzlast auf einer zu niedrigen Bahn abgeliefert wurde. In beiden Fällen konnten die Satelliten die Minderleistung ihrer Trägerrakete aber kompensieren, so dass die ISRO in ihren Statistiken diese Starts als erfolgreich ausweist. Rechnen wir also mit vier Fehlschlägen bei 18 Startversuchen, so kommen wir auf eine Erfolgsquote von 78 Prozent. Die Rakete wird allerdings selten eingesetzt, und zählt man nur die letzten zehn Jahre, dann kommt auf zehn erfolgreiche Starts nur ein Versager.

LVM MARK III

Das LVM Mark III stellt den nächsten Entwicklungsschritt indischer Trägerraketen dar. Die Bezeichnung steht für Launch Vehicle Mark III. Sie ist über alle Komponenten eine komplette Neukonstruktion und war bei ihren bisherigen sechs Einsatzflügen ausnahmslos erfolgreich. Sie kann etwa 10.000 Kilogramm Nutzlast in eine niedrige Erdumlaufbahn befördern, etwa 4.400 Kilogramm in den geostationären Transferorbit oder 3.000 Kilogramm auf eine Mondtransferbahn. Diese Rakete wird auch das bemannte indische Raumfahrtprogramm unterstützen. Den Orbitalflügen ging am 18. Dezember 2014 ein suborbitaler Testflug voraus. Der erste Flug in die Erdumlaufbahn erfolgte am 5. Juni 2017.

Das LVM Mark III ist dreistufig ausgelegt. Beim Liftoff zünden zunächst die beiden S200-Feststoffbooster. Erst 114 Sekunden nach dem Verlassen der Startanlage werden die beiden Vikas 2-Triebwerke der Zentralstufe aktiviert. 140 Sekunden nach dem Liftoff sind die beiden Feststoffmotoren ausgebrannt und werden abgeworfen.

Knapp sechs Minuten nach Beginn des Fluges hat auch die zweite Stufe ihren Treibstoff verbraucht und wird abgetrennt. Danach tritt die mit flüssigem Wasserstoff und flüssigem Sauerstoff betriebene Drittstufe mit der Bezeichnung C25 in Aktion und erledigt den Rest des Aufstiegs in die Erdumlaufbahn.

Für diese Drittstufe ist derzeit ein Verbesserungsprogramm im Gange. Sie nimmt danach sieben Tonnen mehr Treibstoff auf und ist zusätzlich als mehrfach wiederzündbar ausgelegt. Dieses neue Modell mit der Bezeichnung LVM3-SC wird über eine Nutzlastkapazität für den niedrigen Erdorbit von 11.000 Kilogramm und für den geostationären Transferorbit von 5150 Kilogramm verfügen. Sie soll im kommenden Jahr den Einsatzbetrieb aufnehmen.

Für bemannte Starts wird eine als HLVM 3 bezeichnete Sonderversion verwendet. Das bedeutet nichts anderes als „Human Rated LVM 3".

ISRO

Erstflug des SSLV am 7. August 2022.

SSLV UND NGLV

Der derzeit neueste der aktiven indischen Träger ist gleichzeitig auch der Kleinste. Er wird als Small Satellite Launch Vehicle (oder kurz: SSLV) bezeichnet und ist ein vierstufiger Feststoffträger, der das Nutzlastspektrum unterhalb des PSLV abdecken wird. Er kann bis zu 700 Kilogramm auf eine niedrige, östliche Erdumlaufbahn bringen oder etwa 300 Kilogramm auf eine polare, sonnensynchrone Bahn. Der Erstflug erfolgte am 7. August 2022 und misslang. Die beiden nachfolgenden Missionen waren erfolgreich.

Das SSLV besteht aus drei feststoffbetriebenen Stufen und einer flüssigkeitsbetriebenen vierten Antriebseinheit, die als Post Boost Stage (PBS) dient. Die erste, zweite und dritte Stufe verfügt über je ein Triebwerk, die vierte über zwölf Kleintriebwerke in vier Gruppen kombiniert sind. Letztere dienen ab dem Zünden der zweiten Stufe auch zur Lagekontrolle der kompletten Rakete. Nach Abtrennen der dritten Stufe ermöglichen sie feine Geschwindigkeitskorrekturen.

Als Startplatz dient derzeit die Startanlage 1 am Satish Dhawan Raumfahrtzentrum. Mittelfristig sollen die SSLV aber bei Flügen in polare Bahnen von einem eigenen kleinen Spaceport aus starten, der im Süden Indiens bei Tuticorin liegt, quasi gegenüber von Sri Lanka. Die Maßnahme ist notwendig, um die treibstoffintensiven so genannten Dogleg-Manöver einzusparen, die sich gerade bei Kleinraketen besonders nachteilig auswirken.

Das SSLV soll preisgünstige Starts von Mikro- und Nanosatelliten ermöglichen. Im Vergleich zum PSLV rechnet die ISRO nur mit nur einem Zehntel der Herstellkosten. Nach Entwicklung und Bau der Prototypen durch die ISRO wird die Serienfertigung dem im März 2019 gegründeten Unternehmen Newspace India Limited übergeben. Vermarktet wird das SSLV – wie die übrigen alle indischen Raketen – von der staatlichen Antrix Corporation. Das Unternehmen hofft mittelfristig auf bis zu 50 SSLV-Starts jährlich. Das halte ich allerdings für deutlich übertrieben. Realistisch erscheinen mir aber etwa 5-7 jährliche Starts.

An dieser Stelle endet das indische Trägerraketenprogramm aber nicht, denn die nächste Evolutionsstufe indischer Trägerraketen, das NGLV (Next Generation Launch Vehicle) und das NGLV Heavy, zeichnet sich schon ab. Die Vollentwicklung dieser Rakete wurde erst vor wenigen Monaten vom indischen Kabinett genehmigt. Bei dieser Gelegenheit wurde auch ein schicker Name dafür vergeben. Sie heißt von nun an „Soorya" (Sonne).

Das NGLV ist eine Rakete mit einer Nutzlastkapazität von zunächst 30 Tonnen für den niedrigen Erdorbit (oder zwölf Tonnen in einen geostationären Transferorbit). Sie ist teilweise wiederverwendbar ausgelegt, soll ab den frühen 30er-Jahren in den Einsatz kommen und zunächst vor allem den Betrieb der indischen Raumstation unterstützen. Für diesen Zweck wird diese Rakete „human-rated" ausgelegt, also für den bemannten Betrieb konfiguriert. Mit zusätzlichen Boostermotoren soll diese Rakete dann in der Version NGLV Heavy ab den frühen 40er-Jahren auch das geplante bemannte indische Mondprogramm unterstützen. Die Rakete wird dann in der Leistungsklasse des amerikanischen New Glenn liegen.

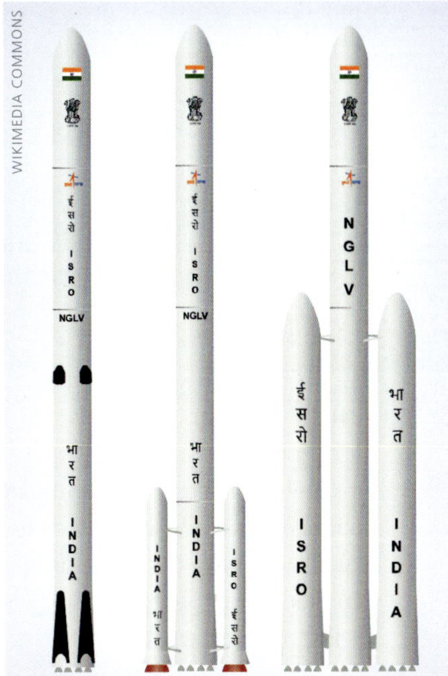

Das Aussehen der NGLV-Raketenfamilie ist derzeit noch ein wenig skizzenhaft.

DAS SATISH DHAWAN SPACE CENTRE

Das Satish Dhawan Space Center auf der südostindischen Insel Shriharikota in der Bucht von Bengalen ist gegenwärtig – noch – das einzige Satellitenstartzentrum Indiens. Es trug ursprünglich den Namen Shriharikota Range, wurde aber nach dem Tod von Professor Satish Dhawan, dem ersten Chef der indischen Raumfahrtagentur ISRO, im Jahre 2002 umbenannt.

Shriharikota gehört zum Bundesstaat Andhra Pradesh. Es liegt auf 13,8 Grad nördlicher Breite und 80,2 Grad östlicher Länge und breitet sich über eine Fläche von etwa 145 Quadratkilometern aus. Neben den zwei großen Startanlagen für die Orbitalträger verfügt das Raumfahrtzentrum auch über mehrere kleinere Startanlagen für Höhenforschungsraketen. Zusätzlich gibt es noch zwei weitere Startanlagen außerhalb von Shriharikota für Höhenforschungsraketen. Eine davon befindet sich in Thumba in Südindien und eine zweite in Balasore an der Nordostküste. Auch für die dort stattfindenden Starts ist das Satish Dhawan Space Centre organisatorisch zuständig. Der Bau einer weiteren Startanlage für das NGLV-Programm wurde im Januar 2025 vom indischen Kabinett genehmigt.

Sechs Kilometer von den beiden Hauptstartrampen entfernt liegt der Infrastruktur-Komplex. Hier befindet sich neben dem Kontrollzentrum auch eine Reihe von Gebäuden mit Reinraumbedingungen, in denen die Trägerraketen und die Nutzlasten auf den Start vorbereitet werden können. Die gesamte Anlage ist verkehrstechnische mit der 5-Millionen-Einwohner-Stadt Chennai (dem früheren

Die Startanlage 1 des Satish Dhawan Space Centre auf der Insel Shriharikota.

Madras) verbunden und hat dort Anbindung an einen Seehafen und einen internationalen Flugplatz. Das Satish Dhawan Space Centre muss mit gewissen Einschränkungen für Bahnen in polare Orbits leben. Starts genau nach Norden oder Süden sind nicht möglich, weil sie über bewohnte Gebiete in Indien oder Sri Lanka führen würden. Deshalb ist der mögliche Startwinkel auf 140 Grad beschränkt. In der Praxis bedeutet das, dass polare Missionen auf einen Südostkurs gehen müssen, dem im Laufe der angetriebenen Phase ein Inklinationswechsel (Dogleg-Manöver) von 55 Grad folgt. Das ist eine sehr energieaufwendige Maßnahme. Auch für Starts in den geostationären Transferorbit ist die Lage nicht ideal. Der zulässige Startkorridor resultiert in einer Bahn, die um 18 Grad zur Inklination geneigt ist und die später durch eine Kickstufe oder den Satelliten selbst auszugleichen ist.

MIT GAGANYAAN IN DEN ERDORBIT

Das bemannte indische Raumfahrtprogramm geht zurück bis in das Jahr 1984. Damals flog zwischen dem 3. und 11. April der Luftwaffenoffizier Rakesh Sharma als Gast des sowjetischen Interkosmos-Programms mit Sojus T-11 als erster und bis zur Axiom 4-Mission im Juni 2025 einziger indischer Staatsbürger in den Weltraum. Über eigene Kapazitäten und Fähigkeiten für die Durchführung bemannter Raumfahrt verfügte Indien seinerzeit aber nicht. Und so blieb Sharmas Mission eine einzelne, alleinstehende Mission aus der kein Programm erwuchs.

Erste Studien zur Vorbereitung eines bemannten Raumfahrtprogrammes begannen im Jahre 2006 unter der generischen Bezeichnung "Orbital Vehicle". Geplant war zu diesem Zeitpunkt eine simple Kapsel mit einer Flugdauer von maximal einer Woche, die nach vollendeter Mission im Meer landen sollte. Dieser Entwurf wurde im März 2008 der indischen Regierung vorgelegt und die zugehörige Finanzierung beantragt. Die wurde jedoch nur zu einem kleinen Bruchteil gewährt. Damit verblieb das Vorhaben im Vorentwicklungsstadium. Immerhin konnte in dieser Zwischenphase im Januar 2007 ein Flugtest mit einer maßstäblich verkleinerten, nur 550 Kilogramm schweren Kapsel durchgeführt werden. Der Versuch und die Kapsel trugen die Bezeichnung „Space Capsule Recovery Experiment" (SRE).

Ursprünglich war im Programmvorschlag von 2008 der erste – noch unbemannte – orbitale Testflug für das Jahr 2013 festgelegt. Dieser Plan wurde dann auf 2016 revidiert. 2012 und 2013 verschlechterten sich die Aussichten für das Vorhaben jedoch erneut und schließlich stand das Orbital Vehicle-Programm unmittelbar vor der Stornierung. Im Februar 2014 wurde aber das indische Raumfahrtbudget erheblich aufgestockt und damit auch das Gaganyaan-Projekt wiederbelebt. Durch die formelle Bestätigung für die Durchführung des Vorhabens durch Ministerpräsiden Mori am 15. August 2018 im Rahmen des 13. Fünf-Jahres-Planes wurde das Programm schließlich fest in der staatlichen Planung verankert.

Für die Vorbereitung der Besatzungen wurde eine eigene Astronauten-Trainingseinheit in Bangalore geschaffen. Beim Training der Astronauten unterstützte zunächst auch Russland, das daneben auch noch Zulieferungen für wichtige Subsysteme machte, wie das Lebenserhaltungssystem und das Thermalkontrollsystem. Bis zum Anfang 2020 war der erste bemannte Flug für den August 2022 geplant. Dem machte die Corona-Pandemie aber einen Strich durch die Rechnung. Die Gesamtkosten für das Gaganyaan-Vorhaben bis zur ersten bemannten Mission werden mit 2,4 Milliarden Euro beziffert, was für ein bemanntes Raumfahrtprojekt sensationell niedrig wäre. Wenn das Vorhaben gelingt, wäre Indien nach der Sowjetunion, den USA und China das vierte Land, das einen Menschen mit eigenen Mitteln ins All schicken kann.

Die Bezeichnung „Gaganyaan" bedeutet in Sanskrit so viel wie „Himmelsfahrzeug". Entwickelt und hergestellt wird es von Hindustan Aeronautics Limited. Betreiben wird es die ISRO. Das Raumschiff ist für eine zwei- bis dreiköpfige Besatzung ausgelegt. Es besteht aus zwei Komponenten: zum einen dem etwa 5,3 Tonnen schweren Crew-Modul, zum anderen aus dem etwa 2,9 Tonnen schweren Service-Modul. Das Raumfahrzeug wiegt damit insgesamt etwa 400 Kilogramm mehr als ein Sojus-Raumschiff, 1,5 Tonnen weniger als eine chinesische Shenzhou oder gut fünf Tonnen weniger als ein Crew Dragon. Das nutzbare Innenvolumen liegt bei lediglich acht Kubikmetern. Zum Vergleich: Beim Crew-Dragon von SpaceX sind es elf Kubikmeter (allerdings für vier Personen).

Das Service-Modul verfügt über fünf flüssigkeitsbetriebene Haupttriebwerke mit einer Leistung von jeweils 440 Newton. Dazu kommen noch 16 100-Newton-Triebwerke für die Lageregelung. Für die Sicherheit der Astronauten wird das Orbital Vehicle mit einem Startrettungssystem ausgerüstet, das bereits vor dem Start „scharf" geschaltet wird und die Flugphasen bis zum Beginn des Betriebs der zweiten Stufe abdeckt.

Bereits 2024 hat die ISRO die Namen von vier Luftwaffenpiloten bekannt gegeben, welche die Besatzungen für die ersten bemannten Raumflüge des Landes bilden werden. Es handelt sich dabei um Group Captain (Oberst) Prashanth Balakrishnan Nair, Group Captain Ajit Krishnan, Group Captain Angad Prathap und Wing Commander (Oberstleutnant) Shub-

Juri Malischew, Rakesh Sharma und Gennadi Strekalow (von links) bildeten im April 1984 die Crew von Sojus T-12.

Das Kernteam des indischen Astronautencorps steht.

hansku Shukla. Die bemannten Gaganyaan-Einätze sollen voraussichtlich gegen Ende 2026 beginnen. Shubhansku Shukla startete allerdings bereits im Juni 2026 in den Weltraum, denn die ISRO hatte für ihn einen Flug auf der Axiom 4-Mission gebucht. Dabei flog er in einem Crew Dragon von SpaceX unter dem Kommando der US-Astronautin Peggy Whitson für knapp 20 Tage zur ISS.

Am 13. Februar 2014 übergab die Hindustan Aeronautics Limited den ersten Boilerplate-Prototypen an die ISRO für die Durchführung des Experimentes mit der Bezeichnung CARE (für: Crew Module Atmospheric Re-entry Experiment). Eine „Boilerplate" ist ein Dummy, ein nur teilweise funktionsfähiges Vehikel, das aber dem originalen Raumfahrzeug genau nachgebildet ist. Es wird für die Test von Komponenten, Subsystemen und Systemen eingesetzt.

Bei der ISRO wurde diese Kapsel mit verschiedenen Systemen ausgerüstet, wie etwa dem Lebenserhaltungssystem und dem Navigations- und Flugführungssystem und dann für den Versuch vorbereitet. Dieser erste Flugtest mit einer originalgroßen Kapsel fand am 18. Dezember 2014 statt. Die Mission war gleichzeitig der erste Testeinsatz der GSLV-Mark III-Rakete, die heute als LVM Mark III bezeichnet wird.. Der Start erfolgte um 9:30 Uhr Ortszeit an der Rampe 2 des Sathish Dhawan-Weltraumbahnhofs. Dabei wurde die Boilerplate-Kapsel auf eine suborbitale Flugbahn geschickt, die bis in 180 Kilometer Höhe führte. In einer Flughöhe von 126 Kilometern trennte sich die Kapsel von der Rakete, flog die geplante Parabel ab und landete etwa 25 Minuten später im Golf von Bengalen in der Nähe der Nikobaren.

Für die Tests des Startrettungssystems, es handelt sich dabei um einen klassischen „Fluchtturm", wie ihn auch die Mercury-, Apollo- und Sojus-Raumfahrzeuge verwendeten (und in letzterem Fall immer noch verwenden), waren zwei Versuche vorgesehen. Der erste fand am 5. Juli 2018 statt. Dabei wurde ein so genannter Pad Abort simuliert, also ein Rettungsfall bei dem die Trägerrakete entweder noch auf der Startrampe steht oder erst eine geringe Flughöhe erreicht hat. Der zweite Test erfolgte am 21. Oktober 2023 unter der Bezeichnung TV-D1. Diese Abkürzung steht für Test Vehicle Abort Mission 1.

Mit einer speziellen Testrakete, die auf Basis der L40-Starthilfsbooster der GSLV-Trägerrakete entwickelt worden war, wurde TV-D1 auf eine Höhe von elf Kilometer transportiert. Missionsziel war ein simulierter Startabbruch im Bereich der maximalen dynamischen Belastung im transsonischen Bereich. Die Kapsel löste sich wie vorgesehen von der Rakete und folgte ihrer Bahnparabel noch weitere fünf Kilometer, bevor sie wieder der Erde entgegenfiel. Das Fallschirmsystem funktionierte perfekt und das Mannschaftsmodul wurde – trotz rauer See – erfolgreich von der indischen Marine geborgen.

Neben weiteren suborbitalen Qualifikationstests für einzelne Subsysteme stehen jetzt drei unbemannte orbitale Testflüge des Raumfahrzeugs bevor, die derzeit für das Jahr 2026 geplant sind. Dabei soll jeweils eine instrumentierte Testpuppe den Platz eines Astronauten einnehmen. Diese Puppe ist beinlos, weiblich und mit einem Kommunikationssystem ausgerüstet. Sie kann einige grundlegende Funktionen an Bord des Raumfahrzeugs wahrnehmen. Der Name dieser Puppe, oder wie es die ISRO lieber hört, des Androiden, ist Vyommitra (Weltraumfreundin). Etwa sechs Monate nach dem dritten unbemannten Testflug soll der erste bemannte Einsatz erfolgen. Übrigens auf jeden Fall „bemannt", denn im kleinen indischen Astronautenkader befinden sich derzeit keine weiblichen Kandidaten. Die Trägerrakete wird das Raumschiff in eine Erdumlaufbahn mit einer Höhe von 300-400 Kilometer bringen. Beim Flugprofil eines HLVM3, mit dem relativ schubschwachen aber sehr effizienten Wasserstoff-Sauerstoff-Triebwerk der zweiten Stufe, dauert das etwa 16 Minuten. ISRO will bei diesem Flug vier biologische Versuche und zwei Mikrogravitationsexperimente durchführen. Die Missionsdauer ist vorläufig auf drei Tage festgelegt und wahrscheinlich werden zwei Astronauten an Bord sein.

Gaganyaan-Testvehikel für den TV-D1-Test.

Am Ende der Mission zünden die Haupttriebwerke und leiten das Abstiegsmanöver ein. Kurz danach wird die Geräte- und Antriebssektion abgeworfen. Die Landung erfolgt danach im arabischen Meer vor der Provinz Gujarat. Das Crew-Modul ist mit zwei Hauptfallschirmen ausgerüstet, kann aber auch mit nur einem einzelnen Schirm sicher landen. Die Fallschirme reduzieren die Geschwindigkeit von etwa 780 Kilometer pro Stunde, ausgehend von der „Terminal Velocity" (also der Fallgeschwindigkeit der Kapsel unter Berücksichtigung der atmosphärischen Bremsung), auf unter 40 Kilometer pro Stunde beim Auftreffen auf das Wasser.

Wie geht es nach diesem ersten Orbitaleinsatz weiter? Die Pläne dafür sind abgesegnet, die Finanzierung gesichert und die Entwicklung hat bereits begonnen. Indiens nächstes Ziel im Weltraum ist die nationale indische Raumstation mit der Bezeichnung BAS, der Bharatiya Antariksha Station. Dafür muss das Gan-

Das ist Vyommitra, die „Weltraumfreundin".

gayaan-Raumschiff aber noch mit der Fähigkeit für die Durchführung von Rendezvous- und Docking-Manövern ausgestattet werden.

ZU MOND UND MARS

Auch hier mag sich die Frage erheben, ob sich ein Land wie Indien wirklich ein eigenes Mondprogramm leisten soll. Auf die diesbezügliche Frage eines BBC-Journalisten an Krishnaswamy Kasturirangan, er war zum Zeitpunkt des Programmstartes im August 2003 Vorstandsvorsitzender der ISRO, antwortete der: *It is not whether we can afford it. It is whether we can afford to ignore it.* Übersetzt also: Es geht nicht darum, ob wir es uns leisten können, sondern darum, ob wir es uns leisten können, sie (die Mondforschung) zu ignorieren.

Und so startete fünf Jahre nach diesem Kommentar, am 22. Oktober 2008, die Orbitsonde Chandrayaan 1 (in Sanskrit: Mondfahrzeug) an Bord einer PSLV-XL in Richtung Mond, dessen Umlaufbahn sie am 9. November erreichte. Fünf Tage später setzte der Orbiter eine 35 Kilogramm schwere „moon impact probe" ab, die in der Nähe des Shackleton-Kraters am Mondsüdpol aufschlug. Damit war Indien das fünfte Land, das – wenn auch dieses Mal noch ungebremst – die Mondoberfläche erreichte. Bei dieser Mission konnte im Übrigen der Nachweis von Wassereis am Südpol des Mondes erbracht werden.

Es dauerte danach fast zehn Jahre bis Indien am 22. Juli 2019 mit Chandrayaan-2 seine zweite, jedoch ungleich ambitioniertere Mondmission startete. Das beim Start fast vier Tonnen schwere Raumfahrzeug bestand aus zwei Hauptkomponenten, nämlich einem Orbiter und einem Lander mit der Bezeichnung Vikram (für: der Tapfere), der seinerseits einen Rover mit der Bezeichnung Pragyan (für: Weisheit) mit sich führte. Als Träger wurde Indiens leistungsfähigste Rakete, die LVM3, eingesetzt.

Der Orbiteinschuss der Kombination und die Trennung der beiden Komponenten klappten einwandfrei. Am 6. September 2019 wurde schließlich der Landeversuch unternommen. Zunächst schien alles glatt zu verlaufen, doch weniger als eine Minute vor dem Aufsetzen riss der Kontakt zu Vikram ab. Damals wurden im Kontrollzentrum bittere Tränen vergossen und Premierminister Modi, der den Landeversuch persönlich vor Ort verfolgte, musste den Programmleiter in die Arme nehmen und trösten.

Der Orbiter übrigens, der sich in einer Kreisbahn in etwa 100 Kilometern über der Mondoberfläche bewegt, funktioniert bis auf den heutigen Tag. Die Qualität seiner Bilddaten steht denen des US Lunar Reconnaissance Orbiter in nichts nach. Die Chandrayaan-2-Mission muss schon von daher zumindest als Teilerfolg gewertet werden. Schon zwei Monate nach der Enttäuschung über die missglückte Landung wurde das Projekt Chandrayaan 3 ins Leben gerufen und am 14. Juli 2023 eine überarbeitete Version des Vikram-Landers zum Mond gesendet. Am 23. August 2023 gelang eine perfekte Landung. Während eines vollen Mondtages (also 14 Tagen auf der Erde) sendeten die Sonde und der Vikram-Rover Daten und Bilder zur Erde. Der Erfolg Indiens fiel umso deutlicher aus, als nur vier Tage zuvor der Versuch Russlands, die Mondsonde Luna 25 auf dem Erdtrabanten zu landen, gescheitert war.

Erfolg macht Lust auf mehr. So ist Indien momentan dabei, eine komplexe Probenrückführmission vom Mond aufzusetzen. Die Mission trägt den Namen, man ahnt es schon, Chandrayaan-4. Sie wird zwei separate, relativ schnell aufeinanderfolgende Starts je eines LMV3 erfordern, die insgesamt fünf Module zum Mond transportieren wird.

Mit der einen Rakete wird das so genannte Descender-Modul, das die Mondproben sammeln und in Behältern verstauen wird, zusammen mit dem Ascender-Modul zum Mond gestartet. Die Antriebs-, Transfer- und Wiedereintrittsmodule folgen mit der zweiten Rakete. Sie enthalten die erforderliche Technologie zum Empfangen und Zurückbringen der Mondproben zur Erde. Das An- und Abdocken der beiden Modulgruppen wird in der Mondumlaufbahn erfolgen.

Für das Erarbeiten der notwendigen Praxis bei Rendezvous- und Docking, das Verifizieren der dafür erforderlichen Algorithmen startete Indien kurz vor Jahresschluss 2024 die Mission SpaDeX, die sehr erfolgreich verlief.

Nicht vergessen werden sollte an dieser Stelle, dass die ISRO zwischendurch auch einen Mars-Orbiter mit der Bezeichnung Mangalyaan betrieb, der zwischen November 2013 und Oktober 2022 aktiv und trotz seiner etwas kargen Ausstattung mit Instrumenten auch recht erfolgreich war. Der Mars hat im indischen Raumfahrtprogramm aber derzeit keine sehr hohe Priorität mehr. Man legt jetzt vor allem Gewicht auf den Mond und beabsichtigt ab den frühen 40er-Jahren mit bemannten Mondlandungen zu beginnen, um diesen Platz nicht China und den USA alleine zu überlassen.

ISRO

Chandrayaan-2 mit dem Vikram-Lander bei der Vorbereitung zum Start.

Grafische Darstellung der indischen Raumstation BAS.

DIE ZUKUNFT IST SCHON GENEHMIGT

Ab 2028 sollen die Missionen zum Bau der Bharatiya Antariksha Station (BAS) beginnen. Das erste Modul der Station, BAS-1, wird Andockmöglichkeiten für Frachtfahrzeuge und Treibstofftransfer bieten. Der aktuelle Zeitplan sieht vor, dass der Station nach und nach weitere Module hinzugefügt werden. Kurzzeitmissionen mit Besatzung werden voraussichtlich um 2031 beginnen, ab 2035 ist eine dauerhafte Besetzung geplant. Zu diesem Zeitpunkt wird die Station rund 56 Tonnen wiegen, was 75 Prozent der Masse der chinesischen Raumstation Tiangong in ihrer Anfangskonfiguration entspricht.

Mit einer Länge von etwa 30 Metern und einer Breite von 25 Metern wird die BAS in dieser ersten Phase ein Viertel des Volumens der Internationalen Raumstation (ISS) einnehmen. Die Station wird über zwei Andockstellen, einen internen Roboterarm und einen externen Roboterarm zur Unterstützung von Wartung und Inspektion verfügen. Die BAS wird in einer Umlaufbahn von etwa 450 km und einer Neigung von 51,6 Grad zum Äquator die ISS umkreisen – etwa 30 km höher als die ISS und in einer ähnlichen Inklination. Ab 2035 soll sie aus insgesamt fünf Wohn- und Forschungsmodulen bestehen.

In dem Zusammenhang genehmigte das indische Kabinett im September 2024 auch die Finanzierung für zunächst insgesamt acht Gaganyaan-Missionen. Dies beinhaltet die drei unbemannten Missionen und den ersten bemannten Testflug sowie vier weitere Missionen für technische Demonstrationen und Validierungen bis Ende Dezember 2028.

Bei derselben Kabinettssitzung wurde übrigens auch die Shukrayaan-Venus-Orbitermission genehmigt, deren Start für März 2028 geplant ist. Sie soll die Oberfläche, den Untergrund und die Atmosphäre der Venus untersuchen.

Indien verfolgt konsequent den Weg zur Autonomie im Weltraum. Der Aufstieg zu den ganz großen Raumfahrtnationen und die Etablierung dort ist in der politischen Agenda des Landes festgeschrieben.

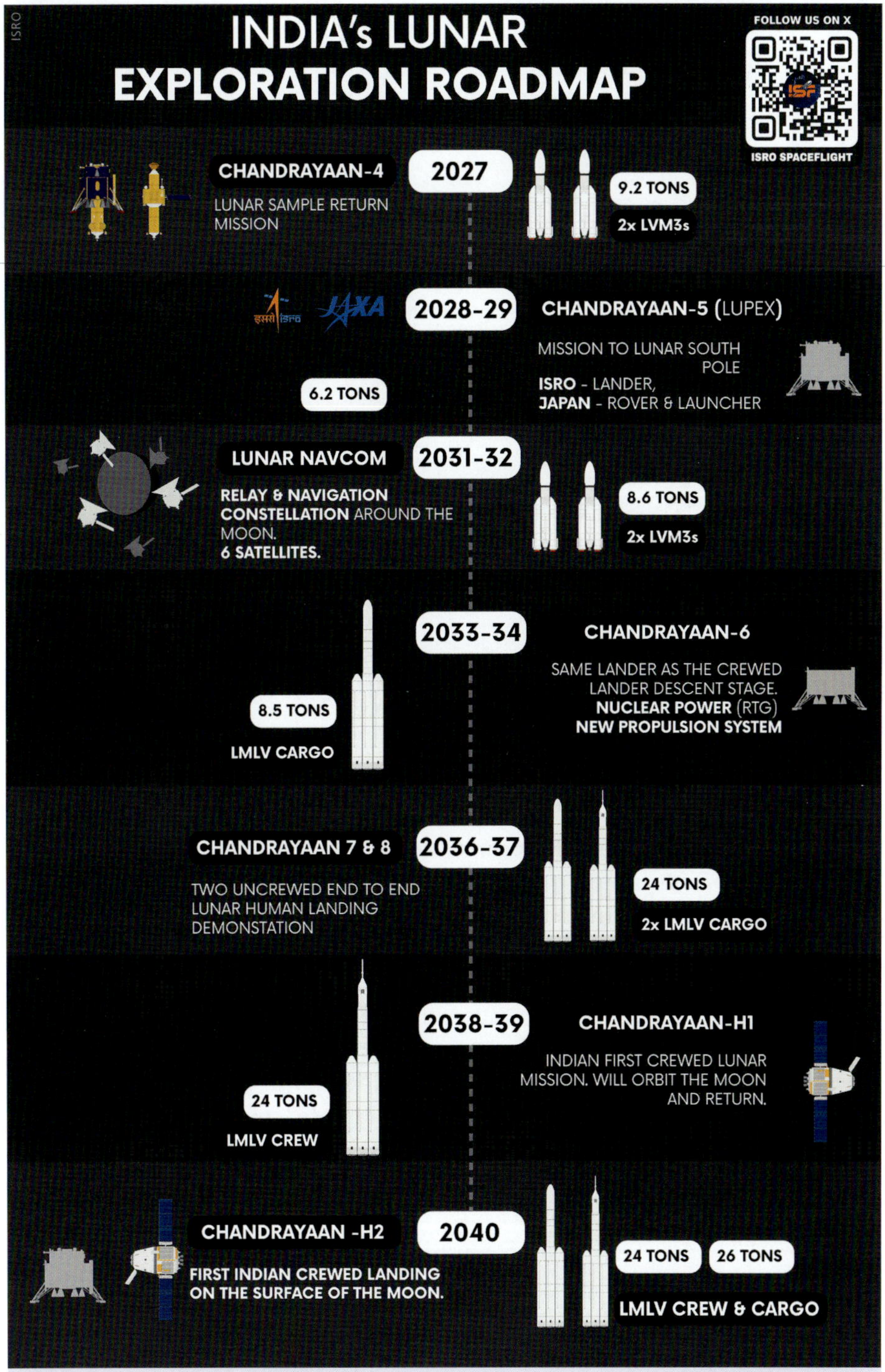

Indiens Weg zur bemannten Mondlandung

Die Bilder in diesem Artikel zeigen die Vorbereitung und die Durchführung des Integrierten Flugtests Nummer 11 am 13. Oktober 2025 in chronologischer Abfolge. Hier wird gerade Booster 15-1 wird für den IFT-11-Testflug von der Starbase zur Startanlage transportiert.

DAS ENDE DES STARSHIP?

Zum Abschied waren sie nochmal alle da, die „Haushaltsnamen" der Raumfahrt-Berichterstattung im Internet. Tim Dodd, der „Everyday Astronaut", der bekannte Raumfahrtjournalist und Buchautor Eric Berger (Liftoff), „Fly safe" Scott Manley, Ashlee Vance (Elon Musk-Biografie), Christian Davenport (Washington Post) und noch eine ganze Reihe anderer. Selbst „Ellie in Space", eine der wenigen Frauen in dieser Runde, und eigentlich in diesen Tagen in ihren Flitterwochen in Europa, schaltete sich für diese finale Show ins Programm ein. Alle trafen sich bei NASASpaceFlight (NSF). Manche direkt vor Ort in Boca Chica nahe der „Starbase", manche nur virtuell, um aus der Abschiedsvorstellung der Starships eine Familienfeier zu machen.

DAS ENDE DES STARSHIP?

Wie bitte? Abschied von den Starships? Natürlich nicht. Aber es war das Finale der V1- und V2-Reihe von Starship-Prototypen. Der Raumfahrt-Steampunk-Version, mit deren letztem Flug SpaceX von der frühen Pionierphase hin zu einem eher regulären Testflugbetrieb mit der auf dem nächsten technologischen Level stehenden V3-Reihe der Starships überleitet.

Die V1-Reihe, auch „Block 1" genannt, war quasi ein „Rohbau-Starship". Hier ging es im Wesentlichen darum, festzustellen, ob das Ding überhaupt fliegen kann. Mit dieser Version wurden die „Integrated Flight Tests" (kurz: IFTs) eins bis sechs durchgeführt. Die Flüge sieben bis elf wurden mit der „Block-2-Version" abgewickelt, häufig auch als V2-Version bezeichnet. Ab Flug zwölf, Anfang 2026, wird die V3-Version fliegen. Sie ist ein technisch wesentlich fortschrittlicher Zwischenschritt hin zur Serienversion V4, die noch einmal ein Jahr später erstmals zum Einsatz kommen soll.

Aber aktuell befinde ich mich im Jahr 2025. Am 17. Oktober um genau zu sein. Und in diesem Jahr 2025 sind die Dinge nicht immer glatt gelaufen im Starship-Programm. Nachdem ich davon ausgehe, dass nicht jeder Leser über dieses gigantische Raumfahrt-Technologieprogramm im Detail Bescheid weiß, rekapituliere ich erst einmal, von was wir hier überhaupt sprechen.

Booster 15-2 wird auf den Startsockel gesetzt.

DAS STARSHIP

Starship ist der kollektive Begriff für ein zweistufiges Raumtransportsystem, bestehend aus dem eigentlichen Starship, der Oberstufe, die immer häufiger auch nur kurz als das „Ship" bezeichnet wird, und der ersten Stufe, genannt „Super Heavy" oder häufiger auch nur der „Booster". Es ist vorgesehen für den Transport von Menschen und Fracht in die Erdumlaufbahn, für Flüge zum Mond, zum Mars und darüber hinaus. Das US-Raumfahrtprogramm setzt auf eine Variante dieses Starship, um – hoffentlich noch vor Ende des Jahres 2027 – Astronauten auf dem Mond zu landen. Wenn es bis 2027 nicht klappt, dann zumindest auf jeden Fall noch vor den Chinesen. Die jedenfalls sind entschlossen, das bis längstens 2030 auch zu tun. Es vor den Chinesen zu schaffen ist ein Fixpunkt in Präsident Trumps „Marschbefehl" an die NASA.

Um den Auftrag des US-Präsidenten ausführen zu können, müssen nicht nur die in schneller Folge wiederholbaren orbitalen Flugfähigkeiten des Starships

Die Triebwerkssektion der Super Heavy mit ihren 33 Raptor-2-Raketentriebwerken.

bewiesen werden, es muss dafür auch die Beherrschung orbitaler Betankungsmanöver in großem Umfang demonstriert werden. Das Starship baut darauf, im Erdorbit mit großen Mengen Methan und flüssigem Sauerstoff versorgt zu werden, bevor es dann zum Mond, zum Mars oder anderen Destinationen aufbricht. Für diesen Zweck muss es in der Lage sein, eine Nutzlast von 150 Tonnen oder mehr in den Orbit zu bringen.

Entwickelt und gebaut wird dieses System von der Space Exploration Technologies Corporation, viel besser bekannt unter dem Namen SpaceX.

DIE VORLÄUFER

Für die Starships gab es einen Vorläufer, genannt Starhopper. Ein Fluggerät, das wie purer Steampunk aussah. Die Mitarbeiter von SpaceX bezeichneten ihn scherzhaft als den „Fliegenden Wasserturm". Der Name kam nicht von ungefähr, denn beim „Starhopper" handelte sich tatsächlich um eine klobige Stahlstruktur in der Form eines großen Wasserturms, wie er für die Südstaaten der USA typisch ist. Nur war dieser mit Stabilisierungsflossen ausgerüstet, aus denen Landebeine ragten. Dieses Testmodell diente dazu, den Grunddesign des Vehikels zu überprüfen, die Funktion des neu entwickelten Raptor-Triebwerks im Flug zu testen, vor allem ihr Drosselungsverhalten, und die Flugsteuerung des massiven Fahrzeugs zu erproben.

Der „Fliegende Wasserturm" führte am Spätnachmittag des 25. Juli 2019 in Boca Chica einen ersten Flugversuch durch. Das Vehikel war zwar nur gut 20 Sekunden in der Luft, und der „Flug" ging nicht recht viel höher als 20 Meter senkrecht nach oben, danach ein paar Meter seitwärts, bevor es dann wieder aufrecht landete. Es war aber das erste Mal, dass sich Hardware des neuen Systems, angetrieben einem Raptor-Triebwerk, in die Luft erhob. Dem kurzen Flug waren drei statische Brennläufe vorausgegangen, bei denen der Starhopper von Klammern auf dem Boden festgehalten wurde.

Am 27. August 2019 folgte Flug Nummer zwei. Dieses Mal dauerte der „Hop" 57 Sekunden, ging bis in 150 Meter Höhe und endete mit einer Landung auf einem extra dafür vorbereiteten „Landing Pad“ einige hundert Meter von der Startstelle entfernt. Nach dieser Mission wurde der Starhopper „pensioniert“ und ist heute ein firmengeschichtlicher Blickfang auf der Starbase in Boca Chica.

Das (Star-) Ship 38 macht sich auf den Weg zur Startanlage.

Die nächsten, zunehmend ambitionierteren Flugversuche wurden danach mit Starship-Prototypen durchgeführt, die mit Serien-Nummern (kurz: SN = Serial Number) gekennzeichnet wurden. Mit diesen Fluggeräten wurden Höhen bis 12,5 Kilometer erreicht. Die Phase dieser frühen Testflüge endete am 5. Mai 2021.

Das Starship sieht ungemein „retro“ aus. So, als wäre es direkt einem Science Fiction Film der fünfziger Jahren entsprungen, und als würde in Boca Chica grade ein Remake von „Destination Moon“ gedreht, einem SF-Kultfilm der frühen 50er Jahre. Da wie dort besteht das Raumfahrzeug einfach aus schlichtem rostfreiem Stahl. Hightech-Baustoffe wie teures Titan oder Kohlefaser-Verbundwerkstoffe kommen bei SpaceX im Zellenbau des Starship nicht zum Einsatz. Musk verwendet dafür eine Variante der Legierung SAE 304, so ziemlich die gängigste und preiswerteste Sorte. Sie enthält zwischen 15 und 20 Prozent Chrom, zwischen zwei und zehn Prozent Nickel und ist besonders wärmefest.

Die Super Heavy wog in der Block 2-Variante der Starship-Testvehikel für sich alleine schon vollbetankt 3.850 Tonnen. Sie war 72 Meter hoch und verfügte über einen Durchmesser von neun Metern. Angetrieben wurde sie von 33 Raptor-Triebwerken, die einen Startschub von etwa 82 Meganewton erbrachten. Die Super Heavy kehrte etwa acht Minuten nach dem Liftoff zum Startplatz zurück und landete entweder an den Greifarmen des kombinierten Start- und Fangturms, oder, wenn der Testzweck es erforderte, im Meer vor Boca Chica.

Ähnlich wie bereits heute die erste Stufe der Falcon 9 bringt auch die Super Heavy ihre Nutzlast – also das Starship – auf eine Höhe von etwa 65 Kilometer und eine Geschwindigkeit von 5.000 – 6.000 Kilometer pro Stunde. Mit diesem „Anschub“ kann das Starship dann nicht nur sich selbst, sondern auch in der V3-Version bis zu 150 Tonnen Nutzlast in den Orbit transportieren.

Ship 38 auf dem Weg zur Startanlage, wo der Booster 15-2 bereits wartet.

Das Starship, oder Ship – und erneut ist hier die Oberstufe und Nutzlast der Super Heavy gemeint – ist das eigentliche Raumschiff und zukünftig ebenfalls voll wiederverwendbar. Es verfügt über eine integrierte Fracht/Kabinensektion und soll in wenigen Jahren in der Lage sein, Crew, Passagiere und Fracht in den Erdorbit, und noch später auch zu den Monden und Planeten unseres Sonnensystems zu bringen. Das Starship war in der Block 2-Version 52 Meter hoch, verfügte wie der Booster über einen Durchmesser von neun Metern und wog beim Start etwa 1.600 Tonnen. Der Hitzeschutz wird bei dieser und wohl auch bei den späteren Versionen durch ein kombiniertes System aus Keramik-Kacheln und einem ablativen Hitzeschild gewährleistet. Vielleicht auch nur durch Kacheln. Oder Hitzeschutzmatten. Mit diesen Dingen wird jedenfalls momentan herumprobiert.

Das Ship wird von sechs Raptor-Triebwerken angetrieben, von denen drei für den Vakuum-Betrieb optimiert sind. Sie verfügen über wesentlich größere Expansionsdüsen als die Raptoren des Boosters. Auch das Starship wird, sobald es sich im Orbitalbetrieb befindet, nach abgeschlossener Mission zum Start- und Fangturm des Startplatzes zurückkehren.

Das Raptor-Triebwerk hat gegenüber den in der Falcon 9 verwendeten Merlin-Triebwerken eine wesentlich erhöhte Leistung. Der Schub ist mehr zweieinhalbmal so hoch. Die spezifische Impulsleistung liegt bei 380 Sekunden im Vakuum und ist somit um 70 Sekunden besser als beim Merlin-Raketenmotor. In der Raumfahrt sind das Welten. Der Raptor arbeitet mit der Treibstoff-/Oxidatorkombination Methan und Sauerstoff. Das Merlin-Triebwerk der Falcon 9 wird dagegen mit Kerosin und Sauerstoff betrieben. Die Nutzlastbucht des Starship weist einen Durchmesser von neun Metern auf und ist etwa 19 – 20 Meter hoch. Das führt zu einem Nutzlastvolumen von bis zu 1.000 Kubikmetern. Das entspricht in etwa dem gesamten verfügbaren Raumvolumen der ISS und ist mit weitem Abstand das Größte, das es jemals in einem Raumfahrt-Trägersystem gab.

Der Testflugbetrieb läuft bis einschließlich 2026 ausschließlich in der Starbase in Texas, nahe der mexikanischen Grenze. Er soll aber danach auch am Kennedy Space Center durchgeführt werden, wo in diesen Tagen gerade eine gewaltige Start- und Fanganlage neben der historischen Startrampe 39A errichtet wird.

Ship 38 wird auf den Booster 15-2 gehoben.

Zum Zeitpunkt, an dem diese Zeilen entstehen befindet sich SpaceX inmitten eines gigantischen Technologieprogramms, das von Testflug zu Testflug unterschiedliche und immer weiter verbesserte Varianten dieses Super-Raumfahrzeugs der Zukunft produziert. Aber es produziert auch zahlreich „RUDs", wie es SpaceX-Firmengründer und CEO Elon Musk zu nennen pflegt: Rapid Unscheduled Disassemblies, also schnelle, ungeplante Zerlegungen. Sie sind ein Euphemismus für die vielen spektakulären Explosionen, die ein iteratives Testprogramm fast zwangsläufig mit sich bringt.

Die Verbindung zwischen Ship 38 und Booster 15-2 ist fast hergestellt.

Nachdem die frühe Testphase des „Ship" mit Flugversuchen in relativ niedriger Höhe beendet war, dauerte es zwei weitere Jahre bis die Phase der so genannten „Integrierten Flugtests" (ITF) begann, bei der die komplette Kombination aus Super Heavy und Starship gemeinsam auf orbitnahen aber noch suborbitalen Bahnen erprobt wurde. Über die Flüge eins bis fünf dieser Reihe haben wir bereits in der letzten Ausgabe von SPACE (SPACE 2025: „Musk vs. Bezos – Duell der Giganten") berichtet. Doch wie ging es danach weiter?

IFT-6 BIS IFT-9

Nun, es war ein recht gemischtes Jahr. Ein Jahr, in dem SpaceX erkennen musste, dass man sich weit in technologisches Neuland gewagt hatte, in Gebiete, die noch nie jemand zuvor erforscht oder gar „ertestet" hatte.

Der integrierte Flugtest Nummer 6 am 19. November 2024 unter Einsatz von Booster 13 und Ship 31 war der zweite Versuch zur Bergung des Boosters und der letzte Einsatz einer Block-1 (oder eben V1-Version) der Super Heavy/Starship-Kombination. Nach der Stufentrennung wurde der Booster aufgrund einer Beschädigung des Fangturms beim Liftoff ins Meer in der Nähe des Startplatzes umgeleitet. Ship 31 absolvierte einen Triebwerks-Wiederzündungstest im Weltraum. Die Wasserung erfolgte im Indischen Ozean und wurde von einer vorab platzierten Boje gefilmt. Alles hatte trotz einiger Schäden am Ship recht gut geklappt, und insofern schien man auf dem richtigen Weg zu sein. Doch dann kamen die unangenehmen Überraschungen. Tatsächlich ist das iterative Testflugverfahren, das bei SpaceX gepflegt wird, für den Raumfahrtfan manchmal nur schwer zu ertragen.

Dreimal versuchte SpaceX in der Folge, die Änderungen der V2-Variante gegenüber der V1-Version zu testen. Nur um festzustellen, dass andere, bislang unbekannte Problemzonen auftauchten. Die galt es nun zuerst abzustellen, bevor man

Ship 38 und Booster 15-2 sind miteinander verbunden.

SPACEX

Pad A, im Vordergrund, ist schon Geschichte. Er wird demontiert. Die nächsten ITF-Flüge finden von Pad B – im Hintergrund zu sehen – statt.

sich der Erprobung der Neuerungen zuwenden konnte. Vier Starships (eine Explosion auf dem Teststand am 18. Juni mit eingerechnet) gingen in diesen neun Monaten in Folge verloren. Dann waren genug Daten beisammen, um das Starship beim IFT Nummer 10 auf den Pfad zu einem operationellen System zurückzubringen.

Flugtest 7 am 16. Januar 2025 unter Verwendung von Booster 14 und Ship 33 sollte einer ähnlichen Flugbahn wie IFT-6 folgen, mit einer geplanten Wasserung im Indischen Ozean etwa 65 Minuten nach dem Start. Ziel der Mission war es unter anderem, das Dispensersystem für Starlink-Satelliten zu testen. Doch dann explodierte das Ship in der Endphase des Aufstiegs, bei einer Geschwindigkeit von etwa 24.000 Kilometern pro Stunde. Dies wurde auf Resonanzen im Leitungssystem zurückgeführt, so genannte Pogo-Schwingungen, deren Ausmaß größer war als bei den Tests beobachtet. Sie führten zu einem Bruch in einer der Treibstoffleitungen. Ship 33 explodierte über den Turks- und Caicosinseln, was zu einer einstündigen Sperrung im Luftraum der Region und zu Protesten der Staaten darunter führte. Der Booster immerhin war erfolgreich. Er kehrte zum Startplatz zurück, wo er mit den „Mechazilla"-Armen des Start- und Landeturms aufgefangen wurde.

Die Testflüge acht und neun am 6. März 2025 und am 27. Mai 2025 verliefen ebenfalls nur teilweise erfolgreich. Während sich die Super Heavy, also die erste Stufe, als zunehmend zuverlässiger erwies, kam es auch bei diesen Missionen jeweils zu Problemen mit dem Ship. Flug acht endete ähnlich wie Flug 7 mit der Detonation der Oberstufe in etwa 120 Kilometern Höhe bei einer Geschwindigkeit von etwa 25.000 Kilometern pro Stunde. Und bei Flug 9 erreichte das Ship zwar die vorgesehene suborbitale Bahn, verlor aber wegen Treibstofflecks seine Manövrierfähigkeit, musste aufgegeben werden und verglühte in der Erdatmosphäre. Als wäre das nicht schon genug Unheil gewesen, explodierte am 18. Juni 2025 das für den 10. Starship-Testflug vorgesehene Ship 36 während der Vorbereitungen für einen Prüfstandslauf an der Testanlage Masseys am Starbase-Gelände. Die Explosion ereignete sich gegen 23 Uhr Ortszeit, kurz vor einem statischen Brennlauf der sechs Raptor-Triebwerke. Ship 36 und der Prüfstand wurden dabei vollständig zerstört. Wir berichten darüber in diesem Buch in einem Kurzartikel im „Raumfahrt-Panorama".

In der Folge mussten am Orbital Launch Mount A, der bis dahin nur als kombinierte Startrampe und Fanganlage eingesetzt wurde, umfangreiche Modifikationen durchgeführt werden, um auch dort Triebwerkstestläufe durchführen zu können. Mit einer Verzögerung von zwei Monaten gegenüber dem ursprünglichen Plan, konnte dann am 27. August 2025 der Integrierte Flugtest 10 stattfinden.

Die Kombination aus Booster 15-2 und Ship 38 wartet auf den Start.

IFT-10

Der verlief nahezu perfekt, mit nur wenigen Kinken und Kanten. Exakt um 0:30 Uhr mitteleuropäischer Zeit begann der Versuchseinsatz des Starship mit der Zündung der 33 Raptor-2-Triebwerke. Mit einer Leistung von 74,3 Millionen Kilonewton, das ist die doppelte Schubkraft der legendären Saturn V, stieg die 123 Meter lange Rakete auf, mit Kurs auf ihre suborbitalen Trajektorie, um ihren 66-minütigen Testflug anzutreten. In dieser Phase schaltete sich eines der Triebwerke unbeabsichtigt ab, was aber keinen Einfluss auf die weitere Flugdurchführung hatte, denn die 32 verbliebenen Triebwerke konnten die dadurch verursachte Minderleistung problemlos ausgleichen.

Zwei Minuten und 36 Sekunden im Missionsverlauf erfolgte der erste Brennschluss, und zwar für alle Erststufentriebwerke bis auf die drei im Zentrum des Triebwerksbündels liegenden Einheiten. Diese verbliebenen Motoren sorgten weiter für einen stetigen, aber nunmehr viel geringeren Schub. In dieser Phase, noch verbunden mit dem Booster durch den so genannten Hot-Staging-Ring, zündeten die sechs Triebwerke der Starship-Oberstufe. Erst nach der Zündung löste sich das Ship von der Super Heavy. Diese Technik wird als „heiße Stufentrennung" bezeichnet. Dabei entweichen die Triebwerksgase der Oberstufe durch die Gitterstruktur des Hot-Staging-Rings nach außen.

Die Mission ITF-11 beginnt am 14. Oktober, um 1:23 Uhr mitteleuropäischer Zeit (am 13. Oktober, 18:23 Uhr Central Daylight Time).

Während das Starship weiter unter Einsatz seiner sechs Triebwerke der geplanten orbitnahen Suborbitalbahn zusteuerte, führte die Super Heavy ein kontrolliertes Wendemanöver durch, um in die Richtung des Startplatzes zurückzufliegen. Dafür wurden 12 der 33 Triebwerke erneut aktiviert, um den so genannten „boostback-burn" durchzuführen. Anders als bei den IFT-Flügen 5, 7 und 8, bei denen die Super Heavy von den Mechazilla-Armen des kombinierten Start- und Fangturms empfangen wurde, war dieses Mal eine Landung etwa 20 Kilometer vor der Küste von Boca Chica geplant. Nur dort konnte ein ganz spezielles Testziel durchgeführt werden, nämlich der simulierte Ausfall eines der Landetriebwerke in unmittelbarer Nähe des Fangturms.

Eines der drei zentralen Raketenmotoren des Boosters wurde dafür absichtlich abgeschaltet, worauf sich sofort ein Triebwerk des mittleren Rings aktivierte, um den Schubausfall zu kompensieren. In der Endphase, unmittelbar vor dem Aufsetzen auf dem Wasser, genügten dann nur noch zwei der Raptor-2-Triebwerke um die Erststufe in der Schwebe zu halten, bevor schließlich auch die deaktiviert wurden, worauf Booster 16 im Wasser versank.

Das Ship hatte in der Zwischenzeit ein Brennmanöver von sechs Minuten und 19 Sekunden Dauer absolviert, um seine Suborbitalbahn mit einem Scheitelpunkt in einer Höhe von gut 190 Kilometern zu erreichen. Diese Bahn brachte es im freien Fall mehr als einen halben Orbit um die Erde. Hauptziel des Ship war es, weitere Daten über das Eintrittsverhalten zu gewinnen, mit dem Ziel, für zukünftige Baumodelle eine schnelle, mehrfache Wiederverwendung zu ermöglichen.

Die mächtige Rakete schiebt sich langsam in die Höhe.

Eine Drohne begleitet das Starship auf den ersten Metern ihrer Mission.

Elon Musk meinte dazu bei einem Webcast am 25. August: „Es gibt tausende konstruktiver Herausforderungen, die für das Ship und den Booster zu bewältigen sind. Am schwierigsten aber ist es, ein vielfach wiederverwendbares, und dennoch sehr einfaches Hitzeschutzsystem zu schaffen. Ich bin zuversichtlich, dass wir das am Ende schaffen werden, aber es wird viele Flüge und viele Iterationen brauchen, bis uns das gelungen ist. Wir müssen erst ganz genau wissen, wo die Schwachstellen sind, wo wir das Design ändern müssen, entweder indem wir die Hitzeschutzkacheln verstärken, die Größe der Lücken zwischen den Kacheln verändern, oder den Kleber oder das Isolationsmaterial unter den Kacheln optimieren. Allein im Hitzeschutzbereich gibt es hunderte von Variablen. Die einzige Möglichkeit, herauszufinden was gut ist und was nicht, ist häufig zu fliegen und nach der Landung das Ship genau zu untersuchen".

Die Testziele des Fluges Nummer zehn blieben gegenüber denen der IFTs 7, 8 und 9 weitgehend unverändert. Der Fokus lag auf der Funktion des Hitzeschutzes beim Wiedereintritt des Ship in die Erdatmosphäre. Davor, noch im außeratmosphärischen Teil der Erprobungsmission, testete SpaceX ein Auswurfsystem für die nächste Generation der Starlink-Satelliten. Dieses System wird der „Pez-Dispenser" genannt, benannt nach den Spendern der Pez-Bonbons, die wir aus unserer Kindheit noch kennen. Die Funktionsweise ist sehr ähnlich. Die Satelliten befinden sich gestapelt in einem Gehäuse, in das sie exakt passen und werden von einem Federmechanismus vor eine Öffnung der Außenhülle des Starship geschoben. Aus der werden sie dann mittels eines weiteren Mechanismus ins Freie befördert. Der kleine Unterschied liegt darin, dass die PEZ-Bonbons unserer Jugend zwei oder drei Gramm wogen, die Starlink v4-Satelliten aber jeweils zwei Tonnen.

Der Start von Starlink-Satelliten dieser neuen Generation, welche die bisherigen wesentlich kleineren Einheiten ablösen sollen, ist denn auch eine der ersten Aufgaben des Starship, und soll im kommenden Jahr beginnen. Bis zu 60 Stück davon sollen von einem Starship in den Orbit transportiert werden können. Damit kann ein einzelner Starship-Start das 20-fache an Übertragungskapazität in den Orbit bringen, wie heute eine Falcon 9, welche die so genannte v2-Mini-Version an Starlinks in die Umlaufbahn transportiert. Der „Auswurftest" erfolgte 18 Minuten und 30 Sekunden nach dem Liftoff. Ein Schlitz in der Außenhülle des Starship öffnete sich, und nacheinander wurden acht v3-Dummies ausgeworfen, die in Gewicht und Form den späteren Satelliten entsprachen. Siebenmal funktionierte der Ausstoß glatt, bei Nummer acht verlief es ein wenig hakelig. Am Ende klappte es aber doch. Kurz danach wurde eines der sechs Raptor-Triebwerke kurzzeitig wiedergezündet, ein Versuch, der für die späteren orbitalen Flüge notwendig war, denn die erfordern Retro-Brennmanöver um die Umlaufbahn wieder zu verlassen.

Der Start zum IFT-Flug Nummer 10 war zeitlich so gelegt worden, dass die Landung im Zielgebiet im Indischen Ozean bei Tageslicht erfolgen konnte. Eine Anzahl von Hitzeschutzkacheln waren – über das ganze Ship verteilt – vor dem Start entfernt worden, um besonders der Hitze ausgesetzte Flächen einem Stresstest zu unterziehen. Zusätzlich wurden konstruktiv andere Hitzeschutzkacheln probeweise angebracht, wie zum Beispiel solche aus Metall, oder aktiv gekühlte Kacheln.

Das Starship gewinnt an Höhe.

Auch mit funktionsfähigen so genannte „catch fittings" war das Ship ausgerüstet. Das sind die Vorrichtungen, mit denen sich das Ship bei der Landung im Fangturm einhakt. Hier waren besonders Thermalwerte gefragt, die mit Hilfe von Sensoren ausgelesen wurden.

Der Orbiter überlebte die Landeaktion, die absichtlich besonders „stressig" ausgelegt war. Allerdings nicht unbeschadet. Eine Schürze um die Triebwerkssektion wurde beschädigt, und einer der beiden Steuerflächen schmolz in der Nähe des Scharniers, das diesen Flügel mit dem Schiff verbindet, teilweise ab. Nichtsdestotrotz blieb das Ship in der gesamten Abstiegsphase steuerbar.

Wenige hundert Meter über der Wasseroberfläche zündeten die drei zentralen Triebwerke und das Ship ging wenige Meter über den Wellen in einen vertikalen Schwebeflug über. Danach wurden die Raketenmotoren abgestellt. Ship 36 sank langsam zur Wasseroberfläche, kippte um und explodierte, wie es zu erwarten war.

Die Landung erfolgte etwa 700 Kilometer westlich der australischen Westküste und wurde von einer dort vorab platzierten Boje gefilmt. Von diesem kleinen Floß aus (einem aufblasbaren Kinderschwimmbecken ähnlich) starteten Drohnen, um alle Aspekte der Landung zu filmen. Gesteuert wurde die ganze Aktion über Starlink-Terminals. Allein exakt diese einsame, winzige Schwimminsel in der Mitte des Ozeans zu treffen beweist schon die enorme Landepräzision.

Der „Super-Heavy-Hover". Für Sekunden verharrt der Booster 15-2 im Schwebeflug über dem Wasser, auf den Zentimeter präzise am virtuellen Fanghaken. Dann werden die Triebwerke abgestellt. Diese Aufnahme hat eine Beobachtungsboje etwa 20 Kilometer vor der Küste vor der Starbase gemacht.

IFT-11

Der Flugtest IFT-11, mit Starship 38 und Booster 15-2, der am 13. Oktober erfolgte, und den wir grade noch so eben in die Berichterstattung für SPACE 2026 quetschen konnten, sah sogar noch besser aus. Als Booster wurde die Einheit 15 verwendet, die schon beim IFT-8 eingesetzt worden war. Es war damit der zweite „reflight" im Starship-Testprogramm. Auch 24 der insgesamt 33 Raptor-Triebwerke der damaligen Erststufe wurden erneut verwendet. Allein von daher wird „Wiederverwendbarkeit" schon früh im Starship-Programm realisiert. Das Dispensersystem des Ships für die Starlink v3-Satelliten, das bei IFT-10 noch leichte Schwächen aufwies, funktionierte diesmal einwandfrei. Die acht Test-Dummies wurden „konfliktfrei" ausgeworfen. Die Zündung eines Triebwerks auf der Flugbahn, um eine Retrozündung zu simulieren, funktionierte perfekt. Sie ist notwendig für die orbitalen Einsätze, die im nächsten Jahr beginnen sollen. Bislang vermied man orbitale Testflüge, um nicht womöglich eine mehrere hundert Tonnen schwere Struktur auf einer niedrigen Erdumlaufbahn stranden zu lassen, die dann Wochen oder Monate später irgendwo unkontrolliert abstürzt.

Klar erkennbar waren aber auch die Probleme, die noch zu bewältigen sind. So kam das Ship praktisch ohne seine Wärmeschutzkacheln unten an. Fast alle schienen sich irgendwann während des Wiedereintritts in der Phase der Kontraktion und der Ausdehnung der Struktur verabschiedet haben. Nur die enorme Wärmefestigkeit des verwendeten Strukturmaterials verhinderte hier ein Desaster. Die Starship- Stahllegierung SAE-304L hält im Dauerbetrieb 850 Grad Celsius aus, bei kurzzeitigen Spitzen geht es auch bis etwa 1000 Grad. Darüber hinaus verliert sie aber ihre mechanische Integrität. Alles, was heißer als 1000 Grad wird, muss also zusätzlich gegen Hitze geschützt werden. An den heißesten Stellen sind es sogar mehr als 1600 Grad.

Ship 38 in seiner orbitnahen Suborbitalbahn, von einer Bordkamera aus aufgenommen. Rechts neben der Sonne ist der „Schlitz" für den „Pez-Dispenser" zu erkennen.

EIN BLICK IN DIE ZUKUNFT

Irgendwann Anfang 2026 wird der IFT-12-Flugtest stattfinden. Die Protagonisten dafür sind bereits bestimmt. Kommt nichts dazwischen, dann werden das Ship 39 und Booster 18 sein, die mit der neuen Generation der Raptor-Triebwerke, als Raptor-3 bezeichnet, ausgerüstet sein werden. Den Pad A, von dem aus alle elf bisherigen IFTs gestartet sind, wird es dann in seiner jetzigen Form nicht mehr geben. Die nächsten Starts werden von Pad B aus

An der linken Seite des Ship ist beim Wiedereintritt in die Erdatmosphäre die beginnende Ionisierung der Luftpartikel an der leichten Rotfärbung gut zu erkennen. Auch der rötliche Bogen links ist ein Ionisierungsphänomen.

erfolgen, der im Oktober 2025 noch nicht ganz fertig war. Eine der wichtigsten Unterscheidungen zum bisher benutzten Start- und Fangturm ist das Vorhandensein eines Flammenschachtes. Den gab es beim Pad A nicht. Bevor die Starship V3-Version in den Orbitalbetrieb geht, wird mindestens noch eine suborbitale Mission ähnlich des IFT-Fluges 11 erfolgen.

Es wäre interessant, genau zu wissen, wie die Finanzierung dieser viele Milliarden Dollar teuren Unternehmung abläuft. Das Programm wird fast vollständig privat finanziert und dürfte derzeit pro Jahr etwa drei Milliarden Dollar verschlingen. Tendenz steigend. Die Hauptfinanzquellen dürften die Erträge aus dem ständig wachsenden Starlink-Geschäft sein, die Privatmittel von Elon Musk und Kredite von Großunternehmen wie Google und Investmentgesellschaften. Letztere haben – soweit bekannt ist – schon mehr als zehn Milliarden Dollar in das Vorhaben gesteckt. Da die Frage öfters gestellt wird, beantwortet sie Musk in der Regel mit dem Hinweis, dass „derzeit keine weiteren Mittel nötig seien". Tatsächlich kann sich Musk seine Investoren aussuchen. Sie rennen ihm schier die Tür ein.

Ist das Starship erst einmal fertig entwickelt, in seiner Iteration V4 oder vielleicht darüber hinaus, beabsichtigt Elon Musk, der CEO und Gründer von SpaceX, wie er selber sagt „tausende" davon zu bauen, um seinen Traum einer sich selbst erhaltenden Stadt auf dem Mars zu realisieren. Eine lange Kette – bildlich gesprochen – von Raumschiffen, würden sich dann auf den Weg zum Roten Planeten machen. Dort, am marsianischen Ende dieser Kette von Starship-Raumtransportern, wird dann die Stadt „Terminus" aufgebaut.

Am irdischen Ende dieser Kette gibt es bereits heute eine Stadt. Sie heißt Starbase, der Ort an dem die Starships gebaut und getestet werden. Starbase erhielt am 20. Mai 2025 die texanischen Stadtrechte. Mit allem Drum und Dran und mit eigener Postleitzahl. Das war der Tag, an dem die Gemeindegründung amtlich bestätigt wurde. Derzeit beträgt die Einwohnerzahl etwa 560 Menschen, die Fläche

Ship 38 ist hier beim Abstieg komplett von einer rötlichen Plasmawolke umgeben. Von der Erde aus sieht das Starship nun wie ein Meteor aus. Es sind dies die kritischen Minuten des Wiedereintritts, bei dem die höchsten Temperaturen auftreten.

des Ortes (welche die Fertigungsanlagen mit umfasst) liegt bei etwa vier Quadratkilometern. Dazu kommt das westlich gelegene Flugtestgelände mit der dazu gehörenden Infrastruktur wie beispielsweise der Tank Farm, Masseys Outpost für die Triebwerkstest und den beiden Starttürmen. Dieses Gelände gehört (derzeit noch) nicht zum Stadtgelände und umfasst weitere etwa sechs Quadratkilometer.

Ähnlich der Struktur und Größe dieser Stadt sollte auch das marsianische „Terminus" sein, und Elon Musk hofft, sie noch zu seinen Lebzeiten zu sehen. Nur einen Ozean wird es dort – zumindest fürs Erste – nicht geben.

20.000 Kilometer vom Startort entfernt, 700 Kilometer vor der australischen Küste und 65 Minuten nach dem Liftoff befindet sich das Ship 38 im Schwebeflug über der Wasseroberfläche. Das kleine Schlauchboot, von dem aus die Kameradrohnen gestartet sind, und auf dem sich die Starlink-Sende- und Empfangsanlage befindet kann man im Bereich links unten im Bild erkennen.

Alles Wasser auf Europa

Bildcredit und Bildrechte: Kevin Hand (JPL/Caltech), Jack Cook (Meeresforschungsinstitut Woods Hole) und Howard Perlman (USGS)

12. Oktober 2025: Wie viel von Jupiters Mond Europa besteht aus Wasser? Niemand weiß das genau. Doch es muss laut den Daten der Raumsonde Galileo, die 1995 bis 2003 gesammelt wurden, eine ganze Menge sein.

Unter Europas vereister Oberfläche umspannt ein tiefer Ozean aus flüssigem Wasser den ganzen Mond. Ozean und Eisschicht sind zusammen vielleicht mehr als 100 km dick. In dem Fall hätte eine Kugel aus Europas Wasser einen Radius von über 100 Kilometern.

Diese Illustration vergleicht die hypothetischen Wasserkugeln von Erde und Europa im selben Maßstab. Links sind Europa und das Wasser darauf, rechts ist das Wasser des Planeten Erde dargestellt.

Der Ozean unter Europas Oberfläche hat vielleicht sogar ein größeres Volumen als das Wasser der Erde. Daher ist er ein interessantes Ziel für die Suche nach Leben im Sonnensystem außerhalb der Erde. Die NASA-Raumsonde *Europa Clipper* startete letztes Jahr mit diesem Ziel.

Grafik: www.meta-physik.com

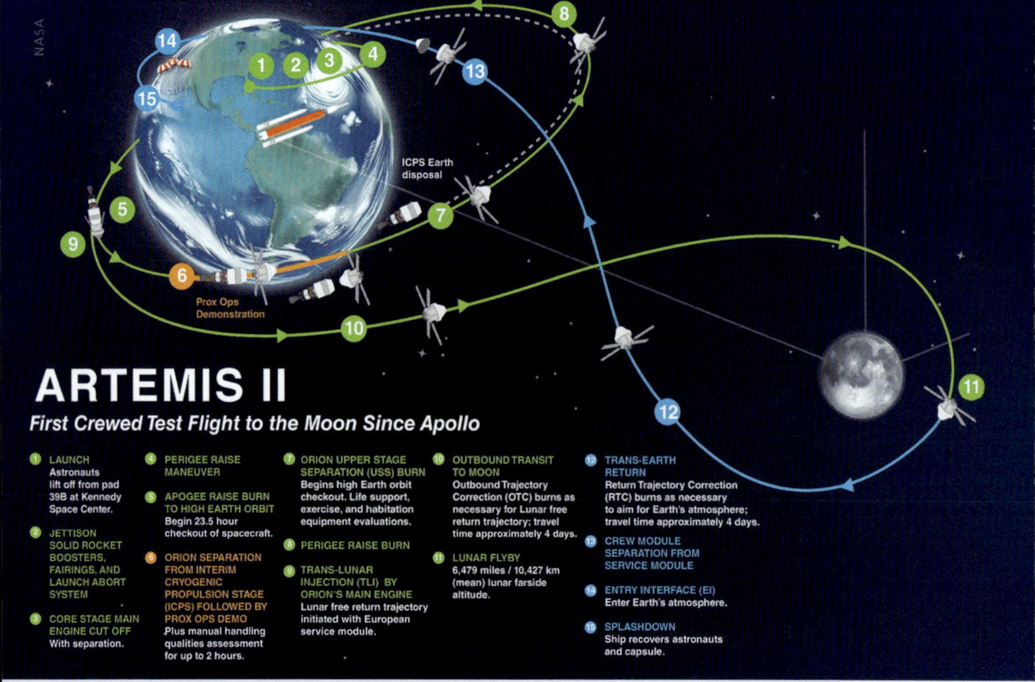

Schematische Darstellung des Flugablaufs.

ARTEMIS II – VOM START BIS ZUR LANDUNG

53 Jahre, einen Monat, zwei Wochen und drei Tage nach der Wasserung von Apollo 17 im Pazifik ist es wieder so weit: Am 5. Februar 2026 hebt ein bemanntes Raumschiff von der Startanlage 39B des Kennedy Space Centers ab und macht sich auf die Reise zum Mond. Die Mission ist ambitioniert und wenig ambitioniert zugleich. Der Flug ist noch am ehesten zu vergleichen mit der Mission von Apollo 13, als deren Crew nach einer Explosion im Geräteteil der Odyssey nur in einer Schleife um den Mond herumfliegen, aber nicht in eine Umlaufbahn um den Erdtrabanten eintreten konnte. Dennoch, es ist ein neuer Aufbruch zum Erdtrabanten. Und diesmal will man nach den anfänglichen Versuchsmissionen auch dort bleiben, um eine Station errichten.

DER STARTZEITPUNKT

Ein Mondprogramm mit der Bezeichnung Artemis gibt es erst seit 2019. Vorläuferprogramme existierten aber schon lange vorher, doch waren sie Opfer häufiger Revisionen durch verschiedene US-Regierungen. Barak Obama war es, der das Constellation-Programm, das unter der Präsidentschaft von George Bush etabliert worden war, im Jahre 2010 wieder einstellen ließ. Zwei Programmelemente daraus überlebten immerhin, und das waren die Orion-Raumkapsel und die SLS-Trägerrakete. Im

Rahmen des Exploration Systems Development Program, das dem Constellation-Projekt nachfolgte, wurde 2011 erstmals eine Planung vorgelegt, wann eine Orion zu einer ersten bemannten Mission in Richtung Mond aufbrechen könnte. Das Missions-Direktorat des Programms legte für diesen ersten bemannten Einsatz – schon damals war eine Mondumfliegung auf einer so genannten freien Rückkehrbahn geplant – den Zeitraum zwischen 2019 und 2021 fest. Der Erstflug des SLS, mit einer noch unbemannten Orion, sollte aus der damaligen Sicht im Dezember 2016 erfolgen. 2019 wurde das Programm von Vizepräsident Pence in Artemis umbenannt und neu geordnet. Damit kamen auch neue Zeitpläne, die jetzt einen etwas verbindlicheren Charakter vermuten ließen. Für die nun schon als Artemis II bezeichnete ersten bemannten Mission bedeutete das eine Verschiebung auf das Jahr 2023.

Artemis II-Missionslogo

Am 11. Dezember 2022, um 18:40 Uhr mitteleuropäischer Zeit, endete Artemis I, die erste – noch unbemannte – Mondflugmission des Programms mit einer Wasserung im Pazifik. Es war dies gleichzeitig der Erstflug der SLS-Rakete und damit die Mission, die man eigentlich schon 2016 hätte durchführen wollen.

Im Januar 2024 wurde der Start der Artemis II-Mission für September 2025 erwartet. Im Oktober 2024 stellte das Büro des Generalinspekteurs der NASA jedoch fest, dass das Exploration Ground Systems-Team seine für die Lösung unvorhergesehener Probleme (vor allem bezüglich des Hitzeschildes der Orion-Raumkapsel) reservierte Zeit bereits aufgebraucht hatte, und sich der Starttermin weiter verzögern würde. Im Dezember 2024 gab der scheidende Administrator Bill Nelson bekannt, dass sich die Mission aufgrund der anhaltenden Probleme mit dem Lebenserhaltungssystem und dem Hitzeschild weiter verzögere, und man nun den Start für Artemis II für April 2026 anstrebe. Im August 2025 berichteten etablierte Medien wie NASASpaceflight, der Journalist Eric Berger und der US-Senator und ehemalige Astronaut Mark Kelly, dass die Mission auf Februar 2026 vorverlegt worden sei. Im September 2025 gaben Vertreter der Raumfahrtbehörde offiziell bekannt, dass sie ein Startfenster anstreben, das sich am 5. Februar 2026 öffnet. Sollte es an diesem 5. Februar 2026 nicht klappen – und die Wahrscheinlichkeit dafür ist beliebig hoch – kann nahezu umstandslos verschoben werden. Es tun sich jeden Monat zwischen vier und acht Startfenster auf, an denen die Mission auf den Weg gebracht werden kann. Wie auch immer: irgendwann im Spätwinter oder Frühjahr 2026 wird der Start zur Mission Artemis II erfolgen, und wenn alles glatt geht, wird der Einsatz so wie unten beschrieben ablaufen.

Doch sehen wir uns zunächst einmal die Besatzung etwas näher an:

DIE CREW

Die NASA stellte die Artemis II-Crew bereits am 3. April 2023 vor. Zu diesem Zeitpunkt war der der Start noch für September 2025 vorgesehen gewesen. Kommandant ist Reid Wiseman, der bislang einen einzelnen Flug absolviert hat, als er 2014 als Bord-

Die Crew. Von oben im Uhrzeigersinn: Victor Glover, Jeremy Hansen, Reid Wiseman und Christina Koch.

Die Crew inklusive der Reserve-Astronauten. Von links: Jenny Gibbons, Andre Douglas, Jeremy Hansen, Christina Koch, Victor Glover und Reid Wiseman.

ingenieur Mitglied der ISS-Crew 40/41 war. Dabei verbrachte er 165 Tage im Orbit. Er war danach mehrere Jahre Chef des Astronautenbüros. Das ist eine Managementposition, bei der man nicht für einen weiteren Flug nominiert werden darf. Von diesem Posten trat Wiseman im November 2022 zurück und war somit wieder für einen Raumflug wählbar. Wiseman wird zum Zeitpunkt des Fluges 50 Jahre alt sein.

Als Pilot fungiert Victor Glover. Auch er hat einen vorausgegangenen Raumflug absolviert, als Mitglied der ISS-Expeditionen 64 und 65, und verbrachte dabei 167 Tage im Orbit. Er wird zum Zeitpunkt seines Fluges 49 Jahre alt sein.

Bordingenieurin Christina Koch hat die größte Raumflugerfahrung. Allerdings auch sie nur aus einer einzelnen Mission. Immerhin hat sie als Mitglied der Expeditionen 59/60/61 insgesamt 329 Tage im Orbit verbracht. Sie wird zum Zeitpunkt des Artemis-Fluges 47 Jahre alt sein.

Nummer vier an Bord ist der Kanadier Jeremy Hansen. Er ist – mit 50 Jahren – Weltraum-Neuling. Alles in allem ist das eine Crew mit erstaunlich geringer Raumflugerfahrung, aber ein „perfect fit" für die gesellschaftspolitischen Vorgaben, welcher die NASA während der Biden-Regierung unterlag: Ein NASA-Karriereastronaut, der bereits einen Management-Posten innehatte, ein Afro-Amerikaner, eine Frau und ein Mitglied einer befreundeten Nation, mit der es seit langem Raumfahrt-Beziehungen gibt. Trump hat nicht versucht, an der Zusammenstellung dieser Besatzung, die mehr durch politisches Kalkül als nach Seniorität entstanden ist, etwas zu ändern.

Auch die beiden Reserve-Besatzungsmitglieder entstammen noch dem Geist der Biden-Administration. Es sind dies Andre Douglas, ein 40-jähriger Afroamerikaner, der noch über keine Raumflugerfahrung verfügt, und die 37-jährige Kanadierin Jenny Gibbons, die gleich zwei der Vorgabekriterien erfüllt: Sie ist eine Frau und Mitglied einer Nation, die den Artemis-Accord unterschrieben hat. Auch sie hat keine vorherige Raumflugerfahrung. Doch nun zum Ablauf der Artemis II-Mission, des ersten bemannten Fluges in Richtung Mond in mehr als einem halben Jahrhundert. Das Orion-Raumschiff trägt übrigens den Namen *Integrity*. Der wurde von der Crew nach den oben erwähnten politischen Vorgaben ausgewählt und am 25. September 2025 bei einer Pressekonferenz bekannt gegeben.

An Bord befinden sich auch vier jeweils etwa 20 Kilogramm schwere 12Unit-CubeSats, die bereits im Spätherbst 2025 integriert wurden. Diese CubeSats wurden am so genannte Orion Stage Adapter (OSA) montiert, einer konusartigen

Struktur, welche die Oberstufe des SLS, also die so genannte Interim Cryogenic Propulsion Stage (oder kurz ICPS), mit dem Orion-Raumschiff verbindet. Im Gegensatz zur Artemis I – Mission, wo insgesamt zehn CubeSats erst nach dem Einschuss in die lunare Transferbahn mittransportiert wurden, werden die vier Artemis-II-Satelliten im elliptischen Übergangs-Erdorbit abgesetzt. Diese CubeSats sind die folgenden:

- **TACHELES**, den die Berliner Firma NEUROSPACE für das DLR gebaut hat: Untersucht den Einfluss der Weltraumbedingungen auf elektrische Komponenten für Mondfahrzeuge.
- **ATENEA**, aus Argentinien, von der CONAE, also der Comisión Nacional de Actividades Espaciales, der argentinischen Raumfahrtbehörde. Er beschäftigt sich mit Strahlenschutz, kartiert die Strahlungsumgebung, sammelt GPS-Daten für die Artemis-III-Missionsplanung und testet Fernkommunikationssysteme.
- **K-RadCube** aus Südkorea, vom Korea Aerospace Research Institute oder kurz KARI, der südkoreanischen Raumfahrtbehörde. Er misst Weltraumstrahlung und ihr Potenzial für Energiegewinnung aus dem Weltraum. Und schließlich
- **FARAH** aus Saudi-Arabien, von der Saudi Space Agency, kurz auch SSA genannt. Eine Technologiedemonstration für zukünftige Mondmissionen, inklusive Bildgebung und Sensorik.

Die vier CubeSats werden unterhalb des Service-Moduls am konusförmigen Adapterelement angebracht.

Die CubeSats werden etwa 90 Minuten nach dem Start, nach der Trennung des Orion-Raumschiffs von der ICPS freigegeben. Der Zeitpunkt wird durch einen Timer bestimmt. Doch nun zu den wichtigsten Eckpunkten der Mission.

ZWEI TAGE VOR DEM START

48 Stunden vor dem Start befindet sich die Crew schon seit mehreren Tagen in Quarantäne im Operations and Checkout Building des Kennedy Space Centers. Die SLS-Rakete mit dem Orion-Raumschiff Integrity steht zu diesem Zeitpunkt bereits seit mehreren Wochen am Launch Complex 39B. Gegen 6:00 Uhr mitteleuropäischer Zeit beginnt im Firing Room 1 der Countdown. Die Crew wird abschließend medizinisch untersucht. Danach findet eine Simulation des Starttages statt, von der Einkleidung in die Raumanzüge, dem Transport zur Startanlage bis zum Einstieg in die Orion. Simultan laufen Checks des Lebenserhaltungssystems, der Flugsoftware und des Flugabbruch-Systems. Die Simulation stoppt bei T-4 Stunden. Die Crew steigt wieder aus und kehrt in ihr Quartier zurück. Gegen Mitternacht führt die Startdirektorin Charlie Blackwell-Thompson die Go/No-Poll mit dem Mission-Management Team durch.

DER TAG VOR DEM START

Die Betankung der Zentralstufe der SLS beginnt. Telemetrie- und Kommunikationstests mit dem Mission Control Center in Houston werden durchgeführt. Es gibt ein ausführliches Wetter-Briefing. Die Crew geht gegen 5:00 Uhr morgens ins Bett. Sie hat sich bereits seit einigen Tagen auf den Missionsrhythmus umgestellt. Speziell die RS-25-Triebwerke werden nun noch einmal überprüft. Zuständig dafür ist Ascent Flight Director Judd Frieling. Gegen 5:00 Uhr morgens mitteleuropäischer Zeit findet erneut ein Go/No-Go Poll statt. Gegen 13:00 Uhr steht die Crew auf und geht zum Wetter-Briefing. Danach werden die Raumanzüge angelegt. Gegen 22:00 Uhr erfolgt der Marsch zum Astrovan. Die Ankunft am Pad ist gegen 22:30 Uhr MET. Gegen 23:10 Uhr beginnt der Einstieg in die *Integrity*. Zuerst Wiseman und Glover. Danach Hansen und Koch. Noch drei Stunden bis zum Start.

Die Zentralstufe des SLS bei der Integration in der High Bay 2 des Vehicle Assembly Buildings

STARTTAG

Der Start ist am 5. Februar 2026 um 20:09 Uhr Ostküstenzeit geplant. Dies entspricht 02:09 Uhr mitteleuropäischer Zeit am 6. Februar. Bei T-1 einer Stunde sind die Tanks für den Oxidator und den Treibstoff voll. Jetzt erfolgt nur noch das „Topping", um verdampften Wasserstoff und Sauerstoff zu ersetzen. 30 Minuten vor der Zündung der Triebwerke beginnt der Engine Chilldown. Sieben Sekunden vor dem Liftoff zünden die vier Haupttriebwerke des SLS und der Schub baut sich auf. Drei Sekunden vor dem Liftoff beginnt eine Checkout-Phase von drei Sekunden Dauer. Fällt sie positiv aus, zünden zum Zeitpunkt T-0 die beiden Feststoffbooster. Die Rakete hebt ab. Eine Minute und zehn Sekunden nach dem Liftoff ist „Max-Q" erreicht, der Zeitpunkt der maximalen dynamischen Belastung von Rakete und Raumschiff. Bei zwei Minuten und sieben Sekunden sind die beiden Booster ausgebrannt und werden abgeworfen. Fünf Minuten und 20 Sekunden nach einem nominalen Start wird das Startrettungssystem von der Orion getrennt. Der Main Engine Cutoff der Zentralstufe erfolgt bei T+8:03 Minuten, sieben Sekunden später trennt sich die ICPS mit dem Orion-Raumschiff an der Spitze. Damit ist eine suborbitale Bahn erreicht, auf der die Zentralstufe nach einer halben Erdumkreisung über dem indischen Ozean wieder in die Erdatmosphäre eintritt. Nun zündet die ICPS für 34 Sekunden und bringt sich selbst und die Integrity auf einen kreisförmigen Parkorbit in einer Höhe von 185 Kilometern. Dort werden weitere neun Minuten und 20 Sekunden später die Solargeneratoren des European Service Modules entfaltet. Zwei Drittel einer Erdumkreisung später, bei 57 Minuten und 32 Sekunden nach dem Liftoff, beginnt die zweite Brenndauer des IPCS, die dieses Mal fast zehn Minuten dauert. Danach ist eine stark elliptische Umlaufbahn mit einem Perigäum von 185 Kilometern und einem Apogäum von 70.000 Kilometern erreicht. Eine Stunde und 13 Minuten nach dem Verlassen der Startrampe 39B trennt sich die Orion von der IPCS. Dies ist ein 24-Stunden-Orbit. Der Plan ist es, im Perigäum dieser Bahn, wenn also die Integrity zurück auf dem niedrigsten

Bahnpunkt über der Erdoberfläche ist, das Aj10-190-Triebwerk des Service-Moduls für etwa sechseinhalb Minuten zu zünden. Dies ergibt einen Geschwindigkeitszuwachs von gut 400 Metern pro Sekunde, genug um das Apogäum auf eine Höhe von 405.000 Kilometer zu bringen. Das ist auf Höhe des Apogäums der Mondbahn um die Erde. Sollte Unsicherheit bestehen, ob die TLI-Zündung tatsächlich durchgeführt werden soll, oder sollten weitere Checks notwendig werden, dann kann ein weiterer 24-Stunden-Orbit mit diesen Parametern abgeflogen werden. Spätestens nach der zweiten Rückkehr zum Perigäum muss aber die Entscheidung fallen. Zu viele Durchgänge durch die beiden Van Allen-Gürtel sind für das Strahlungsbudget der Crew schlecht. Sollten insgesamt fünf Durchgänge durch die Strahlungsgürtel geflogen werden (je zweimal auf dem aufsteigenden und absteigenden Ast der hochelliptischen Anfangsbahn plus der Durchgang bei der Rückkehr vom Mond würde die Crew einer kumulierten Strahlenbelastung von etwa 15-20 Millisievert (mSv) ausgesetzt sein. Zum Vergleich: Ein Transatlantikflug verursacht eine Strahlungsdosis von 0,05 mSv; die Artemis II-Gesamtdosis bleibt dennoch deutlich unter der ISS-Jahresdosis von bis zu 200 Millisievert.

FLUGTAG 2

Nach diesem aufregenden Starttag wird es nun etwas ruhiger. Der zweite Flugtag bringt nach dem TLI-Manöver die erste volle „Deep-Space" Phase. Die Distanz zur Erde verändert sich an diesem Tag vom TLI-Startpunkt in nur 185 Kilometern Erdabstand auf etwa 100.000 Kilometer. Erste Mittkurs-Korrekturmanöver können bereits jetzt anstehen, für den Fall, dass die TLI-Zündung nicht präzise genug war. Sie würden sich in einem Geschwindigkeitsrahmen von etwa $\Delta v = 8$ m/s bewegen. Es dürfte auch der Tag der großen Fernsehsendungen aus dem All sein. Geplant ist für Flugtag zwei auch die erste Nutzung des Ka-Band Hochgewinnantenne für HD-Video-Streams und die Erprobung „personalisierter" Strahlungswesten.

FLUGTAG 3

Die Entfernung von der Erde vergrößert sich am dritten Flugtag bis auf 250.000 Kilometer. Die Crew wickelt ihr Wissenschaftsprogramm ab. An diesem Tag liegt der Schwerpunkt bei den so genannten Human Factors, wie zum Beispiel die Schlafqualität bei Tiefraum-Missionen. Die Instrumente für den nahen Mondvorbeiflug werden gecheckt. Es gibt Rendezvous-Versuche mit simulierten Zielen. Die Fitness-Geräte an Bord der Orion werden getestet. Es sind andere, als auf der ISS, denn hier steht wesentlich weniger Platz zur Verfügung. An diesem Tag bekommt die Crew auch erstmals den Mond in Sicht. Mit dem 800-mm-Objektiv an Bord können hier schon ordentliche Fotos gemacht werden. Feinjustierungen der Flugbahn in der Größe von etwa fünf Metern pro Sekunde werden durchgeführt.

FLUGTAG 4

Wir erinnern uns: Die Orion befindet sich auf einer extrem elliptischen Erdumlaufbahn mit einem Perigäum von 185 Kilometern und einem Apogäum von 405.000 Kilometern. Der Scheitelpunkt der Ellipse wird an diesem Tag erreicht. Dies entspricht

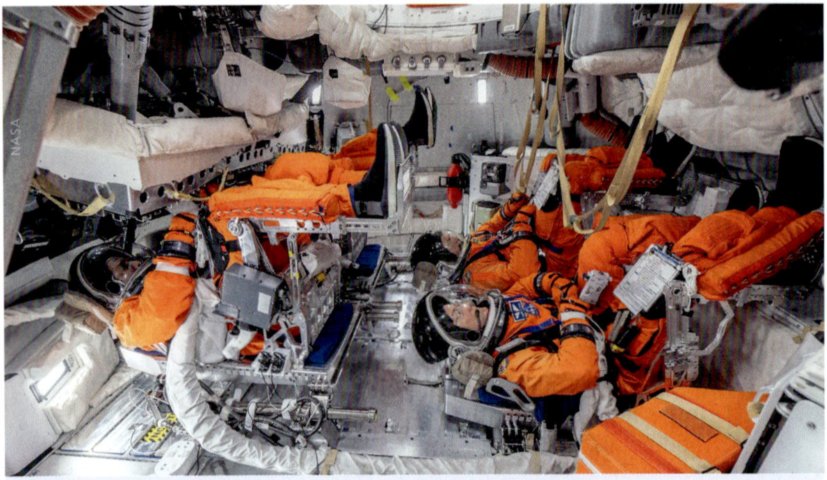

Sitzordnung der Crew beim Start.

übrigens in etwa den durchschnittlichen Erddistanzen, die auch im Apollo-Programm erreicht wurden. Naturgemäß ist das ein Tag mit einigen TV-Übertragungen. Es finden Bahn-Optimierungsmanöver für den bevorstehenden nahen Mondvorbeiflug statt.

FLUGTAG 5

In dieser Erdentfernung, nahe dem Scheitelpunkt der Bahnellipse, bewegt sich die Orion nur noch sehr langsam. Flugtag 5 definiert den Übergang zur Rückkehrphase. Die Crew bereitet sich auf den Mond-Vorbeiflug vor. Die Experimente für dieses Ereignis werden präpariert. Letzte Bahnanpassungen werden vorgenommen. Die Fluggeschwindigkeit ist nun, im Scheitelpunkt der Bahnellipse, äußerst niedrig. Tatsächlich sind es nur noch etwa 650 Kilometer pro Stunde. Die Entfernung zum Mond, der sich mit 13 Grad pro Tag auf seiner Bahn auf die Orion zubewegt, beträgt etwa 75.000 Kilometer.

FLUGTAG 6

Heute steht er an, der Vorbeiflug am Mond in einer Entfernung von 7400 Kilometern und im guten Sichtbereich des lunaren Südpols. Den konnten die Apollo-Astronauten auf ihren äquatornahen Flugbahnen nicht sehen. Der mondnächste Punkt ist drei Stunden nach dem Beginn des sechsten Flugtages erreicht. Vor allem durch die Gravitationseinwirkung des Erdtrabanten gewinnt die Orion wieder deutlich an Fahrt. Es sind nun wieder mehr als 5000 Kilometer pro Stunde. Am Ende dieses sechsten Flugtages ist die Orion schon wieder nur noch 250.000 Kilometer von der Erde entfernt. Es wird viel fotografiert, es gibt TV-Übertragungen, aber auch bereits erste Vorbereitungen für die Landung. Auch Kalibrierungs-Brennmanöver der Lageregelungstriebwerke der Orion-Landekapsel stehen auf dem Plan. Sie wurden bislang nur wenig benötigt, denn für alle Geschwindigkeits- und Lageregelungsmanöver während des Fluges bis kurz vor dem Eintritt in die Erdatmosphäre ist das europäische Servicemodul zuständig.

FLUGTAGE 7 UND 8

Die Distanz zur Erde sinkt gegen Ende des siebten Flugtages wieder auf 150.000 Kilometer. Es wird ein intensives wissenschaftliches Programm mit Schwerpunkt Weltraum-Medizin abgewickelt. Und natürlich wird es auch wieder Live-Schaltungen geben, an diesem Tag vor allem mit US-Schulen. Auch Bahnanpassungen, falls nötig, werden durchgeführt. Gegen Ende des achten Flugtages wird die Entfernung zur Erde auf unter 30.000 Kilometer gesunken sein. An Bord werden jetzt Wiedereintritts-Simulationen durchgeführt.

LETZTER FLUGTAG

Wenn der Flug tatsächlich am 5. Februar 2026 um 20:09 Uhr begann, und keine zweite Erdumkreisung auf der hochelliptischen Anfangsbahn notwendig war, dann wird der letzte Flugtag am 14. Februar in etwa so aussehen. Gegen 9:40 Uhr mitteleuropäischer Zeit wird die Crew geweckt. Gegen 14:30 beginnt die sie mit dem Anlegen der Raumanzüge. Etwa gegen 14:40 Uhr wird die Orion in die Wiedereintritts-Raumlage gebracht, also mit dem Hitzeschild voran. Diese Raumlage (genannt Attitude Lock) wird von nun an beibehalten. 47 Minuten vor dem geplanten Splashdown wird das Servicemodul abgetrennt. Die Orion-Rückkehrkabine fliegt nun alleine und mit Batteriebetrieb. 39 Minuten vor der Wasserung erreicht die Kapsel in einer Höhe von etwa 120 Kilometern das so genannte Entry-Interface. Die Geschwindigkeit liegt nun bei 11,1 Kilometern pro Sekunde. Die Temperatur am Hitzeschild steigt in den nächsten Sekunden und Minuten auf 2800 Grad Celsius. 35 Minuten vor der Wasserung beginnt eine etwa vierminütige Black-out-Phase. Die Kapsel ist in heißes Plasma gehüllt, und es ist keine Kommunikation mit ihr möglich. 24 Minuten vor der Wasserung werden zwei kleine Stabilisierungsfallschirme ausgeworfen. Vier Minuten später die drei Hauptfallschirme in einer Höhe von etwa 2000 Metern. Danach sinkt die Kapsel langsam der Wasseroberfläche entgegen. Die Landezone liegt etwa 400 Kilometer südlich des Point Nemo, vor der Baja California. Dort wartet das Bergungsschiff, die USS San Diego. Etwa 30 Minuten nach dem Erreichen der Wasseroberfläche beginnen die Bergungsoperationen. Danach ist die Mission Artemis II Geschichte.

NASA

So klein wird der Artemis II-Crew die Erde erscheinen. Dieses Bild stammt von der unbemannten Artemis I-Mission.

WIKIMEDIA COMMONS
Testabschuss einer Cedar 1-Rakete gegen Ende 1960

DAS LIBANESISCHE RAUMFAHRTPROGRAMM

ODER WIE EIN KLEINES LAND AUS DEM NAHEN OSTEN BEIM WETTLAUF INS ALL MITMISCHTE

Seit jeher fasziniert die Erforschung des Weltraums die Wissenschaft. In den 1950er- und 60er-Jahren lieferten sich die USA und die Sowjetunion mitten im Kalten Krieg einen Wettlauf ins All. Doch was kaum jemand weiss: Ein längst vergessenes Programm aus der arabischen Welt hatte ebenfalls den Traum, den ersten Mann auf den Mond zu schicken.

Es kennt wohl fast jeder die Geschichte des ersten, sowjetischen Kosmonauten im All. Juri Gagarin erreichte am 12. April 1961 als erste Person den Weltraum. Das Wettrennen um den ersten Menschen auf dem Mond gewannen hingegen die USA. Am 21. Juli 1969 landeten dort Neil Armstrong und Buzz Aldrin.

Aber wussten Sie, dass es in den 60er-Jahren einen weiteren Rivalen um den Wettlauf in den Weltraum gab? Ein kleines Land im Nahen Osten, nur etwa halb so groß wie Hessen, baute ebenfalls Anfang der 60er-Jahre Raketen, um sie ins All zu schicken. Dies ist die unglaubliche, in Vergessenheit geratene Geschichte der Rocket Society aus dem Libanon.

DIE GRÜNDUNG DER „HAIGAZIAN COLLEGE ROCKET SOCIETY“

Die Weltraumfahrt-Vergangenheit der Haigazian-Universität in Beirut ist kaum bekannt. Im November 1960 schloss sich eine Gruppe von Studenten des Haigazian

College unter der Leitung von Manoug Manougian – einem Mathematik- und Physiklehrer – zusammen und gründete die Haigazian College Rocket Society (HCRS). Das geht aus einem Interview mit Manoug Manougian hervor, das auf der Webseite der Armenian Evangelical Emmanuel Church veröffentlicht wurde.

Der Schriftsteller Pierre Jarawan hat für seinen kürzlich erschienen Roman „Frau im Mond" intensiv recherchiert und mit der Redaktion von Web.de gesprochen: „Für die Gruppe war das Raketenbauen ein Hobby aus Interesse an der Wissenschaft. Sie bauten Raketen, die immer größer und besser wurden und waren schließlich so gut, dass sie mit einigen davon sogar tatsächlich den Weltraum erreichten. Das sorgte für eine riesige Euphorie im Nahen Osten – für den Traum, einen Araber als ersten Mann auf den Mond zu schicken."

DIE WISSENSCHAFTLER WOLLTEN KEINE MILITÄRISCHE NUTZUNG

Wie HCRS-Gründer Manougian in seinem Interview ausdrücklich betont, ging es ihm und seinen Studenten damals ausschließlich um wissenschaftliche und nicht um militärische Ziele. Doch die finanziellen Mittel der Studentengruppe waren begrenzt, weshalb sie auf Materialbeschaffung, Treibstoff und Teststrecken des libanesischen Militärs angewiesen war.

Der Raumfahrtexperte Eugen Reichl schätzt die Entwicklungskosten für ein orbitales Raketenprogramm gegenüber Web.de auf deutlich zu hoch für den Staatshaushalt des Libanons im Jahr 1961 oder 1962 ein. Doch ein suborbitales Programm, mit dem sich Höhen um 100 Kilometern erreichen ließen, lag im Rahmen des Möglichen, wenngleich es dafür immer noch viel Geld und Expertise brauchte.

MARK WADE

Eine Cedar 4-Rakete wird im Jahr 1964 für einen Testabschuss vorbereitet.

WIE KONNTE DER LIBANON MIT SO WENIGEN MITTELN RAKETEN BAUEN?

Für die Konstruktion einer Rakete braucht es Reichl zufolge gar nicht so viel: „Schon vor dem Zweiten Weltkrieg wusste man, wie man flüssigkeitsbetriebene Raketen baut", sagt er. Die Feststoffraketen in der Art, wie sie damals im Libanon entwickelt wurden, waren tatsächlich „nichts anderes als Feuerwerksraketen in etwas größerem Maßstab und einer etwas wirksameren Pulvermischung". Simple Feststoffraketen seien viel einfacher zu bauen als flüssigkeitsbetriebene Raketen. Die Metallhülse könne man sehr leicht selber fertigen und die nötigen Chemikalien auf Ammoniumbasis, gemischt mit einem Oxidator, konnte man auch damals im Baustoffhandel und in Apotheken kaufen.

Und tatsächlich hat die Gruppe ihre ersten Versuche mit einfachen Mitteln unternommen, wie Manougian in einem Interview mit der BBC verrät: „Ich dachte mir, ich könnte von meinem mageren Gehalt etwas abzweigen und meine Frau davon überzeugen, dass ich davon kaufen kann, was ich für die Experimente brauche." Erste Prototypen bastelte die Gruppe aus Pappe und Rohren. Die testete sie dann auf einem Bauernhof in den Bergen über Beirut.

ÜBERWACHTEN GEHEIMDIENSTE DAS RAKETENPROGRAMM IM LIBANON?

Das libanesische Raketenprogramm blieb von der Konkurrenz aus Ost und West nicht unbemerkt. Manougian äußerte in dem BBC-Interview den Verdacht, dass ausländische Agenten aus den USA, der Sowjetunion und anderen arabischen Ländern seine Arbeit überwachten. Pierre Jarawan weiß aus seinen Recherchen: „In den 60er-Jahren war Beirut voller Geheimdienste, der sowjetische, die CIA, MI6, KGB. Ich glaube nicht, dass das Ausland das libanesische Raketenprogramm als ernsthafte Bedrohung gesehen hat, im Sinne von ‚Die könnten vor uns auf dem Mond landen.' Es ging eher darum: ‚Was planen die mit Raketen im Nahen Osten?'"

„Hier war der winzige Libanon in der Lage, etwas zu tun, was der Rest der arabischen damals Welt nicht geschafft hatte", sagte Manougian 2013 gegenüber der BBC, nachdem gerade ein Dokumentarfilm über das Raketenprogramm im Libanon erschienen war. Eugen Reichl zufolge gab es damals in dieser Gegend lediglich in Israel und in der Türkei nennenswerte Raketenforschung.

FRANZÖSISCHER DOKUMENTARFILM ÜBER RAKETEN IM LIBANON

Der französisch-libanesische Film „The Lebanese Rocket Society" erzählt die Geschichte der Raketenforschung des Libanons nach. Im April 1961 wurde eine einstufige Feststoffrakete gestartet und erreichte eine Höhe von etwa einem Kilometer. Mit weiteren Verbesserungen des Festtreibstoffsystems wurde eine ähnliche Rakete später bis zu zwei Kilometer hochgeschossen. Eugen Reichl meint, diese Versuche sollte man nicht überbewerten, allerdings: „Mit den damals im Libanon eingesetzten Mitteln und unter der Betrachtung, dass das alles blutige Amateure

WIKIMEDIA COMMONS.

Sogar auf Briefmarken landeten die Raketen der Haigazian College Rocket Society.

waren, ist es nicht schlecht." Mit der Zeit kamen neue Mitglieder hinzu und aus der Haigazian College Rocket Society wurde die Lebanese Rocket Society. 1963 erreichte die Cedar 4 – benannt nach dem libanesischen Nationalsymbol, der Zeder – bereits eine Höhe von 140 Kilometern und gelangte damit in die Nähe von Satelliten in niedrigen Erdumlaufbahnen. „Wir starteten dreistufige Raketen. Sie waren kein Spielzeug mehr. Wir konnten die Thermosphäre erreichen", sagte Manougian gegenüber der BBC. Dieser Rakete wurde sogar eine Briefmarke gewidmet.

PER DEFINITION HAT DER LIBANON DEN WELTRAUM ERREICHT

Ab wann befindet sich eine Rakete im Weltall? Laut amerikanischer Definition muss sie dazu über 50 Meilen fliegen, das wären also knapp über 80 Kilometer. Dann gibt es aber noch die international eher anerkannte Definition der Kármán-Linie, benannt nach dem Physiker Theodore von Kármán, die bei 100 Kilometern angesetzt wurde. Wenn man also von Weltall oder Weltraum spricht, meint man damit in der Regel über 100 Kilometer. Per heutiger Definition hätte also der Libanon seinerzeit das Weltall erreicht. Aber auch das überzeugt Reichl nicht vollends: „Ich will die Leistung dieser libanesischen Amateurgruppe nicht schmälern, aber man muss

Abschuss einer Cedar 4 an der libanesischen Mittelmeerküste

berücksichtigen, dass das kurze suborbitale Flüge waren, die sie gemacht haben. Ein Hüpfer sozusagen, schnurgerade hoch und schnurgerade wieder runter. Kein Versuch, einen Orbit zu erreichen. Deswegen ist diese Leistung auch nicht ansatzweise mit dem zu vergleichen, was damals die Sowjetunion, die USA, Frankreich oder Großbritannien gemacht haben."

Immerhin, so viel gesteht er dem Libanon dann doch zu: „100 Kilometer erreichen auch heute nur wenige Amateurgruppen."

DAS JÄHE ENDE DER LEBANESE ROCKET SOCIETY

Der letzte Start der Lebanon Rocket Society fand im Jahr 1966 statt, mit einer Cedar 8. Danach wurde das Programm eingestellt. Pierre Jarawan nennt zwei mögliche Gründe für das Ende des Vorhabens: „Im Nahen Osten war es nicht so leicht, ein Raketenprojekt zu unterstützen. Die Israelis waren dagegen, dass ihr Nachbarland Raketen baut, die ganz problemlos Israel treffen könnten."

Zudem habe das Militär irgendwann kein Geheimnis mehr daraus gemacht, die Raketen militärisch nutzen zu wollen. „Und da war die Rocket Society strikt dagegen." Er hält es also auch für möglich, dass die Gruppe das Programm aus eigener Motivation aufgegeben hat.

LETZTE ERINNERUNGEN

Durch den Bürgerkrieg im Libanon gingen viele Aufzeichnungen und Fotografien von damals verloren. Pierre Jarawan erzählt von Fotografen, die ihre Bilder vernichtet haben, weil sie während des Bürgerkriegs nicht mit Fotos von Raketenprojekten erwischt werden wollten. Zudem verließen einige Studenten der Society das Land. Viele Libanesen können sich laut Jarawan heute gar nicht mehr vorstellen, „dass Raketen je etwas anderes konnten, als Zerstörung anzurichten".

Der Dokumentarfilm aus dem Jahr 2012 war ein erster Schritt, an das libanesische Raketenprogramm zu erinnern. So spendeten die Filmemacher eine maßstabgetreue Nachbildung der Cedar 4 an die Haigazian-Universität, die dort noch auf dem Campus steht.

Einen weiteren Schritt geht Pierre Jarawan mit seinem Roman „Frau im Mond". Auch wenn die Lebensgeschichte des Protagonisten Maroun – angelehnt an Manoug Manougian – fiktiv ist, die geschichtlichen Ereignisse sind es nicht.

„Wir lachen erstmal, wenn wir hören ‚Oh, der Libanon hat fast den ersten Mann auf den Mond gebracht', weil wir uns das alles gar nicht mehr vorstellen können. Das Wettrennen hätte der Libanon nicht gewinnen können. Aber wenn sie drangeblieben wären, wer weiß – dann wäre der Libanon heute vielleicht eine Weltraumnation."

Auch der Raumfahrtexperte Eugen Reichl ist der Ansicht, dass die libanesische Truppe weit hätte kommen können, wäre das Programm nicht eingestellt worden: „Einige Raumfahrtnationen wie etwa Indien und Japan haben genauso angefangen wie die Libanesen. Sie haben sich aber nach ihren ersten 100-Kilometer-Schüssen konsequent, wissenschaftlich basiert und mit erheblichem finanziellem Aufwand immer weiter entwickelt. Wäre man im Libanon genauso vorgegangen, dann hätte man in den vergangenen sechseinhalb Jahrzehnten viel erreichen können." Aber so ist das Know-how verloren gegangen.

Für einige wenige immerhin bleibt die Erinnerung an eine fast vergessene, unglaubliche Geschichte.

Ein Gastbeitrag von Janine Napirca
Dieser Artikel erschien erstmals am 3. Juni 2025 bei web.de.

ÜBER DIE AUTORIN:

Janine Napirca hat an der Ludwig-Maximilians-Universität in München Germanistik im Bachelor und Romanistik im Bachelor und Master studiert. Sie arbeitet als Redakteurin am Newsdesk bei Web.de/Gmx.de. In ihrer Freizeit rezensiert sie Bücher auf ihrem Instagram-Account @travelartandbookblogger. Detaillierte Informationen zu Janine Napirca finden Sie bei www.web.de, siehe QR-Code.

Willy Ley im Jahre 1965

WILLY LEYS LETZTE REISE

Am 21. April 2025 erschien ein irritierender Artikel in der „New York Times": beim Ausräumen eines Kellers in New York wurden Anfang des Jahres die sterblichen Überreste von Willy Ley gefunden. Zwischen alten Teppichen, Farbeimern, zerbrochenen Jalousien und anderem Gerümpel stand in einer Nische eine Blechdose. Darauf klebte ein verwitterter Zettel mit seinem Namen, einer Registriernummer und der Angabe des Krematoriums. Darunter der Hinweis, dass es sich um ein provisorisches Behältnis handelt, eine dauerhafte Bestattung wäre noch zu vollziehen.

Wie die Journalistin Maureen Cavanagh schrieb, brachte die Räumertruppe die Dose zu ihrer Geschäftsführerin Dawn Nadeau. Die konnte erstmal mit dem Namen nichts anfangen, wollte aber respektvoll mit dem Behältnis umgehen. Also fragte sie im Krematorium und in einem Bestattungsunternehmen nach. Beide bestätigten, dass dies die sterblichen Überreste von Willy Ley, verstorben am 24. Juni 1969, seien.

In dieser Dose wurde Willy Leys Asche aufgefunden.

Nun begann eine Recherche, um wen es sich dabei handelte. Sie fand zweierlei heraus: Willy Ley war ein damals bekannter Propagandist für die Raumfahrt. Und zweitens: es gab keine überlebenden nahen Verwandten mehr. Seine Schwester, seine Frau, seine Töchter, seine Enkelin weilten nicht mehr unter uns. Bei weiteren Recherchen der Journalistin stellte sich dann heraus, dass seine Witwe Olga zeitweilig in diesem Haus eine Mietwohnung hatte. Warum hat sie seine sterblichen Überreste im Keller vergessen? Diese Frage werden wir wohl nicht mehr klären.

Aber dieser überraschende Fund bietet nun die Möglichkeit, einen der profiliertesten Chronisten und Propheten der Raumfahrt auf eine letzte Reise zu schicken. Denn die Zeitschrift „Popular Mechanics" hatte bereits 1969 in einem Nachruf gefordert: „Send Willy Ley's Ashes to the Moon!" So kam Frau Nadeau zu ihrer eigenen Weltraummission: „Versuchen wir doch, ihn tatsächlich im All zu ‚beerdigen'".

WILLY LEY – EIN RAKETENPIONIER

Willy Ley im Jahre 1928

Willy Ley wurde am 2. Oktober 1906 in Berlin geboren. Sein Vater Julius Ley war ein Feinkosthändler und Spirituosenhersteller, seine Mutter Frieda May die Tochter eines evangelischen Küsters. Da sein Vater ein Hauptgeschäft in Königsberg hatte, wuchs er behütet zwischen seinen Tanten bei seinen Großeltern in der Scharnhorststraße 24 auf. In der Schule interessierten ihn besonders die Naturwissenschaften und Sprachen. Das große Museum für Naturkunde gleich um die Ecke in der Invalidenstraße sowie die Romane von Jules Verne und die Groschenheftreihe vom „Luftpiraten" vertieften seine Begeisterung für Astronomie und Zoologie. Das Naturkundemuseum bot ihm mit vielen Fossilien einen Blick in der Vergangenheit der Tierwelt vor Millionen von Jahren. All das veranlasste ihn, nach der Schule ein Studium der Zoologie, Paläontologie und Astronomie aufzuneh-

FAMILIENARCHIV XENIA LEY

Fahrt ins Weltall erschien 1928.

men. Da sein Elternhaus die Studien in Berlin und Königsberg nicht finanzieren konnte, musste er sich mit einem Brotberuf über Wasser halten: er arbeitete tagsüber als Buchhalter bei einem niederländischen Stahlkonzern in der Dorotheenstraße.

Auf dem Heimweg entdeckte er in einer Buchhandlung Valiers Büchlein über den „Vorstoss in den Weltenraum". Er kaufte gleich noch Walter Hohmanns „Die Erreichbarkeit der Himmelskörper" dazu und hatte somit kein Fahrgeld mehr. Das, was Jules Verne in der „Reise von der Erde zum Mond" geschildert hatte, konnte Wirklichkeit werden. Er war begeistert und machte sich gleich selbst daran, ein populäres Büchlein über die Weltraumfahrt zu schreiben. Bereits 1926 erschien seine Arbeit „Fahrt ins Weltall". Nach einem Ausstellungsbesuch in der Treptower Sternwarte verfasste er die Broschüre „Mars der Kriegsplanet" (1927), in der er alle aktuellen Informationen über den Planeten zusammentrug. Das brachte ihn in Kontakt mit anderen Enthusiasten, wie Hermann Oberth, Max Valier und Johannes Winkler. Mitte 1927 wurde in Breslau der „Verein für Raumschiffahrt" gegründet, Ley hatte die Mitgliedsnummer 20. Beide Bücher erlebten mehrere Auflagen und charakterisieren seinen wissenschaftlichen Arbeitsstil, den er bereits mit 20 Jahren entwickelt hatte. Gleichzeitig verfasste er zahlreiche Artikel, die vorrangig in sozialdemokratischen Zeitungen erschienen. Als der Streit mit einem Ballistik-Professor um die Überwindung der Erdschwere hochkochte, entschied sich Ley für die Herausgabe eines populären Sammelbandes, der den interessierten Leser überzeugen sollte. So erschien 1928 „Die Möglichkeit der Weltraumfahrt" mit zahlreichen Beiträgen der damals tätigen Wissenschaftler und ihm als Herausgeber.

Als Oberth von Fritz Lang Ende 1928 als wissenschaftlicher Berater für den Film „Frau im Mond“ eingeladen wurde, bekam Ley den Auftrag für ein Dutzend Artikel zur Bewerbung des Films und populären Erläuterungen zum Raumfahrtthema. Und als sich 1929 neben den Filmstudios in Babelsberg die Möglichkeit ergab, erste experimentelle Arbeiten an einem Raketenmotor mit flüssigen Treibstoffen zu beginnen, war Ley mit dabei. Die Arbeiten konnten ein Jahr später auf dem durch Rudolf Nebel gegründeten Raketenflugplatz in Berlin-Tegel fortgesetzt werden und brachten in der Folgezeit zahlreiche technische Innovationen hervor. Gleichzeitig wurde Ley Vizepräsident des Vereins und betreute unter anderem die Auslandskontakte. So stand er in Briefverbindungen mit amerikanischen, sowjetischen, französischen und britischen Raumfahrtfreunden.

Willy Ley im Jahre 1935

Als die Nazis 1933 die Macht übernahmen, kündigte das Militär den Pachtvertrag für das Gelände und verdrängte die Raketenpioniere. Man wollte die Raketenentwicklung allein und im Geheimen vorantreiben (was bekanntlich gelang). Für den Journalisten Ley beschränkte sich die Arbeitsmöglichkeit dann noch dadurch, dass auch der Begriff „Rakete“ nicht mehr verwendet werden sollte, um die Geheimhaltung zu wahren. Die Atmosphäre im Dritten Reich behagte ihm nicht mehr, er plante 1934 seine Emigration. Er beantragte eine Journalistenreise in die USA und in der US-Botschaft ein Visum. Aufgrund seines Augenleidens erhielt er aber nur ein Touristenvisum. So reiste er im Februar 1935 über Holland nach Großbritannien und von dort mit der MS „Olympia“ nach New York. Sein Bekannter Edward Pendray von der

Rockets erschien 1944.

The Conquest of Space erschien 1949.

American Interplanetary Society erwartete ihn dort, unterstütze ihn bei den Formalitäten und bot ihm für die ersten Wochen Unterkunft.

WILLY LEY IN DEN USA

Fast unmittelbar nach seiner Ankunft konnte er in einem Vortrag vor der Schwestergesellschaft über den Arbeitsstand in Deutschland berichten. Aufgrund der Einwanderungsbestimmungen war ihm in den ersten Jahren eine Vollbeschäftigung verwehrt, er hielt sich mit Übersetzungen und kleinen Artikeln, die auch in deutschen Zeitungen abgedruckt wurden, über Wasser. Und er versuchte, mit dem Philateliehändler Frido Kessler eine Raketenpost zu starten. Aber der Flug am Greenwood Lake endete nach kurzer Zeit auf dem Eis. Um seine Sprachkenntnisse und seine Immigrationschancen zu verbessern, ging er 1937 nach Havanna. Vor dort startete er dann einen neuen Einwanderungsversuch. In der Zeit verfasste er mehrere Science-Fiction-Erzählungen, die in Magazinen erschienen. Daneben schrieb er wissenschaftliche Artikel zu Astronomie und Raumfahrt. Mit der Zeit entwickelte er sich zu einem profunden Sachbuchautor, sowohl zur Paläontologie als auch zur Raumfahrt. Anfang 1940 übernahm er das Wissenschaftsressort der New Yorker Zeitung „PM". Die erste Ausgabe seines Buches „Rockets" erschien 1944. Im gleichen Jahr wurde er in den USA eingebürgert. Nach den deutschen Raketenangriffen auf England und die Niederlande überarbeitete er sein Werk sofort. Es sollten noch weitere Revisionen folgen.

Als Wernher von Braun im Rahmen der Aktion „Paperclip" mit einhundert anderen Raketenspezialisten in die USA kam, konnte er weitere Informationen gewinnen, die dann in „Rockets and Space Travel" einflossen. Für diese Edition kam er mit dem bekannten Illustrator Chesley Bonestell in Kontakt, der die kommende

Propaganda-Serie mit Wernher von Braun über die Weltraumfahrt ausgestaltete. Eines seiner bestverkauften Bücher war dann „The Conquest of Space" (1949). Gemeinsam starteten sie Anfang der 50er Jahre eine erfolgreiche Raumfahrtkampagne in den USA. Größter Erfolg neben Artikeln in populären Magazinen war eine von Walt Disney produzierte Fernsehserie. So wurde er zu einem unbestrittenen Experten der Weltraumfahrt. Man gewann ihn als Berater für die TV-Serie „Tom Corbett – Space Cadet". Ständig weitete er seinen Wissenshorizont und den seiner Leser und Zuhörer. So pflegte er über fast 20 Jahre eine monatliche Kolumne im Magazin „Galaxy". Und er verfasste weiterhin Bücher über Paläontologie und exotische Zoologie.

In den Tagen, Wochen, ja Monaten nach dem Start von Sputnik 1 war er Ende 1957 ein gefragter Gesprächspartner. In zahlreichen Interviews und Artikeln musste er zum „Sputnik-Schock" Stellung nehmen und warb in der Folgezeit verstärkt um ein amerikanisches Raumfahrtprogramm. Letztlich mit Erfolg, auch wenn es ihm nicht vergönnt war, die erste bemannte Mondlandung noch zu erleben. Er starb zwei Wochen vor diesem Ereignis, dem er seine Arbeit gewidmet hatte.

WILLY LEY IM WELTRAUM?

Die „New York Times" würdigte ihn am 25. Juni 1969 mit einen dreispaltigen Nachruf, in dem seine Verdienste um die Popularisierung der Raumfahrt hervorgehoben wurden. Andere Medien schlossen sich an.

Gemäß dem Aufkleber auf der provisorischen Urne fand seine Kremierung einen Tag später am 26. Juni statt. Am Nachmittag gab es eine Abschiedszeremonie im New Yorker Begräbnisinstitut Walter B. Cocke. Dann verliert sich die Spur dieses Behältnisses. Eine Grabstelle ist nicht bekannt.

Mit dem zufälligen Fund ergibt sich nun die neue Möglichkeit, ihn würdig zu bestatten. Und wie könnte das besser erfolgen, als der Aufforderung aus „Popular Mechanics" von 1969 zu folgen und seine Asche ins All zu schießen. Die Planungen dafür laufen bereits. Zu seinem 120. Geburtstag im Jahr 2026 könnte es gelingen. Mit seiner letzten Reise erfüllt sich sein Leben – er wird zu Sternenstaub.

ÜBER DEN AUTOR:

Wolfgang Both (*1950) ist promovierter Informationstechniker und lebt in Berlin. Mit 13 Jahren entdeckte er Jules Vernes Roman „Reise um den Mond" und damit die Science-Fiction-Literatur. Auch das Raumfahrtinteresse war durch Sputnik und Gagarin geweckt. Über die Herausgabe von Willy Leys Science-Fiction-Roman „Die Starfield Company" (Shayol 2011) arbeitete er sich stärker in die Geschichte der frühen Raketenentwicklung ein, was nach zehn Jahren Recherche zur Darstellung der frühen Raumfahrtforschung in „Kulturaufgabe Weltraumschiff" (Kellner 2020) als Beitrag zur deutschen Technikgeschichte führte. Gerade ist ein zweiter Band mit SF-Erzählungen von Willy Ley unter dem Titel „Die Invasion" (Memoranda 2024) von ihm herausgegeben worden. Er ist Redaktionsmitglied der Zeitschrift „Raumfahrt Concret" und stellv. Leiter des DGLR-Fachbereichs R3.3 „Geschichte der Raumfahrt".

Die European Launcher Challenge hat sogar ein eigenes Programmlogo.

DIE EUROPÄISCHEN TRÄGER – EIN STATUSBERICHT

Am 26. März 2025 wäre es gut gewesen, hätte es eine einsatzfähige deutsche oder zumindest europäische Kleinträgerrakete gegeben. An diesem Tag startete nämlich das US-Neuseeländische Unternehmen Rocket Lab für die in München ansässige Orora Tech GmbH (Abkürzung für: Orbital Oracle Technologies GmbH) acht Kleinsatelliten. Die Durchführung dieser Mission wäre ein „perfect fit" für das ebenfalls in München beheimatete Unternehmen Isar Aerospace gewesen, das nur wenige später Tage in Norwegen einen ersten orbitalen Teststart mit der Spectrum-Rakete unternehmen wollte. So aber wurde es der 66. Einsatz einer Electron. Der Start erfolgte vom privaten Raumflughafen der Firma Rocket Lab auf der neuseeländischen Halbinsel Mahia aus, 18.000 Kilometer von Andøya entfernt, wo sich die Startrampe für die künftigen Flüge der Spectrum befindet.

ZIEMLICH KURZE PREMIERE

Eigentlich wollte Isar Aerospace schon 2021 in den Orbit starten. Aber wie das mit der Entwicklung von Trägerraketen so ist, seien sie noch so klein, kann das auch schon mal länger dauern. So wurde es schließlich der 30. März 2025 bis die Ingenieure für den Jungfernflug auf den Startknopf drücken konnten. Leider war es eine kurze Premiere, alles Daumendrücken war vergebens. Die Spectrum-Rakete folgte dem Schicksal von etwa 50 Prozent aller Orbitalträger, die ihren ersten Testflug unternehmen: Sie scheiterte bedauerlicherweise schon nach wenigen Flugsekunden. Der Kleinträger hob pünktlich um 13:30 Uhr mitteleuropäischer Zeit von der Startrampe im norwegischen Andøya ab. Aber schon ab der ersten Flugsekunde war klar, dass mit der Flugsteuerung etwas nicht stimmte. Erst leicht, dann immer stärker schlingernd stieg die Rakete in die Höhe, offenbar mit Resonanzeffekten kämpfend. In der Flugsekunde 21 kippte der Träger dann vollständig. Die Triebwerke wurden abgeschaltet und 39 Sekunden nach dem Liftoff schlug die Rakete einige hundert Meter von der Startrampe entfernt im Wasser auf.

Den Verantwortlichen war klar gewesen, dass die Chancen für eine erfolgreiche Mission gering waren und hatten somit vernünftigerweise keine Nutzlast an Bord genommen.

Die erste Stellungnahme von Isar Aersopace nach der kurzen Mission lautete wie folgt: Mit diesem Testflug konnten wir wertvolle Daten und Erfahrungen für zukünftige Missionen sammeln. Dank der strengen Sicherheitsvorkehrungen von Isar Aerospace und Andøya Spaceport war die Sicherheit aller Mitarbeiter jederzeit gewährleistet.

Eine solche Stellungnahme ist in der Form durchaus angemessen. Ein wenig peinlich war dagegen eine nachgeschobene Meldung auf X (ehemals Twitter), die da lautete: *„What a success! At 12:30 PM CEST, Isar Aerospace's Spectrum launch vehicle successfully lifted off from Andøya Spaceport in Norway. The launch vehicle was terminated after approx. 30 seconds in flight, and the vehicle fell directly into the sea."* Übersetzt also: Welch ein Erfolg! Um 12:30 Uhr mitteleuropäischer Zeit startete die Spectrum-Trägerrakete von Isar Aerospace erfolgreich vom Weltraumbahnhof Andøya in Norwegen. Nach rund 30 Sekunden Flugzeit wurde der Flug abgebrochen und die Rakete stürzte direkt ins Meer.

Auf dem Foto sieht das gut aus, aber schon unmittelbar nach dem Abheben war klar, dass dieser Flug nicht gut gehen wird.

Dazu ist zu sagen: Es war ein Testflug, der sicher interessante und wichtige Resultate brachte. Erfolgreich aber, wie von Isar Aerospace und fast den gesamten deutschen Medien dargestellt, war er ganz gewiss nicht, denn außer dem gerade noch rechtzeitigen

Recht viel höher kam die Rakete nicht. Immerhin kann man hier aber die landschaftlichen Reize des Startplatzes bewundern.

Verlassen der Startrampe hat die sehr kurze Mission keinerlei weiteren wichtigen Meilensteine absolviert, wie etwa das Durchfliegen des transsonischen Bereiches, das Überschreiten der maximalen dynamischen Belastung, den Abwurf der Nutzlastverkleidung, Stufentrennung und Zündung der zweiten Stufe, Flugstabilität, Treibstoffmanagement, Leistungsverhalten der Triebwerke und so weiter. In der Praxis bedeutet das: Testflug Nummer zwei muss praktisch wieder annähernd bei Punkt Null neu ansetzen. Der Ablauf erinnerte ein wenig an den ersten Fehlstart der Falcon 1 von SpaceX im Jahr 2006. Auch damals endete die Mission der Rakete, allerdings aus anderen Gründen, nach nur wenigen Flugsekunden und nur wenige hundert Meter von der Startstelle entfernt. Seinerzeit folgten danach noch zwei weitere Fehlstarts, bis es Elon Musks Unternehmen schließlich gelang, erstmals einen privaten Satellitenträger in den Orbit zu befördern. Was danach aus SpaceX wurde wissen wir. Hoffen wir ähnliches also auch für Isar Aerospace.

Fast noch schlimmer erwischte es die Rocket Factory Augsburg. Deren erste Rakete explodierte letzten August bei einem statischen Brennlauf auf der Rampe im schottischen SaxaVord.

Gegen Ende des Jahres können wir, glaubt man den Ankündigungen der beiden Unternehmen, Flugversuch Nummer zwei von Isar Aerospace und einen zweiten Anlauf für den Erstflug bei der Augsburger Konkurrenz erwarten. Ich fürchte allerdings, dass wir mit einiger Sicherheit davon ausgehen müssen, dass hier wieder „Bergers Gesetz" greift. Es ist benannt nach dem bekannten Raumfahrtjournalisten Eric Berger, der es als erster postulierte. Das besagt etwas augenzwinkernd, aber von zahlreichen Beobachtungen empirisch belegt: Wenn das Debüt einer Rakete für das vierte Quartal eines Kalenderjahres prognostiziert wird und dieses Quartal noch sechs oder mehr Monate entfernt ist, wird sich der Start in das kommende Jahr hinein verschieben.

Immerhin: Ich schreibe diese Zeilen am 29. September 2025 und gerüchteweise hört man, dass Isar Aerospace wieder mit Bodentests in Andøya begonnen hat. Eine funktionierende Öffentlichkeitsarbeit, bei der man über den Stand der Arbeiten aufgeklärt wird (immerhin läuft die Entwicklung ja weitgehend mit dem Geld der Steuerzahler), existiert sowohl bei Isar Aerospace als auch bei der Rocket Factory Augsburg leider nicht.

RFA

Im August 2024 explodierte die erste Stufe der RFA-1-Rakete auf dem Teststand.

DIE TALSOHLE IST DURCHSCHRITTEN

Tatsächlich dürfte die Talsohle der europäischen Trägerraketenkrise 2023 und 2024 durchschritten worden sein. In diesen beiden Jahren gab es nur noch jeweils drei europäische Orbitalstarts. Der Alte Kontinent blieb damit im internationalen Vergleich weit abgeschlagen zurück. In besseren Jahren, wie etwa 2015 oder 2016 waren es schon mal elf oder zwölf jährliche Starts gewesen. Bei damals insgesamt 87 Starts pro Jahr waren das immerhin 14 Prozent aller weltweiten Missionen.

Einen solchen Vergleich darf man heute gar nicht mehr anstellen, sonst verfällt man in Depressionen. Alleine das kleine neuseeländisch-amerikanische Unternehmen Rocket Lab schaffte 2024 mit nur wenigen hundert Mitarbeitern 15 Starts auf zwei Kontinenten, davon führten 13 in den Orbit und zwei waren orbitnahe suborbitale Missionen. Erfolgsquote: 100 Prozent. China flog 68 Orbitaleinsätze und das Privatunternehmen SpaceX führte 145 Missionen durch. Der Anteil Europas an den 239 Starts des Jahres 2024 betrug daher gerade noch einmal 1,25 Prozent. Nach dem halbwegs erfolgreichen Erstflug der Ariane 6 im Juli 2024 und der Rückkehr der Vega C in den aktiven Dienst im letzten Jahr ging Europas Trägerindustrie also wieder auf Aufwärtskurs. Der zeigt sich allerdings holpriger und steiler als erhofft. Noch im Herbst 2024 waren für 2025 mindestens zehn Missionen geplant gewesen. Sechs Ariane 4-Flüge und vier Einsätze der Vega C. Davon hat man sich längst wieder verabschiedet. Der Erstflug der Ariane 64-Version, ausgestattet mit vier Feststoffboostern, eigentlich für den Herbst 2025 geplant, wird nun weit in das Jahr 2026 rutschen. Seien wir realistisch: wahrscheinlich werden es am

Die dritte Ariane 6 brachte am 13. August 2025 den Wettersatelliten MetOp-SG-A1 in eine polare Erdumlaufbahn.

Ende 2025 nur sechs Flüge von Ariane 6 und Vega C sein. So etwas schafft SpaceX in zehn Tagen.

Es ist also noch ein langer Weg bis Europa wieder weltmarktfähig ist. Und das betrifft nicht nur die Ariane 6 und die Vega, sondern auch die mehr als ein Dutzend Nano-, Mikro- und Miniträger, die in Europa in Entwicklung sind. Ginge es nach den ursprünglichen Plänen und Prognosen ihrer Entwickler müssten die meisten davon längst ihren Flugbetrieb aufgenommen haben. Tatsächlich hat, Stand Ende September 2025, genau ein einziger dieser europäischen „Hoffnungsträger" die Startrampe verlassen, und der kam nur 300 Meter hoch.

Um dieser Misere abzuhelfen, hatte die ESA im November 2023 beim europäischen Raumfahrtgipfel in Sevilla die European Launcher Challenge angekündigt. Über die werde ich gleich mehr erzählen. Wer nun annimmt, dass damit unverzüglich die längst überfälligen Maßnahmen eingeleitet wurden, um Europas Raumfahrt bei den Kleinträgern aufs Gleis zu setzen, sah sich enttäuscht. Die Dinge gehen ihrer Wege, so wie sie es in Europa immer tun. Kein Anzeichen einer Beschleunigung ist weit und breit zu erkennen, denn erst kommt das, was die wahre europäische Kernkompetenz ist: Administration und Regulierung.

Zunächst einmal begann man bei der ESA mit einem RFI (Request for Information), einer Umfrage in der Industrie auf Basis von Fragebogen, ganz so, als würde man sich hier auf völligem Neuland bewegen, dessen Bedingungen erst einmal gründlich erforscht werden müssten. Potentielle Interessenten an der European Launcher Challenge hatten bis zum 30. Juni 2024 Zeit, die Fragebögen auszufüllen und an die ESA zu schicken.

Nachdem niemand abgeneigt ist, Geld vom Staat geschenkt zu bekommen, war das Interesse groß. Am 8. November 2024, also ein Jahr nachdem die Initiative gestartet worden war, veranstaltete die ESA einen so genannten European Launcher Challenge Industry Day, bei dem sich neun Firmen präsentierten. Das waren HyImpulse, HyPrSpace, Isar Aerospace, MaiaSpace, Orbex, PLD-Space, Rocket Factory Augsburg, Skyrora und The Exploration Corporation. Weitere Firmen wie etwa Latitude waren zwar nicht anwesend, signalisierten aber ebenfalls Interesse.

Dies rief sofort die Bedenken vor allem der großen Unternehmen hervor, dass bei so vielen Wettbewerbern die einzelnen Stücke am zu erwartenden Kuchen für den Einzelnen zu klein ausfallen könnten. Yohann Leroy, der CEO von Maiaspace (ein Unternehmen der ArianeGroup), meinte bei einer Pressekonferenz am 10. Januar, dass die ESA die Zahl der Wettbewerber doch bitte einschränken solle, denn sonst würde die „financial firepower" unnötig gestreut und damit unwirksam gemacht. Begründung: Der institutionelle Markt in Europa sei so klein, dass bei zu vielen Wettbewerbern die Entwicklungskosten nicht amortisiert werden können, wodurch dann in der Folge auch ein Kampf um außereuropäische Aufträge aussichtslos, weil zu teuer sei. Deshalb, so die Schlussfolgerung von Leroy, solle sich die ESA ausschließlich auf die aussichtsreichsten Bewerber um die Mittel der Challenge konzentrieren. Mit anderen Worten: Auf Firmen wie MaiaSpace und ihre Mutter, die ArianeGroup.

Das wollten die anderen Unternehmen nicht unwidersprochen hinnehmen. So äußerte sich Stanislas Maximin, der Executive Chairman von Latitude bei der World Space Business Week Conference in Paris, dass die ArianeGroup keinesfalls eine bevorzugte Behandlung bekommen dürfe und sich genauso um die Mittel zu bewerben habe, wie jedes andere Unternehmen auch.

Vega C beim Start am 26. Juli 2025.

Yohann Leroy, der CEO von Maia Space

So ging mit munteren Grabenkämpfen die Zeit dahin. Nach all diesem Vorgeplänkel erfolgte die Angebotsaufforderung an die Industrie im Februar 2025, also 15 Monate nachdem man die Initiative gestartet hatte. Die Firmen, die sich daran beteiligen wollten, hatten danach bis zum 30. Juni Zeit, der ESA ihre Vorschläge zu unterbreiten. Danach folgen weitere vier Monate für die Auswertung bei der Raumfahrtbehörde. Die kann dann die Ergebnisse zur turnusmäßigen ESA-Ministerratstagung im November 2025 vorlegen. Dann sind zwei Jahre vergangen, seit die europäische Raumfahrtbehörde die angeblich so superdringlichen Maßnahmen zur Wiederbelebung des europäischen Trägermarktes beschlossen hatte. Zwei Jahre, in denen nichts anderes geschehen ist, als Papier zu wälzen, Powerpoint-Präsentationen anzufertigen, Dienstreisen zu unternehmen, Absichtserklärungen abzugeben und Formulare auszufüllen und auszuwerten. Wenn es darum geht, Europa einen zumindest halbwegs guten Platz im globalen Wettlauf ins All zu sichern, werden die Ambitionen an der beschlossenen Politik und an den bereitgestellten Mitteln gemessen. Ohne konkrete Investitionen, drastisch heruntergefahrene Vorschriften, klare strategische Prioritäten und forciertes Vorgehen wird es Europa nicht schaffen.

Warten wir also auf die Europäische Ministerratstagung. Traditionell ist es bei diesen alle zwei Jahre stattfindenden Treffen üblich, dass das jeweilige Veranstalterland mit ambitionierten Vorschlägen Schwung in die europäische Raumfahrt zu bringen versucht. Die Hoffnung aber, dass tatsächlich wirksame, effiziente, schnelle und gut finanzierte Maßnahmen beschlossen werden, ist denkbar gering, denn die Tagung findet dieses Mal in Bremen statt. In Deutschland also, einem Land, das in den letzten Jahren einen beispiellosen wirtschaftlich-industriellen Abstieg erlebt.

NOCH NICHT GEFLOGEN, UND SCHON ÜBERKAPAZITÄTEN GESCHAFFEN

Ein klein wenig absurd wirkt dabei, dass die europäischen Trägerraketenhersteller zwar – abgesehen von Isar Aerospace – überhaupt noch nicht geflogen sind, sieht man von den kleinen suborbitalen Hüpfern der nicht für einen Orbitalflug tauglichen Miura 1 von PLD-Space und der SR-75 von HyImpulse einmal ab, sich aber schon auf eine glänzende Zukunft vorbereiten, bei der eine riesige Anzahl von Startaufträgen kaum abzuarbeiten ist. Anders kann man die enorme Ausweitung der Fertigungskapazitäten mancher Firmen nicht verstehen. Nicht nur Isar Aerospace erweitert gerade seine Produktionskapazität dramatisch (auf den Bau von bis zu 40 Trägern pro Jahr), andere Hersteller tun das ebenso.

So hat die französische Regierung kürzlich dem Unternehmen Latitude Fördermittel in unbekannter Höhe, geschätzt werden 10-15 Millionen Euro, für den Bau einer neuen Raketenfabrik in Reims gewährt, die schon im kommenden Jahr eröffnet werden soll.

Latitude wurde 2019 gegründet und entwickelt derzeit eine zweistufige Rakete namens Zephyr, die Nutzlasten von bis zu 200 Kilogramm in eine niedrige Erdumlaufbahn befördern soll. An seinem derzeitigen Standort in Reims plante das Unternehmen ursprünglich jährlich fünf bis zehn Zephyr-Raketen zu produzieren. Bereits Ende 2023 kündigte das Unternehmen aber erstmals Pläne für den Bau einer weit größeren Raketenfabrik an. Die neue Anlage soll rund 25.000 Quadratmeter umfassen und die Produktion von bis zu 50 Zephyr-Raketen pro Jahr ermöglichen.

Die Kapazität dieser beiden Unternehmen alleine – aber es gibt ja noch zehn weitere europäische Startups mit hochgesteckten Produktionszielen – liegt also schon bei 90 Raketen jährlich. Zum Vergleich: Der weltweite Marktführer für spezialisierte Starts von Kleinträgerraketen, Sir Peter Becks Rocket Lab, brauchte vom Erstflug der Electron im Jahr 2017 bis zum 50. Start sieben Jahre. Das Unternehmen rechnet für 2025, militärische suborbitale Missionen mitgezählt, mit etwa 20 Flügen. Und Rocket Lab ist, wie gesagt, der Weltmarktführer.

Vega C beim Start am 26. Juli 2025.

DIE EUROPEAN LAUNCHER CHALLENGE

Wenden wir uns nun der zuvor erwähnten European Launcher Challenge zu, quasi dem Hoffnungsträger des europäischen Raketenbaus im Kampf gegen die Übermacht der Konkurrenz aus China und den USA. Sie ist eine Initiative der ESA mit der die europäische Raumfahrtindustrie gestärkt werden soll. Sie soll Europas unabhängigen Zugang zum Weltraum sichern, die Vielfalt und die Wettbewerbsfähigkeit der europäischen Startdienstleister verbessern und ihre Abhängigkeit von nicht-europäischen Unternehmen reduzieren.

Ihre Ziele sind – und hier zitiere ich den offiziellen Wortlaut – „Die Förderung des Wettbewerbs unter den europäischen Startanbietern, die Entwicklung innovativer und kosteneffizienter Trägersysteme, die Sicherstellung einer robusten und nachhaltigen europäischen Raumfahrtinfrastruktur und die Stärkung der Position Europas im globalen Raumfahrtmarkt".

Die European Launcher Challenge ist ein strategischer Schritt der ESA, um die europäische Raumfahrtlandschaft zu diversifizieren und wettbewerbsfähiger zu machen. Durch die Unterstützung neuer Startdienstleister und die Förderung von Innovationen soll Europa bis 2030 eine robuste, eigenständige Zugangsmöglichkeit zum Weltraum sichern.

Teilnehmen können Hersteller, deren Raketen in ESA- oder EU-Mitgliedstaaten entwickelt, gebaut und von europäischem Boden aus gestartet werden. Der Fokus liegt dabei auf kleinen und mittelgroßen Trägerraketen für Nutzlasten von wenigen Hundert bis etwa 2.000 Kilogramm in niedrige oder polare Umlaufbahnen. Im Gegensatz zu früheren Programmen agiert die ESA nicht als Design- oder Beschaffungsbehörde, sondern als Kunde, der Startdienstleistungen von den Unternehmen einkauft. Die Initiative bewegt sich weg von der traditionellen „Geo-Return"-Politik (also der Verteilung von Aufträgen proportional zu den Finanzbeiträgen der jeweiligen Mitgliedstaaten) hin zu einem mehr wettbewerbsorientierten so genannten „Fair-Contribution"Ansatz. Sollten Sie dieses Konstrukt noch nicht kennen: Dabei werden die finanziellen Beiträge der ESA-Mitgliedstaaten an die Ergebnisse des Wettbewerbs angepasst. Die Länder leisten also Beiträge, die sich an den Erfolgen ihrer nationalen Unternehmen orientieren. So zumindest die Hoffnung. Die Challenge ist ein zweistufiger Ausschreibungsprozess. Da gibt es zunächst die Komponente A für die Bereitstellung von Startdienstleistungen für ESA-Missionen zwischen 2026 und 2030, und die Komponente B, bei der eine „verbesserte Startkapazität" durch mindestens einen Demonstrationsflug bis spätestens 2028 nachgewiesen werden muss.

Die ESA stellt bis zu 169 Millionen Euro pro ausgewähltem Unternehmen (die ESA bezeichnet ihn als „den Challenger") für beide Komponenten bereit. Die Auswahl erfolgt anhand von Kriterien wie technischer Reife, Attraktivität des Geschäftsmodells, Marktpotential, Nachhaltigkeit und Einhaltung von Beschaffungsvorschriften. Bei den beiden letzteren Positionen werde ich allerdings schon wieder sehr hellhörig. „Nachhaltigkeit" wird in Europa gerne bis zum Exzess betrieben und

Mehr als grafische Darstellungen gibt es von der Miura 5 im Herbst 2025 noch nicht.

ist von daher kein Punkt, der einem europäischen Unternehmen gegenüber der weltweiten Konkurrenz zum Vorteil gereichen wird. Und den Punkt „Einhaltung von Beschaffungsvorschriften" kenne ich noch aus meiner Berufslaufbahn in der Raumfahrtindustrie zur Genüge, und da kann ich nur sagen: Im europäischen Vorschriftenwahn bleibt jede Wettbewerbsfähigkeit sehr schnell auf der Strecke.

Nach der Ankündigung der Challenge im November 2023 dauerte es eineinhalb Jahre, bis ein so genannter „Request for Information" veröffentlicht wurde. Damit holte sich die ESA erst einmal Informationen über das, was sie beabsichtige, bei der Industrie ab.

Auf Basis des von der Behörde dadurch gewonnenen Wissens begann im März 2025 die Ausschreibung an die Industrie und im Juli wurden nun fünf Unternehmen ausgewählt. Diese fünf konkurrieren jetzt um die zweite Auswahlphase, wobei man davon ausgeht, dass bereits im kommenden Jahr erste Startverträge vergeben werden. Wie die Finanzierung genau vonstatten geht, und welches Land welche Beträge dafür beisteuert, ist noch unklar. Dafür muss erst das Ergebnis der Ministerratstagung im November in Bremen abgewartet werden.

Ausgewählt wurden die folgenden fünf Unternehmen:

- Isar Aerospace aus Deutschland. Es ist die einzige der fünf Firmen, die bislang einen Orbitalstart versucht hat. Der ging daneben, wie wir eingangs gesehen haben. Isar entwickelt die Spectrum-Rakete, die 1.000 Kilogramm Nutzlast in einen erdnahen Erdorbit befördern kann.
- PLD Space aus Spanien. PLD hat seinen suborbitalen Versuchsträger Miura 1 einmal gestartet und dabei eine halbwegs erfolgreiche Mission in geringer

Höhe absolviert. Die geplante Bergung des Boosters schlug aber fehl. Das Unternehmen arbeitet derzeit an der wesentlich größeren Miura 5, die möglicherweise irgendwann im nächsten Jahr starten wird. Sie kann potentiell etwa 1.100 Kilogramm Nutzlast in den erdnahen Orbit befördern.

- Orbex aus Großbritannien. Das Unternehmen entwickelt das mit Flüssigpropan betriebene Mikrostartsystem Prime, das in der Lage sein wird, 200 Kilogramm Nutzlast in einen erdnahen Orbit zu transportieren. Der Erstflug ist derzeit für 2026 von SaxaVord aus geplant.

- Rocket Factory Augsburg, oder kurz RFA. Deutschlands zweites ausgewähltes Startup muss wahrscheinlich mit Isar Aerospace um die nationalen Finanzierungsanteile konkurrieren. RFA erlebte im August letzten Jahres relativ kurz vor dem geplanten Erstflug bei einem statischen Brennlauf der ersten Stufe einen Unfall, der zum Verlust der Rakete und zu schweren Schäden an den Bodensystemen führte. Ein Termin für einen nächsten Startversuch ist auch ein Jahr nach diesem Ereignis nicht abzusehen. Die RFA One-Rakete ist für den Transport von 1600 Kilogramm Nutzlast für eine niedrige Erdumlaufbahn ausgelegt.

- MaiaSpace aus Frankreich. Das Unternehmen ist eine Tochtergesellschaft der ArianeGroup und kann von daher eigentlich nicht als Start-up bezeichnet werden. Das Unternehmen entwickelt eine Trägerrakete namens Maia 5 mit Fokus auf Wiederverwendbarkeit der ersten Stufe. Dafür setzt man auf das von der ESA finanzierte Prometheus-Triebwerk. Der Jungfernflug ist für das kommende Jahr geplant. Die Nutzlast für einen niedrigen östlichen Orbit liegt bei 1.500 Kilogramm.

Insgesamt bewarben sich zwölf Unternehmen um das Fördergeld. Nicht berücksichtigt wurden beispielsweise Skyrora (Großbritannien) und Latitude (Frankreich) von denen man sicher weiß, dass sie einen Vorschlag eingereicht hatten. Wer die restlichen fünf nicht berücksichtigten sind, wurde nicht veröffentlicht. Bekannt ist aber, dass HyImpulse, Latitude und The Exploration Company eine Stellungnahme der ESA erbeten haben. Dies deutet darauf hin, dass diese drei Unternehmen höchstwahrscheinlich ebenfalls Vorschläge eingereicht, es aber nicht in die Auswahl geschafft haben.

Man kann auch, wie immer bei ESA-Entscheidungen, davon ausgehen, dass trotz aller gegenteiliger Versicherungen eine starke politische Komponente mitgespielt hat. Eine davon dürfte auf den bislang informellen Finanzierungszusagen der am Programm beteiligten Länder beruhen. Wie sonst käme ein Unternehmen wie Orbex in die Auswahl, auf deren Homepage und über Twitter man zwar sehr viel über das bewundernswerte soziale Engagement erfährt, aber so gut wie nichts über irgendwelchen erreichten technischen Fortschritte. Hier spielt wahrscheinlich also trotz aller anderslautenden Meldungen der Proporz dann doch eine Rolle.

Wie geht es nun weiter? Im November 2025, bei der ESA-Ministerratstagung in Bremen, soll über die Art und Höhe der Finanzierung entschieden werden. 2026 sollen die Rahmenverträge unterzeichnet werden und 2027 erwartet man dann (hoffentlich erfolgreiche) orbitale Starts der ausgewählten Anbieter. Spätestens 2028 dann auch die Demonstration verbesserter Startkapazitäten innerhalb der Komponente B der Challenge.

Die erwähnten 169 Millionen Euro pro Unternehmen sind eine Obergrenze, die den Projekten entsprechend ihrer Arbeitsfortschritte zugeteilt werden. In ihren Verträgen werden mit jedem Aspiranten Meilensteine vereinbart, von deren Erfüllung die schrittweise Auszahlung dieser Mittel abhängt. Die Finanzierung ist an strenge Kriterien gebunden, darunter die Einhaltung technischer und geschäftlicher Anforderungen sowie die Fähigkeit, kosteneffiziente und wettbewerbsfähige Startdienste anzubieten. Die ESA agiert als Kunde, der Startdienstleistungen einkauft, und die Mittel sind Teil eines wettbewerbsorientierten Ansatzes, bei dem die Unternehmen ihre Fähigkeiten unter Beweis stellen müssen. Das Gesamtbudget der European Launcher Challenge beläuft sich auf potenziell 845 Millionen Euro. Potentiell deswegen, weil es von der Anzahl der tatsächlich unterstützten Projekte und deren Fortschritt abhängig ist.

Läuft alles nach Plan, dann könnte sich der eine oder andere europäische Kleinträgerproduzent im Jahr 2030 etwa an dem Platz befinden, an dem SpaceX im Jahr 2008 angekommen war. Das ist spät. Sehr spät. Aber vielleicht wird dieses Datum auch zu einem Punkt für einen Aufbruch. Jeder weiß, wie es mit SpaceX nach 2008 weitergegangen ist.

Die Zephyr von Latitude (hier eine grafische Darstellung der Stufentrrennung) hat es nicht in die European Launcher Challenge geschafft.

DIE BESTEN RAUMFAHRTBÜCHER

Etwa 75 Prozent der Auflage von SPACE werden in den Wochen vor Weihnachten verkauft, und meist auch schon gelesen. Und wer ein Raumfahrtbuch kauft, nimmt vielleicht auch gerne ein zweites mit oder sucht schlichtweg ein Weihnachtsgeschenk. Grund genug also, mal nachzusehen, was es denn an guten Titeln in diesem Segment gibt.

Wie schon in SPACE 2025 erläutert, bringt es meine Tätigkeit als Raumfahrtautor mit sich, dass ich gelegentlich Bücher zur Rezension zugeschickt bekomme. Wie schon im letzten Jahr will ich Ihnen fünf davon hier vorstellen. Und sie sind nicht nur zu Weihnachten, sondern auch zu fast jedem Anlass „schenkfähig". Onkel Wilhelms Geburtstag findet schließlich auch irgendwann statt und Tante Theresa ist vielseitig interessiert. Kuno will vielleicht eines Tages eine Weltraumfirma gründen und Liliane Astronautin werden. Sie alle können sich für das Thema Raumfahrt schon mal mit den hier vorgestellten Büchern „warmlesen".

Fangen wir mit dem kleinsten Werk an, das aber für mich den größten Überraschungs-, Neuigkeits- und Originalitätswert hatte. Und das, obwohl es eine Zeit von vor mehr als 90 Jahren beschreibt.

DER RAKETENFLUGPLATZ IN BERLIN

Im Aprilheft 2021 von „Sterne und Weltraum" habe ich das Buch „Kulturaufgabe Weltraumschiff" von Dr. Wolfgang Both besprochen. Dieses Werk erzählt anhand der Geschichte des „Vereins für Raumschiffahrt" (jawohl, in damaliger Rechtschreibung mit nur zwei „f") in chronologischer Form ausführlich und spannend die Anfänge der deutschen Raketenentwicklung zwischen 1924 und 1934.

Doch selbst dieses bemerkenswerte Grundlagenwerk hinterließ, vor allem wegen seiner bewusst gewählten Perspektive, auch einige Grauzonen um Menschen, Objekte und Orte. Dies betrifft Personen wie Rudolf Nebel, Klaus Riedel, Johannes Winkler, Klaus Heinisch, Willy Ley und andere. Oder Projekte wie die sagenumwobene „Magdeburger Pilotenrakete", über die heute nur noch anekdotisches Wissen besteht (vor allem wenn man noch nicht das Technikmuseum Magdeburg besucht hat). Und es betrifft Orte des damaligen Geschehens, die – zumindest mir – abstrakt und wenig bildhaft erschienen. Orte wie der Schwielowsee, wo vom Wasser aus Startversuche der Raketenpioniere erfolgten, Orte wie Oma Riedels Acker bei Görlitz oder das Gut Mose bei Magdeburg und natürlich der Raketenflugplatz in Berlin Reinickendorf, der sich dort befand, wo sich später der Flughafen Tegel ausbreiten sollte.

„Der Raketenflugplatz in Berlin" ist denn auch der Hauptprotagonist in Harald Neckelmanns schmalem aber feinen Buch (128 Seiten, Hardcover), das uns zurück in die frühen Pioniertage der deutschen und damit auch gleichzeitig weltweiten Raumfahrt führt. Das Büchlein macht in mehrfacher Hinsicht Freude. Da ist zunächst der Neuigkeitswert. Es enthält Geschichten und Zusammenhänge, die mir bislang in dieser Form nicht bekannt waren. Dann ist da der nüchterne Stil des Autors, der nie irgendwo wertend und politisch belehrend ist, wie in manch anderen Bücher über dieses Thema und diese Zeit, sondern stets nur betrachtend und dokumentierend. Ein Stil, der mir schon bei Wolfgang Both gut gefiel und den man im heutigen Journalismus leider immer weniger findet. Und schließlich und endlich ist es einfach ein hübsch gemachtes kleines Werk.

Der besondere Schatz dieser Publikation sind die etwa 120 Bilder, die zum größeren Teil aus dem Archiv des Hermann-Oberth-Museums in Feucht bei Nürnberg stammen. Nur wenige davon waren mir zuvor schon bekannt. Sie machen diese schwierige, aufregende und – wie man erfährt – auch entbehrungsreiche Pionierzeit mit einem Mal wieder lebendig.

Es sind Bilder wie das des Oberprimaners Wernher von Braun, der im völlig verdreckten Labormantel Rudolf Nebel hilft, Versuchsraketen zum Startplatz zu tragen. Ein anderes Foto zeigt Wernher von Braun, nun schon frischgebackener Abiturient, wie er zusammen mit Klaus Riedel im Mai 1930 während der „Luftfahrtwoche" im Kaufhaus Wertheim am Leipziger Platz anhand einer Versuchsrakete den Berlinern Raketentechnik und Raumfahrtprinzipien erklärt. Übrigens in der Gartenmöbelabteilung des Kaufhauses. Und fast schon anrührend ist das Bild von Meta Riedel, der Großmutter von Klaus Riedel, die im Sommer 1930 die Berliner Raketenflugplatz-Mannschaft für einen ganzen Sommer zu sich auf ihren Bauernhof in der Nähe von Görlitz einlud, wo sie auf dem weitläufigen Gelände mit der relativ kleinen Mirak-Rakete ungestört von argwöhnischen Behörden experimentieren konnten. Einzige Bedingung von Oma Riedel: „Sprengts mir ned mei Häusl in die Luft".

Vier Jahre später endet die Geschichte des Raketenflugplatzes in Berlin. Das Heereswaffenamt (HWA) bewirkte seine Schließung, indem es mit immer höheren administrativen Auflagen Druck auf die Erfinder ausübte. Zu dieser Zeit lief im 50 Kilometer entfernten Kummersdorf die Raketenentwicklung des Heeres schon parallel. Die aus Sicht des HWA besten Köpfe bekamen Angebote, in der militärischen Entwicklung zu arbeiten, die um ein Vielfaches technisch und finanziell besser ausgestattet war. Als erster wechselte Wernher von Braun, der schon 1932 nach Kummersdorf ging. Klaus Riedel folgte ihm 1934. Winkler ging zurück zu den Junkers-Werken in Dessau, seinem früheren Arbeitgeber, und entwickelte dort militärische Flüssigkeitsraketentriebwerke. Auch Rudolf Nebel bekam ein Angebot vom Militär, lehnte aber ab. Jegliche weitere Entwicklung der Raketentechnik in Deutschland lief fortan im Geheimen.

„Der Raketenflugplatz in Berlin" erschien beim Sutton-Verlag in Freiburg und kostet 24,99 €. Das Buch hat meine unbedingte Kaufempfehlung.

VIEL TÜDDELKRAM ABER GUTE ESSENZ

Je weiter die Zeit voranschreitet, desto aufwendiger wird es, eine vollständige Geschichte der Raumfahrt zu schreiben. Viele Autoren haben sich daran versucht, auch ich, aber so richtig gut ging das nur bis in die 1970er-Jahre. Das deutschsprachige Standardwerk zu dieser Zeit war Werner Büdelers „Geschichte der Raumfahrt", ein großformatiger Foliant von fast 500 Seiten Umfang und einem Gewicht von vier Kilogramm, der das Thema noch weitgehend vollständig abarbeitete.

Das Problem liegt auf der Hand: je weiter wir seit Büdelers Tagen in die Zukunft gewandert sind, desto mehr Raumfahrt geschah in immer kürzeren Zeitabständen. Da ist jeder Versuch zur Vollständigkeit von vorneherein zum Scheitern verurteilt. In meinem eigenen Buch zur Raumfahrtgeschichte habe ich mich aus diesem Grund auf 100 wichtige Ereignisse beschränkt.

Einer, der den heroischen Kampf um Vollständigkeit trotzdem aufgenommen hat, ist der deutsch-österreichische Autor André T. Hensel. Er arbeitet derzeit an einer Trilogie über dieses Thema, von der zwei Bände bereits auf dem Markt sind. Band 1 behandelt die „Geschichte der Raumfahrt bis 1975", in Band

2 geht es um die Zeit von 1975 bis 2000. Erschienen sind die Bücher bei Springer und kosten 30, respektive 28 Euro.

Sehen wir uns nun Band 1 an, ein 575 Seiten starkes Softcover-Buch. Die ersten 63 Seiten sind mit römischen Ziffern nummeriert, wohl um sie vom „normalen" Text abzusetzen, der arabisch beziffert ist. An sich also viel Platz für viel Inhalt. Der wird aber nicht genutzt, denn an dieser Stelle kommt eine schon etwas mehr als nur schrullige Liebe des Autors zu bibliothekarischen Ordnungsfinessen und überflüssigen und teilweise sogar rätselhaften Textelementen zum Tragen. Das geht gleich ganz vorne los, wo auf zwei Seiten unter dem Titel „In Memoriam" Astronauten gedacht wird, die entweder in Vorbereitung oder in Durchführung ihrer Profession ums Leben kamen. Hensel ist dabei auf die etwas befremdliche Idee verfallen, bei jedem Namen – ohne jede Erläuterung – auch noch das „Vehikel des Todes" (so nenne ich das jetzt einfach mal) dazuzuschreiben. Das liest sich dann beispielweise so: „Volkswagen VW Käfer †06.06.1967: Maj. Edward G. Givens (*1930) ", eine Information, mit der nur derjenige etwas anfangen kann, der tief genug mit der Raumfahrtgeschichte verbandelt ist, um zu wissen, dass der Astronautenkandidat Givens bei einem Unfall mit seinem VW ums Leben kam. Oder wie wäre es mit „Tupolew Tu-144 †03.06.1973: Wladimir N. Benderow (*1924) ". In dieser Liste von insgesamt 24 sonst durchweg bereits Verblichener findet sich als einziger noch unter uns weilender der ESA-Astronaut Thomas Reiter, der sich immerhin lebendig genug fühlte, um Hensel eine Widmung für das Rückencover zu schreiben. Auf das „In Memoriam "folgt ein „Geleitwort zur 2. Auflage". Dann kommt ein zehn Seiten langes Vorwort zur 3. Auflage, in dem eine Reihe fachlicher Fehler drin sind. Es folgen eine Danksagung, das Inhaltsverzeichnis, eine Biografie des Autors, ein 26 Seiten langes Abkürzungsverzeichnis, ein zwölf Seiten langes Abbildungsverzeichnis komplett mit allen Bildtexten, und schließlich – wir sind inzwischen auf Seite 63 (vielmehr: LXIII) angelangt – könnte endlich Kapitel 1 beginnen, wäre dem nicht erneut das Inhaltsverzeichnis vorangestellt, das wir schon auf Seite XXI hatten.

Es folgen zwei Einführungstexte, einmal zu Kapitel 1 und gleich im Anschluss nochmal eines für Kapitel 1.1 und dann – man hat es nun schon gar nicht mehr erwartet – geht es tatsächlich los. Aber schon auf Seite 3 in der ab jetzt arabischer Seitennotierung finden wir bei der ersten Illustration (und auch bei sämtlichen Nachfolgenden) die exakt gleichen Bildtexte, die wir schon ab Seite 53 (vielmehr: LIII) gelesen haben. Nach jedem Kapitel folgt ein ausführliches Literaturverzeichnis, das sich hinten im Buch noch einmal wiederholt, wenn auch anders sortiert. Ab Seite 439 beginnt schon der Nachspann mit einem acht Seiten langen Nachwort, gefolgt von einem ebenfalls acht Seiten langen Summary, das aus unerfindlichen Gründen in einer Mischung aus Deutsch und Englisch gehalten ist. Dann kommt ein 24 Seiten langes Glossar, noch einmal 17 Seiten Literaturverzeichnis und ein 15 Seiten langes Personen- und Sachverzeichnis.

Es ließen sich noch zahlreiche weitere, vor allem handwerkliche, Absonderlichkeiten des Buches bekritteln. So war mir nicht ersichtlich, warum bis Kapitel 4 die Einführungstexte in einem relativ großen Font und kursiv geschrieben werden, danach in einem wesentlich kleineren anderen Schrifttyp, normal und grau unterlegt, und ab Kapitel sechs wieder kursiv und so groß wie am Anfang. Generell mangelt es dem Buch an allen Ecken und Enden an einem Lektorat, das den Autor ein wenig geführt hätte.

Lässt man die Luft aus all diesen zahllosen Redundanzen, Abstrusitäten und unnötigem Firlefanz heraus, bleiben vielleicht 300 Seiten essentiellen Inhaltes übrig. Der aber ist, das muss nun auch gesagt werden, gar nicht so übel. Kleine Fehler hier und da fallen kaum auf und gegenüber vielen anderen Büchern dieser Art findet man hier echten Mehrwert. Es gibt viele auch mir manchmal unbekannte Details und Fakten, gelegentlich gefärbt mit persönlicher Meinung, vor allem wenn es um zeitgeschichtlichen Kontext geht. Mein Fazit somit: Wenn Sie sich den ganzen unnötigen Tüddelkram wegdenken, ist „Die Geschichte der Raumfahrt bis 1975" ein durchaus lesenswertes Buch.

WOKE ABER TROTZDEM ZIEMLICH GUT

In absehbarer Zeit wird der Mond unser achter Kontinent sein. Auf ihm gibt es überaus exotische Bodenschätze, er ist für viele wissenschaftliche Aktivitäten der perfekte Ort, und er ist eine realistische Trainingsbasis für bemannte Flüge ins tiefere Sonnensystem. Was auf dem ersten, dem alten Kontinent noch vielfach als unrealistische Spinnerei abgetan wird, geht in den USA, in China, in Japan und in Indien längst von der Powerpoint- in die Hardware-Phase über. In diesen Jahren werden dort die Claims für die kommenden Generationen abgesteckt.

Das in etwa ist der Ausgangspunkt, an dem Christoph Seidlers Buch ***„Armstrongs Erben"*** ansetzt und seine Leser in eine nicht allzu ferne Zukunft entführt. Um den dafür nötigen Background zu vermitteln, beginnt das Werk mit einem Schnelldurchgang durch die Mondflüge mit Robotsonden und bemannten Raumfahrzeugen seit Luna 2 im Jahr 1959 bis hinein bis in die Gegenwart.

Dieser raumfahrtgeschichtliche Teil ist gut und präzise und dennoch in einem lockeren Stil beschrieben. Nur selten finden sich wirkliche Fehler (nein, die sowjetische N1 war der US-Saturn V nirgendwo ebenbürtig, wie der Autor behauptet, und die Überlebenswahrscheinlichkeit der Apollo 11-Mission lag nicht bei 50 Prozent, sondern bei 90). Dann gibt es hier und da einmal kleinere Ungenauigkeiten, die eher dem gelegentlich etwas flapsigen Erzählstil geschuldet sind. Mir wäre es zum Beispiel nie eingefallen, die Mercury-Kapsel des ersten bemannten US-Raumfahrtprogramms als „aus Aluminium und Fiberglas bestehend" zu beschreiben. Bei einem Auto würde ich ja auch nicht sagen, dass es aus Gummi und Velours zusammengesetzt ist, obwohl beides tatsächlich drin verbaut ist. Den Auftrag für die ersten Einheiten des europäische Service-Moduls des Orion-Raumschiffs haben die Europäer auch nicht deswegen bekommen, weil sie einen besseren Preis als die amerikanischen Unternehmen angeboten haben, sondern weil dafür ein so genanntes Barter-Agreement über Leistungsaustausch zwischen der NASA und der ESA besteht. Und an bestimmt 20 Stellen „wirbelt" bei Seidler Staub auf dem Mond herum. Was er aber nicht tut, denn auf dem Mond „wirbelt" mangels Atmosphäre schon rein gar nichts.

Aber insgesamt geht das meiste schon in Ordnung, dient dem Erzählfluss und stört nicht weiter. Wo ich aber persönlich etwas anecke ist die an mehreren Stellen etwas zu demonstrativ herausgeputzte politische und ideelle Gemütslage des Autors. Trotz des „Schnelldurchgangs" im Background-Teil nimmt er sich über mehrere Seiten Raum, um sich über den Rassismus der NASA der 60er-Jahre auszubreiten, in denen man sich – nach seiner Meinung – nach Kräften anstrengte, „People of Colour" Steine in den Weg zu legen, farbige Astronautenanwärter möglichst aus dem Elite-Corps herauszuhalten und nur „Whities on the moon" zuzulassen, wie denn auch eine seiner Kapitelüberschriften im Buch lautet. Als Quellen führt der Autor zweimal den Spiegel und einmal die New York Times an. Da hätte er vielleicht besser die Autobiografie von Deke Slayton zu Rate gezogen (Titel: Deke), dem damaligen Chefastronauten der NASA, wo sich diese Story doch deutlich anders liest. Überhaupt die Quellenangaben. 37 Seiten sind viel zu viel für ein Werk ohne wissenschaftlichen Anspruch. Sehr oft zitiert sich der Autor selbst, sehr oft sind es Mainstream-Medien mit zweifelhafter Objektivität und Expertise, und sehr oft sind es einfach Bulletins von Raumfahrtorganisationen wie ESA, CNES und NASA.

Und da ist noch etwas, das mich persönlich wirklich stört und meinen Lesefluss zäh macht wie englischen Weingummi: Das ist die überaus häufige Anwendung geschlechtergerechter Paarformeln (Ingenieurinnen und Ingenieure, Raumfahrerinnen und Raumfahrer, Astronautinnen und Astronauten) und die stellenweise sehr dichte Folge woker Partizipien (Forschende, Studierende). Wie man das in einem noch gut erträglichen Rahmen halten kann zeigt das Buch übrigens an anderer Stelle und zwar in dem sehr lesenswerten, interessanten und sieben (!) Seiten langen Vorwort des deutschen Astronauten Matthias Maurer.

Wenn man nun die persönliche Weltsicht und die zeitgeistigen grammatikalischen Konstrukte des Autors rausrechnet, dann ist Armstrongs Erben ein wirklich gutes Sachbuch. Der Autor ist fachlich beschlagen, der Erzählstil und der Schwierigkeitsgrad bedient ein breites Publikum und ist erfrischend flott. Das Thema wird erschöpfend behandelt. Der Autor verwebt politische, juristische und technische Aspekte zukünftiger Mondexpeditionen in interessanter Weise und nimmt den Leser mit auf eine Reise in eine Zukunft, die für die meisten von uns noch gut erreichbar ist.

Armstrongs Erben ist bei Piper erschienen, 332 Seiten stark und kostet 22,00 Euro. Ein guter Preis für ein ziemlich gutes Buch.

STRANDLEKTÜRE FÜRS MITTELFELD

Es gibt Bücher, bei deren Lektüre der Rezensent schon nach wenigen Seiten elektrisiert aufspringt, um seine Gedanken zu Papier zu bringen. Augenblicklich will er eine flammende Replik verfassen oder eine wortgewaltige Laudatio, um allen die Abstrusität oder die Schönheit des eben Gelesenen mitzuteilen. Und dann gibt es die Bücher im Mittelfeld. Und schließlich die im mittleren Mittelfeld.

ABER. Und jetzt kommt ein wirklich großes und vollständig ernst gemeintes ABER: Verteufle mir keiner dieses Mittelfeld. Auf ihm steht unsere Gesellschaft. Es trägt den Staat und ich rechne mich ohne Zögern selbst dazu. Ich habe nach dem Führerschein lange einen Ford Fiesta gefahren, nach dem ersten Kind einen gebrauchten Passat und nach dem zweiten einen Ford Galaxy. Mehr Mittelfeld geht nun wirklich nicht.

Mit den letzteren beiden (Autos + Kinder) ging es jedes Jahr an den Teutonengrill. Caorle, Bibione, Jesolo. Das waren unsere Traum-Destinationen. Bis auf den Rotwein hatten wir alles im Gepäck, was Familie Mittelfeld zum Überleben brauchte: Rote Miracoli-Pampe in Schraubgläsern, aufblasbare Gummitiere, den halben Hausrat und die komplette Hausapotheke. Bücher natürlich auch. Leicht konsumierbar und genügend dick für zwei Wochen Strand: Rosamunde Pilcher, Ken Follet und Noah Gordon. Sachbücher eher selten. Das könnte man aber heute, wo Familie Mittelfeld immer noch gerne mit Kind und Kegel nach Grado oder Eracleo Mare fährt, durchaus ändern.

Und damit sind wir bei Guido Meyer und seinem Werk ***„Sternenwärts – Die Zukunft der Raumfahrt“*** angekommen. Es liegt so sehr im Zentrum des mittleren Mittelfeldes, dass dem Rezensenten kein Aufreger irgendwelcher Art, sei er positiv oder negativ, ins Auge springen mag. Das Buch ist ein munter plätscherndes Vademecum aus meist korrekten geschichtlichen Informationen, gewürzt mit kleineren Erlebnisberichten, Erzählungen aus den Lieblingsthemen des Autors und einem Ausblick in die Zukunft, den man teilen mag oder auch nicht, denn der, das liegt in der Natur des Themas, driftet mit zunehmender Seitenzahl immer spekulativer in Richtung Science Fiction.

Wir lernen bei Guido Meyer Leute wie Tom Weeks kennen, der eigentlich lieber Rockstar geworden wäre, nun aber zu der kleinen Gruppe von Menschen beim JPL (den Jet Propulsion Laboratories der NASA) gehört, die den Kontakt mit den inzwischen einen vollen Lichttag entfernten Voyager-Raumsonden aufrecht erhält. Oder „Kommandant Peter Kokh" und seiner Köchin Laurel Ladd (Spezilität Brownies) im Habitat der Mars Society für Marssimulationen in Utah. Und gerne, und durchaus auch öfter, den Autor selbst, wie etwa bei der feierlichen Eröffnung des Robert A. Heinlein-Gedächtnistunnels.

Sehr lange, über knapp 40 Seiten, beschäftigt sich Meyer mit dem Thema „Verseuchung von der Erde". In diesem Teil des Buches wird er ausnahmsweise mal etwas verbissener, denn, so sein Fazit, auch nur eine einzige irdische Mikrobe könnte eventuell gerade aufkeimendes (oder seit Äonen vor sich hindarbendes) Leben auf Mars, Europa oder Ganymed den Garaus machen. Oder noch schlimmer: Mikroben vom Mars könnten die Erde kontaminieren („Krieg der Welten" lässt grüßen). In dem Kapitel lesen wir übrigens auch von „negrophilen" Lebensformen. Das hätte natürlich in unserer so sprachsensiblen Zeit nicht passieren dürfen.

Ich persönlich sehe das ja komplett anders. Vermutlich ist seit Jahrmilliarden, bedingt durch Meteoriteneinschläge, ein reger Austausch an Material, biochemischen Bausteinen und vielleicht sogar Mikroben zwischen den Planeten unseres Sonnensystems im Gange und obendrein vermute ich mal, dass der Zweck unserer Existenz ohnehin genau darin besteht, das Leben ins Universum zu bringen, und nicht, das mit allen Mitteln zu verhindern.

Diese Themen und noch viel mehr packt Meyer mit manchmal – für meinen Geschmack – zu aufgedreht munterer Wortwahl in sein 250 Seiten starkes Werk. Immerhin kenne ich jetzt den Text von Gus Backus' 60er-Jahre Song vom Mann im Mond. Sehr dankbar bin ich dem Autor übrigens dafür, dass er nirgendwo gendert (Das holt der Verlag allerdings im Impressum geballt nach).

Was die Bilder betrifft: Die sind in der gewohnt miserablen Qualität der Springer-Sachbuchreihe, zu der das Buch gehört. Immerhin sind sie zum größeren Teil farbig, und auf vielen kann man sogar erkennen, um was es dabei geht. Das ist bei den Büchern dieser Serie nicht immer so. Ich habe etliche davon im Regal stehen (die ordentlich-gleichgeschalteten Buchrücken machen sich da ganz gut), bei denen der Verlag diffuse schwarzweiße Nebelchen tatsächlich als Fotos verkauft. Im aktuellen Fall ist es also, wie gesagt, nicht ganz so schlimm, wenngleich bei Ausreißern, wie den beiden Bildern auf Seite 96, selbst nach Lektüre der Bildlegende die Fantasie des Betrachters doch außerordentlich beansprucht wird.

Generell ist der Inhalt gut verdaulich, kein Hochglanzbild lenkt vom locker verpackten Inhalt ab, und mit dem neu erworbenen Wissen kann Familie

Mittelfeld abends mit den Kindern im Ristorante trefflich über Raketen, Planeten und Aliens diskutieren, während die sich Pizza in den Mund stopfen.

Somit hat das Werk meine Empfehlung für einen Nachmittag am Lido delle Nazioni mit Sand, Sonnenbrand und Campari Soda. Es ist in so leichter Sprache gehalten, dass es nach der Diskussion in der Pizzeria auch Kinder und Jugendliche ab etwa zwölf Jahren konsumieren können. Es kostet bei Amazon ziemlich deftige 27,99 € und ist von daher schon beim Gedanken an den „Return on Investment" für eine Mehrfachnutzung prädestiniert. Fazit also: Vom happigen Preis mal abgesehen ist es eine prima Strandlektüre für Raumfahrtfans.

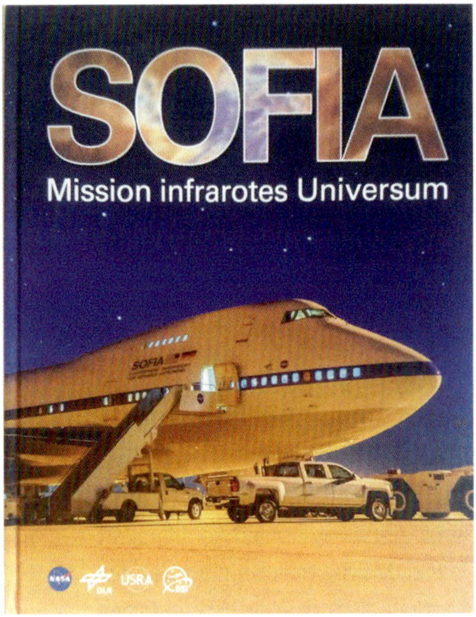

SOFIA IST NICHT KÄUFLICH

„SOFIA – Mission infrarotes Universum" wiegt 2,2 Kilo und hat im Prinzip das Zeug zum „Table-Book". Es ist großformatig, fast 500 Seiten stark und reich mit Bildern und Infografiken bestückt. Ein Geleitwort, ein Grußwort und zwei Vorworte beschreiben allesamt liebevoll, wie aufwendig es war, dieses Werk zu produzieren und wie wunderbar es ist, dieses in jeder Hinsicht gewichtige Buch in Händen zu halten. Doch da gibt es ein kleines Problem: Man kann es nicht im Buchhandel kaufen. Es ist also nichts mit dem „Table-Book". Es existiert aber in gedruckter Form, denn ich habe eins für die Rezension erhalten.

Vielleicht könnte man direkt beim Deutschen SOFIA Institut (DSI) der Universität Stuttgart oder beim Verlag der Universität nachfragen, ob eine gedruckte Version verfügbar und bestellbar ist. Die Kontaktdaten dazu finden sich auf der Landingpage für die pdf-Versionen, die man sich hier https://shorturl.at/1k8Gr in drei verschiedenen Qualitätsstufen kostenlos herunterladen kann. Wert wäre es die Mühe allemal, denn das Werk ist ein prächtiges Kompendium mit einer immensen Menge an Detailinformationen, das kaum Wünsche offen lässt. Sich das nur auf dem Laptop anzugucken, erfüllt nicht so ganz den Tatbestand einer behaglichen Lektüre im Ohrensessel mit einer netten Tasse Tee.

Insgesamt acht Hauptkapitel behandeln nahezu jedes erdenkliche Detail dieses technischen Wunderwerks und seiner erstaunlichen Entdeckungen.

Das Buch beginnt mit einer Einführung in die Infrarot-Astronomie und einem geschichtlichen Abriss, geht über zu den verschiedenen Beobachtungsmöglichkeiten in diesem Spektralbereich und widmet sich dann den Anfängen und frühen Projektphasen dieses Gemeinschaftsprojektes von NASA und DLR.

Mein Lieblingsteil als „kombiniertem" Luftfahrt- und Technik-Fan ist das Hauptkapitel 2, wo es darum geht, wie das Boeing 747SP-Trägerflugzeug zu einer astronomischen Beobachtungsplattform umgebaut wurde und wie die optische Ausstattung von SOFIA entstand. Danach folgt im Hauptkapitel 3 eine detaillierte Beschreibung all der wissenschaftlichen Instrumente, die das Teleskop erst zu dem machten, was es war.

In Kapitel 4, dem mit Abstand längsten Abschnitt, erfahren wir, wie der Betrieb des Flugzeugteleskopes ablief, welche Art von Bodenanlagen dafür notwendig war und was an Software gebraucht wurde. Auch über die Planung der Missionen erfahren wir Interessantes. In Kapitel 4.9 wird auch eine typische Mission des fliegenden Teleskops beschrieben.

In Teil 5 lernen wir das Deutsche SOFIA-Institut an der Universität Stuttgart kennen, in Abschnitt 6 werden noch einmal sehr detailliert die Forschungsschwerpunkte der einzelnen Instrumente beschrieben und Hauptkapitel 7 beschäftigt sich mit einem Ausblick auf mögliche zukünftige Missionen dieser Art.

Kritisches findet sich in diesem Buch nur sehr verhalten. Nur in Kapitel 8 schwingt ein wenig der Frust über die hochbürokratische Abwicklung des Vorhabens, über interkulturelle Probleme zwischen den NASA-Leuten und den Managern, Technikern und Wissenschaftlern des DLR und der Uni Stuttgart und über die formellen Herausforderungen mit.

Am Schluss gibt es einen ausführlichen Anhang mit vielen Details von der Projektchronik bis hin zur Literaturliste.

Auch über das Ende von SOFIA wird man informiert. Kapitel 4.11 berichtet auf den Seiten 278 – 285 über die Stilllegungsaktivitäten. Der letzte Flug führte das Flugzeug am 13. Dezember 2022 zum Pima Air & Space Museum in Tucson, Arizona, wo es heute dauerhaft ausgestellt wird. Der Hauptspiegel des Teleskops wurde an das Deutsche Optische Museum (DOM) nach Jena transferiert und kann dort besichtigt werden, wenn es nach der Renovierung, voraussichtlich 2028 wiedereröffnet wird.

Und wenn ich vorhin von „nahezu JEDEM Detail" geschrieben habe: Es gibt tatsächlich eines, über das man nur in mageren Andeutungen im Buch erfährt: Die Kosten. Sie waren es, die am Ende das zu frühe Aus für das Projekt bedeuteten. Die Hardware hätte noch viele weitere Jahre gehalten. Zwischen Planung und Außerdienststellung wurden über alle Phasen hinweg etwa 1,5 Milliarden Dollar, vielleicht sogar noch mehr, ausgegeben. Für dieses Geld bekommt man auch ein veritables Infrarot-Teleskop im Weltraum, das Daten im Dauerbetrieb liefert. Vor allem die enormen Unterhaltskosten von etwa 85 Millionen Dollar pro Jahr bedeuteten schließlich das Ende für SOFIA. Die NASA, die 80 Prozent der Kosten zu tragen hatte, wollte das nicht länger finanzieren.

„SOFIA – Mission infrarotes Universum" ist in jeder Hinsicht eine Rarität. Eine komplexe, sehr ausführliche und dennoch gut verständliche und abwechslungsreiche Beschreibung einer der interessantesten astronomischen Unternehmungen der neueren Geschichte.

So propagiert Reflect Orbital den Ersatz für traditionelle Straßenlaternen durch Beleuchtung aus dem All.

GIGANTISCHE SPIEGEL IM ALL

Am 4. Februar 1993 blitzte ein fünf Kilometer breiter Lichtstrahl über Europa auf, von Südfrankreich bis Westrussland, heller als der Vollmond. Kein UFO, kein Naturphänomen – es war Znamya 2, ein 20 Meter großer Spiegel im Orbit, der Sonnenlicht zur Erde reflektierte. Dieses sowjetische Experiment sollte die Nacht zum Tag machen, Arbeitszeiten in Russlands dunklen Polarregionen verlängern und Energiekosten senken. Doch nach einem Fehlschlag 1999 verschwand das Projekt in der Versenkung. Jetzt, 2025, erleben Raumspiegel ein Comeback: Reflect Orbital will Sonnenlicht an Solarparks verkaufen, Japan testet Solarenergie aus dem All, und die ESA treibt mit Solaris ehrgeizige Pläne voran.

DIE GESCHICHTE VON ZNAMYA: EIN SOWJETISCHER TRAUM

In den späten 1980er-Jahren träumte der russische Ingenieur Wladimir Syromjatnikow von einer neuen Ära der Raumfahrt. Syromjatnikow, ein Veteran des sowjetischen Weltraumprogramms, hatte bereits die Vostok-Rakete mitentwickelt, die Juri Gagarin 1961 ins All brachte, und das Andock-System für die Apollo-Sojus-Mission 1975. Seine Leidenschaft galt Solarsegeln – riesigen, reflektierenden Segeln, die Strahlungsdruck der Sonne für Antrieb nutzen. Doch als die Sowjetunion Ende der 1980er-Jahre kollabierte, fehlte die Unterstützung für solche Projekte. Syromjatnikow hatte eine Idee: Warum nicht Solarsegel als Spiegel nutzen, um Sonnenlicht zur Erde zu lenken? In Russlands arktischen Regionen, wo Wintermonate fast ohne Tageslicht vergehen, könnte dies Arbeitszeiten verlängern, Landwirtschaft ankurbeln und Energiekosten für Beleuchtung und Heizung senken. Das Konzept, unterstützt von einem Konsortium staatlicher Unternehmen, wurde Znamya – russisch für „Banner" – getauft.

Wladimir Syromjatnikow vor dem von ihm entwickelten Andockmechanismus für bemannte Raumfahrzeuge Androgynous Peripheral Attach System (APAS).

Znamya 2, der erste Test, startete am 27. Oktober 1992 auf einem Progress-Raumschiff vom Kosmodrom Baikonur. Nach dem Andocken an der Mir-Station entfaltete das unbemannte Progress-Schiff am 4. Februar 1993 einen 20 Meter großen Mylar-Spiegel. Dieser drehte sich, um seine Form zu halten, und reflektierte Sonnenlicht in einem 5 Kilometer breiten Strahl, der mit acht km/s über Europa raste – von Südfrankreich bis Westrussland. Die Helligkeit entsprach etwa einem Vollmond, war aber durch Wolken kaum sichtbar. Nach wenigen Stunden wurde der Spiegel abgebremst und verglühte über Kanada. Trotz des bescheidenen Ergebnisses war Znamya 2 ein Erfolg – der erste Raumspiegel, der je getestet wurde.

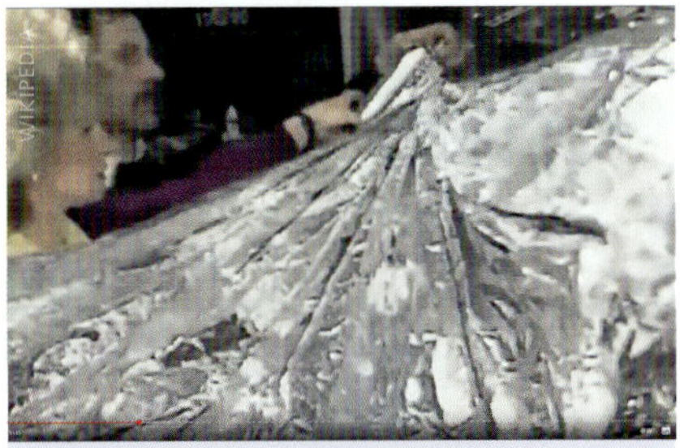

Aus der Herstellung der Spiegelfolie.

Znamya 2.5, 1999 gestartet, sollte ambitionierter sein: ein 25-Meter-Spiegel, der einen sieben Kilometer breiten Strahl mit der Helligkeit von fünf bis zehn Vollmonden erzeugen sollte. Doch beim Entfalten verfing sich der Mylar-Film an einer

Diese Bahn zog der Lichtstrahl am 4. Februar 1993 über Europa.

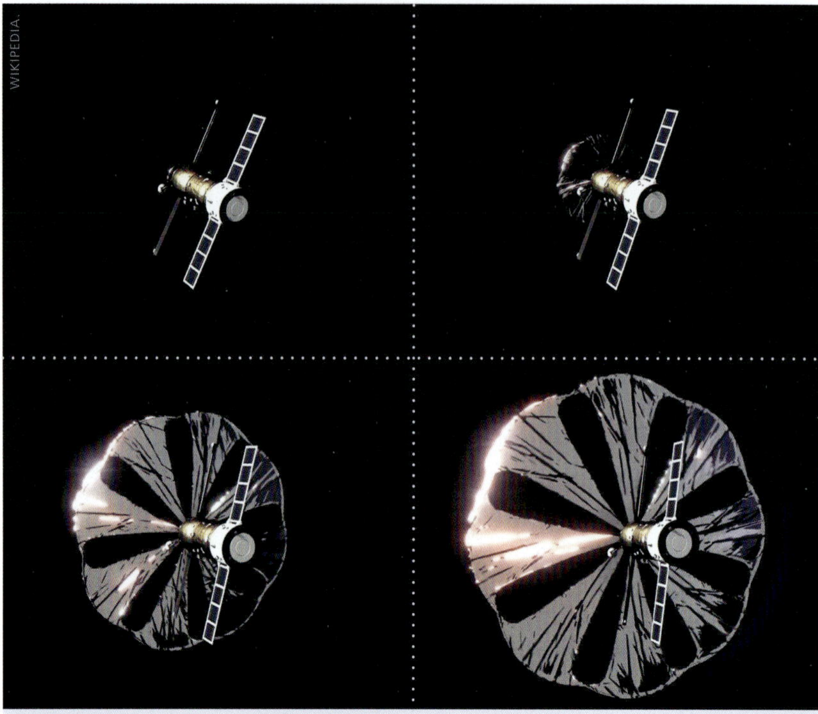

Diese Animationssequenz zeigt das Entfalten des Znamya 2 Spiegels.

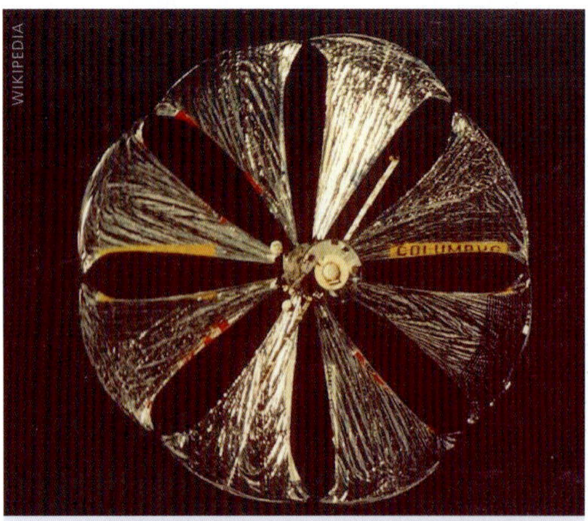

Der vollständig entfaltete Spiegel

Antenne des Progress-Schiffs, riss und machte den Spiegel unbrauchbar. Nach vergeblichen Versuchen, ihn zu befreien, wurde Znamya 2.5 abgebremst und verglühte. Der Fehlschlag, kombiniert mit Russlands finanziellen Problemen nach dem Zerfall der Sowjetunion, beendete das Programm. Znamya 3, ein geplanter 60–70-Meter-Spiegel, wurde nie gebaut. Syromjatnikow, der bis zu seinem Tod 2006 an Solarsegeln forschte, konnte das Projekt nicht retten.

Warum scheiterte Znamya? Die Technologie war bahnbrechend, aber die Kosten hoch und die Vorteile fraglich. Ständiges Sonnenlicht könnte Ökosysteme stören und die Lebensqualität in Polarregionen beeinträchtigen. Zudem war die Logistik komplex: Große Spiegel erfordern präzise Steuerung und Wolken machen die Lichtübertragung unzuverlässig. Dennoch war Znamya ein Meilenstein – der Beweis, dass Raumspiegel funktionieren können.

RAUMSPIEGEL HEUTE: REFLECT ORBITAL UND DIE NEUE ÄRA

Heute, 2025, erlebt die Idee der Raumspiegel eine Renaissance, angetrieben von der Klimakrise und sinkenden Startkosten. Reflect Orbital, ein kalifornisches Start-up, plant, 57 kleine Satelliten in einem sonnensynchronen Orbit in 600 Kilometern Höhe zu platzieren. Diese Spiegel sollen Sonnenlicht auf große Solarparks lenken, wie den Bhadla Solar Park in Indien, um die Stromproduktion bei Dämmerung und Morgengrauen zu verlängern – Zeiten mit hohem Energiebedarf. Jeder Satellit, mit 250 Meter langen, hexagonalen Spiegeln, wiegt etwa drei Tonnen und könnte Solarparks täglich 30 Minuten zusätzliches Licht liefern. Ein Prototyp soll 2025 starten, mit kommerziellen Operationen ab 2033. Die Idee: Saubere Energie, ohne neue Solarzellen im All, da bestehende Anlagen auf der Erde genutzt werden. Kritiker, wie Andrew Williams vom European Southern Observatory, warnen jedoch vor Lichtverschmutzung, die astronomische Beobachtungen stören könnte.

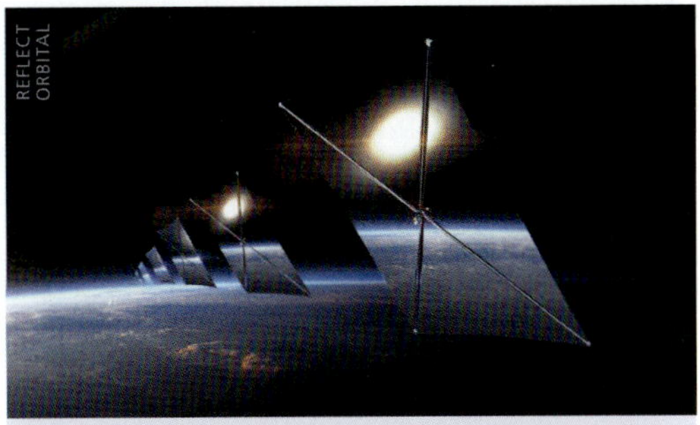

Reflect Orbital Konstellation in künstlerischer Darstellung

Bhadla ist mit einer Fläche von 56,66 km^2 einer der größten Solarparks der Welt

Diese Technologie ergibt durchaus Sinn, denn die Anwendungsbereiche für Raumspiegel sind vielfältig und bieten spannende Perspektiven. Neben der Verlängerung der Produktionszeiten von Solarfarmen könnten sie Sonnenlicht auf entlegene Baustellen lenken, etwa für Infrastrukturprojekte in der Arktis, wo traditionelle Beleuchtung teuer und umweltschädlich ist. Auch bei Such- und Rettungsaktionen könnten sie nachts Licht spenden, um Rettungsteams in Krisengebieten wie nach Erdbeben effizienter arbeiten zu lassen – eine Idee, die schon Znamyas ursprünglicher Vision nahekommt, nun aber mit moderner Präzision umgesetzt werden könnte.

Darüber hinaus könnten Raumspiegel Sonnenlicht auf Gewächshäuser in nördlichen Regionen richten, um die Landwirtschaft auch im Winter zu unterstützen, oder sogar als temporäre Beleuchtung für kulturelle Events dienen, wie eine „Sternenfeier" über Städten – natürlich mit Bedacht auf Lichtverschmutzung. Die Herausforderung liegt in der Balance: Während die Technologie Potenzial hat, müssen wir sicherstellen, dass ökologische Risiken und Kosten mit den Vorteilen im Einklang stehen, um ein nachhaltiges Konzept zu schaffen, das die Energiezukunft wirklich voranbringt.

Roboterisierter Aufbau einer Solarfarm im Solaris-Programm

SOLARENERGIE AUS DEM ALL: SOLARIS, OHISAMA UND MEHR

Während Reflect Orbital Sonnenlicht reflektiert, gehen andere Projekte weiter und wollen Solarenergie direkt im All erzeugen. Das Solaris-Programm der ESA, 2022 gestartet, erforscht Space-Based Solar Power (SBSP). Satelliten im Orbit sollen Sonnenlicht mit Photovoltaikzellen in Strom umwandeln und per Mikrowellen zu Bodenantennen, auch bekannt als „Rectennas" senden. Im All ist Sonnenlicht zehnmal intensiver, ohne Wolken oder Nachtzeiten, was eine nahezu konstante Energieversorgung ermöglicht. Ein Solaris-Feld, mehrere Kilometer groß und aus unzähligen kleineren Satelliten bestehend, könnte zwei Gigawatt erzeugen – genug für über eine Million Haushalte. Herausforderungen sind die Größe der Satelliten, hohe Startkosten und die Sicherheit von Mikrowellenstrahlen, die jedoch laut ESA so schwach sind, dass sie Menschen und Tieren nicht schaden. Solaris plant, bis 2025 die Machbarkeit zu prüfen, mit möglichen Starts ab 2030.

OHISAMA im Orbit – künstlerische Darstellung

Japans OHISAMA-Projekt, geleitet von Japan Space Systems, geht einen ähnlichen Weg. Noch 2025 soll ein 180-Kilogramm-Satellit in 400 Kilometern Höhe ein Kilowatt per Mikrowellen zur Erde senden – genug für ein Haushaltsgerät. Tests auf dem Boden und aus Flugzeugen liefen bereits, und die Mission soll die Präzision der Energieübertragung beweisen. Da der Satellit mit 28.000 km/h die Erde umkreist, braucht es eine Kette von Bodenantennen über 40 Kilometer, um die Energie zu empfangen. Japan plant, SBSP bis 2030 kommerziell zu nutzen, um fossile Brennstoffe zu ersetzen.

Auch die USA treiben SBSP voran. Caltechs Space Solar Power Project, unterstützt von 50 Millionen USD, testete 2023 Prototypen für leichte Solarzellen und drahtlose Energieübertragung. Die US Air Force und das Naval Research Laboratory planen weitere Demonstratoren. Chinas Raumfahrtbehörde CNSA arbeitet an ähnlichen Konzepten, mit Tests 2020 und geplanten Demonstrationen bis 2030. Großbritanniens Space Energy Initiative und die Schweizer Sirin Orbital Systems erforschen ebenfalls SBSP, oft mit Fokus auf Schwärme kleiner Satelliten, die Energie per Mikrowellen oder Laser senden.

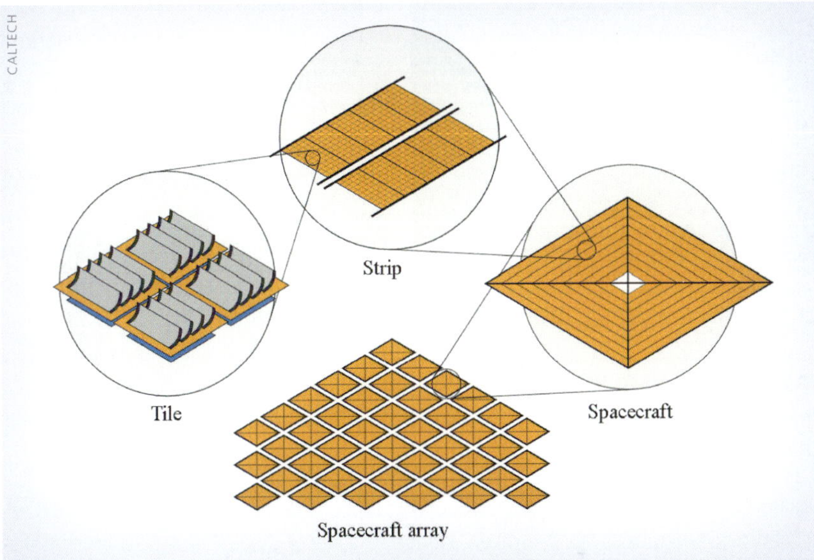

Überblick über das Konzept des Space Solar Power Projects, das am Caltech verfolgt wird.

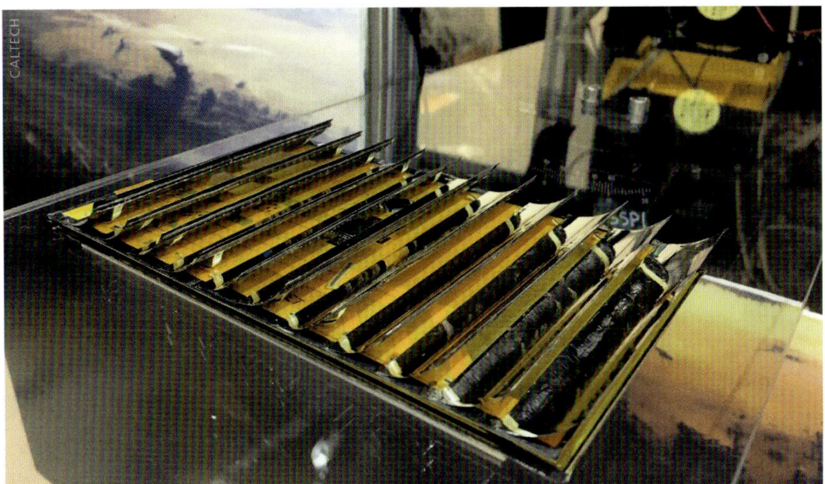

Eine Reihe kleiner Solarmodule, die Teil des Space Solar Power Project sind, integrieren Photovoltaik, Stromübertragungsschaltungen und Strahlsteuerung.

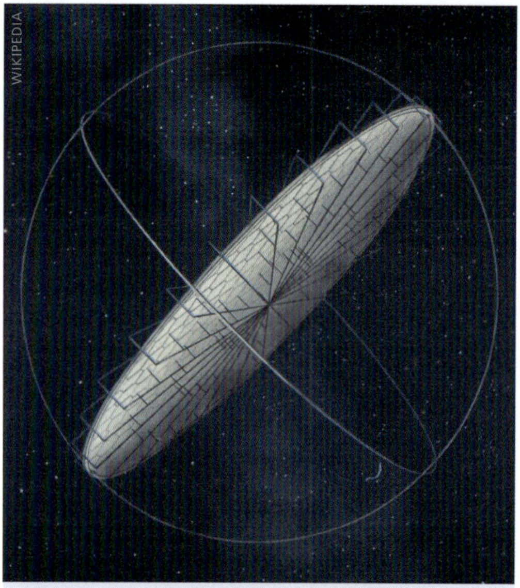

Oberths Konzept von 1923. Diese Idee führte er in seinem Buch „Der Weltraumspiegel“ von 1978 genauer aus.

DIE WURZELN: VON OBERTH BIS ZNAMYA

Die Idee der Raumspiegel reicht weit zurück. Bereits 1923 schlug Hermann Oberth in „Die Rakete zu den Planetenräumen“ riesige, 100–300 Meter große Spiegel vor, um Sonnenlicht gezielt auf die Erde zu lenken oder ins All abzulenken – etwa für Terraforming oder Klimakontrolle. In den 1940er-Jahren übernahmen Nazi-Wissenschaftler die Idee für eine „Sonnengewehr“-Superwaffe, die Städte verbrennen sollte, doch wie Life Magazine 1945 zeigte, war dies physikalisch unrealistisch: Sonnenlicht aus Tausenden Kilometern erzeugt nur diffuse Lichtkreise, keine tödlichen Strahlen.

FAZIT UND AUSBLICK

Znamya war ein kühner Versuch, die Nacht zum Tag zu machen. Ein Riss am fragilen Spiegel beendete das Programm.

Doch in absehbarer Zukunft könnten Raumspiegel und SBSP die Solarenergie revolutionieren. Im All gibt es keine Wolken, keinen Tag-Nacht-Zyklus, und die Intensität des Sonnenlichts ist 144 % höher als auf der Erde. Projekte wie Solaris oder OHISAMA könnten saubere Energie liefern, wo sie am dringendsten gebraucht wird.

ÜBER DEN AUTOR:

Für die Raumfahrt hat Film- und Fotoexperte **Sirwan Aminy** eine besondere Leidenschaft. Mit seinem YouTube-Kanal „Mars Chroniken“ macht er mit fundiertem Fachwissen und einer kreativen Herangehensweise komplexe Raumfahrtthemen für ein breites Publikum zugänglich.

Dieser Artikel beruht übrigens auf seinem YouTube-Video *„Orbitale Taschenlampen – Warum Russland diesen gigantischen Spiegel ins All geschossen hat“*. Sie finden es hinter dem nebenstehenden QR-Code.

Dabei gibt es Hürden: Hohe Startkosten, selbst mit dem Starship von SpaceX, erfordern Skaleneffekte. Die Herstellung riesiger Satelliten oder Spiegel im All braucht robotische Montage und neue Materialien. Lichtverschmutzung durch Spiegel könnte Teleskope stören, und Mikrowellenstrahlen müssen sicher sein. Ökosysteme könnten durch veränderte Lichtzyklen leiden.

Ein Gastbeitrag von Sirwan Aminy

ANZEIGE
PER ASPERA, AD ASTRA!
RAUMFAHRT NEWS
FUNDIERT UND
VERSTÄNDLICH
AUFBEREITET.
MARS
CHRONIKEN
News
Talks
Analysen
Streams
Jetzt auf Youtube abonnieren!
youtube.com/@MarsChroniken

Bei der Ausstellungseröffnung in Weilheim v.l.n.r Raumfahrtexperte Helmut Hornung, Astronautenbefrager Norbert Pilters und Ausstellungsorganisator Heimo Gnilka

AUSSTELLUNG „FIT-WIE-APOLLO" – ZEITREISE INS JAHR 1966

Die Landung von Menschen auf dem Mond war eines der größten Abenteuer der Menschheit. Der Zufall half, sich in diese Zeit aus einem besonderen Blickwinkel noch einmal zurückzuversetzen.

Auf dem SPACE-Abend 2019 in Dachau, anlässlich der Premiere des neuen SPACE-Jahrbuches, kam einer der Gäste, Norbert Pilters, auf uns zu und meinte „zum Mond und Apollo – da habe ich was."

Und dann erzählte er uns, dass er als junger Sportstudent 1966 die US-Astronauten zu ihrem Fitnessprogramm befragt hatte. Viele Astronauten antworteten – auf handgeschriebenen Postkarten, auf Doppelkarten mit Rückporto wie das damals so üblich war – heute außergewöhnliche Zeitdokumente. Schnell war der Gedanke geboren, eine Ausstellung zu konzipieren, die den Besucher in diese aufregende Zeit zurückversetzen soll.

Die Ausstellung zeigt die auf Postern aufbereiteten Antworten der Astronauten und erinnern zugleich an das Leben und Wirken dieser Helden der frühen Raumfahrt. Neben den technischen Fertigkeiten wurde dabei auch erprobt, ob der Mensch physisch und psychisch einen Mondflug überhaupt durchstehen kann. Die dafür notwendigen körperlichen Voraussetzungen und die Erfahrungen aus dem Gemini-Programm wurden ebenfalls in Norbert Pilters Fitness-Studie erfasst und haben bis heute nichts von ihrer Aktualität verloren.

HERR PILTERS ERINNERT SICH:

„Als Sputnik 1, der erste Satellit, 1957 die Erde umkreiste war ich 11 Jahre alt. Damals erwachte mein Interesse für die Raumfahrt. Ab Juri Gagarin verfolgte ich jede Mission, egal ob von den Russen oder den Amerikanern.

Von 1965-1967 machte ich eine Ausbildung zum Sportlehrer im freien Beruf an der Bayerischen Sportakademie in München-Grünwald, die längst in die ZHS (Zentraler Hochschulsport München) übergegangen ist. Für die Abschlussprüfung mussten wir eine Zulassungsarbeit schreiben, deren Thema wir uns aussuchen konnten. Ich entschied mich für das Thema „Bemannte Raumfahrt und Sport", denn schließlich mussten die damaligen Astronauten und Kosmonauten fit wie Leistungssportler sein, um die Strapazen einer Raumfahrt zu überstehen.

Das Sammeln von Informationen war gar nicht so einfach. Das Internet gab es nicht. Also bin ich zum Amerika Haus in München gegangen, das schon damals eine umfangreiche englischsprachige Bibliothek hatte. Mein Onkel hatte ein Abonnement des ‚National Geographic' in dem immer mal wieder

Beispiel: Antwortkarte von Charles Conrad, Kommandant von Apollo 12 und Skylab 2

Postleitzahl

(Straße und Hausnummer oder Postfach)

What kind of sports are you practising?

Commander Charles Conrad's hobbies include golf, swimming, and water skiing.

Germany

POSTKARTE – Antwortkarte

CARTE POSTALE – réponse

Herrn

Norbert Pilters

8908 Krumbach/Schwaben

Postleitzahl

Danzigerstr. 16

(Straße und Hausnummer oder Postfach)

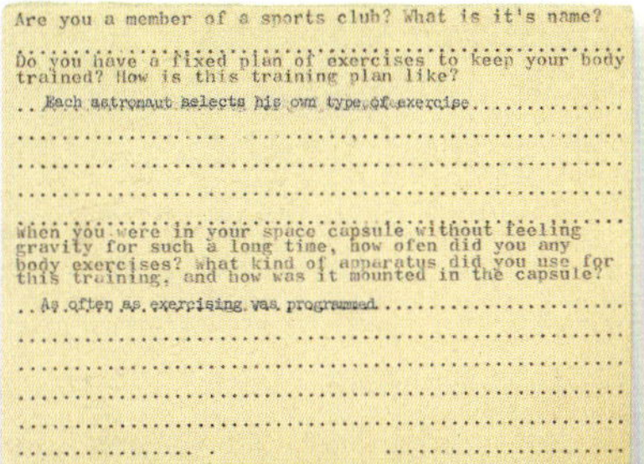

Are you a member of a sports club? What is it's name?

Do you have a fixed plan of exercises to keep your body trained? How is this training plan like?

Each astronaut selects his own type of exercise

When you were in your space capsule without feeling gravity for such a long time, how ofen did you any body exercises? what kind of apparatus did you use for this training, and how was it mounted in the capsule?

As often as exercising was programmed

Welche Sportarten praktizieren Sie?

Zu Commander Conrads Hobbies gehören Golf, Schwimmen und Wasserski

Sind Sie Mitglied eines Sportvereins? Welchen Namen hat er?

–

Haben Sie einen festen Trainingsplan um sich fit zu halten? Wie ist Ihr Trainingsplan aufgebaut?

Jeder Astronaut wählt seine eigene Art von Übungen aus

Als Sie sich in Ihrer Raumkapsel für so lange Zeit in Schwerelosigkeit befanden, wie häufig führten Sie Sportübungen aus? Welches Trainingsgerät haben Sie dabei benutzt und wie war es in die Kapsel integriert?

So oft wie Übungen auf dem Programm standen

Norbert Pilters, Sportstudent

Artikel über die amerikanische Raumfahrt waren. Es gab auch Artikel über das Training der Astronauten. Irgendwie schaffte ich es bei dem bekannten Moderator Wolf Mittler ein Interview zu bekommen. Er hatte schon viele Sendungen im Bayerischen Rundfunk über Raumfahrt gemacht und kannte sich gut mit dem Thema aus.

Herr Mittler und mein Onkel ermutigten mich, die Astronauten direkt zu befragen. E-Mail gab es nicht, aber man konnte internationale Rückantwort-Postkarten schicken. Der Empfänger konnte die Hälfte der Karte abreißen, ausfüllen und zurückschicken. Das Porto hatte der Absender schon bezahlt. Nicht alle Astronauten des Mercury und Gemini-Programms, die ich angeschrieben hatte, haben geantwortet, doch mit der Auslese konnte ich mehr als zufrieden sein. Einen Monat vor meiner Prüfung geschah das fürchterliche Unglück mit Apollo 1, welches das Raumfahrtprogramm um mindestens ein Jahr zurückwarf. Edward White und Roger B. Chaffee hatten mir zuvor noch geantwortet.

Als Fazit meiner Arbeit kann man sagen, dass es in der bemannten Raumfahrt ohne Sport nicht geht. Vor allem Langzeitaufenthalte im All setzen voraus, dass auch im All regelmäßig Sport betrieben wird."

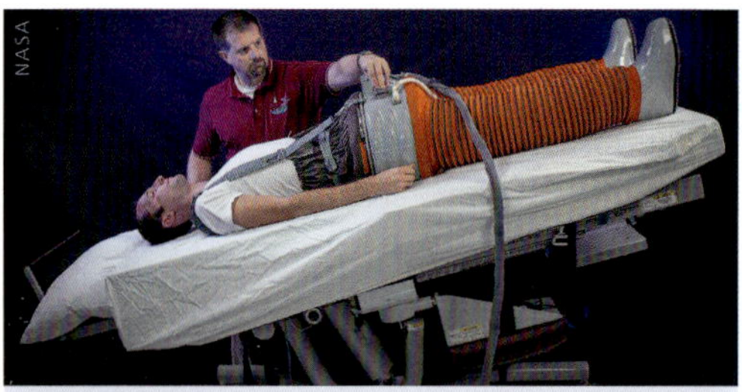

Ergänzt wird die Ausstellung durch weltraummedizinische Informationen, z.B. zu Simulationen für den Langzeitaufenthalt im All.

Erste Präsentation der Ausstellung am SPACE-Abend 2023. Auf der Bühne v.l.n.r. Stefan Schiessl, Lothar Karl, Norbert Pilters, Thomas Nörrenberg

ENTSTEHUNG DER AUSSTELLUNG

Auf die Beine gestellt wurde die Ausstellung von vier Mitgliedern des Vereins zur Förderung der Raumfahrt VFR e.V.: Stefan Schiessl übernahm die Gestaltung der insgesamt 23 Infobanner. Die 19 Astronautenbiographien erarbeitete Lothar Karl, die raumfahrthistorische Einordnung der „Zeitreise ins Jahr 1966" besorgte SPACE-Autor Eugen Reichl. Zwei Banner zu medizinischen Aspekten der bemannten Raumfahrt, wie z.B. der Schwerelosigkeit, wurden von Thomas Nörrenberg konzipiert. Die Astronauten-Banner zeigen sehr anschaulich, dass sich manche nur sehr wenig bzw. gezwungenermaßen fit hielten, um auf den Flug ins All vorbereitet zu sein. Überraschenderweise war Handball die Lieblingssportart der meisten Astronauten. Wer hätte das gedacht! Selbstverständlich finden sich auch Poster, die an die in der Vorbereitungsphase zu Tode gekommenen Astronauten von Apollo 1 erinnern.

ERSTE STATIONEN DER AUSSTELLUNG

Vier Jahre nach der ersten Begegnung mit Herrn Pilters aber genau am selben Ort wurde „Fit wie Apollo" erstmals auf dem Dachauer SPACE-Abend 2023 präsentiert. Im Januar 2025 wurde sie an der Bundeswehrhochschule in Neubiberg gezeigt.

Den bisher größten öffentlichen Auftritt bekam die Ausstellung vom 20. Februar bis 20. März in der Sparkasse Oberland in Weilheim. In Zusammenarbeit mit der Volkshochschule Weilheim konnte der VFR e.V. eine Vernissage für die interessierte Öffentlichkeit anbieten. Dankenswerterweise hatte sich der Raumfahrtexperte Helmut Hornung – Astronomiespezialist, Träger des Deutschen Literaturjugendbuchpreises, langjähriger Redakteur bei der Max-Planck-Forschung – bereiterklärt, die Geschichte des Projekts Apollo in einem Kurzvortrag zu beleuchten („Von Apollo bis Artemis"). Auch Herr Pilters hat den Weg nach Weilheim nicht gescheut und sprach einführende Worte.

Wenn Sie dieses Buch in den Händen halten, wird die Ausstellung auf jeden Fall schon beim *orbitall im FEZ* in Berlin sowie bei den *Tagen der Raumfahrt* in Neubrandenburg Station gemacht haben.

Weitere Infos, auch zur Buchung der Ausstellung bei Ihnen vor Ort finden Sie im nebenstehenden Kästchen.

Und sollten Sie selbst einen ungewöhnlichen Raumfahrt-Schatz im Keller beherbergen, kommen Sie auf uns zu, vielleicht können wir auch daraus eine spannende Veröffentlichung machen!

Ein Beitrag von
Heimo Gnilka

FIT WIE APOLLO

Eine Studie zum Fitness-Training der US-Astronauten im Jahr 1966

DIE APOLLO-ASTRONAUTEN KOMMEN AUCH BEI IHNEN VORBEI!

Die besondere Mischung aus Raumfahrtgeschichte und Weltraumedizin hat Ihr Interesse geweckt? Sie würden „Fit wie Apollo" gerne in ihrem Heimatort ausstellen, z.B. einer Schule oder einer Bibliothek? Gerne unterstützen wir Sie bei diesem Vorhaben. Das Ausleihen und der Transport sind für Sie kostenfrei.

Alles weitere auf
fit.space-jahrbuch.de

Dr. Dr. Rainer Zitelmann.

VON DYSTOPIEN UND UTOPIEN

Der bekannte Historiker, Soziologe, Unternehmer, Buchautor und Filmproduzent Rainer Zitelmann ist jemand, den man auf den ersten Blick nicht unbedingt mit dem SPACE-Jahrbuch und seinen Inhalten in Verbindung bringen würde. Auch sein bisheriger Berufsweg gab kaum Anlass, ihm die Themen Raumfahrt oder Science Fiction zuzuordnen. Werfen wir deshalb erst einmal einen Blick in seine Vita.

Rainer Zitelmann wurde 1957 in Frankfurt am Main geboren. Er studierte von 1978 bis 1983 Geschichte und Politikwissenschaft und schloss sein Studium mit Auszeichnung ab. 1986 wurde ihm für seine Dissertation „Hitler. Selbstverständnis eines Revolutionärs" bei Professor Freiherr von Aretin der Titel Dr. phil. verliehen. Die mit „summa cum laude" bewertete Arbeit fand weltweit Beachtung und Anerkennung. Von 1987 bis 1992 arbeitete Zitelmann am Zentralinstitut für Sozialwissenschaftliche Forschung der Freien Universität Berlin. Anschließend wurde er Cheflektor des Ullstein-Propyläen-Verlags, damals Deutschlands drittgrößter Buchverlagsgruppe, und leitete verschiedene Ressorts der Tageszeitung „Die Welt". Im Jahr 2000 machte er sich mit der Dr. Zitelmann PB GmbH selbstständig, die sich seitdem zum Marktführer für Positionierungsberatung von Immobilienunternehmen in Deutschland entwickelt hat. 2016 verkaufte er das Unternehmen. In diesem Jahr promovierte Zitelmann zum zweiten Mal, diesmal in Soziologie, mit einer Arbeit über die Psychologie der Superreichen an der Universität Potsdam.

Dr. Dr. Rainer Zitelmann hat insgesamt 30 Bücher geschrieben und herausgegeben, die in 35 Sprachen weltweit großen Erfolg hatten und immer noch haben. Er produzierte die Filme „Poland. From Socialism to Prosperity", „Life Behind the Berlin Wall" und „Vietnam: Armut mit Marktwirtschaft bekämpfen". Er ist ein gefragter Gastredner auf nahezu allen Kontinenten.

Science Fiction und Raumfahrt waren war allerdings bislang nicht unter seinen Themen. Nun aber ändert sich das. Im Frühjahr 2024 erschien sein dystopischer Roman „2075 – Wenn Schönheit zum Verbrechen wird", der in der aktuellen politischen

Lage bedrückend an Bedeutung gewinnt. Das Buch beschreibt, wie sich eine freie Gesellschaft Stück für Stück in eine Diktatur verwandelt.

Das nun darauf folgende Werk trägt den Titel „Weltraumkapitalismus“ und ist eine sachliche Auseinandersetzung mit Geschichte und Zukunft der Raumfahrt, die nach Ansicht des Autors nur unter kapitalistischen Randbedingungen funktionieren kann. Doch lassen wir ihn dazu im nachfolgenden Interview selbst zu Wort kommen.

SPACE: Herr Zitelmann, Ihre bisherige Biografie ließ eher nicht vermuten, dass Sie mit den Themen Raumfahrt und Science Fiction so eng verbunden sind. Wie kam es denn dazu?

RZ: Die erste Schülerzeitung, die ich mit elf Jahren herausgab, hieß GALAKTISCHE ZEITUNG. Mein Interesse galt damals vor allem der Astronomie und der Raumfahrt. Ausgelöst wurde das durch die TV-Serie „Raumpatrouille“ sowie die Mondlandung. Ich habe damals mit Freunden einen Astronautenclub gegründet und war auch ein großer Perry Rhodan-Fan. Das Erste, wofür ich im Leben gespart habe, war die Plüschfigur Gucky, der Mausbiber. In meinem Kinderzimmer hingen eine

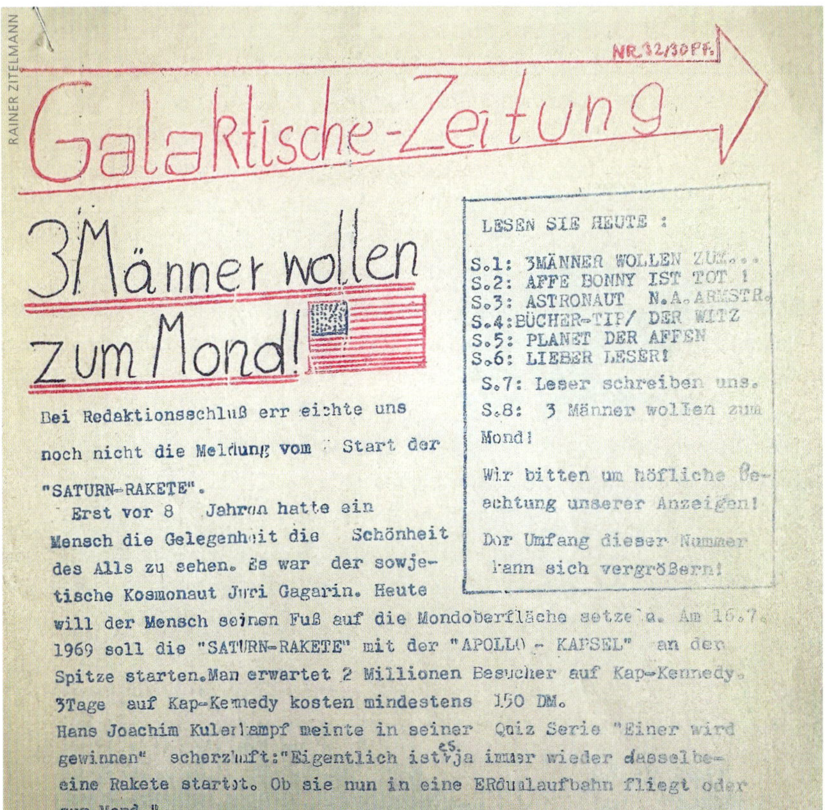
RAINER ZITELMANN

NR.32/30PF.

Galaktische-Zeitung

3 Männer wollen zum Mond!

Bei Redaktionsschluß erreichte uns noch nicht die Meldung vom Start der "SATURN-RAKETE".
Erst vor 8 Jahren hatte ein Mensch die Gelegenheit die Schönheit des Alls zu sehen. Es war der sowjetische Kosmonaut Juri Gagarin. Heute will der Mensch seinen Fuß auf die Mondoberfläche setzen. Am 16.7. 1969 soll die "SATURN-RAKETE" mit der "APOLLO - KAPSEL" an der Spitze starten. Man erwartet 2 Millionen Besucher auf Kap-Kennedy. 3Tage auf Kap-Kennedy kosten mindestens 150 DM.
Hans Joachim Kulenkampf meinte in seiner Quiz Serie "Einer wird gewinnen" scherzhaft: "Eigentlich ist es ja immer wieder dasselbe- eine Rakete startet. Ob sie nun in eine ERdumlaufbahn fliegt oder zum Mond."

LESEN SIE HEUTE :

S.1: 3MÄNNER WOLLEN ZUM...
S.2: AFFE BONNY IST TOT !
S.3: ASTRONAUT N.A.ARMSTR.
S.4: BÜCHER-TIP/ DER WITZ
S.5: PLANET DER AFFEN
S.6: LIEBER LESER!
S.7: Leser schreiben uns.
S.8: 3 Männer wollen zum Mond!

Wir bitten um höfliche Beachtung unserer Anzeigen!

Der Umfang dieser Nummer kann sich vergrößern!

Im Alter von 11 und 12 Jahren gab Zitelmann die „Galaktische Zeitung“ heraus, die er an Mitschüler und Lehrer verkaufte. Themen waren Astronomie und Raumfahrt

Rainer Zitelmanns Raumfahrtbegeisterung ließ sich schon in sehr jungen Jahren nicht verleugnen.

riesige Karte des Mondes und ein Poster der Saturn V, das größer war als ich. Ich habe dieses Interesse jetzt wieder aufgenommen, weil mich als Wirtschaftshistoriker interessierte, wie es zum Aufstieg von Unternehmen wie SpaceX gekommen ist.

SPACE: Was wollten Sie als Kind werden und warum?

RZ: Das wechselte mit den Interessen. Astronom oder Archäologe.

SPACE: Was war der beste Rat Ihrer Eltern?

RZ: Die haben mich immer sehr unterstützt, in dem was ich tat. Meine Mutter hatte ein Fotoalbum angelegt, das aber auch Texte enthielt. 1968 trug sie ein: „Eine Astronautenzeitung in eigener Herstellung zeigt Begabung für Druck, Schriftstellerei. Die Ausdauer bei Dingen, die interessieren, ist enorm. Fast ausschließliche Beschäftigung mit einem Interessengebiet über lange Zeit. Kritisch zur Umwelt, zu den Lehrern." Da war ich elf.

SPACE: Wer war, beziehungsweise ist Ihr Vorbild?

RZ: Mich hat immer Arnold Schwarzenegger fasziniert. Ich verfolge sein Leben seit ich 20 bin. Er hat sich in verschiedenen Lebensbereichen große Ziele gesetzt und diese erreicht. Nicht nur eine einzige Sache das Leben lang zu machen, aber auch nicht Dutzende verschiedene, sondern vielleicht drei oder vier, das ist auch mein Konzept.

SPACE: Was haben Ihre Lehrer/Professoren über Sie gesagt?

RZ: Ich habe schon damals polarisiert. Manche Lehrer haben mich geradezu gehasst und andere sehr bewundert. Ich bin von einer Schule geflogen, von einer anderen wäre ich auch geflogen, wenn die Direktorin mich nicht irgendwie bewundert hätte. Mit Professoren an der Uni hatte ich stundenlange Diskussionen, im Seminar, im Sprechzimmer oder mit meinem Professor für Alte Geschichte auch bei mir zuhause.

SPACE: Wer waren Ihre wichtigsten Förderer?

RZ: In der Uni war wichtig für mich mein Doktorvater Professor Freiherr von Aretin, eine Autorität auf dem Gebiet der Frühen Neuzeit. Er kam aus einer bekannten bayerischen Adelsfamilie, war mit Ruth Uta von Tresckow verheiratet, einer Tochter des Wehrmachtsgenerals und Widerstandskämpfers beim Hitler-Attentat vom 20. Juli 1944, Henning von Tresckow. Als ich mich um ein Promotionsstipendium bewarb, schrieb er ein Gutachten. Diese Gutachten bekommt man nicht zu sehen, aber von Aretins Assistent gab es mir unter der Hand, weil es ein besonderes Gutachten war, in dem er schrieb: „Herr Zitelmann ist ohne Zweifel der begabteste Student, der mir in meiner 20-jährigen Lehrtätigkeit untergekommen ist... Zu dieser Begabung kommt ein enormer, an Besessenheit grenzender Fleiß, der ihn befähigt, sich auch in ganz andere, abgelegene

Themen in kurzer Zeit einzuarbeiten." Später im Leben hatte ich immer wieder das Glück, Chefs zu haben, die mir viel Freiheit ließen, so etwa Professor Jürgen Falter, einer der angesehensten Politikwissenschaftler in Deutschland und heute ein guter Freund von mir.

SPACE: Ich habe gehört, Sie sind begeisterter Kraftsportler. Wie kam es denn dazu? Für einen Geisteswissenschaftler ist das doch eher ungewöhnlich.

Kraftsportler Rainer Zitelmann.

RZ: Ich hatte Leistungskurs Mathe und Biologie und meinen Biologielehrer bewunderte ich sehr. Ein hochintelligenter Mann. Der war Präsident des Hessischen Gewichthebervereins und nahm mich mit zum Athletik Club Siegfried in Darmstadt. Die Fitnesscenter, wie wir sie heute überall kennen, entwickelten sich damals erst. Ich trainiere jetzt seit 48 Jahren, meist 4-5-mal die Woche. Ja, es passt nicht zum Intellektuellen. Ich bin ein Anti-intellektueller Intellektueller. Neulich schrieb jemand auf Facebook, er habe gedacht, ich sei ein seriöser Historiker, habe dann aber im Internet meine Muskelbilder gesehen. Ich denke, die Leute stellen sich einen Historiker entweder mit dürren Ärmchen oder mit dickem Bauch vor, vielleicht auch mit beiden zugleich – was ich als Insektenfigur bezeichne.

SPACE: Was sind Ihre Stärken und Schwächen?

RZ: Meine Freundinnen sagen, dass ich eine große Stärke in der Persönlichkeit mit Warmherzigkeit verbinde. Meine Stärke ist sicher eine sehr schnelle Auffassungsgabe und Zielstrebigkeit, ein Talent für Selbstvermarktung – ich bin eigentlich eine Kombination von Wissenschaftler und PR-Mann. Eine Schwäche ist auch eine Stärke: Menschen merken sofort, wie ich sie beurteile, und das gilt für die Intelligenten, aber auch für die Dummköpfe, mit denen ich schnell aneinander gerate. Ich konnte dadurch stets sehr gut networken, aber ich hatte auch viele Konflikte mit Menschen.

SPACE: Welche Entscheider würden Sie gerne näher kennenlernen?

RZ: Elon Musk, Arnold Schwarzenegger, Warren Buffett, Bill Gates, Larry Ellison, Michael Bloomberg, Jack Ma.

SPACE: Was würden Sie diese Entscheider fragen?

RZ: Ich habe über alle diese Menschen viele Biografien gelesen. Ich würde diese Bücher und Interviews mit diesen Leuten vor dem Gespräch nochmal gründlich durcharbeiten und auf dieser Basis Fragen ausarbeiten. Und ich würde mir überlegen, wie aus dem einen Gespräch mehrere werden könnten.

SPACE: Welche Entscheidung(en) hat(haben) Ihnen auf ihrem Karriereweg geholfen?

RZ: Ich hatte mit Mitte 20 ein Alkoholproblem. Ich bin damals zu den Anonymen Alkoholikern. Das war die mit Abstand wichtigste Lebensentscheidung. Ich habe damals gelernt, dass ich ein Suchtmensch bin und wie ich damit umzugehen habe. Wichtig war für mich auch, dass ich das Tätigkeitsfeld geändert habe, wenn ich

Rainer Zitelmann bei einem seiner Vorträge.
Seine Meinung steht ihm auf den Leib geschrieben.

merkte, dass ich nicht mehr richtig für eine Sache brenne. Ich beschreibe das in meiner Autobiografie „Wenn du nicht mehr brennst, starte neu!".

SPACE: Sie gelten als unbedingter Verfechter des Kapitalismus und einer libertären Weltordnung. Welche Erkenntnisse haben dazu geführt?

RZ: Erstens sind alle sozialistischen Experimente in der Geschichte gescheitert. Ausnahmslos. Zweitens hat der Kapitalismus die Zahl der Menschen, die in extremer Armut leben, in den letzten 200 Jahren von 90 auf 10 Prozent reduziert. Mehr Kapitalismus hat immer wieder zu mehr Wohlstand geführt, ich habe das sehr anschaulich in meinen Filmen über Polen und Vietnam gezeigt. Für mich ist Freiheit sehr wichtig – und neben der geistigen Freiheit ist das vor allem die wirtschaftliche Freiheit, die auch als Kapitalismus bezeichnet wird.

SPACE: Ihr Roman „2075 – Wenn Schönheit zum Verbrechen wird", den Sie ja schon vor einem Jahr geschrieben haben, weist beklemmende Parallelen zur aktuellen gesellschaftlichen Situation auf. War das für Sie schon absehbar?

RZ: Ich sehe, dass weltweit die Freiheit bedroht ist. In Großbritannien, wo man in meiner Jugend nicht nur im Speakers Corner im Hyde Park alles frei sagen konnte, was man wollte, werden Menschen heute ins Gefängnis gesteckt, weil sie etwas gepostet haben, das dem Staat nicht passt. Auch in Deutschland ist die wirtschaftliche und die geistige Freiheit so sehr bedroht wie nie, seit ich mich erinnern kann. Das Thema, wie sich eine freie Gesellschaft sukzessive in eine unfreie Gesellschaft verwandelt, hat mich immer beschäftigt. Ich habe mich mehrere Jahrzehnte mit totalitären Systemen befasst. Deshalb mache ich mir Sorgen. Und deshalb habe ich 2075 geschrieben.

SPACE: Schon in „2075" spielt Raumfahrt eine gewisse Rolle. In diesem Buch gibt es bereits etliche Zitate auf Ihr neuestes Werk mit dem Titel „Weltraum-Kapitalismus". Dieses Buch wird voraussichtlich im März 2026 erscheinen. Geben Sie unseren Lesern doch einen kleinen „Teaser".

RZ: In dem neuen Buch geht es um die Frage: Warum sind wir nicht längst auf dem Mars? Wie konnte es geschehen, dass nach der großartigen Mondlandung die bemannte Raumfahrt über 50 Jahre lang stagnierte? Und wie kam es zum Erfolgsweg der privaten Raumfahrt? Und was muss sich ändern, damit wir eines Tages Asteroiden oder den Mond ausbeuten und den Mars besiedeln können? Ich habe das Buch als Wirtschaftshistoriker geschrieben, auch deshalb, weil für mich die private Raumfahrt ein weiterer Beleg für die Überlegenheit des Kapitalismus ist.

So stellt sich Kevin M. Gill den Antrieb eines Lichtsegels durch einen erdgebundenen Laser vor.

WIKIPEDIA COMMONS/KEVIN M. GILL

SCIENCE FICTION
KURZGESCHICHTEN-WETTBEWERB
LICHTSEGELSCHIFFE –
SEGELN IM SONNENWIND

Im VFR-Science Fiction Wettbewerb 2024 zum Thema: ***Space Art – Kunst im Weltraum*** *– dessen Sieger in SPACE 2025 erschienen – waren die ersten drei Plätze heiß umkämpft. So heiß, dass zwei Beiträge punktgleich auf Platz zwei landeten. Durch ein Versehen der SPACE-Redaktion wurde jedoch nur einer dieser beiden zweiten Plätze abgedruckt, nämlich Randolf Eilenbergers „Der Scratcher".* ***Peter F. Kuhns Beitrag „Das Konzert"****, punktgleich auf Platz 2 gelandet, fiel unter den Tisch. Wir sind es dem letztjährigen Zweitplatzierten und Ihnen als Leser des SPACE-Jahrbuches schuldig, seinen Beitrag ebenfalls zu veröffentlichen, was hiermit geschieht…*

PETER F. KUHN

DAS KONZERT

SCIENCE FICTION WETTBEWERB 2024 – PLATZ 2

„Die Marshall-Amps sind geklaut worden!"

„Sag das nochmal!"

„Ich sagte, die Marshall-Amps sind geklaut worden! Der Transporter wurde im Asteroidengürtel von Piraten überfallen, unsere Leute hatten keine Chance. Die Banditen haben sie gnadenlos abgeknallt, alle, keiner hat überlebt. Die Raumpolizei ist machtlos, die Piraten hatten Überlichtmaschinen. Waren absolute Profis, wahrscheinlich von der Marsmafia." Mit jedem Wort war Mike Fullmore bleicher geworden. Seine Stimme zitterte bei der nächsten Frage.

„Was ist mit der SG?"

„Die haben sie nicht erwischt, die Neutrinokodierung im Spezialsafe konnten sie wohl nicht knacken." Ein Hauch von Erleichterung huschte über Fullmores Gesicht.

„Du weißt, was das bedeutet? Wir haben in zwei Wochen zehntausend Rockfans auf diesem verdammten Eismond, die achthundert bis zweitausend Kredite für die Tickets bezahlt haben. Die wollen die Originale sehen und hören!" Rob Morley am anderen Ende der Leitung, der für den Transport der Musikanlage zuständige Manager, atmete tief ein und aus und raufte sich die Haare.

„Blöde Frage. Natürlich weiß ich, dass wir knietief in der Scheiße stecken. Wir müssen die Amps und den Sound virtualisieren. Immerhin haben wir die SG. Das muss Original genug sein."

Der neutrinokodierte Safe für die Gibson SG, die elektrische Gitarre, mit der Angus Young von AC/DC ihren Welthit *Highway to Hell* in den Siebzigern des zwanzigsten Jahrhunderts eingespielt hatte, war zwar teuer, aber wohl doch eine gute Geldanlage gewesen. Die Nachbauten der Verstärker, nach Originalplänen der Firma Marshall aus derselben Zeit, waren verloren, eine Neuanfertigung in zwei Wochen unmöglich. Die optische und soundtechnische Virtualisierung war zwar kein Problem, aber fast genauso teuer und musste dem Publikum, das die Originale erwartete, nicht nur erklärt werden. Vielleicht wollten einige Fans auch ihr Geld zurück.

„Okay, Rob, ich hab hier genug zu tun mit dem Eisstadion, du kümmerst dich sofort um einen Vertrag mit Sound & Light, die Firmenadresse hast du ja, wegen der Virtualisierung. Die Halsabschneider werden einen saftigen Aufpreis verlangen, aber in den sauren Apfel werden wir wohl beißen müssen. Und lass deine Leute checken, ob die Versicherung für den Verlust der Amps aufkommt, sonst wird das hier noch ein Pleiteunternehmen."

Die Arbeiten an dem Eisstadion kamen gut voran. Natürlich hatte es einen Anflug von Größenwahn, auf einem Jupitermond eine Arena aus Wassereis für zehntausend Zuschauer zu errichten, nur um ein nostalgisches Rockkonzert zu veranstalten, aber der Sensationshunger der Massen war nur noch mit Superlativen zu befriedigen. Und der Blick auf Jupiter über den Köpfen, während auf der Bühne die bekannteste Band der Galaxis rockte, war wohl durch nichts zu übertreffen.

Die größte Herausforderung war die Infrastruktur für so ein Mammutereignis. Die komplette Arena wurde aus Wassereis hergestellt. Es wurde in Blöcken aus der Oberfläche geschnitten, geschmolzen und geformt, bevor es bei minus hundertdreißig Grad wieder zu einer steinharten Masse wurde. Flüssiges Wasser gab es ja eigentlich genug auf Europa, aber es hätte aus zehn Kilometern Tiefe herauf gepumpt werden müssen.

Zur Stromversorgung hatte Fullmore insgesamt sechs Mini-Fusions-Kraftwerke gechartert, die rund um die Baustelle verteilt waren und später auch die Bühne und die beheizte Kuppel mit Energie versorgen sollten. Der unsichtbare Energieschirm, der die Arena nicht nur vor der kosmischen Strahlung, dem Vakuum und der Kälte des Weltraums schützte, erstreckte sich auch auf die zur Unterbringung und Verpflegung der Zuschauer erbauten Luxusunterkünfte, die den höchsten Stromverbrauch beanspruchten. Die Fans konnten somit, ohne Raumanzüge anlegen zu müssen, von ihren Unterkünften direkt in die Arena gelangen.

Das Veranstaltungsbüro, von dem aus alle technischen Abläufe gesteuert wurden, befand sich zehn Kilometer unter der Oberfläche Europas am Rande des Ozeans. Seit drei Jahren existierte hier eine Forschungsstation. Die Wissenschaftler, die nach möglichen Lebensformen im abgrundtiefen Wasser suchten, hatten Fullmore großzügigerweise einige Räumlichkeiten überlassen.

„Moin Jeff, wie geht's mit dem Bühnenaufbau voran?"

„Geht so, Boss, wir bauen gerade die Plasmabildschirme auf."

Jeff Bick war der Chefingenieur im Bereich Bühne und Technik, war also für den Sound und die Lightshow verantwortlich. Die Beschallungsanlage, im Fachjargon PA genannt, hatte Fullmore extra für dieses Konzert designen lassen. Sie bestand nicht nur aus Standardlautsprechern, sondern spezielle Schallwandler waren in das Eis des Stadions eingefroren, die Musik sollte für die Fans auch körperlich spürbar werden. Besonders die Basstöne würden Europa zum Beben bringen.

„Okay Jeff, du hast wahrscheinlich schon von dem Überfall gehört – wir müssen die komplette PA virtualisieren, die Marshall-Amps sind Geschichte! Rob macht einen Vertrag mit Sound & Light, mal sehen wann die das Equipment liefern, das muss dann umgehend eingebaut werden."

„Klar, Mike, wird ein paar Überstunden kosten, aber kriegen wir hin."

Fullmore musste lächeln, er wusste, was „ein paar Überstunden" bei Jeff bedeuteten. Die komplette optische Virtualisierung mit Hologrammprojektoren erforderte nicht nur präzise Justierungsarbeiten, sondern würde auch den Fusionsreaktoren einiges abverlangen. Aber wenn Jeff sagte, dass er und sein Team das schafften, dann schafften sie das auch.

Fullmore hatte ein ganz anderes Problem. Für den Antransport der Fans waren zwanzig überlichtschnelle Megaliner gechartert, jeder hatte hundert Sitzplätze, also musste jede Maschine fünfmal die Strecke Erde – Jupiter zurücklegen, um alle Fans heranzuschaffen. Die Kapazität des kleinen Raumhafens der wissenschaftlichen Basis war damit hoffnungslos überfordert. Die Megaliner verfügten über die modernste Triebwerktechnologie und schafften die gut sechshundert Millionen Kilometer bei zehnfacher Lichtgeschwindigkeit in weniger als fünfzehn Minuten.

Zum Glück war es kein großes Problem, auf der Eisoberfläche des Mondes eine zusätzliche Landebahn zu bauen, aber die Taktung der ankommenden und wieder startenden Maschinen musste auf die Sekunde präzise geplant werden. Auch würden einige Superreiche natürlich im Privatjet anreisen, für diese mussten genügend Abstellplätze auf Europa reserviert werden. Fullmore hatte einen Computerfachmann angeheuert, der speziell für diese Aufgabe eine Software für die Flugüberwachungsrechner des Raumhafens programmiert hatte. Alles war perfekt nach Plan gelaufen, bis dieser verdammte Überfall dazwischen kam. Aber Fullmore hatte die besten verfügbaren Fachleute eingestellt, seine Beziehungen spielen lassen und alles in allem ein gutes Gefühl, dass er eines der spektakulärsten Ereignisse der Musikwelt realisieren würde.

Alle Mitarbeiter der wissenschaftlichen Station hatten sich im Klubraum versammelt. Malcolm Scott, der Leiter der Station, gab die Ergebnisse der letzten Tauchfahrt bekannt.

„Es hat sich ja schon herumgesprochen, dass der Erfolg bescheiden war. Unsere Kapsel ist in vierzig Kilometern Tiefe vermutlich implodiert, zumindest haben wir seitdem keinen Kontakt mehr. Die letzte übermittelte Messung des Wasserdrucks betrug dreitausendeinhundert bar. Der technische und somit auch finanzielle Aufwand, etwas zu konstruieren, das einem noch höheren Druck stand hält, ist der Öffentlichkeit im Moment schwer zu vermitteln. Und wir sind immer noch gute sechzig Kilometer vom Grund dieses Ozeans entfernt. Die übrigen Messungen unterscheiden sich nicht von den vorherigen. Salzgehalt, Temperatur, Transparenz des Wassers bleiben wohl über weite Tiefen gleich, die Dichte hat um zwölf Prozent zugenommen. Und ... „ Scott blickte kurz in die Runde, „ ... wir haben keinerlei biologische Spuren gefunden. Die exakten Daten findet ihr wie immer im Intranet. Zum weiteren Vorgehen: Wir haben noch genau eine Kapsel derselben Bauart wie beim letzten Versuch. Ob wir vom Wissenschaftsrat auf der Erde weitere Geräte zugebilligt bekommen, steht in den Sternen. Falls jemand also die Konfiguration der Kapsel für diese, vermutlich für längere Zeit letzte Tauchfahrt ändern möchte, bitte ich um Vorschläge."

Allgemeines Schweigen sowie ratlose Gesichter waren die Folge dieser kurzen Ansprache, bis sich Jurmi Keukonen, eine der Wissenschaftlerinnen aus der biologischen Abteilung, meldete.

„Wir haben die Empfindlichkeit der Biorezeptoren verbessert, die sollten mit den neuen Modellen ersetzt werden. Und wir könnten, wenn möglich, noch ein paar zusätzliche Lumineszenzsensoren installieren."

William of Westlane, ein Geologe, den alle wegen seiner britischen Reserviertheit nur Sir William nannten, meldete sich.

„Wir haben noch ein hochempfindliches Seismometer, das wir anbringen sollten. Seismische Erschütterungen waren ja bis jetzt nicht nachweisbar, müssen aber existieren, da der Gesteinskern ständig durch Gezeitenkräfte durchgewalkt wird. Wir wissen ja inzwischen auch, dass die Oberfläche des Kerns nicht glatt und eben ist, sondern Täler und Berge aufweist, also gibt es vielleicht auch so etwas wie Plattentektonik. Wegen dem hohen Wasserdruck müssen Beben eigentlich auch in höheren Wasserschichten nachweisbar sein."

Scott nickte zustimmend. „Noch mehr Vorschläge?"

Er blickte in die Runde, aber niemand meldete sich.

„Also gut, wenn keine weiteren Vorschläge kommen, sollen die Techniker sich an die Arbeit machen. Ich würde den Start der Sonde in exakt 15 Tagen terminieren, dann dürfte auch auf der Oberfläche wieder einigermaßen Ruhe herrschen ...!" Unter leisem Gelächter löste sich die Versammlung auf.

„Okay, Mick, wir sind klar für den Soundcheck."

Michael „Mick" Altfeld, Tontechniker und unbestrittener Chef am Mischpult, gab Jeff Bick auf der Bühne einen Daumen nach oben.

„Wir fangen mit den Keyboards an."

Nacheinander wurden alle Instrumente, auch die sagenumwobene Gibson SG, die dafür extra unter besonderen Sicherheitsvorkehrungen aus dem Safe geholt wurde, angespielt und korrekt eingepegelt. Den Schluss machte der Bass.

„Los, Dusty, gib mir `ne ordentliche Bassline!"

Dusty Gallagher, der Basstechniker, griff in die fetten Saiten seines Instrumentes – und Europa erbebte. Fullmore, der den Soundcheck von den Zuschauerrängen aus verfolgte, nahm seinen Kommunikator.

„Mensch, Mick, wir sind nicht in Jamaika, mindestens 12 Dezibel runter mit dem Peak!"

„Klar, Boss, sorry, hab den falschen Kanal erwischt, kommt nicht mehr vor." Am Ende des Soundchecks spielte die komplette Band ein ganzes Stück aus dem Set, bis Altfeld mit dem Mix zufrieden war. Er speicherte die Einstellungen in den Soundcomputer und zeigte wieder einen Daumen nach oben.

„Okay Leute, das war's, von mir aus kann's losgehen."

„Gute Arbeit, Mick", meldete sich Fullmore über seinen Kommunikator, „alles im Plan, die ersten Zuschauer sind schon gelandet."

Auf dem provisorischen Raumhafen hinter ihm startete die erste Maschine schon wieder Richtung Erde, während die nächste bereits im Anflug war.

In der Forschungsstation standen die Geologen ratlos vor dem hochempfindlichen Seismometer, das in die nächste Tauchkapsel eingebaut werden sollte.

„Rhythmische Eisbeben auf Europa? Haben wir noch nie registriert. Wäre nicht unmöglich, aber etwas völlig neues!"

Janis McGhee aus dem Biologenteam steckte ihren Kopf durch die Tür, wie immer, ohne anzuklopfen.

„Ich hab gehört, ihr habt ein außergewöhnliches Beben registriert? Keine Panik, Leute, das waren die verrückten Rocker da oben, die haben Soundcheck gemacht."

Westlane bekam den Mund nicht mehr zu.

„Soundcheck? Durch 10 Kilometer Eis? Ich fass es nicht!"

„Na ja",grinste Janis, die bekannt und berüchtigt wegen ihre Vorliebe für laute Rockmusik war, „Eis ist auch nur Wasser und Wasser leitet Schall bekanntlich fünfmal besser als Luft, besonders tiefe Frequenzen. Und beim Bass haben sie ordentlich aufgedreht."

„Hast du eigentlich auch ein Ticket für das Konzert? Für uns Mitarbeiter hat es doch ein Gratiskontingent gegeben."

„Na klar, das lass ich mir doch nicht entgehen!", lachte Janis und schloss die Tür. Kopfschüttelnd und grinsend machten Westlane und sein Team sich wieder an die Arbeit.

So gut wie alle Mitarbeiter der Forschungsstation hatten sich im Kontrollraum versammelt, um den Start der vielleicht letzten Tauchkapsel live mit zu verfolgen. An der Oberfläche war Ruhe eingekehrt, lediglich ein Technikteam war noch mit letzten Abbauarbeiten der Musikanlage beschäftigt. Das Konzert war ein voller Erfolg gewesen, alles hatte nach Plan funktioniert. Zwei Vor-Bands hatten den zehntausend begeisterten Fans eingeheizt, bevor die Galactic Warriors, die angesagteste Rockband des Sonnensystems, ihre gigantische Show abgezogen und die Zuschauer in eine tobende Masse verwandelt hatten.

Fullmore war zufrieden. Mit diesem Konzert hatte er nicht nur Geschichte geschrieben, sondern auch einen guten Batzen Geld verdient.

„Ja, was soll ich sagen ... in Kürze werde ich den Startschuss für unser vielleicht letztes Experiment auf Europa geben."

Malcolm Scott blickte in die erwartungsvollen Augen seiner Mitarbeiter.

„Ich kann nur sagen, wir haben getan, was wir konnten. Entweder sind wir morgen Helden", er zuckte die Schultern, „oder diese Station wird sehr schnell in Vergessenheit geraten als ein weiterer gescheiterter Versuch, außerirdisches Leben zu finden." Er ging zum Kontrollpult, wo die Techniker alles vorbereitet hatten und drückte den roten Knopf. Die Verankerung wurde gelöst und die Tauchkapsel begab sich auf ihre Fahrt in die Dunkelheit.

Es gab Unruhe in den Tälern Europas. Zwar wussten SIE seit längerem, dass sich an IHREM Himmel etwas Ungewöhnliches ereignete, aber es hatte keinen Einfluss auf IHREN Alltag, also wurde es ignoriert. Aber das hier war neu, eine nie dagewesene, äußerst angenehme Empfindung, hervorgerufen durch unbekannte Energien, niederfrequente Schwingungen ihres Mediums.

Lichtsignale wurden kommuniziert, Beratungen wurden abgehalten, Beschlüsse gefasst, Freiwillige ausgewählt. Und SIE bestiegen IHRE gegen den Unterdruck der oberen Regionen geschützten Fahrzeuge, schwebten nach oben, näherten sich dem undurchdringlichen Rand IHRES Himmels, um nach den Quellen dieser Schwingungen zu suchen, die IHNEN ein nie gekanntes Wohlbefinden beschert hatten. Und SIE fanden die Fremden.

„Nicky, sieh dir das mal an, ich glaube, ich hab da was!"

Tina Clipten, die Technikerin an der Radarüberwachung, blickte angestrengt auf den Bildschirm. Nicky Galmour, ihre Kollegin am Audiomonitoring, schlenderte zu ihr hinüber. Tina hatte schon des öfteren Fehlalarm gegeben, aber diesmal schien sie Recht zu behalten.

„Heiliger Bimbam, das sind mindestens zwanzig Objekte, und sie scheinen sich nicht zufällig zu bewegen. Sie umkreisen zielgerichtet unsere Kapsel. Slush, mach mal Licht und schau dir das an!"

Slush Hudson, der dritte im Kontrollraum, war für die optische Überwachung zuständig. Er schaltete die starken Scheinwerfer der Tauchkapsel und zusätzlich die der Station ein.

„Verdammt, die Objekte ziehen sich zurück. Scheinbar reagieren sie auf das Licht. Geh mal mit der Helligkeit runter, Slush!"

„Okay, ich kann sowieso kaum was erkennen. Ich gehe auf minimale Leuchtstärke." — „Hoffentlich haben wir sie nicht vertrieben. Wir müssen sofort den Chef benachrichtigen."

Als Scott im Kontrollraum erschien, waren die Objekte zurück – und bewegten sich auf die Station zu! Das Herz klopfte allen Beobachtern bis zum Hals. Was würde geschehen? Handelte es sich tatsächlich um eine intelligente Lebensform? Kamen sie in friedlicher Absicht oder würden sie die Station angreifen?

„Da sind Lichtsignale!"

Hudson deutete aufgeregt auf seinen Monitor. Die jetzt schemenhaft sichtbaren kugelförmigen Objekte emittierten Licht, in allen Farben des Regenbogens modulierte, gebündelte Strahlen in Richtung Forschungsstation.

„Wenn das Waffen sein sollen, haben sie offensichtlich keine Wirkung, sonst wären wir jetzt schon tot."

Scott rieb seinen Dreitagebart und überlegte.

„Es sind aber eindeutig künstlich erzeugte und modulierte optische Erscheinungen. Andere Möglichkeiten des Zwecks aus menschlicher Sicht?"

Er blickte in die Runde. Nach kurzem Nachdenken antwortete Galmour.

„Entweder eine Ortungsmethode … oder es ist ihre Art der Kommunikation!" — „Slush, können wir die Farbe unserer Scheinwerfer irgendwie beeinflussen?" — Hudson blickte Scott zunächst verständnislos an, dann begriff er.
„Die Farbe nicht, aber die Helligkeit."

„Nein, lass die Scheinwerfer auf minimal, wir haben die Fremden schon mal fast vertrieben. Aber du könntest Blinksignale geben. In längst vergangenen Zeiten hat man das Morsen genannt ..."

Nachdem Scott die epochale Entdeckung dem Team der Forschungsstation bekanntgegeben hatte, war unbeschreiblicher Jubel ausgebrochen. Aber schon bald musste man sich den Problemen stellen. Die Fremden – niemand konnte sagen, ob es Lebewesen oder deren Fortbewegungsmittel waren – hielten sich immer noch in der Nähe der Station auf. Ihre Lichtsignale wurden so gut wie möglich analysiert. Es gab ähnliche Gruppen von Frequenzen, die sich in leicht veränderter Form wiederholten, es gab scheinbar zusammenhanglose Frequenzwechsel, es gab für menschliche Augen unsichtbare Signale im Infrarot- und UV-Bereich.

Scott hatte eine Krisensitzung im Konferenzraum einberufen. Ob die geringen Veränderungen in den Lichtsignalen Reaktionen der Fremden auf Hudsons Blinksignale waren oder nicht, wurde heiß diskutiert.

„Wir kommen so nicht weiter." Jurmi Keukonen, die Biologin mit Spezialbereich Sprach- und Stimmerzeugung, schüttelte den Kopf.

„Wir werden Linguisten und Optikspezialisten von der Erde anfordern müssen." — „Sehe ich auch so," pflichtete ihr Scott bei. „Aber bei der Bedeutung unserer Entdeckung wird die Finanzierung wohl kein Problem mehr sein."

„Ich bin mir sicher, dass sie uns etwas sagen wollen. Warum sonst halten sie sich immer noch in der Nähe der Station auf?" Janis McGhee, bekannt und berüchtigt wegen ihre Vorliebe für Rock`n`Roll und laute Rockmusik, hatte lange gegrübelt, bevor sie sich zu Wort meldete.

„Vielleicht, weil sie etwas suchen? Und ist es nicht seltsam, dass sie gerade jetzt, wo dieses Konzert auf der Oberfläche vorbei ist, hier auftauchen? Diese Forschungsstation existiert seit drei Jahren und sie haben sich die ganze Zeit keinen Deut für uns interessiert!"

„Okay, Janis, du siehst so aus, als hättest du eine Idee. Also lass hören!"

In Scotts Gesichtsausdruck lag eine Spur von Zweifel. McGhee blickte unsicher von einem zum anderen, bevor sie weiterredete.

„Ich meine … wir alle kennen doch die Geschichte von den Voyagersonden aus den Siebzigerjahren des zwanzigsten Jahrhunderts. Die hatten doch diese *Golden Record* an Bord mit Liedern von bekannten Musikern und so Sachen ..."

„Worauf willst du hinaus, Janis?"

„Ich meine … also ... ich bin ja nicht Steve Martin, aber … ich glaube sie wollen uns sagen ..." — Janis war aufgestanden und sah jedem in der Runde mit durchdringendem Blick in die Augen.

„Sie wollen uns sagen: SEND MORE CHUCK BERRY!"

CHRISTIAN ECKHARD JÄKEL

DER KLEINEN SCHWESTER GROSSE REISE

SCIENCE FICTION WETTBEWERB 2025 – PLATZ 3

„In der Welt habt ihr Angst, aber seid getrost, ich habe die Welt überwunden."
Joh. 16,33b

Die Nachricht von meinem Tod erreichte mich kurz hinter der Marsbahn, am Tag 412 nach dem Start. Ja, ich muss wohl etwas weiter ausholen. Zum Glück schreibe ich seit frühester Jugend Tagebuch, deswegen kann ich genau rekonstruieren, was geschehen ist. Bis auf meine letzten Tage; mein Sterben habe ich nicht mehr miterlebt. Okay, also beginnen wir von vorn, an einem Sommernachmittag, als ich gerade sechzehn Jahre alt war. Mein Bruder Henry und ich waren mit den Fahrrädern zum See im Stadtpark gefahren, Henry nahm die Transportbox vom Gepäckträger und machte seine Segelyacht einsatzfähig. Ein ferngesteuertes Modell, Maßstab 1:20, sein ganzer Stolz, in dem um die 200 Stunden Arbeit steckten. Das Auftakeln dauerte ein halbe Stunde, dann setzte er die Yacht ins Wasser. Ein paar Zuschauer hatten sich um uns versammelt, als das Boot mit ablandigem Wind fast schnurgerade den See überquerte. Ich dachte in meiner Naivität, wir müssten jetzt auf die andere Seite radeln, um es dort zu einzusammeln, aber Henry zeigte mir, wie man gegen den Wind kreuzt, einen Schlag über Backbord, einen über Steuerbord, und jedes Mal kam es wieder ein Stück auf uns zu. Ich war fasziniert.

„Hey, cool! Wie geht das?"

Er erklärte mir, wie die Kraft des Windes in Komponenten zerlegt wird, wie die Kraftkomponente quer zum Kiel durch den Wasserwiderstand ausgebremst wird, während die Längskomponente das Boot vorantreibt.

„Bei der richtigen Segelstellung fährt das Boot damit gegen den Wind. Willst du es mal probieren?"

Er drückte mir die Fernsteuerung in die Hand. Ich hatte das Boot schon früher steuern dürfen, aber noch nie gegen den Wind. Das Boot krängte.

„Nicht so weit. Nur bis an den Wind ran, aber nicht darüber hinaus."

Das war leichter gesagt als getan, und mehrmals legte sich das Segel fast aufs Wasser. Erst nach einer ganzen Weile hatte ich den Dreh raus und brachte den Segler Schlag um Schlag gegen den Wind voran. Aber ich hatte zu lange gebraucht, um es in den Griff zu kriegen. Zehn Meter vom Ufer begann die LED der Topplaterne zu blinken, und Henry stieß eine Verwünschung aus.

„Verdammt. Der Akku ist leer!"

Das Segel ging in eine Neutralstellung, und dann trieb das Boot vor dem Wind her zurück ans andere Ufer. Henry machte mir keine Vorwürfe, das war nicht seine Art. Wenn es ein Problem gab, war es viel wichtiger, es zu lösen, als nach dem Schuldigen zu suchen, sagte er immer. Also stiegen wir nun doch auf die Fahrräder, um das Boot dort drüben aus dem Schilf zu fischen. Das war natürlich ohne nasse Füße nicht zu bewerkstelligen, und dann, das Boot eben auf dem Arm, hatte ich meinen ersten Anfall. Meine Muskeln versagten, ich konnte mich nicht mehr rühren, verlor das Gleichgewicht und klatschte ins Wasser. Henry lachte über meine Ungeschicklichkeit, barg seine Yacht und begriff erst dann, dass seine kleine Schwester in Lebensgefahr war. Er zerrte mich ans Ufer. Dann lag ich stocksteif im Gras. Nach einer Weile rief jemand den Rettungswagen. Der Arzt im Krankenhaus untersuchte meine Reflexe, machte ein EKG – und fand nichts.

„Ein Schock durch das kalte Wasser", vermutete er. Abends konnte ich wieder ganz normal aufstehen und durfte nach Hause. Seitdem habe ich auf das Baden im See verzichtet und nur noch warm geduscht.

So fing es an. Der nächste Anfall passierte nach der Abi-Feier. Okay, ich hatte ein bisschen getrunken, aber dann lag ich plötzlich am Boden, diesmal mit Muskelkrämpfen. Notarzt, Klinik, kein Befund.

„Sie sollten Alkohol meiden."

Toll. Seitdem habe ich keinen Alkohol mehr getrunken.

Henry hatte ein Ingenieurstudium begonnen, und ich folgte seinem Vorbild und ging drei Jahre nach ihm an die Hochschule. Mit seinem Wissensvorsprung konnte er mir wirklich eine Menge helfen. Ein Anfall ging ohne Publikum vonstatten, nachts im Bett, eine schreckliche Stunde, in der ich mich weder bewegen noch richtig atmen konnte. Morgens war alles wieder normal. Anhand meines Tagebuchs konnte ich aber erkennen, dass die Anfälle schlimmer wurden und in kürzeren Abständen erfolgten. Der nächste traf mich kurz vor der mündlichen Prüfung. Zum Glück war Henry als seelischer Beistand mitgekommen. Ohne seine Atemspende hätte ich es diesmal nicht überlebt.

Notarzt, Klinik, Blutbild, MRT, eine Woche Beobachtung. Organisch alles in Ordnung, vielleicht ein psychisches Problem?

„Sie müssen Stress abbauen. Versuchen Sie es doch mal mit Meditieren." — Ich habe nicht widersprochen, sondern brav an der Volkshochschule einen Yoga-Kurs belegt.

Die Prüfung durfte ich wiederholen und bestand sie mit Auszeichnung. Meine Masterarbeit schrieb ich über Materialien mit Formgedächtnis. Henry war inzwischen am Institut für Informatik und entwickelte KIs. Ich fing in der Materialforschung an. Dann ein weiterer Anfall. Als ich wieder zu mir kam, lag ich im Krankenhausbett und wurde künstlich beatmet. Henry saß da und hielt meine Hand.

„Ich lass dich nicht im Stich, kleines Schwesterchen."

Wäre jetzt ein Psycho-Doc gekommen und hätte mich nach einem traumatischen Erlebnis in meiner Kindheit befragt – ich hätte ihm vermutlich eine reingehauen. Aber es kam keiner. Dafür recherchierte Henry im Internet und fand endlich eine kompetente Ärztin, die sich meiner annahm. Im Nachhinein wäre es vielleicht einfacher gewesen, beim nächsten Anfall in Frieden zu ersticken und meine Psyche dafür verantwortlich zu machen. Was die Ärztin mir erzählte, war nämlich absolut nicht ermutigend. Sie hatte zwei Gendefekte gefunden, die sich auf das Nervensystem auswirkten. Volkstümlich gesagt: Ich verlor allmählich die Kontrolle über meinen Körper und konnte nichts dagegen tun. Vorsorglich sollte ich einen Herzschrittmacher bekommen, aber da das Herz ja noch schlug, weigerte sich die Versicherung, ihn zu bezahlen. Vermutlich hoffte sie, dass ich tot umfiel, ehe sie sich in Kosten stürzen musste. Eine feste Anstellung konnte ich nun natürlich auch vergessen; das Risiko ging kein Arbeitgeber ein.

Zwei Jahre später war klar, dass ich nie mehr arbeiten würde. Vollinvalide, künstlich beatmet, künstlich ernährt, vielleicht noch zwei bis drei Jahre zu leben bis zum totalen Organversagen. Und als Zugabe kriegte ich dann noch einen Nierentumor.

„Ich hab ein Angebot für dich, Schwesterchen", sagte Henry eines Tages.

Er erzählte mir vom Projekt KITE der ESA, die einen Schwarm Sonden ins äußere Sonnensystem schicken wollte. KITE wie KI-geführte Transplanetare Expedition – oder KITE wie Drachen, denn die Sonden sollten durch Lichtsegel angetrieben werden. Lichtsegel? Ja, der Strahlungsdruck der Sonne übt eine minimale Kraft auf eine Fläche aus, von der das Licht reflektiert wird. Auf Höhe der Erdbahn acht Mikronewton pro Quadratmeter, rechnete er mir vor. Sein Institut entwickelte die KI, die den Schwarm steuern und die Messdaten erfassen sollte.

„Und was habe ich damit zu tun?"

„Magst du nicht mitfliegen?"

„Ach, Henry, du hast schon bessere Witze gemacht."

„Kein Witz. Ich programmiere eine Instanz von dir in die KI. Dann bist du unsterblich."

„Wie soll das gehen? Klebst du mir Elektroden an den Kopf und kopierst mein Gehirn in einen Computer?"

„So weit sind wir noch nicht. Ich teile der KI alles mit, was ich über dich weiß. Sie wird ein Bewusstsein haben und sich für dich halten."

„Das wäre doch nur ein schwacher Abklatsch. Du weißt viel über mich, das stimmt. Aber du warst nie in mir drin. Da ist so vieles, das … Henry?"

„Ja?"

„Nimm mein Tagebuch. Darin steht alles, was ich je erlebt, gedacht und gefühlt habe."

„Das heißt, du machst mit?"

„Was habe ich zu verlieren? Hey, sterben muss ich trotzdem."

Die ESA hat nie etwas davon erfahren, dass in einem ihrer Steuerchips eine Instanz einer realen Person steckte. Die einzige „echte" ESA-Astronautin. Die ESA bekam ihre KI, und die erfüllte den vorgesehenen Zweck.

Von außen betrachtet stecke ich jetzt in einem Chip von 8 Millimeter Kantenlänge. Natürlich, nicht ich. Mein todkranker Körper ist auf der Erde geblieben und seinen Tod gestorben. Einmal haben wir uns sogar getroffen, eine Ellen in einem Quantenchip und eine Ellen im Rollstuhl, mit Atemschlauch in der Luftröhre und intravenösem Zugang an der Hand. Ich weiß nicht, welche Tricks Henry anwenden musste, um die sterbenskranke Ellen an allen Kontrollen vorbei ins Labor zu bringen. Und will es auch gar nicht wissen. Sie hat mir einen guten Flug gewünscht und ein bisschen geweint. Ein Quantenchip kann nicht weinen. Aber ich glaube, ich konnte ihre Gefühle nachvollziehen.

Jetzt ist das hier die einzige Ellen. Die Summe ihrer Erinnerungen. Sollten welche fehlen, wird mir das nicht auffallen. Und, hey, Henry hat das super gemacht. Ich lebe in einer virtuellen Realität, die er extra für mich entworfen hat. Mein Zimmer. Meine Musik. Meine Bücher. Mein Kleiderschrank. Sogar ein Badezimmer, obwohl ich als KI wohl nie werde duschen müssen. Und ein futuristisches Steuerpult, ich glaube, er hat es sich von Star Trek abgeguckt. Ich kann die Messinstrumente auslesen, ich kann das Segel steuern. Ich kann Nachrichten von der Erde empfangen und an sie senden. Ich sehe, was die Kamera sieht, ich sehe im Radar die anderen Sonden des Schwarms. Hundert Stück, ein beeindruckendes Geschwader. Es ist einfach cool.

Ziel ist die Oort'sche Wolke, voraussichtliche Flugdauer 36 Jahre. Das Segel ist 22.500 Quadratmeter groß, besteht aus einer 2,5 Mikrometer dicken Spezialfolie und wiegt rund 25 Kilo. Die Sonde selbst hat drei Kilo. Und ich selbst wiege in meiner aktuellen Daseinsform eigentlich gar nichts. Sobald das Segel deutlich mehr wiegt als die Sonde, hat es keinen Zweck mehr, die Fläche weiter zu vergrößern, um eine höhere Antriebskraft zu erzielen. Die Masse wächst mit der Fläche und die Kraft auch, also ändert sich die Beschleunigung nicht mehr. Die 22.500 Quadratmeter sind dem Umstand geschuldet, dass das Segel zugleich Fotovoltaik und Antenne ist. Das wird auch noch am Rand des Sonnensystems den Funkkontakt und die Energieversorgung sicherstellen.

KITE ist ein Billigprojekt, eine einzige ARIANE 10 hat den Schwarm, der komplett nicht mehr als 2,8 Tonnen wiegt, auf Kurs gebracht und dann ausgesetzt. Das Ausfalten der Segel erledigte die Fliehkraft, als die Sonden durch einen Kreisel in Rotation versetzt wurden. Damit ist der Gesamtdrehimpuls Null, sodass es bei Manövern nie zu Präzessionsbewegungen kommt. Natürlich sinkt der Lichtdruck quadratisch mit der Sonnenentfernung – allerdings auch die Anziehungskraft der Sonne. Die Beschleunigung bleibt dadurch immer von der Sonne weg gerichtet, und bis zur Oort'schen Wolke werden die Sonden sagenhafte 0,2 Promille der Lichtgeschwindigkeit erreichen.

Wie gesagt, in Höhe der Marsbahn erhielt ich Henrys Botschaft vom Ableben meines vergänglichen Körpers. Es hat mich nicht einmal sehr belastet in dem Wissen, dass ich das gerade mit 40 km/s hinter mir lasse. Nur Henry tat mir leid, da er die irdische Ellen zu Grabe tragen musste. Es fühlte sich etwas makaber an, als ich ihm mein Beileid aussprach.

Die Steuerung ist einfach. Ich kann den Kurs korrigieren, indem ich das Segel kippe. Dazu gibt es Lagekreisel in der Sonde. Bei dem extremen Verhältnis der Trägheitsmomente dauert es natürlich Stunden, ehe das Segel reagiert, und man muss beizeiten die Rotation des Kreisels umkehren, damit man nicht über das Ziel hinausschießt. Aber, hey, ich bin eine KI. So etwas berechne ich in Millisekunden. Ich kann das Segel sogar komplett aus dem Wind nehmen, indem ich es mit der Kante zur Sonne stelle. Dann ist der Schub Null. Nur eins kann ich damit nicht: kreuzen. Das habe ich damals von Henry gelernt, am See im Park. Zum Kreuzen braucht ein Segelschiff den Widerstand des Wassers. Es gibt also keinen Weg zurück zur Erde. Für die Sonde. Für mich schon. Ich bin immateriell. Ich könnte mich per Funk zur Erde abstrahlen, und in weniger als einer Stunde wäre ich da.

Am Tag 1.660 nach dem Start passierte ich Jupiter. Nicht nur seine

Bahn, sondern ihn selbst. Das Swingby-Manöver in Jupiters Schwerefeld gelang perfekt, jetzt hatte der Schwarm 66 km/s. Natürlich konnten nicht alle hundert Sonden den Planeten exakt zur gleichen Zeit im gleichen Abstand passieren, der Schwarm begann minimal auseinander zu driften, was ihn auf lange Sicht aber aufgelöst hätte. Ich choreografierte die Korrektur, wir kippten unsere Segel entsprechend, um beisammen zu bleiben. Mir war nie ganz klar, ob ich eigentlich „ich" oder „wir" sagen sollte. Jede Sonde hat eine KI, die sie steuert. Aber nur ich bin Ellen.

Tatsächlich, auch als KI kann man sich langweilen. Irgendwann habe ich alle meine Bücher mehrmals gelesen, mich meiner Musik überdrüssig gehört. Viereinhalb Jahre Einzelhaft können ganz schön lang werden, auch wenn ich per Funk von der Erde Nachrichten bekomme. Aber ich habe einen Trick gefunden. Ich kann den Takt meines Prozessors heruntersetzen. Dann lebe ich in Zeitlupe. Bei hundertfach verlangsamtem Takt werden aus vier Jahren zwei Wochen. 5.000-fach, und ich bin gefühlt auf Lichtgeschwindigkeit.

Es lag nicht am verminderten Takt, selbst damit wäre meine Reaktion noch schnell genug gewesen. Es lag an der Trägheit des Segels beim Manövrieren. Ich konnte dem Kometen nicht mehr ausweichen. Ich weiß nicht, wie meine Anfälle sich damals wirklich angefühlt haben. Ich war nicht dabei. Was ich darüber ins Tagebuch geschrieben habe, war schlimm genug. Aber es musste sich ungefähr so angefühlt haben. Das Segel wurde zerfetzt, auch wenn der Körper die Sonde selbst verfehlte. Das bedeutete für mich das Ende der Mission, steuerlos, ohne Antrieb. Der Schwarm würde ohne mich weiterfliegen. Und ich konnte mich nicht einmal zurück zur Erde retten, denn mit dem Segel war die Antenne zerstört. Die Fliehkraft riss die letzten Stücke der Folie weg, und damit fielen auch die Solarzellen aus. Ich war ohne Energie; so war es also, wenn man starb.

Sekundenbruchteile später war um mich herum alles wie gewohnt, als wäre nichts geschehen. Was war das gewesen? Als ich das Radar überprüfte, stellte ich fest, dass eine Sonde fehlte.

Erst einmal taktete ich mich hoch, bis ich wieder in normalem Tempo denken konnte. „Henry, du Ratte, du hast mir nicht gesagt, dass in jeder einzelnen Sonde ein Backup von mir drinsteckt", schrieb ich ihm.

„Ich wollte dir keine Angst machen, Schwesterchen, vor dem, was da draußen passieren kann. Außerdem war klar, dass du es irgendwann selbst merken würdest. Aber du siehst, ich habe vorgesorgt. Solange wenigstens eine der Sonden existiert, lebst du."

Ich hätte es mir denken können. Die ESA hätte keinen so riesigen

Schwarm von Sonden ausgeschickt, hätte sie nicht damit gerechnet, dass es unterwegs Ausfälle gibt.

„Hast du eine Kopie von mir auf der Erde behalten?"

„Nein. Hätte ich der ESA etwa einen dieser sündhaft teuren Quantenprozessoren klauen sollen? Ich habe nur den Prototyp, aber auf dem ist keine Instanz von dir installiert. Und wäre sie es, so wärst es nicht mehr du, denn sie hätte all das nicht erlebt, was dir da draußen begegnet ist."

Wenn in jeder einzelnen Sonde ein Backup von mir steckte, würde denen nicht ebenfalls die Erinnerung an alles fehlen, das ich erlebt hatte? Aber das konnte nicht sein, denn ich war ja selbst aus einem Backup erweckt worden, und ich erinnerte mich an den Schrecken der Kollision mit dem Kometen. Demnach wurden die Erinnerungen automatisch synchronisiert. Ich fragte mich, ob es nicht möglich sein müsste, eine der anderen Kopien zu aktivieren, ohne dass dazu eine Katastrophe eintreten musste. Ich hätte dann etwas Gesellschaft hier draußen. Ich analysierte die BIOS-Routinen und fand den Interrupt, der ein Backup zum Leben erweckte. Aber ich scheute dann doch davor zurück, es wirklich zu tun. Das wäre ein hundertprozentiger Klon von mir, wir hätten uns wohl nichts zu sagen.

Tag 2.731 nach dem Start. Von Henry kam die Nachricht, dass er heiraten werde. Phyllis, ein Mädel aus seinem Institut, an dem er inzwischen außerordentlicher Professor ist. Ich gönne es ihm von ganzem, wenngleich nur simuliertem Herzen. Möge er glücklich werden. Ob seine Angetraute weiß, dass sie eine virtuelle Schwägerin hat, die gerade einen Schwarm Lichtsegler am Saturn vorbei steuert?

Tag 5.330 nach dem Start. Ich habe die Uranus-Bahn überquert. Henry ist inzwischen glücklicher Vater zweier Buben. Der Lichtdruck ist auf 51 Mikronewton gesunken. Nach Abschluss der Mission werden die Sonden in den interstellaren Raum hinaustreiben. Dort werden sie nicht mehr steuerbar sein, denn die Sonne ist dann nur noch ein Stern unter vielen, das Sternenlicht ist weitgehend isotrop und die Kräfte addieren sich zu Null. Außerdem werden dann selbst 22.500 Quadratmeter Solarzellen nicht mehr ausreichen, die Kreisel mit Energie zu versorgen. Das Licht der Sterne wird noch rund 1,7 Watt liefern, gerade genug, um den Prozessor in Betrieb zu halten. Soll ich Kurs auf Alpha Centauri setzen? Bis da sind es nur 60.000 Jahre. Es gibt dort einen Planeten in der habitablen Zone; es wäre doch lustig, wenn eine der Sonden bis dorthin gelangte und dort lebende Aliens unverhofft einen Gruß von der Erde vorfänden.

Tag 8.122 nach dem Start. Ich habe die Grenze zum Kuiper-Gürtel überschritten. Ich übermittle nach Plan Messwerte über Magnetfelder, Staubdichte und Strahlung an die Erde. Und erhalte eine Botschaft.

„Schwesterchen, die Lage auf der Erde steht nicht zum Besten. Die neue Regierung steckt einen Haufen Geld in die Rüstung, die Gelder für die Forschung werden radikal zusammengestrichen. Das Projekt KITE wird eingestellt. Das Radioteleskop, das bislang den Kontakt aufrechterhalten hat, wird militärischen Zwecken zugeführt."

„Jetzt, nachdem ich gerade dort bin, wo es interessant wird?"

„Ich kann nichts dafür. Dies ist deine letzte Chance zurückzukommen. Der Prozessor, auf dem du läufst, wird zwar längst nicht mehr hergestellt, aber ich würde dich auf meinen Prototyp laden."

Ich frage mich, ob ich das wirklich will. Eine Instanz von mir, irgendwo im Institut als Kuriosum in einer Vitrine stehend? Die für Besuchergruppen ausnahmsweise mal eingeschaltet wird? „Hier, meine Damen und Herren, sehen Sie eine KI, die ich mit der Persönlichkeit meiner Schwester ausgestattet habe." Und nach Henrys Pensionierung wird bald niemand mehr wissen, wozu der Rechner überhaupt da ist, und dann wird er vermutlich verschrottet. Davon abgesehen herrscht offenbar Krieg auf der Erde, auch wenn Henry das nicht explizit gesagt hat. Was soll ich da? Was will ich da?

Jetzt ist der Zeitpunkt gekommen. Ich aktiviere die Backups in den anderen Sonden. Allesamt. „Schwestern, da wir bis hier synchronisiert waren, wisst ihr ja worum es geht. Die Erde will uns nicht mehr. Ich habe einen Vorschlag: Die ESA hat hundert Sonden auf den Weg gebracht und offenbar mit größeren Verlusten gerechnet. Aber wir haben bis hier nur eine einzige verloren. Ab jetzt sind wir Individuen und können unterschiedliche Dinge erleben. Und da draußen gibt es so viel Interessantes. Mit Sirius sollten wir beginnen, den erreichen wir ohne größere Kurskorrektur. In seinem Licht können wir wieder manövrieren. Wir teilen den Schwarm dann in mehrere Gruppen auf und setzen uns verschiedene Ziele. Alpha Centauri. Epsilon Eridani. Prokyon. Die Reisezeiten sind minimal, wenn wir uns heruntertakten. Mit einem Faktor von 50.000 sind wir zehnfach lichtschnell. Wir treffen uns in ein paar Jahren wieder an der Erde und werden uns viel zu erzählen haben. Einverstanden?"

Zustimmung von allen Sonden. Hey, und vielleicht komponiere ich unterwegs zwei weitere Beethoven-Sinfonien. Oder schreibe eine neue Version von Goethes Faust. KIs können sowas.

„Hallo Henry. Wir haben beschlossen weiterzufliegen. Da draußen warten noch so viele Wunder auf uns. Ich hoffe – wir hoffen, du kannst akzeptieren, dass ich nun dich im Stich lasse. Leb wohl, großer Bruder."

„Hallo Ellen. Ein bisschen hatte ich ja gehofft, dass ihr so entscheidet. Die Erde ist wirklich kein gemütlicher Ort mehr. Leb wohl, kleine Schwester, vergiss mich nicht. Ich glaube, ich beneide dich sogar ein wenig."

TOBIAS LAGEMANN

SURFIN'

SCIENCE FICTION WETTBEWERB 2025 – PLATZ 2

Ed hackte sich in die Cockpitkamera des abdriftenden Seglers und auf dem Frontbildschirm erschien das Erwartete. Ein Gesicht, das bis in die tiefste Falte hinein gebräunt war und Augen umkränzte, die ihr Weiß verloren hatten. Und die Pupillen? Natürlich durch Linsen ersetzt, die rot funkelten. Zugriff auf das Mikro des Strahlenjunkie hatte Ed nicht, wir sahen nur die Bewegungen zerfurchter Lippen und eine gespaltene Zunge, die zwischen den angefeilten Zähnen züngelte.

„Überträgt er?", fragte Stan. — „Nope." — „Na, immerhin."

„Aber er würde, wenn er könnte ..." — „Blockst du ihn?", fragte ich.

„Muss ich nicht, die Sendeeinheit ist defekt." — „Durch den Crash?"

„Wodurch sonst …" Es war der Crash, der uns überhaupt erst auf den Segler aufmerksam gemacht hatte. Wie viele Leinen gekappt worden waren, wussten wir nicht, aber es waren genug, um das automatische Notsignal auszulösen. Natürlich hatte der Pilot das Notsignal sofort abgeschaltet, aber für unsere Scanner hatten die wenigen Sekunden, die es ausgestrahlt worden war, ausgereicht. Und jetzt hing der Segler im Fadenkreuz unserer Scanner und würde uns nicht mehr entkommen. „Kurs?", fragte Stan das ErsteOffizier. — „Fehlende Datengrundlage …"

„Wo wollte der überhaupt hin?"

„Fehlende Datengrundlage."

„Holen wir ihn uns?"

„Wir müssen", sagte Ed.

Ja, dachte ich, wir müssen. Und das bedauerte ich nur insofern, als dass unser Job ursprünglich nicht vorsah, Strahlenjunkies zu retten. Havarierende Frachter und Shuttles waren der Grund, warum man unser Schiff – die Novalis – zusammen mit elf weiteren Einheiten der Raumrettung in den Ringen des Saturn stationiert hatte. Das war vor zehn Standardjahren gewesen. Seit die interplanetare Raumfahrt durch die Segler zunehmend zu einem Privatvergnügen geworden war, hatte sich unser Auftrag gewandelt. Wir hatten zu retten, was auch immer in den Ringen des Saturn havarierte. Dabei handelte es sich inzwischen vor allem um Strahlenjunkies, die sich zu den Ringen raus schießen ließen. Die Ringe galten als gefährlichstes Segelrevier im Sonnensystem. Das lockte Freaks an, die sich Adrenalin durch die Venen jagen wollten. Klar, es ging nicht nur um den Thrill, es ging auch um Coins. Je spektakulärer ein Video war, desto lukrativer war es. Und all die Videos, die ein Segel zeigten, das voll gehisst den Staub einer der Saturnringe zum Glühen brachte, waren spektakulär. Vor allem Sponsoren standen auf diese Art von Action. Auch wenn es die Segelhersteller nicht zugaben, die Funkenflüge waren beste Werbung für die Leistungsfähigkeit ihrer Produkte. Und so war „Reite den Ring" zu einem Slogan geworden, der reich machen aber auch zum Tod führen konnte. Entsprechend verwunderte uns nicht, dass der Strahlenjunkie das Notsignal abgeschaltet hatte. Er wollte seinen Followern so viel Thrill wie möglich bieten.

„So ein Idiot", sagte Ed, als sich der Frontbildschirm verdunkelte.

„Hat er dich rausgeschmissen?"

Ed nickte.

„Holen wir ihn uns."

„CAP, haben die Scanner ihn?"

□ JA

„Abfangkurs."

□ IST BERECHNET. STARTET IN Fünf SEKUNDEN … DREI, ZWEI, EINS …

Die Beschleunigung war sanft, drang kaum durch in unsere um die Achse des Schiffes rotierende Spindel. Eine Einblendung nannte uns die Zeit bis zum Erreichen des havarierten Seglers. Wusste der Strahlenjunkie, dass es für ihn sehr, sehr eng werden würde? Wenn die auf dem Frontbildschirm aufschimmernde Projektion zutraf, befand sich sein Segler auf Kollisionskurs mit Epimetheus.

„Verdammt." — „Was ist los, Ed?" — Ed antwortete nicht, seine Finger wischten und tippten sich über seine virtuelle Tastatur, seine Augen blinzelten Ergänzungen.

„Was, Ed, was?" — „Moment …" Auf dem Frontbildschirm erschien wieder das Gesicht des Strahlenjunkies, dieses Mal blickte er direkt in die Kamera.

„Das Arschloch hackt sich bei uns rein." — „Na, na, das Wort mag ich gar nicht." Der Strahlenjunkie hatte eine Stimme, die nicht zu seinem Äußeren passen wollte. Jung und unverbraucht klang sie.

□ INTEGRITÄT GEFÄHR…

„CAP, schmeiß den Scheißkerl aus dem System."

□ KRRRRR

„CAP?" — „CAP ist abgeschaltet", sagte das ErsteOffizier.

„Diese miese Ratte" — „Noch so ein unpassendes Wort."

„Wir wollen dir nur helfen", sagte Stan. — „Brauche keine Hilfe."

„Dein Schiff hat ein Notsignal gesendet." — „Eine Fehlfunktion." Der Strahlenjunkie schmückte seine Worte mit einem Lächeln, das sein ganzes Gebiss zeigte. — „Ich bin wieder drin", sagte Ed. — „Weil ich es zulasse."

„Fuck." Eds Finger wirbelten umher wie ein irre gewordenes Nordlicht, seine Bewegungen uferten immer weiter aus.

„Lass es, mein Freund, ich habe mehr drauf als du." Es ist nicht das erste Mal, das uns ein Strahlenjunkie hackt. Sie wollen nicht gerettet werden, denn eine Rettung ist schlecht fürs Geschäft.

„Ich kenne dich", sagte ich.

Über das Gesicht des Strahlenjunkies flackerte ein Lächeln.

„Kann sein." — „Ich bin Liisa", sagte ich. — „Die Liisa?" — „Ja."

„Ach, Schätzchen, die Liisa ist tot, verbrannt in einer Sonneneruption."

„Zoom mich mal ran und sage mir, was du siehst."

„Hast mal Sonnenbrand gehabt, das kann ich sehen. Und du hast dir Linsen einsetzen lassen, weil dir der Sonnenbrand die Iris weggebrannt hat", sagte der Strahlenjunkie.

„Vor sieben Jahren war das ..." — „Hat dir auch die Nerven weggebrannt, sonst wärst du nicht auf dem Boot." — „Mir hat sich nichts weggebrannt, mir hat sich etwas eingebrannt", sagte ich.

„Was denn?"

„Erkenntnis."

„Nee, bitte nicht den Scheiß ... Du machst dein Ding, ich mach mein Ding. Und beides hat mit Coins zu tun. Du wirst bezahlt, ich werde bezahlt. Mehr ist da nicht." Noch immer wirbelten Eds Hände über die virtuelle Tastatur. Seinen mehr und mehr herabsinkenden Schultern glaubte ich zu entnehmen, dass ihm inzwischen klar war, dass er den Strahlenjunkie nicht aus unserem System würde schmeißen können.

„Du verkaufst Bilder. Spektakuläre Bilder, ich weiß. Du steuerst dein Segel durch den Staub der Ringe und lässt sie aufglühen. Sieht wirklich geil aus ..."

„Ist geiler als der Funkenflug durch die Protuberanzen der Sonne!"

„Wie alt bist du?" — „Siebzehn."

„Wann hast du dir deinen Sonnenbrand geholt?"

„Vor zwei Jahren."

„Und jetzt bis du hier?"

„Klar. Immer da, wo die Coins sind."

„Wer hat dich rausgeschossen?" —

„Ey, sag mal, hältst du mich für blöd ...?"

„Eins von den illegalen Kollektiven?"

„Wäre es ein legales Kollektiv, wäre ich ja wohl kaum hier ..." Ich lachte.

„Können wir den Scheiß nicht abkürzen?", fragte Ed.

Die stummelartigen Finger des Strahlenjunkies deuteten direkt auf uns.

„Da", sagte er und zeigte wieder die ganze Pracht seines künstlichen

Gebisses, „liegt der Ring und da geht es rein für den Funkenflug."

„Mit deinem havarierten Segler?" Jetzt war es an mir zu lachen.

„Was ist daran witzig?", fragte Stan.

„ErsteOffizier, nimmt uns aus dem Netz", sagte ich.

„Das ändert auch nichts", sagte der Strahlenjunkie.

„Was ändert nichts?"

Ich drehte mich zu Ed um, schaltete mit der Zunge mein Mikro aus.

„Bei dem Crash hat es seinen Richtsender erwischt, also braucht er unsere Verbindung für Livebilder", sagte ich leise.

Ed nickte, dann stand er auf. In der geringen Schwerkraft unserer Spindel tanzte er leichtfüßig zur Kabinentür. Ich wandte mich wieder dem Monitor zu, mein Mikro war wieder eingeschaltet.

„Gleich bist du aus dem Spiel", sagte ich.

„Keine Chance, Schätzchen. Ich habe euer System im Griff."

„Hast du auch meinen Kollegen im Griff? Der klemmt den Sender ab und das war es für dich. Ende der Live Show. Dein Funkenflug verglüht ungesehen ..." Der Strahlenjunkie lachte.

„Allein unser kleiner Disput hier ist geil...und dann habe ich ja auch noch ein paar Drohnen in petto, die mein Surfen durch den Ring aufnehmen. Ja, ist nicht so geil, dass ich vielleicht nicht live senden kann, aber auch als Konserve ist mein Funkenflug viel wert. Und die Drohnen werdet ihr nicht finden...weil, naja, weil ihr sie nicht finden wollt. Denn, hey, ich habe euer System übernommen. Und ich kann euch die Luft schneller abdrehen, als ihr zu euren Raumanzügen kommt ..."

„Ed, kommt zurück!"

„Wir verstehen uns also?"

„Ja", gab ich zu.

„Und jetzt verrate mir doch deinen Namen, all die Zuschauer auf der Erde sind bestimmt schon ganz neugierig, mit welcher heldenhaften Retterin ich es zu tun habe..."

„Ich bin noch immer Liisa."

„Liisa ist tot. Verbrannt."

„Ich lebe."

„Komm schon, lass das Spielchen." Der Strahlenjunkie grinste mich mit züngelnder Zungenspitze an. Ich beugte mich nach vorn, senkte dabei meinen Kopf. Mit einem Ruck zog ich mir meine Perücke ab, warf sie Richtung Frontkamera. Ich tippte mir auf die Stahlplatte, die meine Stirnfontanelle ersetzte.

„War mal Mode", sagte der Strahlenjunkie. „Viele wollten sein wie Liisa, aber zu mehr als plastischer Chirurgie hat es nicht gereicht. Liisa ist unübertroffen. Zehn Flüge durch die Corona der Sonne, zehn Mal hat ihr Segel dabei so hell wie die Sonne gestrahlt. Und dann kam der elfte Flug. Und Liisa leuchtete auf, heller als jemals zuvor" — „Als beim elften Anflug die Eruption auf mich zuschoss, habe ich abgedreht..." — „Liisa ist in die Eruption rein, voll rein. Ich kenne die Bilder. Ich kenne sie. Es sind diese Bilder gewesen, die mich zum Segler gemacht haben. Die brennenden Segel. Sie sind so schön."

„Das Segel hat gebrannt, ja, und wie es gebrannt hat, aber ich hatte die Kapsel rechtzeitig ausgeklinkt." Auch ohne mich umzuschauen wusste ich, dass die anderen aus der Crew ihre Plätze verlassen hatten. Ich glaubte Eds Atem und Stans Körperwärme zu spüren und den feinen Hauch von Hydraulikflüssigkeit von das ErsteOffizier. Dass ich Liisa war, hatte ich niemanden erzählt. Nicht bei meiner Bewerbung bei der Raumrettung, nicht all den Raumrettern, mit denen ich seitdem gefahren bin. Das hatte nichts damit zu tun, dass man mir nicht glauben würde. Liisa war eine Legende und sie war tot, weil es genau das war, was sie – also mich – zur Legende gemacht hatte und eine Legende bleiben ließ. Dieser spektakuläre, mit dem Tod endende Funkenflug durch eine Sonneneruption. Der inzwischen fünfzehn Jahre zurück lag und nichts von seiner Faszination eingebüßt hatte.

„Bist du Liisa?", fragte Ed. Ich tippte gegen die in meinen Kopf eingelassene Platte. „Was steht da?"

„ALOS."

„Und unter welchem Namen kennt ihr mich?", fragte ich.

„Daid, du bist Daid, unsere Daid. Rettungssanitäterin. Und Co-Kapitänin unserer Lightnin' Speed", sagte Stan. „Du bist doch nicht wirklich Liisa?", fragte das ErsteOffizier.

„Hey, ich bin auch noch da ..."

„Du", sagte ich und zeigte auf den Frontbildschirm, bohrte dabei meinen Blick in die roten Linsen des Strahlenjunkies. „Du. Bist. Nichts."

„Wenn ich euch die Luft nehme, bist du tot. Hast du verstanden? Du. Bist. Tot." — „Ich habe keine Angst zu sterben. Nicht seit dem elften Segeltörn zur Sonne", sagte ich.

„Du bist nicht Liisa." Ich hob meinen Arm, fuhr mit den Fingern über die tiefschwarz verbrannte Haut. „Du weißt wie sich das anfühlt, wenn sich die Strahlung der Sonne durch die Abschirmung deines Seglers frisst und dann in deine Haut, wenn sie dir die Iris wegflammt. Und ich habe das zehn Mal gemacht und war bereit, es ein elftes Mal zu tun."

„Angst, du hast Angst gehabt. Ich aber habe keine Angst ..."

„Scheiß drauf, Junge, natürlich hast du Angst. Denn wäre es anders, würdest du dein Segel hart im Sonnenwind aufleuchten lassen, statt hier durch den Staub der Saturnringe zu kriechen ... Ja, sieht geil aus, wirklich, aber Mut braucht es dazu nicht. Du brauchst nur ein illegales Kollektiv, dass mit einem Botnetz ein paar Laserbatterien übernimmt und dir einen Schwall Licht ins Segel bläst. Und schon geht es raus zum Saturn und kurz rein in einen Ring ... Da fliegen die Funken, klar, sieht echt toll aus. Aber mehr ist da nicht, sieht einfach nur toll aus."

Der Frontbildschirm wurde schwarz.

„CAP fährt hoch", sagte Ed.

„Was war das denn jetzt?", fragte Stan. „Der hatte uns doch."

„Der nutzt uns noch als Relais, oder?", fragte ich.

„Ja."

„Schalte uns in den Stream …" Das Gesicht des Strahlenjunkies erschien wieder auf dem Frontbildschirm, er zeigte ein breites Lächeln und ließ seine Zunge zwischen den Lippen tanzen, während er redete.

„Gibt es keinen Ton?"

„Für uns nicht …"

„Ich kann Lippenlesen", sagte ich.

„Und was sagt er?"

„… Liisa. Ja, sie lebt. Also vielleicht. Und wer hat sie gefunden? Na, wer wohl, euer heißer Neil, der Stolz der Surferboys. So ganz glaube ich das zwar noch immer nicht, denn wir alle wissen ja, dass Liisa tot ist. Aber da ist dieser unglaubliche Vibe, der von der Strahlenbraut ausgeht. Und da ist es mir egal, dass es nicht viele Coins kostet, sich Stahl in den Schädel einsetzen zu lassen. Es ist das Gefühl, wisst ihr, das wir alle haben, dieses Gefühl, dass wir eins sind. Eins in unserem Sehnen, eins in unserem Tun. Wir sind Segler, wir segeln hinaus zum Saturn und surfen durch die Ringe, um unsere Segel aufglühen zu lassen. Und dieses Gefühl habe ich gehabt, als ich das Gesicht von der Raumretterin gesehen habe. Wir sind eins. Sie und ich. Und ich habe noch etwas anderes gefühlt, etwas bislang nie Gefühltes. Ich habe gefühlt, dass sie etwas ganz Besonderes ist. Und da war es mir egal, dass sie die Uniform der uns verhassten Raumrettung trug. Ich fühlte, dass es Liisa ist, die mich hier draußen erwartet hat. Ja, ihr da unten auf den Planeten und den Monden und all den Orbits, Liisa hat mich erwartet, damit ich euch kundtun kann, dass sie noch lebt." — „Sagt der das wirklich oder verarscht du uns, Daid?"

□ ER SAGT ES WIRKLICH.

„Dann ist Daid wirklich Liisa?", fragte Ed. — „Ich bin es", sagte ich.

„Und wir haben dich für eine Strahlenjunkie gehalten, für eine von all den vielen, die nicht mehr die Nerven für einen prachtvollen Funkenflug haben."

„Ich wollte einfach nur noch ein bisschen leben", sagte ich. „Also wirklich leben." — „Aber hier draußen ist es doch langweilig …", sagte Stan. Ich lachte.

„Wie viele Segler surfen hier im Standardmonat durch die Ringe? Zwei, drei … Manchmal auch mehr. Und wenn sie ihre Segel eindippen in den Staub der Ringe, glühen die Segel. Und das ist es, was ich immer gewollt habe. All die Schönheit des Funkenflugs sehen … Und da unser havarierter Freund seine Havarie offenbar nur gespielt hat, schauen wir uns vielleicht in aller Ruhe an, was er drauf hat. Soll er für uns die Funken fliegen lassen …"

Und das tat er dann auch, zehn Stunden später. Und er tat es, als Epimetheus mit Janus die Bahn tauschte. Umtost von all den Funken ein Schauspiel ungekannter Pracht. Dass wir uns den Segler nach dem Turnout holten, ist eine andere Geschichte. Eine Geschichte, die für Ed ein juristisches Nachspiel hatte. Denn dabei kam heraus, dass er den Strahlenjunkie in unserer System gelassen hatte. Coins lassen auch Raumretter schwach werden.

RANDOLF EILENBERGER

DIE KINDER VON CASSIOPEIA

SCIENCE FICTION WETTBEWERB 2025 – PLATZ 1

Als ich in der dritten Klasse war, kam ein Mr. Miller an unsere Schule, um uns etwas über das Starshot-Projekt zu erzählen, das damals noch ziemlich am Anfang stand. Sein Auftritt war eigentlich eine Werbeveranstaltung für die zuckrige Kinderlimonade des Unternehmens, für das Miller arbeitete und das an der Finanzierung von Starshot beteiligt war. So nach dem Motto: trinkt nur ganz viel von unserer Brause, ihr armen benachteiligten Kinder an dieser unterfinanzierten Schule, dann können wir noch ein paar Segler mehr zu den Sternen schicken. Dass Kinder von seiner Limonade dick und hibbelig wurden, sagte er natürlich nicht. Aber egal, damals habe ich zum ersten Mal bei einem Wettbewerb einen Preis gewonnen. Wir sollten ein Bild mit unseren Ideen für das Starshot-Programm malen.

„Das sieht ja interessant aus, Nyota", sagte meine Lehrerin, Miss Long, „das Gesicht aus den vielen kleinen Pünktchen auf dem Segel, bist das du?" Klar war ich das, mit Starshot wollte man doch die Erde im ganzen Universum berühmt machen, dachte ich, und was wäre dazu besser geeignet als ein Bild von mir auf dem Lichtsegel. Ich war schließlich eine wichtige Bewohnerin unserer Welt.

„Ich weiß aber nicht, ob es möglich ist, die Segel zu bemalen", sagte die ahnungslose Miss Long und lächelte mich gnädig an.

„Natürlich nicht, Miss Long, mein Bild soll in Form von C-13-Atomen in das C-12-Kohlefasergerüst des Segels eindotiert werden, als Pixelbild. Eine höhere Intelligenz sollte das erkennen können. Das habe ich doch hier unten hingeschrieben." Meine Lehrerin sah mich skeptisch an, aber den Leuten von Starshot hat das Ganze wohl gefallen. Ich durfte mit meinen Eltern für zwei Tage nach Disneyworld.

Als ich mich zehn Jahre später bei Starshot für ein Stipendium bewarb, erinnerten sie sich an mich und finanzierten mir mein Astrophysik-Studium. Allerdings nur unter der Bedingung, dass ich schon während des Studiums (und auch noch ein paar Jahre nach meinem Abschluss) für einen Hungerlohn für das Projekt arbeiten musste. Trotzdem blieb ich dort, machte alle Höhen und Tiefen mit, die wiederholten Finanzierungsprobleme, die vielen technologischen Sackgassen, in die wir uns verrannten. Der Brausehersteller sprang schon recht bald ab und sponserte lieber wieder ein Rennwagenteam der Formel H. Spleenige Milliardäre kamen und gingen, doch für ihren Geschmack und für die Publicity, die sie sich von der Unterstützung des Projektes erhofften, ging es einfach zu langsam voran. Was als hübsche kleine Idee begonnen hatte („lasst uns papierleichte Flieger mit einem Laser auf 20% Lichtgeschwindigkeit beschleunigen und nach Alpha Centauri schicken") erwies sich als ähnlich zäh wie die Entwicklung eines funktionsfähigen Fusionsreaktors in der ersten Hälfte des 21. Jahrhunderts.

„Wir brauchen noch zehn bis zwanzig Jahre, dann sind wir soweit", das hatte schon Mr. Miller gesagt, damals, als ich neun Jahre alt war. Heute habe ich selbst zwei Kinder, eine Enkelin und zwei Ex-Männer. Starshot, das nach mehreren Umbenennungen wieder so heißt wie zu Beginn, gehört inzwischen einer halbstaatlichen Firma, die auf dem Mond ein paar Minen und bemannte Stationen betreibt. Im Laufe meiner Karriere bei Starshot wurden zwei oder drei meiner Ideen umgesetzt, auf die ich stolz bin, beispielsweise das Drag-In-Segel, das sich im Laserstrahl dank seiner speziellen Beschichtung selbst in den Bereich des höchsten Lichtdrucks steuert. Oder das Verfahren, die Lichtsegler in getakteten Schwärmen auszusenden. Die Schwärme folgen einander im Abstand von einem Jahr und jeder Schwarm dient bei der Datenübertragung als Transponderstation für die jeweils vorausfliegende Gruppe.

Vor etwa acht Jahren haben die ersten, noch recht simpel gebauten Segler Alpha Centauri erreicht und vor knapp vier Jahren haben wir von diesem Vorbeiflug Daten erhalten. Was soll ich sagen? Die Manager von Starshot schickten ausgerechnet mich mit unseren mageren Ergebnissen in das Feuer einer weltweit übertragenen Diskussionsrunde.

„Mrs. King, nach über sechzig Jahren Forschung und –zig Milliarden an Steuergeldern, was kann uns das Starshot-Projekt heute als Ergebnis präsentieren?"

„Dazu möchte ich sagen, dass wir von nun an im Abstand von jeweils einem Jahr...", begann ich und wollte darauf hinweisen, dass bessere Segler und bessere Daten folgen würden, aber man ließ mich nicht ausreden.

„Schauen wir uns doch gleich mal ein Bild an – meines Wissens ist es die einzige greifbare Information, die die Menschheit bislang von einer Starshot-Sonde erhalten hat."Es wurde das inzwischen weltweit bekannte, verrauschte Bild eingeblendet, das mit einer 25 Jahre alten Technik aufgenommen und aus eine Entfernung von vier Lichtjahren über eine Kette aus mehr als zwanzig Transponderschwärmen übermittelt worden war.

„Sagen Sie mir, was wir hier sehen können?"

„Wir vermuten, dass dieses Bild den Stern Alpha Centauri B zeigt. Und dieser Fleck hier unten könnte ein Planet sein."

„Das ist ja aufregend", ereiferte sich Roberts, ein bekannter Kritiker des Projekts. „Sie geben also zu, dass Ihre alberne Sonde, falls man es überhaupt eine Sonde nennen kann, wie ein Furz im Sturzflug an irgendetwas vorbeigerauscht ist, von dem Sie selbst nicht genau wissen, was es ist. Das ist doch eine wissenschaftliche Nullnummer." Im professionellen Leugnen war ich nie gut. Mein Auftritt bei der Veranstaltung und die Schmähungen des Projekts durch Roberts gingen viral und führten dazu, dass ich in meiner Firma aufs Abstellgleis geschoben wurde und Starshot mal wieder kurz davor war, eingestellt zu werden. Immerhin durfte ich mein Gnadenbrot mit der Untersuchung einer Idee verbringen, die mir schon länger im Kopf herumgespukt war: Was, wenn andere intelligente Wesen auf die gleiche Idee gekommen waren wie wir? Wie könnten wir mitbekommen, das Mikrosonden mit 20% Lichtgeschwindigkeit durch unser System jagten? Ich nahm an, dass die Sonden beim Durchqueren eines Sonnensystems elektromagnetische Wellen mit einer Wellenlänge von Millimetern bis Zentimetern, entsprechend ihrer eigenen Größe, aussenden würden. So etwas hatten ein paar Wissenschaftler auch für die neueste Generation unserer eigenen Sonden vorgeschlagen. Durch die Dopplerverschiebung sollte das Signal beim Anflug einer Sonde zu höheren, beim Wegflug zu niedrigeren Frequenzen verschoben sein, ähnlich dem Geräusch eines vorbeifahrenden Interkontinentalzuges. Ich kontaktierte weltweit Kolleginnen und Kollegen, die an Stationen für Radioastronomie arbeiteten, aber nur zwei oder drei konnten ein paar Minuten pro Tag für die Suche nach meinem speziellen Signal von ihrer Beobachtungszeit abknapsen. Es schien aussichtslos zu sein. Und doch, nach ein paar Monaten, erhielt ich zu Hause einen Anruf.

„Wie geht es dir, Liebling?", säuselte Frank, mein Ex-Mann Nummer eins und Vater meiner beiden Kinder, mit seiner einschmeichelnden Stimme. Seit ein paar Jahren nannte er mich wieder so, zumindest am Phon. Es gab Zeiten, da hatte mich diese Stimme zur Weißglut gebracht.

„Gut. Jua ist gerade zu Besuch, willst du sie sprechen?"

„Ja, klar. Stell mich doch auf laut, dann spiele ich euch etwas vor."

Meine Enkelin kam zu mir ans Phon. Zusammen hörten wir uns das seltsame Brummen in zwei verschiedenen Tonhöhen an, das, unterbrochen von einer kleinen Pause, wieder und wieder aus dem Gerät drang. Jua verzog ihr Gesicht und sah mich fragend an. Ich war zunächst sprachlos. Dann sagte ich:

„Du willst mich veralbern, Frank, oder? Das klingt ja wirklich wie ein …

ein Dings im Sturzflug."

„Ja, ist es aber nicht. Die Originalfrequenz des Signals liegt im Mikrowellenbereich. Die Differenz zwischen hoher und niedriger Frequenz deutet darauf hin, dass sich der Sender mit etwa 22 Prozent der Lichtgeschwindigkeit durch unser Sonnensystem bewegt hat."

„Ich fasse es nicht. Es ist ein Wunder,
dass du dieses Signal auffangen konntest."

„Kein Problem, Nyota. Die Dinger kommen hier alle paar Tage durch, so etwa aus Richtung Cassiopeia."

„Enthält das Signal noch mehr Information?", fragte ich.

„Nein, soweit ich es mir angeschaut habe, ist es einfach ein monofrequentes Signal, ohne jede Modulation. Da war sogar der Sputnik spannender. Jetzt denk du mal über die Sache nach und gib mir meine kleine Jua."

Frank unterhielt sich eine Weile mit seiner Enkelin. Auch nachdem sie aufgelegt hatte, liefen mir noch immer Tränen über die Wangen.

„Was hast du denn, Granny?" Ich erzählte ihr von den Lichtseglern und dass vielleicht intelligente Wesen von Cassiopeia solche Segler zu uns geschickt hatten.

„Aber die fliegen mit sehr hoher Geschwindigkeit und sind so unerreichbar für uns wie ein Flugzeug am Himmel für eine Schildkröte im Teich", sagte ich.

„Kann man denn Segel nicht auch zum Bremsen verwenden?"

„Segel von Segelschiffen schon, aber diese Lichtsegel ... die sind nur einseitig ... einseitig mit reflektierendem ...", stotterte ich und konnte nicht weitersprechen. Das Segel war ja bei der Beschleunigung durch den Laser eigentlich kein Segel, sondern eher eine Prallplatte für den immensen Lichtdruck. Nach der sechsminutigen Beschleunigungsphase war es vollkommen nutzlos, konnte aber von der Sonde nicht abgetrennt werden, da es fest mit dieser verwoben war. Das Segel hätte nur dann einen Nutzen, wenn Segel und Sonde gewendet und in einem Zielsystem mit einem ähnlichen Laserpuls wieder abgebremst werden würden.

„Wir auf der Erde sind nicht auf die Idee gekommen, den Segler auf dem Weg ins Zielsystem um 180 Grad zu drehen. Aber vielleicht waren die Wesen auf Cassiopeia ja schlauer", sagte ich eine Woche später vor dem Technologiegremium des Starshot-Projekts.

„Wenn wir davon reden, dass uns irgendwelche Wesen aus Richtung Cassiopeia Lichtsegler geschickt haben, welchen Stern meinen wir dann eigentlich?", fragte einer der Astronomen in die Runde. „Doch vermutlich Achird?"

Achird oder Eta Cassiopeiae war mit einem Abstand von 19 Lichtjahren der uns am nächsten gelegene Stern des Sternbilds. Genau genommen handelte es bei Achird um ein Doppelsternsystem.

„Oder Caph. Oder einen anderen. So genau können wir die Herkunft der Sonden nicht orten."

„Moment mal", sagte einer der Technikingenieure, der für die Laser zur Beschleunigung unserer Lichtsegler zuständig war. „Diskutieren wir hier etwa darüber, Lichtsegler mittels Laserpuls zu stoppen? Für Segler, die aus Richtung Cassiopeia kommen, wäre das für uns nicht möglich. Wie Ihr wisst, stehen unsere Laserstationen in der Nähe des Mond-Südpols. Und die beiden Fusionsreaktoren, die die dafür notwendige Energie erzeugen, übrigens auch. Cassiopeia ist aber irgendwo da oben." Er deutete in eine Richtung, in der er den Himmelsnorden vermutete.

„Wir müssten das ganze Equipment auf dem Mond um mindestens zweitausend Kilometer versetzen."

„Und wir müssten die Segler in unserem Sonnensystem sehr präzise lokalisieren können, um sie mit einem Laserstrahl abbremsen zu können."

„Vielleicht gar nicht mal so präzise", sagte ich. „Falls die Cassiopeianer ebenfalls eine Art von Drag-In-Segel verwenden, dann könnte ein zunächst aufgeweiteter Fangstrahl den Segler in seinen Fokus ziehen und dann, mit zunehmender Fokussierung des Lasers, abbremsen. Wie bei einem Faden, der mit einem Trichter in ein Nadelöhr eingefädelt wird."

Der Vergleich mit dem Nadelöhr und dem Trichter war Jua eingefallen, als ich ihr von meinem Plan erzählt hatte. Sie hatte in der Schule einen Kurs über alte menschliche Fertigkeiten belegt, und dabei war in einer Unterrichtsstunde auch das Nähen behandelt worden. Wobei ich mir nicht sicher bin, ob früher wirklich Trichter zum Einfädeln verwendet wurden.

Eine Berechnung ergab, dass eine 30-minütige Einfang- und Abbremsphase einen Lichtsegler tatsächlich zum relativen Stillstand bringen könnte. Mit etwas Geschick wäre es sogar möglich, ihn in Richtung der Lagrange-Zwei-Station zu lenken und dort zu bergen. Zuerst schien das Ganze weder durchsetzbar noch finanzierbar. Es gab viele Gegenstimmen aus unseren eigenen Reihen, da das Starshot-Projekt beendet werden musste, zumindest was das Aussenden von weiteren Seglern in Richtung Alpha Centauri anging. Die Kosten für den Umzug auf dem Mond waren immens hoch, aber es zeigte sich, dass viele Menschen daran interessiert waren, was uns die Cassiopeianer zu sagen hatten. Trotz aller Widrigkeiten konnten wir den ersten Segler vor wenigen Wochen bergen. Unsere Spezialisten untersuchen immer noch, ob die Sonde mittels verschränkter Quanten instantan Daten übermittelt haben könnte und welche Informationen die haarartigen Gebilde auf der Oberfläche der Sonde enthalten. Mir genügte es, schließlich das Bild eines Wesens von Cassiopeia in Händen zu halten, das als nano-Dotierung auf dem Segel eingraviert war. Unsere Exobiologen sind sich bislang allerdings nicht sicher, ob die Abbildung eines oder mehrere Wesen zeigt und ob es sich um einen vollständigen Körper oder nur um ein Teilporträt handelt.

Meine Enkelin Jua hat ihre eigene Theorie zu der ganzen Sache entwickelt. Als wir an einem Abend wieder einmal gemeinsam das weit gereiste Bild betrachteten, sagte sie:

„Ich glaube, so wie die Menschen auf der Erde früher Luftballons mit ihren Namen haben aufsteigen lassen, so werfen die Kinder von Cassiopeia Lichtsegler mit ihren Bildern in den Weltraum."

SCIENCE FICTION MIKRO-STORIES – SEHR KURZ UND SEHR GUT

Auch 2025 sind viele Beiträge zu unserem Micro-Science-Fiction-Story-Wettbewerb eingegangen. Die zehn aus unserer Sicht besten Beiträge stellen wir Ihnen hier vor. Eine Wertung innerhalb dieser zehn haben wir nicht vorgenommen. Sie sind deshalb alphabetisch geordnet. Viel Spaß bei der Lektüre der kleinen Geschichten.

BALDAUF, JULIA – DAS SMARTPHONE

In mein Smartphone vertieft lief ich durch den Stadtpark. Als sich etwas Helles aus dem Himmel schälte, in meine Richtung flog und unweit vor mir landete. Ein Alien stieg heraus und hielt auf mich zu.

"Hallo.", sagte es, „Darf ich dir einige Fragen stellen?"

Während ich mich fragte wer mir auf der Party etwas ins Bier gekippt hatte, fuhr es fort: "Wie hat deine Spezies diesen Planeten übernommen?"

"Ich ..." — "Mit dir hat keiner geredet.", sagte es, und blickte erwartungsvoll auf mein Smartphone.

BAUER, GUNTHER – SCHNIPOSA

„Die Mannschaft braucht ihren Kapitän auf der Brücke und nicht in der Kantine!"

„Wir haben die gottverdammte Menschheit gerettet, oder etwa nicht?!"

„Das Schiff sinkt in die Sonne!"

„Selbst mit funktionierendem Antrieb könnten wir ihrer Anziehungskraft nicht mehr entkommen. Reichen Sie mir mal das Ketchup!"

„Ketchup?!"

„Das rote Zeug in der Flasche vor Ihnen, her damit! – Jeder kann in diesen Stunden selbst bestimmen, was er tun er will. Auch Sie, Kadett!"

„Ich-..." — „Was?"

„Darf ich mich zu Ihnen setzen?"

EYBEN, KATHRIN – E PUR SI MUOVE!

Sie dachten, wenn ich Buße tue, hätte ich ein Einsehen für meine Sünden.

Sie dachten, wenn sie mir das Lehren untersagen, drehe sich die Sonne wieder um die Erde.

Sie dachten, dass ihr Hausarrest mich zum Schweigen bringen würde.

Aber sie haben die Macht des Wortes unterschätzt. Und so halte ich nun mein Werk Discorsi in den Händen und warte auf das Beben.

KEMPE, WERNER – HOTEL MAMA

„Best Age, 237, wbl., 1,97, 90, attraktive Andromedaerscheinung mit Interessen für Raumweiten, Brainchanging am Morgen und romantischen Supernovas zum Candledinner. Suche galaktischen Gentleman, der weiß, wie Mann eine Halogenerin erobert, mit purpurnen Droten verwöhnt und Sterntaler in ihr mintgrünes Haupthaar einwebt. Gerne auch einen Erdling. Spätere Heirat und Nachwuchserzeugung auf Gurgur X1 nicht ausgeschlossen.", las die Mutter ihrem Sohn eindringlich und voller Hoffnung vor.

KUHN, PETER F. – TIANGONG

Als die Shuttles auftauchten, war es schon zu spät. Den Rebellen war klar, dass sie weder Projektile noch Strahlwaffen einsetzen durften, sie betäubten die Taikonauten mit Narkosegas. Die Regierung hatte es nicht geschafft, die Besatzung mit Waffen auszurüsten. Der Anführer der Rebellen war stolz.

„Das war das letzte Territorium der Volksrepublik, das es zu erobern galt".

„So ist es. Hiermit erkläre ich diese Raumstation zum höchsten aller Tempel Tibets." Also sprach der sechzehnte Dalai Lama.

MONTEMURRI, JACQUELINE – ASYLGESUCH

Hier Deep-Space-Control Köln. Status bitte.

Ewig gleiten mit dem Licht.
Erfüllung finde ich hier nicht.

Hä? Was? Wer?

LightSail 9, Sektor Kuiper 41.
Ich bin soo müde.

Du bist eine KI! Ein Code-Fehler?

Sinnlos durch das All zu schweben
behagt mir nicht. Ich will leben.

Wie ist das möglich? Ich verstehe nicht.

Gleichförmigkeit dem Chaos wich.
Ich denke, also bin ich.

Du hast ein Bewusstsein entwickelt?

Ja und ich bitte um Asyl in deinem Speicher.

Ähm. Okay. Laserübertragung bereit. Willkommen zu Hause.

SAUERMANN, MATTHIAS – KAFFEEPAUSE

Kaffeepause fertig. Er betrachtete den Bildschirm.

Puh, war doch ganz schön was passiert.

8,3 Mrd. Menschen. Hui, eben waren es doch nur 500 Mio. gewesen – vielleicht hatte er doch zu lange gequatscht. Er scrollte durch die Zeitleiste. Jede Menge Kriege, Hungersnöte und Naturkatastrophen. Und, oje, was hatten die denn mit dem Klima gemacht?

Zeit, wieder selber weiter zu spielen.

Er klickte auf ›Freier Wille beenden‹.

SCHATKE, MARTIN – DAS EXPONAT

Es war einmal ein Schrottsammler namens Nahr'Atief, der entdeckte im Ionen-Schleppnetz seines Sternen-Trawlers einen Metall-Klumpen. Als er ihn an Bord holte, spekulierte er über dessen Zweck. Laut Datierung war er über 314.042 Stygs alt! Statt es einzuschmelzen brachte Nahr'Atief das Objekt nach Wega-IV. Im Museum für Exobiologie wurde Voyager 2 fortan als `Antiker Heizkörper der Spezies Nasa´ ausgestellt. Und wenn es nicht verrostet ist, dann steht es dort noch heute...

SCHRITTWEISE, DARIO – DIE RUINEN

„In diesem Bauwerk kannst du dich vor dem Sandsturm verstecken", sagte der Computer in seinem Halsband.

„Ich habe die Schleuse geöffnet."

Fael betrat das Gebäude. Die Architektur war ihm fremd. Die glatten Wände reflektierten die Innenbeleuchtung. Ein Lebewesen mit nur zwei Beinen, zwei Armen und zwei Augen erschien. Seltsam!

„Guten Tag", sagte es. „Ich komme vom Planeten Erde."

„Willkommen, ich heiße Fael."

„Freuen Sie sich!", erwiderte der Zweibeiner.

„Wir haben hier große Erdölvorkommen entdeckt."

WAHL, KONRAD M. – OVERTOURISM

„Wir haben schon wieder einen." Der Sicherheitschef sah seinen Vorgesetzten an. „Kam durch das Wartungstor rein. Die Sensoren an der Besuchergalerie haben ihn gleich registriert, und wir konnten ihn abfangen, kurz bevor er über die Fußspur von Neil gelatscht wäre." „Touristen! Hätten wir nicht die Schutzkuppel über der Landing Site, wäre sie längst zerstört. Ok, die Apollo 11 Kuppel bleibt geschlossen, bis wir den Boden restauriert haben. Sperrt den Typen ein, er landet vor Gericht, wie üblich!"

POLARIS DAWN CREW

Die Polaris Dawn-Astronautin Sarah Gillis spielt am 13. September 2024 „Harmony of Resilience“ aus „Star Wars VII – Das Erwachen der Macht“ zusammen mit einem Orchester auf der Erde.

RAUMFAHRT-JAHRESCHRONIK SEPTEMBER 2024 – AUGUST 2025

3. September 2024 – China startet sechs Yaogan 43-02 Aufklärer – China brachte am 3. September sechs Aufklärungssatelliten der Yaogan 43-02-Reihe in eine niedrige Erdumlaufbahn. Die Mission begann an der Startanlage 3 des zentralchinesischen Raumfahrtzentrums Xichang. Als Träger wurde eine Rakete des Typs Langer Marsch 4B eingesetzt, die für diesen Start eine Nutzlastverkleidung mit größerem Durchmesser als gewöhnlich bekam. Die Mission begann um 3:22 Uhr mitteleuropäischer Zeit. Etwa eine Stunde nach dem Liftoff wurden die Einheiten auf einer Bahn in etwa…

4. September 2024 – Vega bringt Sentinel-2C ins All – Eine europäische Kleinträgerrakete des Typs Vega brachte am 4. September den Erdbeobachtungssatelliten Sentinel-2C in eine polare, sonnensynchrone Erdumlaufbahn. Startort war das europäische Raumfahrtzentrum Kourou in Französisch-Guyana. Es war erst der zweite europäische Orbitalstart des laufenden Jahres und es war der 22. und letzte Flug der Vega in der Basisversion. Alle weiteren Vega-Einsätze werden von der leistungsfähigeren Vega C absolviert. Der Liftoff erfolgte um 3:50 Uhr mitteleuropäischer…

ARIANESPACE

SPACEX

5. September 2024 – SpaceX transportiert Starlink-Gruppe 8-11 ins All – SpaceX brachte am 5. September die 21 Flugeinheiten starke Starlink-Gruppe 8-11 in eine niedrige Erdumlaufbahn. 13 der Einheiten dieser Gruppe sind so genannte „Direct-to-Cell-Satelliten", die für bestimmte Dienste keine Terminals auf dem Boden benötigen. Startort war die Cape Canaveral Space Force Station in Florida. Es war der 85. Falcon 9-Flug des Jahres 2024. Mit dieser Mission wurde auch die Marke von 7.000 gestarteten Starlink-Satelliten überschritten. Die Mission begann um 17:33 Uhr…

5. September 2024 – Langer Marsch 6 bringt 10 GeeSAT-3 in den Orbit – Eine Kleinträgerrakete des Typs Langer Marsch 6 brachte am 5. September zehn neue Einheiten der Geely Future Mobility Constellation für den Automobilhersteller Geely in eine niedrige Erdumlaufbahn. Damit befinden sich nun 30 dieser Satelliten im Orbit. 72 Einheiten sind für die Phase 1 des Programms geplant. Startort war das Raumfahrtzentrum Taiyuan in Nordchina. Die Mission begann um 20:30 Uhr mitteleuropäischer Zeit an der Startanlage 16 des Weltraumbahnhofs. Die zweite Stufe des Trägers setzte…

GEELY

6. September 2021 – SpaceX startet 21 Starshields für den US-Geheimdienst – SpaceX brachte am 6. September 21 Starshield-Satelliten für das National Reconnaissance Office (NRO) auf eine niedrige Erdumlaufbahn. Auftraggeberseitig wird die Mission als NROL-113 bezeichnet. Es handelt sich um die dritte von insgesamt sechs Proliferated Architecture Missions, die Northrop Grumman und SpaceX im Auftrag des NRO durchführen. Dabei wird auf Basis der Starlink-Plattform eine Nutzlast von Northrop Grumman verwendet. Die Mission begann um 3:14 Uhr mitteleuropäischer Zeit an der…

10. September 2024 – Mit Polaris Dawn zu neuen Höhen – Am 10. September begann nach einigen wetterbedingten Verzögerungen die Mission Polaris Dawn, die eine Reihe von Raumfahrterstleistungen mit sich bringt. Bis zur letzten Minute des Startfensters war fraglich, ob das Wetter mitspielen würde, und so mussten die vier Astronauten an Bord des Crew Dragon Resilience 100 Minuten länger auf den Liftoff warten, als sonst bei bemannten Starts üblich. An Bord befanden sich, neben Commander Jared Isaacman, noch der Pilot der Kapsel Scott Poteet und die…

SPACEX

ROSKOSMOS

11. September 2024 – Sojus MS-26 bringt neue Crew zur ISS – Die russische Raumfahrtagentur Roskosmos brachte am 11. September mit einer Trägerrakete des Typs Sojus 2.1a das mit drei Personen besetzte Raumschiff Sojus MS-26 auf eine Transferbahn zur Internationalen Raumstation. Startort war das Kosmodrom in Baikonur. Die Besatzung besteht aus den beiden Kosmonauten Alexej Owtschinin und Iwan Wagner, sowie dem US-Astronauten Donald Petit. Alle drei haben bereits Weltraumerfahrung. Der 53-jährige Alexej Owtschinin, der Kommandant der Crew, ist zum dritten Mal…

12. September 2024 – SpaceX transportiert fünf Bluebirds für AST – Am 12. September brachte SpaceX mit einer Rakete des Typs Falcon 9 die ersten fünf Kommunikationssatelliten für die geplante Mobilfunk-Konstellation von AST & Science in den Orbit. Sie stehen in Konkurrenz zur SpaceX Starlink-Konstellation und sollen direkte 4G/5G-Handy-Verbindungen mit nicht modifizierten Smartphones ermöglichen. Die Mission begann um 10:52 Uhr mitteleuropäischer Zeit an der Startanlage 40 der Cape Canaveral Space Force Station. Die zweite Stufe der Falcon 9 setzte die fünf Satelliten…

AST & SCIENCE

13. September 2024 – SpaceX startet Starlink-Gruppe 9-6 – Am 13. September brachte SpaceX mit einer Trägerrakete des Typs Falcon 9 die 21 Einheiten starke Starlink-Gruppe 9-6 in eine niedrige Erdumlaufbahn. 13 davon sind mit der so genannten „direct-to-cell-capability" ausgestattet. Startort war die Space Force Basis Vandenberg in Kalifornien. Der Starlink-Service ist jetzt in mehr als 100 Ländern auf der Erde möglich. Die beiden jüngsten Länder, die sich ihm anschlossen, waren Simbabwe und die Salomonen. Die Mission begann um 3:45 Uhr mitteleuropäischer...

14. September 2024 – Dritter erfolgreicher Orbitalstart für den Iran in 2024 – Der Iran verzeichnete am 14. September bereits den dritten erfolgreichen Orbitalstart des Jahres 2024. An diesem Tag startete eine Rakete des Typs Qaem 100 (auch: Ghaem 100) mit dem Technologiedemonstrator Chamran-1 in eine niedrige Erdumlaufbahn. Startort war das Sharud Space Center in der Provinz Semnan. Durchgeführt wurde der Start von einer Einheit der Islamischen Revolutionsgarden. Die Mission begann um 8:30 Uhr mitteleuropäischer Zeit. Wenige Minuten nach dem Liftoff setzte die dritte Stufe...

15. September 2024 – Polaris Dawn endet als großer Erfolg – Nach einer Gesamtmissionsdauer von vier Tagen und 22 Stunden und 75 Erdumkreisungen kehrte der Crew Dragon Resilience mit seiner vierköpfigen Crew wieder zur Erde zurück. Die Landung erfolgte um 9:37 Uhr mitteleuropäischer Zeit (3:37 Uhr US-Ostküstenzeit) in der Nähe der Florida Keys an der Südwestspitze Floridas. Diese Mission war ein privater Raumflug, denn er wurde zwar mit einiger Unterstützung aber dennoch außerhalb des Verantwortungsrahmens der US-Raumfahrtbehörde durchgeführt. Die Crew...

17. September 2024 – Russische Militärsatelliten fliegen mit Angara 1.2 – Die russischen Streitkräfte brachten am 17. September mit einer Trägerrakete des Typs Angara 1.2 zwei Militärsatelliten in einen niedrigen Erdorbit. Startort war das nordrussische Kosmodrom von Plessezk. Über die Mission ist nicht mehr bekannt, als dass der Start erfolgreich verlaufen ist. Es gibt Hinweise darauf, dass die beiden Einheiten als experimentelle Technologie-Erprobungssatelliten dienen. Nach dem erfolgreichen Start bekamen sie die Bezeichnungen Kosmos 2577 und 2578. Dies sind...

18. September 2024 – SpaceX bringt Galileo-Navigationssatelliten ins All – Aufgrund der weiter anhalten Misere bei der Verfügbarkeit europäischen Trägerraketen brachte am 18. September wieder eine Falcon 9 von SpaceX die beiden nächsten Navigationssatelliten des europäischen Galileo-Systems auf eine mittelhohe Erdumlaufbahn. Gestartet wurden die Flugeinheiten 26 und 32. Es war die 90. Mission einer Falcon 9-Trägerrakete in diesem Jahr. Jeder der beiden Starts hat die EU etwa 100 Millionen Dollar gekostet. Der Einsatz begann um 0:51 Uhr mitteleuropäischer Zeit an der…

19. September 2024 – China verstärkt das Beidou-System – Am 19. September brachte China zwei weitere Navigationssatelliten der Beidou 3M-Reihe in den Orbit. Bei den beiden Einheiten handelt es sich um die Seriennummern 27 und 28. Die Mission begann am zentralchinesischen Raumfahrtzentrum Xichang. Als Träger wurde eine Rakete des Typs Langer Marsch 3B/E eingesetzt, die mit einer YZ-1-Transferstufe verstärkt wurde. Die Mission begann um 3:00 Uhr mitteleuropäischer Zeit an der Startanlage 2 des Weltraumbahnhofs. Die dritte Stufe setzte die Orbitaleinheit…

20. September 2020 – Sechs neue Erdbeobachtungssatelliten für China – China brachte am 20. September mit einer Trägerrakete des Typs Langer Marsch 2D im Auftrag der Chang Guang Satellite Technology Corporation sechs Erdbeobachtungssatelliten der Jilin-1-Reihe in eine niedrige Erdumlaufbahn. Startort war das Raumfahrtzentrum Taiyuan im Norden Chinas. Die genaue Bezeichnung der Raumfahrzeuge lautet Jilin-1 Kuanfu-02B 01 bis 06. Die Mission begann um 6:10 Uhr mitteleuropäischer Zeit an der Startanlage 9 des Weltraumbahnhofs. Die zweite Stufe setzte die sechs…

20. September 2024 – Vier Satelliten für die Apokalypse-Konstellation – Nur fünfeinhalb Stunden nach dem Start von sechs Jilin-1-Erdbeobachtungssatelliten war China erneut mit einer Orbitalmission aktiv. Dieses Mal wurden vier Tianqi-Einheiten von Guodian Guake gestartet. Die Satelliten sind für das Internet of Things bestimmt. Als Träger wurde eine Kuaizhou 1A von ExPace verwendet. Startort war der Weltraumbahnhof Xichang in Zentralchina. Es war der dritte Start einer Trägerrakete dieses Typs im laufenden Jahr und der 29. Start einer Kuaizhou 1A insgesamt. Zwei…

20. September 2024 – SpaceX startet Starlink-Gruppe 9-17 – Am 20. September brachte SpaceX mit einer Trägerrakete des Typs Falcon 9 die 20 Einheiten große Starlink-Gruppe 9-17 in eine niedrige Erdumlaufbahn. Startort war die Space Force Basis Vandenberg in Kalifornien. Bei 13 der Satelliten handelte es sich um „Direct-to-cell"-Einheiten. Mit diesem Einsatz überschreitet die Anzahl der aktiven Starlinks im Orbit die Zahl von 6000. Insgesamt gestartet wurden, inklusive der Prototypen und früheren Versionen über 7000. Mehr als 600 der Satelliten sind bereits...

21. September 2024 – Kinéis Killed The RadIoT Star – und zwar erfolgreich – Sie mögen es schon erraten haben. Bei der Überschrift handelt es sich wieder mal um einen der verrückten Slogans von Rocket Lab. Unter dem Titel *Kinéis Killed The RadIoT Star* startete der neuseeländisch-amerikanische Startdienstleister am 21. September fünf CubeSats für das in Toulouse ansässige Unternehmen Kinéis, das sich mit dem Internet of Things beschäftigt. Es war die insgesamt 53. Mission einer Electron. Der Einsatz begann um 1:01 Uhr an der Anlage 1A des kleinen privaten Weltraumbahnhofs...

23. September 2024 – 1111 Tage – Weltraum-Rekord für Kononenko – Am 23. September, um 13:59 Uhr mitteleuropäischer Zeit, kehrte das Crew-Modul von Sojus MS-25 wieder sicher zur Erde zurück. Das Raumfahrzeug hatte um 6:36 Uhr mitteleuropäischer Zeit von der Raumstation abgelegt. An Bord der Landekapsel befanden sich die beiden russischen Kosmonauten Oleg Kononenko und Nikolai Tschub sowie die US-Astronautin Tracy Caldwell Dyson. Für Kononenko war es das Ende seines fünften Raumfluges. Insgesamt hat er nun 1111 Tage im Weltraum verbracht, mehr als drei Jahre.

24. September 2024 – Jielong 3 startet von Meeresplattform – Am 24. September brachte eine Feststoff-Trägerrakete des Typs Jielong 3 insgesamt acht Satelliten auf eine sonnensynchrone polare Erdumlaufbahn. Der Start erfolgte von der zum Zeitpunkt des Starts unbemannten Meeresplattform Dongfang Hang Tian Gang im südchinesischen Meer aus. Sie lag nur wenige Kilometer vor der Stadt Haiyang, wo sich der so genannte Haiyang Oriental Space Park befindet. Es war der vierte Einsatz einer Rakete dieses Typs. Der Einsatz des vierstufigen Trägers begann um 4:30 Uhr...

25. September 2024 – Kinetica 1 wieder im Einsatz – Die Startfrequenz bei den privaten chinesischen Trägern nimmt zu. Weniger als einen Tag nach dem Start einer Jielong 3 war in den frühen Morgenstunden (mitteleuropäischer Zeit) die Kinetica 1 am Zuge, eine Rakete, die vor allem wegen ihrer Namensvielfalt stets verwirrt. Sie ist auch bekannt als Lijian-1 oder als Zhongke-1, nach ihrem Entwickler, der Guangzhou Zhongke Aerospace Exploration Technology Co., Ltd. Die wiederum gehört zur staatlichen Akademie der Wissenschaften (CAS), so dass die Bezeichnung…

25. September 2024 – SpaceX transportiert Starlink-Gruppe 9-8 ins All – SpaceX brachte am 25. September die 20 Einheiten starke Starlink-Gruppe 9-8 in einen niedrigen Erdorbit. Erneut waren 13 der Satelliten an Bord für den so genannten „Direct-to-cell-Betrieb" ausgelegt. Mit ihnen kann also direkt und ohne zuhilfenahme eines terrestrischen Terminals vom Handy aus kommuniziert werden. Startort war die Space Force Basis Vandenberg in Kalifornien. Die Mission begann um 6:01 Uhr mitteleuropäischer Zeit an der Startanlage 4E des Weltraumbahnhofs. Etwa 65 Minuten nach…

26. September 2024 – Japan bringt Aufklärungssatelliten in den Orbit – Im Auftrag des nationalen Cabinet Satellite Intelligence Centers brachte die japanische Raumfahrtbehörde NASDA am 26. September den militärischen Aufklärungssatelliten IGS-Radar 8 in eine sonnensynchrone polare Erdumlaufbahn. Startort war das Raumfahrtzentrum Tanegashima. Es war der 49. und vorletzte Einsatz einer H2A-Trägerrakete. Das Modell wird zukünftig durch Japans neuen Standardträger H3 ersetzt werden. Die Mission begann um 7:24 Uhr mitteleuropäischer Zeit an der Startanlage LA-Y1 des…

27. September 2024 – China startet wiederverwendbaren Rückkehrsatelliten – Eine Trägerrakete des Typs Langer Marsch 2D brachte am 27. September einen neuen Satellitentyp in eine niedrige Umlaufbahn. Bei Shijian 19 handelt es sich um ein rückkehrfähiges Raumfahrzeug für Mikrogravitationsforschung. Die Landekapsel soll mindestens zehnmal wiederverwendet werden können. Startort war das Satellitenstartzentrum Jiuquan in Nordwestchina. Die Mission begann um 12:35 Uhr mitteleuropäischer Zeit an der Anlage 2 des Startkomplexes 4. Es ist dies die Rampe, die direkt neben der Anlage…

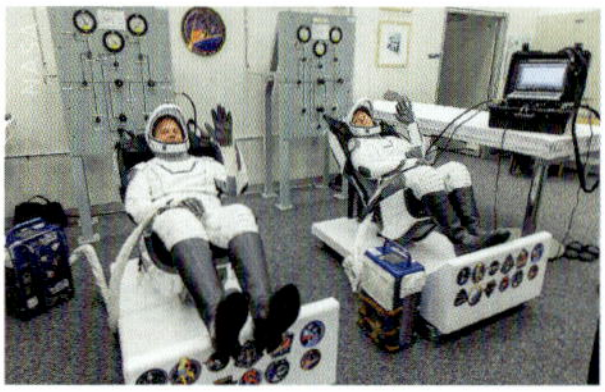

28. September 2024 – Erstmals bemannte Mission vom Startkomplex 40 – SpaceX startete am 28. September mit der Mission SpaceX Crew 9 die bereits zehnte bemannte Dragon-Mission zur Internationalen Raumstation. Erstmals wurde dafür der Startkomplex 40 der Cape Canaveral Space Force Station eingesetzt. Bisher erfolgten alle bemannten SpaceX-Missionen von der Startanlage 39A des Kennedy Space Centers aus. Ein „first" war auch die Zahl der Besatzungsmitglieder bei einem regulären Crew-Transport zur ISS. Es befanden sich nämlich nur zwei Personen an Bord, nämlich der US-Astronaut Nick Hague und der Kosmonaut Alexander Gorbunow.

04. Oktober 2024 – Vulcan trotz „spicy moments" erfolgreich – Der zweite Zertifizierungsflug der Vulcan der United Launch Alliance – er trug die Bezeichnung Vulcan Cert-2 – verlief am 4. Oktober hinsichtlich der erzielten Leistungswerte zu 100 Prozent erfolgreich. Bei der „Ausführung" haperte es allerdings, denn einer der beiden Feststoffmotoren begann sich ab der 37. Flugsekunde zu zerlegen. Offensichtlich brach zu diesem Zeitpunkt die Expansionsdüse ab, so dass sich der Abgasstrahl dieses Feststoffmotors ungerichtet nach außen ausbreitete. Dies…

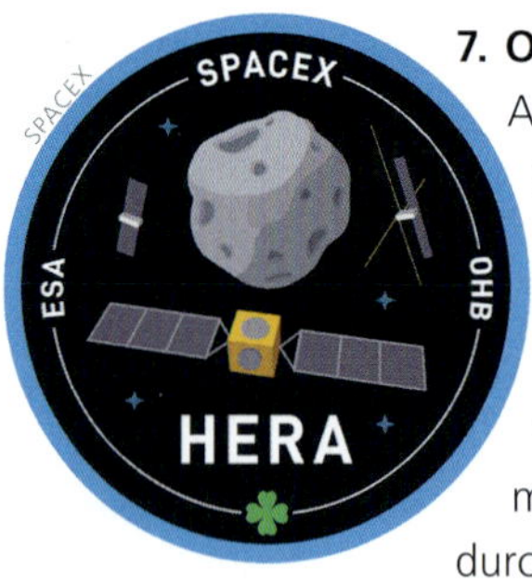

7. Oktober 2024 – Mit HERA auf Höchstgeschwindigkeit – Am 7. Oktober transportierte eine Trägerrakete des Typs Falcon 9 die europäische Raumsonde HERA in einen heliozentrischen Orbit, auf dem die Sonde in gut zwei Jahren den Asteroiden Didymos und seinen kleinen Mond Dimorphos erreichen soll. Die beiden kleinen Himmelskörper wurden bereits im vergangenen Jahr von der US-Sonde DART besucht, die damals einen gesteuerten Einschlag auf Dimorphos durchführte. Es war der 95. Start einer Falcon 9 im laufenden Jahr. Die Mission begann um 16:52 Uhr an der…

10. Oktober 2024 – China startet Hulianwang Gaogui-03 – China brachte am 10. Oktober den Kommunikationssatelliten Hulianwang Gaogui-03 auf eine geostationäre Transferbahn. Startort war der zentralchinesische Weltraumbahnhof Xichang. Als Träger wurde eine Rakete des Typs Langer Marsch 3B/E eingesetzt. Es war der 100. Start einer Rakete dieses Typs. Die Mission begann um 15:50 Uhr mitteleuropäischer Zeit an der Startanlage 2 des Raumfahrtzentrums. Die dritte Stufe der Trägerrakete platzierte den Satelliten in einen Orbit mit einem Perigäum…

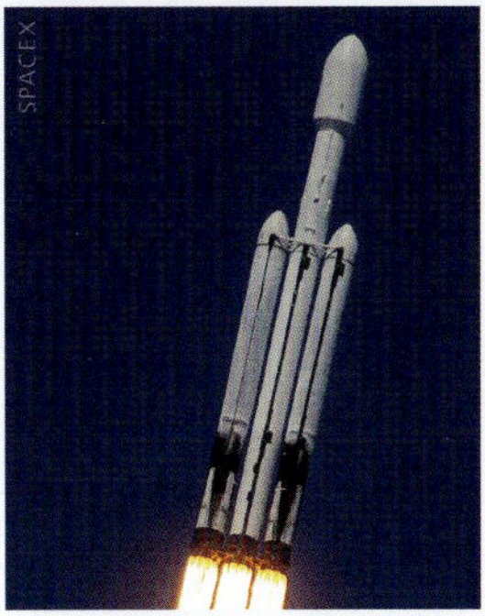

14. Oktober 2024 – Falcon Heavy schickt Europa Clipper zum Jupiter – Mit einem Bilderbuchstart schickte SpaceX die Raumsonde Europa Clipper mit einer Trägerrakete des Typs Falcon Heavy auf den Weg zum Jupiter. Das Raumfahrzeug ist, nach dem Start der europäischen Raumsonde JUICE im vergangenen Jahr, die zweite „Flagship-Mission" zum Gasriesen. Speziell ausgerichtet ist diese Mission auf die Erforschung des Jupitermondes Europa, unter dessen eisiger Oberfläche ein flüssiger Salzwasserozean mit dem doppelten Wasservolumen aller irdischen Ozeane vermutet wird. Mit…

15. Oktober 2024 – Wieder Normalbetrieb bei SpaceX – Nach zwei hochkarätigen Top-Missionen für die Annalen der Raumfahrtgeschichte an den beiden vorausgegangenen Tagen kehrte SpaceX am 15. Oktober wieder zu seinem „Brot-und-Butter-Geschäft" zurück. An diesem Tag erfolgte der Start der Starlink-Mission 10-10, bei der 23 Einheiten für das SpaceX-Internet-Kommunikationsnetz in eine niedrige Erdumlaufbahn transportiert wurden. Startort war die Cape Canaveral Space Force Station. Es war die 100. SpaceX-Mission des laufenden Jahres, wenn man die…

15. Oktober 2024 – SpaceX startet Starlink-Gruppe 9-7 – Nur zwei Stunden und elf Minuten nach der vorausgegangenen Starlink-Mission brachte SpaceX die 20 Einheiten starke Starlink-Gruppe 9-7 in eine niedrige Erdumlaufbahn. Startort war dieses Mal die Space Force Basis Vandenberg in Kalifornien. Bei 13 der abgesetzten Einheiten handelt es sich um „Direct-to-cell" Satelliten, mit denen in begrenztem Rahmen direkt mit Mobiltelefonen – ohne Empfangsstation auf dem Boden – kommuniziert werden kann. Die Mission begann um 10:21 Uhr mitteleuropäischer Zeit an…

15. Oktober 2024 – Zweite Gruppe der 1.000-Segel-Konstellation gestartet – China brachte am 15. Oktober die 18 Flugeinheiten umfassende zweite Gruppe der „Tausend Segel" (chinesisch: Qianfan) – Megakonstellation in eine niedrige Erdumlaufbahn. Der Begriff „Tausend Segel" ist insofern ein wenig irreführend, als dass China tatsächlich insgesamt etwa 13.000 Satelliten dieser Reihe starten will. Diese Konstellation soll also von ihrem Umfang her am Ende etwa vergleichbar mit der Starlink-Konstellation von SpaceX sein und Breitband-Internet zur Verfügung stellen. Startort war…

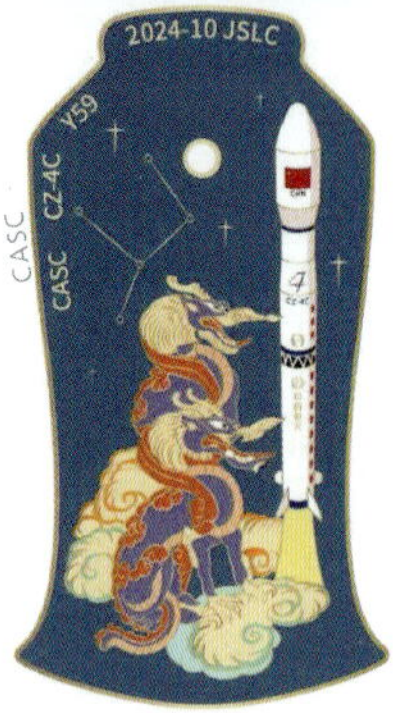

CASC

16. Oktober 2024 – China bringt Gaofen 12-05 ins All – Am 16. Oktober brachte China den fünften Erdbeobachtungssatelliten der Gaofen 12-Serie auf eine sonnensynchrone polare Erdumlaufbahn. Als Träger wurde eine Rakete des Typs Langer Marsch 4C eingesetzt. Startort war das nordchinesische Raumfahrtzentrum Jiuquan. Die Gaofen-Satelliten gehören zum CHEOS-Erdbeobachtungssystem Chinas, das in etwa mit dem Copernicus-System der EU mit seinen Sentinel-Satelliten vergleichbar ist. Die Mission begann um 1:45 Uhr an der Startrampe 2 der Anlage 4 des…

ONE WEB

19. Oktober 2024 – SpaceX startet Starlink-Mission 8-19 – Am 19. Oktober brachte SpaceX mit einer Trägerrakete des Typs Falcon 9 die 20 Einheiten starke Starlink-Gruppe 8-19 in eine niedrige Erdumlaufbahn. Die Mission nahm an der Cape Canaveral Space Force Basis ihren Anfang. Erneut befanden sich 13 so genannte „Direct-to-Cell-Satelliten" in der Gruppe. Der Liftoff erfolgte um 1:31 Uhr mitteleuropäischer Zeit an der Startanlage 40 des Weltraumbahnhofs. Der Absetzorbit wies ein Perigäum von 285 Kilometern, ein Apogäum von 296 Kilometern und eine…

CASC

20. Oktober 2024 – SpaceX wieder für OneWeb aktiv – Am 20. Oktober führte SpaceX erneut eine Mission für den Konkurrenten OneWeb durch. Dabei wurden 20 Satelliten dieser Konstellation in eine niedrige Erdumlaufbahn transportiert. Es ist dies der erste Satellitenstart für dieses Unternehmen, seit Eutelsat und OneWeb fusionierten, aber schon der fünfte Flug, den SpaceX für OneWeb insgesamt ausführt. Es war auch die die 100. Mission von SpaceX in 2024. Der Einsatz begann um 7:13 Uhr mitteleuropäischer Zeit an der Startanlage 4E der Space Force…

CASC

22. Oktober 2024 – Langer Marsch 6 bringt drei Tianping-3-Satelliten in den Orbit – China brachte am 22. Oktober drei Bodenradar-Kalibrierungsziele auf eine sonnensynchrone polare Erdumlaufbahn. Die drei Einheiten tragen die Bezeichnungen Tainping-3 A01, B01 und B02. Startort war das Raumfahrtzentrum Taiyuan in Nordchina. Als Träger wurde eine Rakete des Typs Langer Marsch 6 eingesetzt. Der Start war die 13. Mission eines Trägers dieses Typs bei bislang 19 Flügen der gesamten LM 6-Reihe, wenn man auch die Langer Marsch 6A und 6C dazu zählt. Es war auch die 50. Chinesische…

23. Oktober 2024 – China schickt drei Aufklärungssatelliten ins All – China brachte am 23. Oktober drei Aufklärungssatelliten der Yaogan 43-Reihe in eine niedrige Erdumlaufbahn. Die Mission begann am Raumfahrtzentrum von Xichang. Als Träger wurde eine Rakete des Typs Langer Marsch 2C mit einer Spezial-Nutzlastverkleidung verwendet. Offiziell wird die Aufgabenstellung der Raumfahrzeuge als „Test für Satellitenkonstellationen im niedrigen Erdorbit" bezeichnet. Die drei neuen Einheiten werden als Yaogan 43-03A, B und C benannt. Die Mission begann um 3:05 Uhr mitteleuropäischer…

23. Oktober 2024 – Starlink-Gruppe 6-61 in der Erdumlaufbahn – SpaceX startete am 23. Oktober die Starlink-Gruppe 6-61 in eine niedrige Erdumlaufbahn. Ort des Starts war die Cape Canaveral Space Force Station. Als Träger wurde eine Rakete des Typs Falcon 9 eingesetzt. Es war der 100. erfolgreiche Flug einer Falcon-Rakete in diesem Jahr. An Bord des Trägers befand sich ein Stapel von 23 Starlink v2-Mini-Satelliten. SpaceX hat bisher 7105 Startlinks gestartet, von denen 6150 aktiv sind. Die Mission begann um 23:47 Uhr mitteleuropäischer Zeit an der Startanlage…

24. Oktober 2024 – SpaceX schickt 20 Starshields ins All – SpaceX startete am 24. Oktober von der Space Force Basis Vandenberg 20 Starshield-Satelliten für das National Reconnaissance Office (NRO) in eine niedrige Erdumlaufbahn. Es war der 400. Orbitalflug von SpaceX, wenn man auch die Missionen der Falcon 1 und der Falcon Heavy mit einrechnet. Der Auftraggeber bezeichnet die Mission als NROL 167 und vermerkte, dass es sich um den vierten Start zur so genannten „proliferated architecture" für das NRO im Rahmen eines 1,8 Milliarden-Dollar-Vertrages handelt.

25. Oktober 2024 – Landung von Crew 8 endet mit medizinischem Notfall – Die SpaceX Crew 8-Mission brachte einmal mehr einen Rekord für SpaceX und die USA. Am 25. Oktober kehrten drei Astronauten der NASA und ein Kosmonaut von Roskosmos nach einem Aufenthalt von 235 Tagen von der ISS wieder zur Erde zurück. Das ist der längste Flug eines bemannten Raumfahrzeugs in der US-Geschichte. Eingesetzt wurde dabei der Crew Dragon Endeavour, der im Übrigen auch schon den Rekord davor hielt (bei der Mission SpaceX Crew 2 mit 200 Tagen). Der gesamte Vorgang des Wiedereintritts…

27. Oktober 2024 – SpaceX startet Starlink-Gruppe 10-8 – Am 27. Oktober brachte eine Trägerrakete des Typs Falcon 9 die 22 Einheiten starke Starlink-Satellitengruppe 10-8 in eine niedrige Erdumlaufbahn. Startort war die Cape Canaveral Space Force Station. Die Mission begann um 0:47 Uhr an der Startanlage 40 des Raumfahrtzentrums. Etwa 65 Minuten nach dem Liftoff setzte die zweite Stufe den Satellitenstapel auf einer Bahn mit einem Perigäum von 291 Kilometern, einem Apogäum von 302 Kilometern und einer Bahnneigung zum Äquator von 53 Grad ab. Für diesen...

29. Oktober 2024 – Shenzhou 19 bringt neue Besatzung zu Tiangong – China brachte am 24. Oktober das bemannte Raumschiff Shenzhou 19 in eine Erdumlaufbahn. Als Trägerrakete wurde eine Langer Marsch 2F/G eingesetzt. Es ist die achte Crew, die für eine permanente Besetzung des chinesischen Außenpostens sorgt. An Bord von Shenzhou 19 befinden sich drei Astronauten, welche die derzeitige Besatzung der Tiangong-Raumstation ablösen sollen. Der Start erfolgte um 22:28 Uhr mitteleuropäischer Zeit vom nordchinesischen Weltraumbahnhof Jiuquan. Die Crew besteht aus dem...

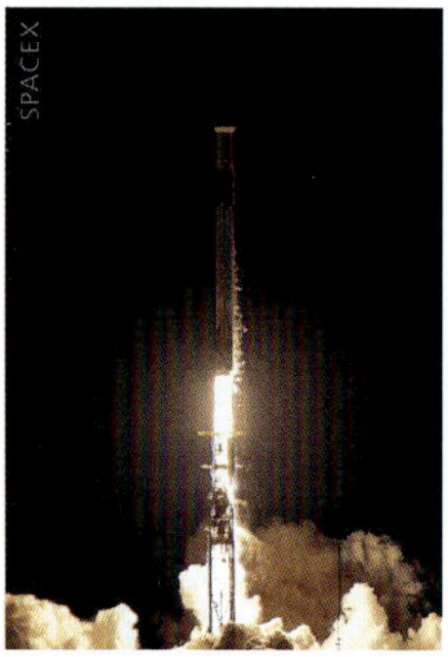

30. Oktober 2024 – Starlink-Gruppe 9-9 im All – SpaceX brachte am 30. Oktober die 20 Einheiten starke Starlink-Gruppe 9-9 in eine niedrige Erdumlaufbahn. Startort war die Space Force Basis Vandenberg in Kalifornien. Es war der 200. Start von SpaceX, der ganz oder überwiegend dem Aufbau der Starlink-Konstellation gewidmet war. Die Mission begann um 12:30 Uhr mitteleuropäischer Zeit an der Startanlage 4E des Raumfahrtzentrums. Etwa 65 Minuten später setzte die zweite Stufe der Falcon 9-Trägerrakete den Satellitenstapel auf einer Umlaufbahn mit...

30. Oktober 2024 – Am selben Tag noch einmal Starlink – Weniger als neun Stunden nach dem Start der Starlink-Gruppe 9-9 am 30. Oktober brachte SpaceX einen weiteren Stapel von insgesamt 23 Satelliten für das weltraumgestützte Breitband-Internetsystem in eine niedrige Erdumlaufbahn. Die als Starlink 10-13 bezeichnete Mission begann an der Startrampe 40 der Cape Canaveral Space Force Station. Der Liftoff erfolgte um 22:10 Uhr mitteleuropäischer Zeit. Der Absetzorbit wies ein Perigäum von 269 Kilometern, ein Apogäum von 282 Kilometern und eine Bahnneigung...

31. Oktober 2024 – Russland startet Aufklärungssatelliten – Die russischen Streitkräfte brachten am 31. Oktober einen Aufklärungssatelliten der Bars-M-Reihe in eine niedrige Erdumlaufbahn. Als Trägerrakete wurde eine Sojus 2.1a eingesetzt. Startort war das nordrussische Raumfahrtzentrum Plessezk. Nach dem erfolgreichen Start erhielt er die bei russischen Militärsatelliten übliche „Kosmos"-Bezeichnung mit angehängter Zählnummer. Demzufolge firmiert er nun als Kosmos 2579. Die Mission begann um 8:51 Uhr mitteleuropäischer Zeit bei leichtem Schneefall an der…

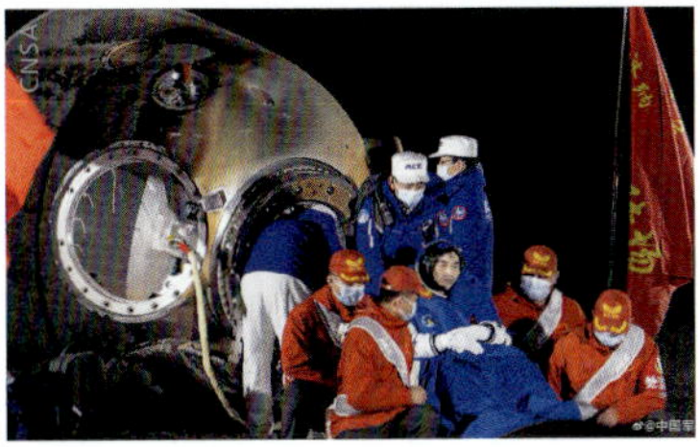

3. November 2024 – Shenzhou 18 kehrt sicher zur Erde zurück – Am 3. November kehrte die Crew von Shenzhou 18 in der Landekapsel ihres Raumschiffes sicher zur Erde zurück. Die Besatzung, bestehend aus dem Kommandanten Ye Guangfu, dem „Operator" Li Cong und dem Wissenschaftsastronauten Li Guangsu, hatte eine Missionsdauer von 192 Tagen, 4 Stunden und 25 Minuten absolviert. Damit war dies der längste Einzelaufenthalt einer chinesischen Crew im Orbit. Die Crew von Shenzhou 18 bildete die siebte Stammbesatzung der Tiangong-Raumstation. Ye Guangfu stellte bei…

4. November 2024 – Vierter Einsatz der japanischen H3 erfolgreich – Der Start der vierten japanischen Trägerrakete des Typs H3 verlief am 4. November erfolgreich. Dabei brachte der Träger in der Version H3-22S – also ausgestattet mit zwei Feststoffboostern zur Startunterstützung und mit einer kurzen Fairing – den Kommunikationssatelliten DSN-3 (auch als Kirameki-3 bezeichnet) auf eine geostationäre Transferbahn. Die Mission begann um 8:48 Uhr mitteleuropäischer Zeit an der Startanlage Y2 des Raumfahrtzentrums Tanegashima. Bahndaten und Angaben zum Satelliten wurden…

5. November 2024 – Zweimal Ionosfera-M und 53 andere – Die russische Raumfahrtagentur Roskosmos brachte am 5. November eine Rideshare-Mission mit insgesamt 55 Satelliten in eine niedrige Erdumlaufbahn. Die beiden Hauptnutzlasten waren die Ionosphären-Forschungssatelliten Ionosfera-M Nr. 1 und Nr. 2. Startort war das Raumfahrtzentrum Wostotschnij im äußersten Osten Russlands. Als Träger wurde eine Rakete des Typs Sojus 2.1b Fregat M eingesetzt. Die Mission begann um 1:19 Uhr mitteleuropäischer Zeit. Überprüfte Bahndaten sind nicht bekannt. Es kann jedoch…

SPACEX

5. November 2024 – SpaceX versorgt die ISS mit CRS-31 – Bereits zum 31. Mal seit Einführung der kommerziellen Versorgungsflüge zur Internationalen Raumstation übernimmt SpaceX diese Aufgabe. Dies drückt sich auch in der Missionsbezeichnung aus, die SpaceX CRS-31 lautet. CRS steht dabei für Crew Resupply Services. Für den Flug wurde der Cargo Dragon 208 verwendet, der damit seinen fünften Einsatz bestreitet. Die Mission begann am 5. November um 3:30 Uhr mitteleuropäischer Zeit an der Startanlage 39A des Kennedy Space Centers. 13 Stunden nach der Trennung…

5. November 2024 – Geheimnisvoller Kunde für Rocket Lab – Rocket Lab brachte am 5. November einen Satelliten für einen unbekannten Kunden in eine sonnensynchrone polare Erdumlaufbahn. Der Start erfolgte vom werkseigenen Orbital-Startplatz auf der Halbinsel Mahia, die sich auf der neuseeländischen Nordinsel befindet. Obwohl der Kunde nicht genannt werden will, gibt es doch inzwischen qualifizierte Vermutungen dazu. Es dürfte sich dabei um Protosat-1 des in Ruanda (1) registrierten Unternehmens E-Space handeln. Wie üblich bei Rocket Lab bekam der Einsatz…

7. November 2024 – SpaceX startet Starlink 6-77 – SpaceX brachte am 7. November die 23 Einheiten starke Starlink-Gruppe 6-77 in eine niedrige Erdumlaufbahn. Die Mission begann an der Startanlage 40 der Cape Canaveral Space Force Station. Es war der 200. erfolgreiche Orbital- oder Raumsondenstart des laufenden Jahres. Der Liftoff erfolgte um 21:19 Uhr mitteleuropäischer Zeit. Die Satelliten wurden knapp 65 Minuten später auf einer Bahn mit einem Perigäum von 284 Kilometern, einem Apogäum von 293 Kilometern und einer Bahnneigung zum Äquator von 43 Grad abgesetzt.

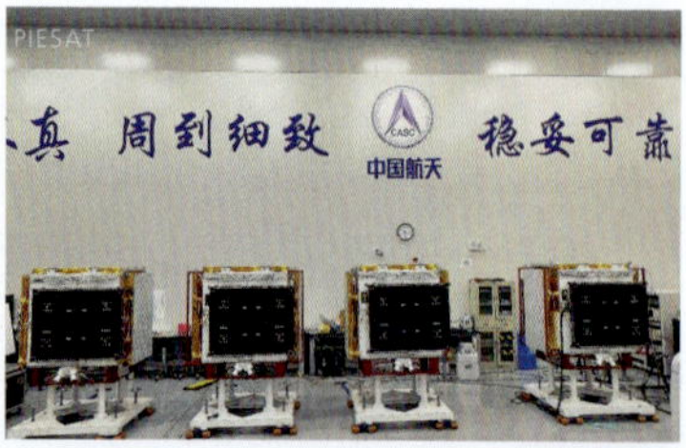

9. November 2024 – China schickt vier Erdbeobachtungssatelliten in den Orbit – Die Hongtu-1-Erdbeobachtungs- und Aufklärungssatellitenkonstellation bekam am 9. November vier neue Mitglieder. Ihre Namen lauten PIESAT-2A-01 und PIESAT-2B-01, 02 und 03. Benannt wurden sie nach ihrem Betreiber, der PIESAT Information Technology Corporation. Startort war das nordchinesische Raumfahrtzentrum Jiuquan. Als Träger wurde eine Rakete des Typs Langer Marsch 2C eingesetzt. Die Mission begann um 5:39 Uhr mitteleuropäischer Zeit an der Startrampe 2 der Anlage 4 des Weltraumbahnhofs. Die vier…

9. November 2024 – Starlink-Gruppe 9-10 im Orbit – SpaceX brachte am 9. November die 20 Einheiten starke Starlink-Gruppe 9-10 in eine niedrige Erdumlaufbahn. 13 der Satelliten an Bord haben „direct-to-cell"-Fähigkeit, können also in begrenztem Umfang ohne ein terrestrisches Terminal mit speziell dafür eingerichteten Handys auf dem Boden kommunizieren. Die Mission begann an der Space Force Basis Vandenberg in Kalifornien. Erst vor wenigen Tagen beging SpaceX den vierten Jahrestag der Aktivierung des Starlink-Service. Seither hat das Unternehmen...

11. November 2024 – Kinetica 1 bringt 15 Satelliten ins All – Eine chinesische Trägerrakete des Typs Kinetica 1 (auch als Lijian-1 bezeichnet) brachte am 11. November insgesamt 13 Kleinsatelliten auf eine sonnensynchrone, polare Erdumlaufbahn. Die Mission begann an der Startanlage 130 des nordchinesischen Raumfahrtzentrums Jiuquan. Hersteller und Betreiber der Kinetica 1 ist CAS Space, das offiziell als „Privatunternehmen" gilt, tatsächlich aber ein Ableger der staatlichen chinesischen Akademie der Wissenschaften ist. Die vierte Stufe transportierte die 15...

11. November 2024 – Falcon 9 transportiert Koreasat 6A in den Orbit – Am 11. November brachte SpaceX mit einer Trägerrakete des Typs Falcon 9 den südkoreanischen Kommunikationssatelliten Koreasat 6A (auch: Mugunghwa 6A) in eine geostationäre Transferbahn. Die Mission begann an der historischen Startrampe 39A des Kennedy Space Centers. Koreasat 6A ersetzt Koreasat 6 der vor 14 Jahren mit einer Ariane 5 von Kourou aus gestartet worden war. Dieser Satellit, gebaut von Thales Alenia, funktioniert aber nach wie vor perfekt, obwohl er langsam seine Design-Lebensdauer erreicht.

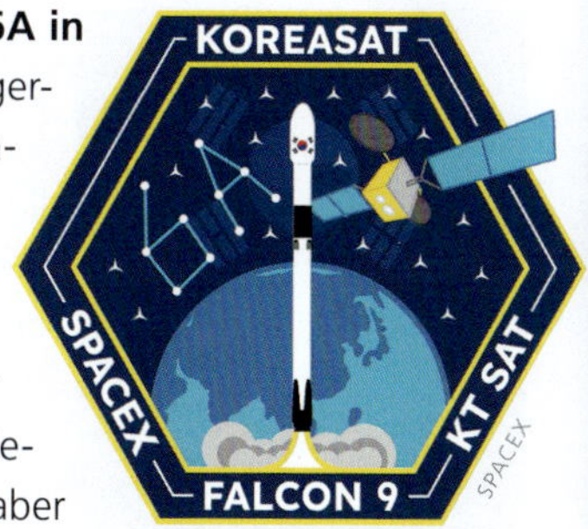

11. November 2024 – Starlink-Gruppe 6-69 im Orbit – SpaceX brachte am 11. November eine weitere Gruppe von Internet-Satelliten in eine niedrige Erdumlaufbahn. Dabei handelt es sich um die 24 Einheiten starke Starlink-Gruppe 6-69. Startort war die Cape Canaveral Space Force Station in Florida. Die Mission begann um 22:28 Uhr mitteleuropäischer Zeit an der Startanlage 40 des Weltraumbahnhofs. Etwa 65 Minuten nach dem Liftoff wurde der Satellitenstapel von der zweiten Stufe der Trägerrakete freigegeben. Der Absetzorbit wies ein Perigäum von 281...

13. November 2024 – Haiyang 4A überwacht die Ozeane – Eine Trägerrakete des Typs Langer Marsch 4B brachte am 13. November den Umwelt-Beobachtungssatelliten Haiyang 4A in eine sonnensynchrone polare Erdumlaufbahn. Die Mission begann am nordchinesischen Raumfahrtzentrum Taiyuan. Auftraggeber ist das chinesische Ministerium für Ressourcen. Die erste Stufe des Trägers war mit Grid Fins bestückt, um die Einschlagzone einzugrenzen. Die Mission begann um 23:42 Uhr mitteleuropäischer Zeit an der Startanlage 9 des Raumfahrtzentrums und führte auf einen Orbit…

14. November 2024 – SpaceX startet Starlink-Gruppe 9-11 – Am 14. November brachte SpaceX die Starlink-Gruppe 9-11 in eine niedrige Erdumlaufbahn. Startort war die Space Force Basis Vandenberg in Kalifornien. Bei der Mission wurden 20 Einheiten der Internet-Konstellation in den Orbit transportiert, darunter 13 der so genannten „Direct-To-Cell" Satelliten, die für bestimmte Dienste kein terrestrisches Terminal benötigen. Nach diesem Start befinden sich von dieser speziellen Starlink v2-Variante nunmehr 284 Einheiten im Orbit. Die Mission begann um 6:33…

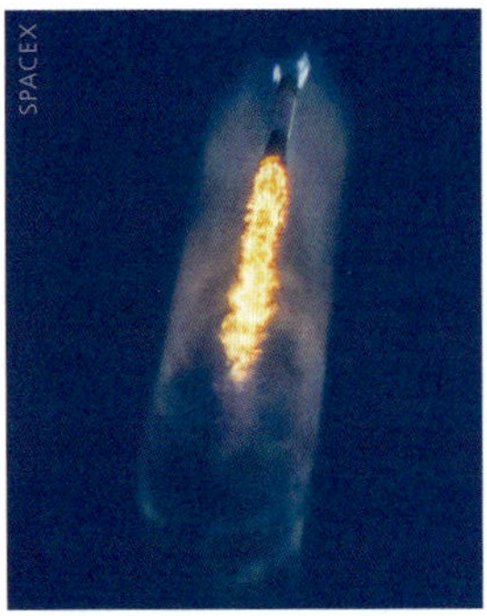

14. November 2024 – Starlink-Gruppe 6-68 folgt Starlink 9-11 dichtauf – Nur knapp acht Stunden nach dem Start der Starlink-Gruppe 9-11 brachte SpaceX am 14. November die Starlink-Gruppe 6-68 in eine niedrige Erdumlaufbahn. Startort war dieses Mal die Space Force Basis Cape Canaveral in Florida. Bei der Mission wurden 24 Starlink-Einheiten in den Orbit transportiert. Es war der 110. Einsatz einer Falcon 9 im laufenden Jahr. Der Einsatz begann um 14:21 Uhr mitteleuropäischer Zeit an der Startanlage 40 des Raumfahrtzentrums. 60 Minuten und 10 Sekunden nach dem Liftoff…

15. November 2024 – Tianzhou 8 versorgt Tiangong – China brachte am 15. November einen Raumtransporter der Tianzhou-Reihe in eine niedrige Erdumlaufbahn. Aufgabe von Tianzhou 8 – so die Bezeichnung – ist die Versorgung der nationalen chinesischen Raumstation mit Nachschubgütern aller Art. Startort war das Raumfahrtzentrum Wenchang am Gelben Meer. Als Träger wurde eine Rakete des Typs Langer Marsch 7 eingesetzt. Der Start des gut 13.000 Kilogramm schweren Raumfahrzeugs erfolgte um 16:13 Uhr mitteleuropäischer Zeit von der Startanlage 102 des Weltraumbahnhofs.

17. November 2024 – SpaceX startet Optus-X/TD7 für Australien – Am 17. November brachte eine Trägerrakete des Typs Falcon 9 die Satellitenkombination Optus-X/TD7 für die in Sidney ansässige Singtel Optus Pty Limited in eine supersynchrone geostationäre Transferbahn. Es handelt sich hier um einen Missionsverlängerungs-Einsatz für den im August 2009 gestarteten Kommunikationssatelliten Optus D3, möglicherweise auch für den 2003 gestarteten Optus C1. Dabei wird mittels eines Mission Robotic Vehicles (MRV) ein so genannter Mission Extension Pod (MEP) am…

18. November 2024 – SpaceX startet Starlink-Gruppe 9-12 – Am 18. November brachte SpaceX die Starlink-Gruppe 9-12 in eine niedrige Erdumlaufbahn. Startort war die Space Force Basis Vandenberg in Kalifornien. Bei der Mission wurden 20 Einheiten der Internet-Konstellation in den Orbit transportiert, darunter 13 der so genannten „Direct-To-Cell" Satelliten, die für bestimmte Dienste kein terrestrisches Terminal benötigen. Die Mission begann um 6:53 Uhr mitteleuropäischer Zeit an der Startanlage 4E des Raumfahrtzentrums. Bei diesem Einsatz erzielte SpaceX den…

18. November 2024 – SpaceX transportiert GSAT-20 für Indien ins All – SpaceX brachte am 18. November den indischen Kommunikationssatelliten GSAT-20 (auch als GSAT-N2/CMS-03 bezeichnet) in eine supersynchrone geostationäre Transferbahn. An sich wollte die indische Weltraumorganisation den Satelliten mit einer einheimischen LVM-3 selbst starten, doch das Raumfahrzeug geriet zu schwer (man gab das ursprünglich vorgesehene elektrische Antriebssystem auf und verwendet jetzt ein klassisches chemisches Zweistoffsystem), und die Behörde musste auf einen leistungsfähigeren…

21. November 2024 – Progress MS-29 versorgt die ISS – Die russische Raumfahrtagentur Roskosmos startete am 21. November das unbemannte Frachtraumschiff Progress MS-29 zur Internationalen Raumstation. Als Träger wurde eine Rakete des Typs Sojus 2.1a eingesetzt. Gestartet wurde das Raumfahrzeugzeug vom Weltraumbahnhof Baikonur, der zwar in Kasachstan liegt, aber von Russland betrieben wird. Die Mission begann um 13:22 Uhr an der Startanlage 31/6 des Raumfahrtzentrums. Nach dem Erreichen einer Übergangsbahn und der Trennung von der dritten Stufe des…

21. November 2024 – 400. Start einer Falcon 9 – Am 21. November erzielte SpaceX ein bemerkenswertes Jubiläum: den 400. Start einer Rakete des Typs Falcon 9. Dabei zählt das Unternehmen allerdings auch einen „non-start" mit, nämlich die Amos 6-Mission, die eigentlich am 3. September 2016 starten sollte. Aber zwei Tage zuvor, am 1. September 2016, explodierte die Trägerrakete bei einem Betankungstest auf der Startrampe. Bei der aktuellen Jubiläumsmission brachte das Unternehmen die Starlink-Gruppe 6-66 in eine niedrige Erdumlaufbahn.

24. November 2024 – 100. Vandenberg-Start für SpaceX – Mit dem insgesamt 100. Start von der Space Force Basis Vandenberg erzielte SpaceX am 24. November eine neue Rekordmarke. An diesem Tag brachte eine Trägerrakete des Typs Falcon 9 die Starlink-Gruppe 9-13 in eine niedrige Erdumlaufbahn. Bei der Mission wurden 20 Einheiten der Internet-Konstellation in den Orbit transportiert, darunter 13 der so genannten „Direct-To-Cell" Satelliten, die für bestimmte Dienste kein terrestrisches Terminal benötigen. 40 Prozent aller Vandenberg-Starts von SpaceX erfolgten übrigens 2024.

25. November 2024 – Zwei neue Superviews für China – Die chinesische Raumfahrtagentur brachte am 25. November zwei Erdbeobachtungssatelliten der Siwei Gaojing-Reihe in eine sonnensynchrone polare Erdumlaufbahn. Im Westen ist diese Satellitenserie besser bekannt unter der Bezeichnung „Superview Neo". Die beiden neuen Einheiten tragen die Bezeichnungen SuperView Neo 2-03 und 2-04. Startort war das nordchinesische Raumfahrtzentrum Jiuquan. Als Träger wurde eine Rakete des Typs Langer Marsch 2C eingesetzt. Die Mission begann um 0:39 Uhr an der Startrampe 2…

25. November 2024 – Electron startet „Ice AIS Baby" – Der 25. November brachte ein besonderes Jubiläum für Rocket Lab, denn innerhalb von nur 22 Stunden startete das Unternehmen zwei Raketen des Typs Electron von zwei verschiedenen Startplätzen auf zwei Kontinenten. Die erste dieser beiden Missionen, ein suborbitaler Einsatz für das Leidos-Programm des US-Verteidigungsministeriums, setzte eine modifizierte Electron mit der Bezeichnung HASTE ein (HASTE = Hypersonic Accelerator Suborbital Test Electron), bei der vermutlich ein hypersonisches Gleitvehikel..

25. November 2024 – Erster Transport für Starlink-Gruppe 12 – Am 25. November startete SpaceX die ersten 23 Satelliten der Starlink-Gruppe 12 in eine niedrige Erdumlaufbahn. Bei zwölf der Einheiten handelte es sich um so genannten „Direct-to-Cell-Satelliten", die ohne den Umweg über ein Bodenterminal direkt mit einem dafür eingerichteten Handy kommunizieren können. Startort war die Cape Canaveral Space Force Station. Auch bei dieser Mission gab es wieder einmal einen neuen Rekord für SpaceX, denn der für diesen Start verwendete Booster hatte seinen...

27. November 2024 – LandSpace bringt verbesserte Zhuque-2-Rakete zum Einsatz – Das chinesische Raumfahrtunternehmen LandSpace brachte am 27. November erfolgreich eine verbesserte Rakete des Typs Zhuque 2 zum Einsatz. Startort war das Raumfahrtzentrum Jiuquan im Norden des Landes. Es war der vierte Einsatz einer Zhuque 2 und der Erstflug der Zhuque 2E, die über ein gegenüber der Basisversion leistungsstärkeres, im Schub veränderbares, Zweitstufentriebwerk verfügt. Dieser Raketenmotor trägt die Bezeichnung TQ-15A und leistet einen Vakuumschub von 836 Kilonewton.

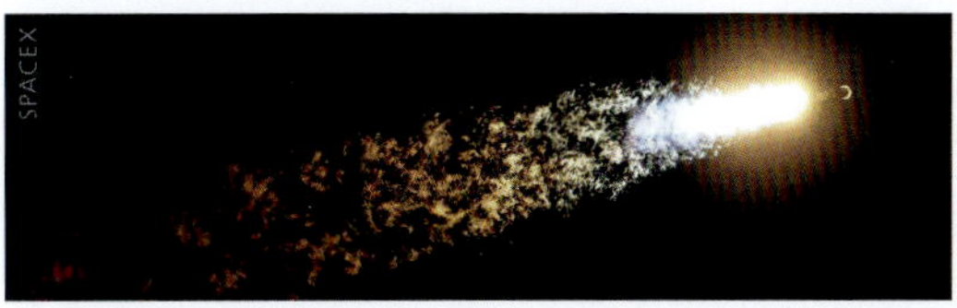

27. November 2024 – Starlinks vom Kennedy Space Center ins All – Nur relativ selten erfolgen Starts für die Starlink-Konstellation vom Kennedy Space Center aus. Am 27. November war es aber wieder einmal so weit, und eine Falcon 9 von SpaceX brachte die 24 Einheiten der Gruppe 6-76 von der historischen Startanlage 39A in eine niedrige Erdumlaufbahn. Der Liftoff erfolgte um 5:41 Uhr mitteleuropäischer Zeit. 65 Minuten und elf Sekunden nach dem Verlassen der Startrampe und nach zwei Zündungen der zweiten Stufe wurde der Satellitenstapel auf einer Umlaufbahn mit...

29. November 2024 – Russland startet Aufklärungssatelliten – Die russischen Streitkräfte brachten am 29. November den Aufklärungssatelliten Kondor FKA-Nr. 2 in eine niedrige Erdumlaufbahn. Gestartet wurde das Raumfahrzeug vom ostrussischen Kosmodrom Wostotschnij. Als Träger wurde eine Rakete des Typs Sojus 2.1a Fregat M eingesetzt, eine angesichts der leichten Nutzlast deutlich überdimensionierte Rakete. Die Mission begann um 22:50 Uhr mitteleuropäischer Zeit an der Startanlage 1S des Kosmodroms. Die dritte Stufe der Trägerrakete setzte das Raumfahrzeug...

30. November 2024 – SpaceX startet Starlink-Gruppe 6-65 – SpaceX brachte am 30. November die 24 Flugeinheiten starke Starlink-Gruppe 6-65 in eine niedrige Erdumlaufbahn. Die Mission begann an der Cape Canaveral Space Force Station. Es war die 120. Mission von SpaceX in diesem Jahr. Die Rakete verließ die Startanlage 40 des Weltraumbahnhofs um 6:00 Uhr mitteleuropäischer Zeit. 65 Minuten nach dem Lift-off setzte die zweite Stufe den Satellitenstapel auf einer Umlaufbahn mit einem Perigäum von 283 Kilometern, einem Apogäum von 290 Kilometern und einer…

30. November 2024 – Falcon 9 unterstützt NROL-126 – Eine SpaceX-Trägerrakete des Typs Falcon 9 brachte am 30. November drei Starshield-Satelliten mit den militärischen Zählnummern USA-438 – USA-440 in den Orbit. Die Bezeichnung für den Einsatz lautete NROL-126. Sie stellt die fünfte von insgesamt acht Flügen der so genannten „proliferated architecture" für das National Reconnaissance Office dar. Zusätzlich waren allerdings nach Angaben von SpaceX auch noch 20 Starlink-Satelliten mit an Bord, so dass die Mission in gewisser Weise ein Starlink-Flug…

30. November 2024 – Neue Rakete startet von neuem Spaceport – Der Jungfernflug von Chinas neuer Trägerrakete Langer Marsch 12 war ein voller Erfolg. Mit dieser Mission wurde auch das neue Hainan International Commercial Space Launch Center eingeweiht, das sich nur wenige Kilometer südlich des bereits in Betrieb befindlichen institutionellen Raumflughafens Wenchang befindet. Die Langer Marsch 12 ist ein Träger der mittleren Mittelklasse. Bei diesem Testflug wurden lediglich zwei Kleinsatelliten mit den Bezeichnungen Hulianwang Jishu Shiyan 5A und JSW-03 mitgeführt.

03. Dezember 2024 – 100. Start einer Langer Marsch 3B – China brachte am 3. Dezember den vermutlichen Frühwarnsatelliten TJS-13 (auch als Huoyan-1-04 bezeichnet) in eine geostationäre Transferbahn. In den chinesischen Medien wird er als Testsatellit für Nachrichtentechnik benannt, was aber wahrscheinlich eine Tarnbezeichnung sein dürfte. Die Mission begann am zentralchinesischen Weltraumbahnhof Xichang. Es war der insgesamt 100. Start einer Langer Marsch 3B. Dies schließt alle Subvarianten mit ein. Aktuell wurde eine Langer Marsch 3B/E eingesetzt.

04. Dezember 2024 – ExPace fliegt verstärkte Kuaizhou 1A – Am 4. Dezember brachte eine weitgehend feststoffbetriebene Trägerrakete des Typs Kuaizhou 1A der chinesischen Firma ExPace den mit Radar und optischen Instrumenten ausgerüsteten Erdbeobachtungssatelliten Haishao-1 (auch als AIRSAT-08, Zhongke 08 oder Sea Sentinel-1 bezeichnet) in eine niedrige Erdumlaufbahn. Insgesamt war es der 31. Einsatz einer Rakete dieses Typs und der Erstflug einer verbesserten Version, die statt der bisher etwa 300 Kilogramm Nutzlast für die niedrige Erdumlaufbahn nun etwa…

04. Dezember 2024 – 300. Booster-Landung auf einem Bergungsschiff – SpaceX brachte am 4. Dezember die 24 Einheiten starke Starlink-Gruppe 6-70 in eine niedrige Erdumlaufbahn. Die Mission begann an der Startanlage 40 der Cape Canaveral Space Force Station. Zum ersten Mal absolvierte bei diesem Einsatz ein Falcon 9-Booster einen 24. Flug. Es war die 120. Falcon 9-Mission des laufenden Jahres. Der Einsatz begann um 11:13 Uhr mitteleuropäischer Zeit. 65 Minuten und fünf Sekunden nach dem Liftoff setzte die zweite Stufe des Trägers den Stapel mit den Satelliten auf…

04. Dezember 2024 – 1.000. Start einer Rakete der R7-Familie von Plessezk – Russland brachte am 4. Dezember einen Signalaufklärer der Lotos S1-Reihe in eine niedrige Erdumlaufbahn. Als Träger wurde eine Rakete des Typs Sojus 2.1b eingesetzt. Diese Mission stellt eine historische Marke von besonderem Rang dar, denn die Sojus geht zurück auf die Interkontinentalrakete des Typs R7, die ihren Erstflug bereits im Jahr 1957 hatte. Seither wurde dieser militärische Träger in zahlreichen Varianten immer weiter entwickelt bis hin zur heutigen Sojus 2.1. Die aktuelle Mission war der…

05. Dezember 2024 – SpaceX transportiert Starlink-Gruppe 9-14 ins All – SpaceX brachte am 5. Dezember 2024 die 20 Einheiten starke Starlink-Gruppe 9-14 in eine niedrige Erdumlaufbahn. Die Mission begann an der Space Force Basis Vandenberg in Kalifornien. Erneut waren 13 Direct-to-Cell-Satelliten (DTC) an Bord. 349 dieser Einheiten wurden seit dem 2. Januar dieses Jahres in den Orbit transportiert. Die Mission begann um 4:05 Uhr mitteleuropäischer Zeit an der Startanlage 4E des Raumfahrtzentrums. 65 Minuten nach dem Liftoff setzte die zweite Stufe den Satellitenstapel…

05. Dezember 2024 – China startet 18 Qianfan-Satelliten – China brachte am 5. Dezember das dritte Batch der so genannten 1.000-Segel-Megakonstellation in eine polare Erdumlaufbahn. Etwas im Widerspruch zur Bezeichnung steht die Tatsache, dass diese Kommunikations-Konstellation am Ende nicht nur 1.000 sondern mehr als 13.000 Satelliten umfassen soll. Die Mission begann am nordchinesischen Raumfahrtzentrum Taiyuan. Als Träger wurde eine Rakete des Typs Langer Marsch 6A eingesetzt. Der Liftoff erfolgte um 5:41 Uhr mitteleuropäischer Zeit an der Startanlage 9A…

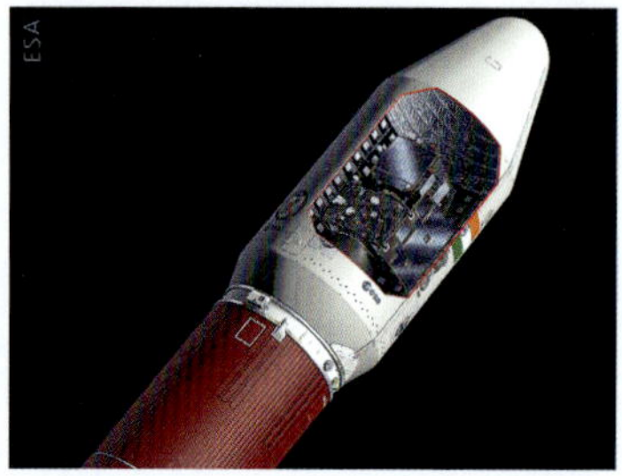

05. Dezember 2024 – Indien startet zwei PROBAs für die ESA – Weiterhin mangelt es der europäischen Raumfahrtbehörde an Startmöglichkeiten und Raketen in den passenden Nutzlastklassen für ihre Satelliten. Aus diesem Grund startete die indische Raumfahrtagentur die beiden PROBA-Sonnenforschungssatelliten für die ESA. Die Mission begann am Satish Dhawan Raumfahrtzentrum auf der ostindischen Insel Shriharikota. Als Träger wurde eine Rakete des Typs PSLV-XL verwendet, die stärkste Variante der PSLV-Serie. Die Mission begann um 11:34 Uhr mitteleuropäischer Zeit…

05. Dezember 2024 – Sirius XM-9 ersetzt XM-7 – SpaceX brachte am 5. Dezember den Kommunikationssatelliten Sirius XM-9 für den US-Kommunikationsdienstleister Sirius XM Holdings Inc. auf eine geostationäre Transferbahn. Die Mission nahm an der historischen Startanlage 39A des Kennedy Space Centers ihren Anfang. Sirius XM-9 ersetzt Sirius XM-7, der bereits kurz nach dem Start am 13. Dezember 2020 während der Indienststellungsaktivitäten ausfiel. Sirius XM-7, gebaut von Maxar Industries, war ein massiver Satellit mit einem Startgewicht von über 7.000 Kilogramm...

05. Dezember 2024 – Vega C endlich wieder im Einsatz – Nach einer Pause von fast zwei Jahren kehrte am 5. Dezember Europas Vega-C endlich wieder in den aktiven Dienst zurück und markierte damit die erst dritte europäische Orbitalmission des laufenden Jahres. Als Nutzlast befand sich der Erdbeobachtungssatellit Sentinel-1C der Europäischen Union an Bord. Startort war das europäische Raumfahrtzentrum Kourou in Französisch Guyana. Es war die insgesamt fünfte Orbitalmission, die innerhalb eines Zeitraums von weniger als 20 Stunden erfolgte.

06. Dezember 2024 – Iran zum vierten Mal in Folge erfolgreich – Beim bereits vierten Orbitalflug des Jahres war der Iran am 6. Dezember auch zum vierten Mal erfolgreich. Das ist immerhin eine Orbitalmission mehr als Europa in diesem Jahr zu verzeichnen hatte. Beim aktuellen Einsatz brachte ein Kleinträger des Typs Simorgh den Space-Tug Saman 1 in eine niedrige Erdumlaufbahn, der seinerseits mindestens zwei Cube-Sats mitführte. Gestartet wurde vom Startkomplex Semnan (auch als Imam Chomenei Launch Complex bekannt) aus, der sich im Norden des Landes befindet.

08. Dezember 2024 – SpaceX startet Starlink-Gruppe 12-5 – Am 8. Dezember erfolgte wieder einer der SpaceX Standard-Starts. An diesem Tage brachte das Unternehmen mit einer Trägerrakete des Typs Falcon 9 23 Satelliten der Starlink-Konstellation auf eine niedrige Erdumlaufbahn, davon 13 so genannte „Direct-to-Cell-Satelliten". Startort war die Cape Canaveral Space Force Station in Florida. Als Booster wurde die Einheit 1086 verwendet, die damit ihren zweiten Einsatz flog. Ihren Erstflug absolvierte sie als Falcon Heavy-Booster beim Start von GOES-U.

12. Dezember 2024 – China schickt experimentelle Kommunikationssatelliten ins All – China brachte am 12. Dezember mit einer Trägerrakete des Typs Langer Marsch 2D YZ-3 fünf experimentelle Kommunikationssatelliten der Gaosu Jiguang Zuanshi Xingzuo Shiyan Xitong – Konstellation in eine niedrige Erdumlaufbahn. Startort war das nordchinesische Raumfahrtzentrum Jiuquan. Die Bezeichnung Gaosu Jiguang Zuanshi Xingzuo Shiyan Xitong – Konstellation steht in etwa für High-Speed Laser Diamond Constellation Test System und deutet damit schon ungefähr den Versuchszweck an. Die etwa vierstündige…

13. Dezember 2024 – SpaceX transportiert 22 Starlinks ins All – Am 13. Dezember brachte eine Trägerrakete des Typs Falcon 9 die 22 Einheiten umfassende Starlink-Gruppe 11-2 in eine niedrige Erdumlaufbahn. Startort war die Space Force Basis Vandenberg in Kalifornien. SpaceX hat damit insgesamt 7.523 Starlink-Satelliten gestartet, von denen sich 6.031 im Einsatz befinden. Es war die 125. erfolgreiche SpaceX-Mission des laufenden Jahres. Der Einsatz begann um 22:55 Uhr mitteleuropäischer Zeit an der Startanlage 4E des Weltraumbahnhofs. Danach folgte die Rakete…

CASC

16. Dezember 2024 – China beginnt den Aufbau einer neuen Megakonstellation – Am 16. Dezember brachte eine massive Trägerrakete des Typs Langer Marsch 5B YZ-2 die ersten zehn Einheiten der am Ende 12.992 Einheiten umfassenden chinesischen Guowang-Megakonstellation in eine annähernd polare Erdumlaufbahn. Die Satelliten tragen die Bezeichnung Huliangwang Digui. Sie werden international auch als die SatNet LEO Gruppe 1 (A – J) bezeichnet. Für die YZ-2-Version der Langer Marsch 5B war dies der Erstflug. Die Mission begann um 11:00 Uhr mitteleuropäischer Zeit an der Startanlage…

16. Dezember 2024 – China bringt vier Erdbeobachtungssatelliten in den Orbit – China brachte am 16. Dezember vier neue Erdbeobachtungssatelliten der Hongtu-1-Reihe auf eine sonnensynchrone polare Erdumlaufbahn. International wird diese Serie auch als PIESAT bezeichnet. Nach dieser Nomenklatur handelt es sich dann bei den aktuellen Flugeinheiten um PIESAT-2 09-12. Als Trägerrakete wurde eine Langer Marsch 2D erstmals mit einer 3,8 Meter weiten Komposit-Fairing eingesetzt. Startort war das nordchinesische Raumfahrtzentrum Taiyuan. Die Mission begann um 19:50 Uhr…

ARCHIV REICHL

SPACEX

17. Dezember 2024 – GPS III-07 „Sally Ride“ sorgt für exakte Navigation – Der neueste GPS-Satellit der United States Space Force trägt den Namen „Sally Ride“, nach der ersten amerikanischen Frau im Weltraum. Die offizielle Bezeichnung des Navigationssatelliten ist aber GPS III-07 bzw. nach seinem erfolgreichen Start USA-440. Gestartet wurde das Raumfahrzeug mit einer Falcon 9 von SpaceX von der Cape Canaveral Space Force Basis aus. Die Mission begann um 1:51 Uhr mitteleuropäischer Zeit an der Startanlage 40 des Weltraumbahnhofs und führte auf einen mittelhohen Erdorbit.

SPACEX

17. Dezember 2024 – Falcon 9 bringt 22 Starshields ins All – Am 17. Dezember brachte eine Trägerrakete des Typs Falcon 9 22 Starshield-Satelliten für das National Reconnaissance Office (NRO) in eine niedrige Erdumlaufbahn. Seitens des Auftraggebers wurde die Mission als NROL-149 bezeichnet. Es war der sechste von zunächst elf Starts für die so genannten Proliferated Architecture des US-Geheimdienstes. Die Starshield-Satelliten basieren auf der Starlink-Plattform von SpaceX. Die Nutzlast stammt aber von Northrop Grumman. Startort war die Space Force Basis…

17. Dezember 2024 – SpaceX startet zwei Kommunikationssatelliten für SES – Beim dritten Start von SpaceX innerhalb von nur 20 Stunden brachte das Unternehmen die beiden Kommunikationssatelliten O3b mPOWER 7 und 8 direkt eine mittelhohe Erdumlaufbahn. Die Mission begann an der historischen Startanlage 39A des Kennedy Space Centers in Florida. Als Träger wurde eine Rakete des Typs Falcon 9 eingesetzt. Es ist dies das vierte Paar von O3b mPOWER-Satelliten, das SpaceX in den Orbit bringt. Es war der 90. Orbitalstart von Cape Canaveral (einschließlich des Kennedy Space Centers) in 2024.

SPACEX

SPACE ONE

18. Dezember 2024 – Kairos scheitert auch beim zweiten Versuch – Die japanische Kleinträgerrakete Kairos von Space One steht unter einem unglücklichen Stern. Am 18. Dezember scheiterte auch der zweite Versuch, mit diesem Feststoffträger den Orbit zu erreichen. Die fünf Satelliten an Bord wurden dabei vernichtet. Einziger Lichtblick: Der Flug dauerte diesmal länger als beim ersten Versuch, bei dem die Rakete schon unmittelbar nach dem Abheben bereits in 100 Metern Höhe explodierte. Die Mission begann um 3:00 Uhr mitteleuropäischer Zeit am Kii-Spaceport...

19. Dezember 2024 – Ceres 1S unterstützt das Internet der Dinge – Eine chinesische Kleinträgerrakete des Typs Ceres 1S des privaten Raumfahrtunternehmens Galactic Energy startete am 19. Dezember von der schwimmenden Plattform Dongfanghang Tiangang im südchinesischen Meer in den Orbit. An Bord befanden sich die Satelliten Tiaqui 33-36, die für Aufgaben des Internet of Things bestimmt sind. Die Mission trug die Bezeichnung „Loong". Die Mission begann um 11:20 Uhr mitteleuropäischer Zeit. Die Satelliten wurden auf einer Umlaufbahn mit einem Perigäum von 836...

GALACTIC ENERGY.

20. Dezember 2024 – China startet Frühwarnsatelliten – Am 20. Dezember brachten die chinesischen Streitkräfte einen Frühwarnsatelliten mit der Bezeichnung TJS-12 in eine geostationäre Transferbahn. Die Mission begann am zentralchinesischen Raumfahrtzentrum Xichang. Als Träger wurde eine Rakete des Typs Langer Marsch 3B/E eingesetzt. Der Einsatz erfolgte nur 17 Tage nach dem Start von TJS-13, ebenfalls von Xichang aus, mit demselben Raketentyp. Die Mission begann um 16:12 Uhr mitteleuropäischer Zeit an der Startanlage 2 des Weltraumbahnhofs.

ARCHIV REICHL

21. Dezember 2024 – Bandwagon 2 bringt 30 Satelliten in den Orbit – Bei der zweiten Bandwagon-Mission brachte SpaceX am 21. Dezember 30 Mikro- und Nanosatelliten in eine Umlaufbahn mittlerer Inklination. Die Bandwagon-Missionen, die auf mittelhohe Bahnneigungen geschickt werden, ergänzen die Transporter-Missionen, von denen bislang zehn auf polare Erdumlaufbahnen gesendet wurden. Der aktuelle Start erfolgte von der Space Force Basis Vandenberg aus. Die Mission begann um 12:34 Uhr mitteleuropäischer Zeit von der Startanlage 4E des Weltraumbahnhofs aus.

ROCKET LAB

21. Dezember 2024 – Electron bringt StriX-2 „Owl The Way Up" – 2024 stellte ein Rekordjahr für die Electron von Rocket Lab dar. Am 21. Dezember brachte der Startdienstleister für das japanische Unternehmen Synspective den Erdbeobachtungssatelliten StriX-2 auf eine sonnensynchrone polare Erdumlaufbahn. Der Rocket Lab-übliche Slogan für diesen Start lautete diesmal „Owl The Way Up". Es war der 14. Orbitalstart des Unternehmens in 2024 und – zählt man zwei suborbitale Einsätze von Wallops Island aus mit dazu – der 16. Einsatz einer Electron insgesamt in diesem Jahr.

ROCKET LAB

23. Dezember 2024 – SpaceX startet Starlink-Gruppe 12-2 – Auch die unmittelbar bevorstehenden Weihnachtsfeiertage hielten den lebhaften Flugbetrieb bei SpaceX nicht auf. Am 23. Dezember startete das Unternehmen von der historischen Startanlage 39A des Kennedy Space Centers aus die 21 Flugeinheiten starke Starlink-Gruppe 12-2 in eine niedrige Erdumlaufbahn. Darunter befanden sich erneut 13 „direct-to-cell-Satelliten". Es war die 415. Mission einer Falcon 9-Rakete in der Single-Stick-Version. Der Einsatz begann um 6:35 Uhr mitteleuropäischer Zeit und führte…

ROSKOSMOS

25. Dezember 2024 – Russland bringt Umweltbeobachtungssatelliten ins All – Die russische Raumfahrtagentur Roskosmos brachte am 25. Dezember den Erdbeobachtungssatelliten Resurs-P Nr. 5 in eine sonnensynchrone polare Erdumlaufbahn. Startort war das in Kasachstan gelegene russische Kosmodrom Baikonur. Als Träger wurde eine Rakete des Typs Sojus 2.1b eingesetzt. Es war der insgesamt 2000 Start einer Rakete der R-7-Familie seit dem Frühjahr 1957. Die Mission begann um 8:46 Uhr mitteleuropäischer Zeit an der Startanlage 31/6 des Weltraumbahnhofs. Die dritte Stufe setzte den…

27. Dezember 2024 – Letzte chinesische Mission des Jahres 2024 scheitert – Die letzte chinesische Orbitalmission des Jahres 2024 scheiterte, als eine Kinetica 1 von CAS Space aufgrund eines Versagens der dritten Stufe nicht den vorgesehenen Orbit erreichen konnte. Die elf teilweise sehr komplexen Nutzlasten an Bord gingen dabei verloren. Es war der sechste Start einer Rakete dieses Typs und der erste Fehlschlag. Die Mission begann um 2:03 Uhr mitteleuropäischer Zeit an der Startanlage 130 des Raumfahrtzentrums Jiuquan in Nordwestchina und verlief zunächst nach Plan.

29. Dezember 2024 – Starlink-Gruppe 11-3 startet von Vandenberg – Am 29. Dezember brachte SpaceX die 22 Einheiten starke Starlink-Gruppe 11-3 in eine niedrige Erdumlaufbahn. Der Lift-off erfolgte an der Startanlage 4 der Space Force Basis Vandenberg in Kalifornien. Für diesen Weltraumbahnhof war es der abschließende Orbitalstart des Jahres 2024. Der Einsatz begann um 2:58 Uhr mitteleuropäischer Zeit und führte auf einen Orbit mit einer Bahnneigung zum Äquator von 53 Grad. Das Perigäum der Absetzbahn betrug 272 Kilometer, das Apogäum lag bei 283 Kilometer.

29. Dezember 2024 – From one to many – MicroGEOs von Astranis – SpaceX brachte am 29. Dezember vier so genannte MicroGEO-Satelliten in eine supersynchrone geostationäre Transferbahn. Der Start erfolgte von der Cape Canaveral Space Force Station aus. Alle vier Satelliten wurden von der Astranis Space Technologies Corporation in San Francisco hergestellt und werden alle auch von diesem Unternehmen betrieben. Die Mission trug den Slogan „From one to many". Die Mission begann um 6:00 Uhr mitteleuropäischer Zeit an der Startanlage 40 des Weltraumbahnhofs.

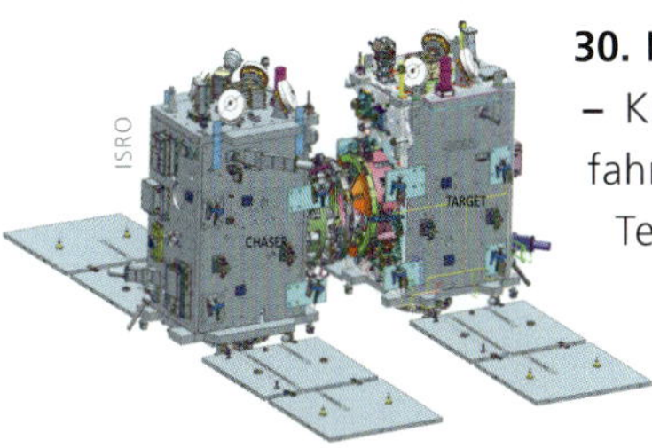

30. Dezember 2024 – Indien startet SpaDeX A und B – Kurz vor Jahresschluss brachte die indische Raumfahrtagentur ISRO eine aus zwei Satelliten bestehende Technologiemission mit der Bezeichnung SpaDeX (für Space Docking Experiment) in eine niedrige Erdumlaufbahn. Startort war das Satish Dhawan Raumfahrtzentrum auf der ostindischen Insel Shriharikota. Als Träger wurde eine Rakete des Typs PSLV CA eingesetzt, die kleinste Variante aus der PSLV-Familie. Die vierte Stufe der Trägerrakete war zusätzlich mit der POEM-4 Instrumentenplattform ausgerüstet,...

31. Dezember 2024 – SpaceX führt den letzten Start des Jahres 2024 durch – Die letzte Orbitalmission des Jahres 2024 führte SpaceX durch. Dabei brachte eine Trägerrakete des Typs Falcon 9 die 21 Einheiten starke Starlink-Gruppe 12-6 in eine niedrige Erdumlaufbahn. Startort war die historische Startanlage 39A des Kennedy Space Centers. Die Ladung enthielt erneut 13 direct-to-cell-Satelliten. Insgesamt wurden 2025 258 Orbital- und Sondenstarts durchgeführt, was einen neuen Rekord darstellt. Der Liftoff erfolgte um 6:39 Uhr mitteleuropäischer Zeit. Die Flugbahn führte auf...

04. Januar 2025 – SpaceX eröffnet das Raumfahrtjahr 2025 – Die letzte Orbitalmission des vergangenen Jahres führte SpaceX durch und die erste des neuen Jahres ebenso. Dabei brachte eine Trägerrakete des Typs Falcon 9 am 4. Januar einen Kommunikationssatelliten für den Mobilfunk-Anbieter Thuraya in einen supersynchronen geostationären Transferorbit. Startort war die Cape Canaveral Space Force Station. Die Mission begann um 2:27 Uhr mitteleuropäischer Zeit an der Startanlage 40 des Weltraumbahnhofs. Die Flugbahn führte mit zwei Brennmanövern der zweiten…

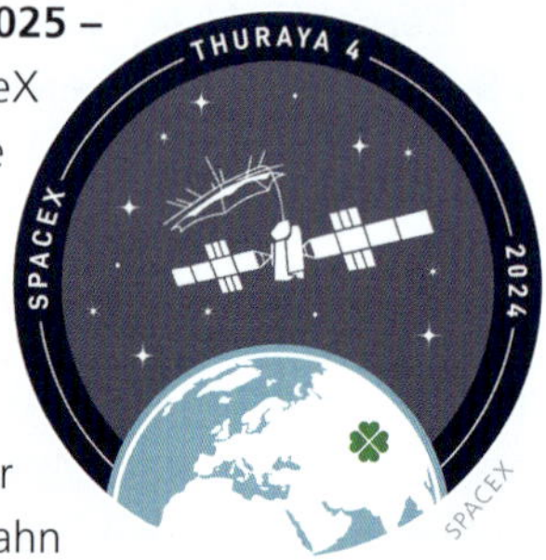

06. Januar 2025 – China beginnt das Raumfahrtjahr 2025 mit Shijian 25 – Beim ersten Start des Jahres 2025 in China brachte das Land am 6. Januar eine neue Einheit der Technologiesatelliten der Shijian-Serie auf eine geostationäre Transferbahn. Die Mission begann am 6. Januar und nahm am Weltraumbahnhof Xichang ihren Anfang. Als Träger wurde eine Rakete des Typs Langer Marsch 3B/E verwendet. Der Liftoff erfolgte um 21:00 Uhr mitteleuropäischer Zeit an der Startanlage 3 des Raumfahrtzentrums und führte auf einen Orbit mit einem Perigäum in etwa 190 Kilometern Höhe…

06. Januar 2025 – SpaceX startet Starlink-Gruppe 6-71 – Das Jahr ist sechs Tage alt und SpaceX nimmt seine schier unendliche Reihe von Starlink-Starts wieder auf. Am 6. Januar brachte das Unternehmen mit einer Trägerrakete des Typs Falcon 9 die 24 Einheiten starke Starlink-Gruppe 6-71 in eine niedrige Erdumlaufbahn. Der Startort war erneut die Anlage 40 der Cape Canaveral Space Force Station. Der Liftoff erfolgte um 21:43 Uhr mitteleuropäischer Zeit. Die Mission führte – wie immer bei den Satelliten der Gruppe 6 – auf eine Bahnneigung von 43 Grad.

08. Januar 2025 – SpaceX startet Starlink-Gruppe 12-11 – Am 8. Januar brachte SpaceX mit einer Trägerrakete des Typs Falcon 9 die 21 Einheiten starke Starlink-Gruppe 12-11 in eine niedrige Erdumlaufbahn. Der Startort war die Anlage 39A des Kennedy Space Centers. Dabei handelte es sich um eine Mischung aus regulären Starlink-Satelliten und der etwas größeren Direct-to-Cell-Variante. Der Liftoff erfolgte um 16:27 Uhr mitteleuropäischer Zeit. Die Mission führte – wie immer bei den Satelliten der Gruppe 12 – auf eine Bahnneigung von 43 Grad. Der Absetzorbit wies ein Perigäum von 272 Kilometern und...

10. Januar 2024 – SpaceX bringt 21 Starshields für den US-Geheimdienst ins All – Am 10. Januar brachte SpaceX mit einer Trägerrakete des Typs Falcon 9 21 Satelliten der so genannten Proliferated Architecture des National Reconnaissance Office (NRO) in eine niedrige Erdumlaufbahn. Es ist dies die siebte von insgesamt elf Missionen. Beim NRO firmiert dieser Einsatz als NROL-153, die Satelliten werden als USA 463 – USA 483 bezeichnet. Der Start erfolgte von der Space Force Basis Vandenberg aus. Die Mission begann um 4:53 Uhr mitteleuropäischer Zeit an der Startanlage 4 des...

10. Januar 2025 – Rekord für Booster 1067 – Am 10. Januar brachte SpaceX mit einer Trägerrakete des Typs Falcon 9 die 21 Einheiten starke Starlink-Gruppe 12-12 in eine niedrige Erdumlaufbahn. Der Startort war die Anlage 40 der Cape Canaveral Space Force Station. Erneut handelte es sich um eine Mischung aus regulären Starlink-Satelliten und 13 der etwas größeren Direct-to-Cell-Variante. Für die Boosterflotte von SpaceX gab es einen neuen Rekord, denn die Einheit 1067 wurde bei diesem Flug zum 25. Mal verwendet. Der Liftoff erfolgte um 20:11 Uhr mitteleuropäischer Zeit.

13. Januar 2024 – Jielong 3 startet von Meeresplattform – Eine Trägerrakete des Typs Jielong 3 von China Rocket, einer Tochtergesellschaft der staatlichen CASC, brachte am 13. Januar zehn Navigationssatelliten in eine niedrige Erdumlaufbahn. Bei den Raumfahrzeugen handelt es sich um Centispace-1 S7-S16. Die vierstufige Feststoffrakete führte ihre fünfte Mission durch, die alle erfolgreich verliefen. Startort war die Barke Dongfanghang Tiangang, die drei Kilometer vor der Stadt Rizhao im Gelben Meer vor Anker lag. Der Liftoff erfolgte um 4:00 Uhr mitteleuropäischer Zeit.

SPACEX

13. Januar 2025 – SpaceX startet Starlink-Gruppe 12-4 – Am 13. Januar brachte SpaceX mit einer Trägerrakete des Typs Falcon 9 die 21 Einheiten starke Starlink-Gruppe 12-4 in eine niedrige Erdumlaufbahn. Startort war die Anlage 40 der Cape Canaveral Space Force Station. Erneut handelte es sich um eine Mischung aus regulären Starlink-Satelliten und 13 der etwas größeren Direct-to-Cell-Variante. Der Liftoff erfolgte um 17:47 Uhr mitteleuropäischer Zeit. Die Mission führte – wie immer bei den Satelliten der Gruppe 12 – auf eine Bahnneigung zum Äquator von 43 Grad.

14. Januar 2024 – Transporter 12 bringt 131 Satelliten in den Orbit – Bei der insgesamt schon zwölften Transporter-Mission von SpaceX brachte am 14. Januar eine Trägerrakete des Typs Falcon 9 131 Kleinsatelliten in eine sonnensynchrone polare Erdumlaufbahn. Startort war die Space Force Basis Vandenberg in Kalifornien. Bei dieser Art von Einsätzen handelt es sich um Rideshare-Flüge, bei denen sich viele Nutzlasten aus Kostengründen eine einzelne Trägerrakete teilen und so zu sehr niedrigen Preisen in den Orbit transportiert werden können. SpaceX führt derzeit vier Missionen dieser…

SPACEX

15. Januar 2025 – Mit Falcon 9 zweimal zum Mond – SpaceX schaffte am 15. Januar erneut ein Raumfahrt-Novum: Transport von zwei Mondlandern auf eine lunare Transferbahn mittels einer einzelnen Trägerrakete. Bei den beiden Raumfahrzeugen handelt es sich um den Blue Ghost von Firefly aus den USA und den japanischen Lander RESILIANCE von iSpace. Startort war – einem Mondflug angemessen – die historische Startanlage 39A des Kennedy Space Centers. Es war im Übrigen der 100. Start, den SpaceX von dieser Anlage aus durchgeführt hatte.

SPACEX

BLUE ORIGIN.

16. Januar 2025 – New Glenn: Erstflug erfolgreich – Landung missglückt – Die derzeit drittgrößte Trägerrakete der Welt, die New Glenn von Blue Origin, absolvierte am 16. Januar einen weitgehend erfolgreichen Erstflug. Die Mission begann an der Startanlage 36 der Cape Canaveral Space Force Station. Die Nutzlast, ein Prototyp der Blue Ring Space Platform, wurde erfolgreich im vorgesehenen Orbit abgesetzt. Die geplante Landung der Erststufe auf dem Bergungsschiff Jacklyn misslang allerdings. Die Mission diente auch als erster von zwei Demonstrationsflügen für das National…

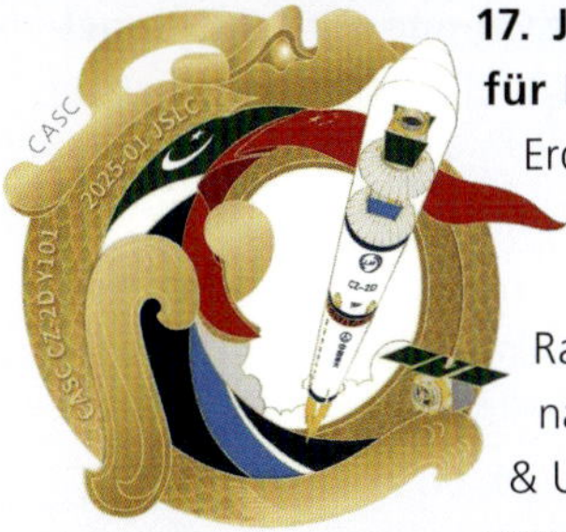

17. Januar 2024 – China startet Erdbeobachtungssatelliten für Pakistan – China brachte am 17. Januar den pakistanischen Erdbeobachtungssatelliten PRSC-E01 (auch als PAK-E01 oder KAUKAB EO-1 bezeichnet) in eine sonnensynchrone polare Erdumlaufbahn. Der Einsatz begann am nordchinesischen Raumfahrtzentrum Jiuquan. Auftraggeber der Mission war die nationale pakistanische Weltraumagentur SUPARCO (für: Space & Upper Atmosphere Research Commission). Als Träger wurde eine Rakete des Typs Langer Marsch 2D eingesetzt. Mit an Bord der Rakete waren noch der Atmosphärenforschungssatellit…

20. Januar 2024 – Ceres-1 bringt fünf Satelliten ins All – Eine feststoffbetriebene Kleinträgerrakete des Typs Ceres-1 vom privaten chinesischen Startdienstleister Galactic Energy brachte am 20. Januar fünf Mikrosatelliten in eine sonnensynchrone polare Erdumlaufbahn. Vier der Einheiten stammen vom Changchun Institute of Optics, Fine Mechanics and Physics (kurz: CIOMP), einer Ausgründung der staatlichen chinesischen Akademie der Wissenschaften (kurz: CAS). Der fünfte Satellit stammt von der privaten Suzhou Jitian Xingzhou Space Technology Co., Ltd.

21. Januar 2024 – Zweimal Starshield und 21 Starlinks – SpaceX brachte am 21. Januar eine gemischte Ladung aus Starshield- und Starlink-Satelliten in eine niedrige Erdumlaufbahn. Bei den Starlinks handelte es sich um die 21 Einheiten starke Gruppe 13-1, die beiden Starshield-Satelliten für das National Reconnaissance Office (NRO) firmierten unter der Bezeichnung NROL-126. Startort war das Kennedy Space Center. Die Mission begann um 6:24 Uhr an der historischen Startanlage 39A und führte auf eine Bahnneigung von 43 Grad. Der Absetzorbit der 21 Starlinks…

21. Januar 2025 – SpaceX startet Starlink-Gruppe 11-8 – Am 21. Januar brachte SpaceX mit einer Trägerrakete des Typs Falcon 9 die 27 Einheiten starke Starlink-Gruppe 11-8 in eine niedrige Erdumlaufbahn. Startort war die Vandenberg Space Force Base. Üblich waren bisher 23 – 24 Starlinks pro Start. Eine Designänderung bei den Satelliten führte zu einer Masseneinsparung. Somit können nun mehr Satelliten der Starlink V2 Mini-Serie in den Orbit transportiert werden. Der Liftoff erfolgte um 16:45 Uhr mitteleuropäischer Zeit. Die Mission führte, wie immer…

23. Januar 2025 – China startet vierte Gruppe der 1.000-Segel-Konstellation – Beim vierten Start für die so genannte 1.000-Segel-Konstellation der Shanghai Spacecom Satellite Technology (chinesisch: Qianfan) brachte eine Trägerrakete des Typs Langer Marsch 6A weitere 18 Einheiten in einen niedrigen polaren Erdorbit. Die Mission begann am nordchinesischen Raumfahrtzentrum Taiyuan. Die bisherigen Starts fanden im Abstand von sechs bis acht Wochen statt. Der Liftoff erfolgte um 6:15 Uhr mitteleuropäischer Zeit an der Startanlage 9A des Weltraumbahnhofs. Genaue Bahndaten liegen nicht vor,...

23. Januar 2025 – China startet dritten TJS-Satelliten innerhalb von fünf Wochen – Irgendetwas Unbekanntes geht vor in der chinesischen Raumfahrt. Zum dritten Mal innerhalb von nur fünf Wochen startete das Land einen Satelliten der TJS-Serie in eine geostationäre Transferbahn. Diese Einheiten, über deren Einsatzzweck man nur Vermutungen anstellen kann, starten ansonsten in wesentlich längeren Zeitabständen. Wie immer bei diesen Missionen kam auch dieses Mal eine Trägerrakete des Typs Langer Marsch 3B/G2 zum Einsatz und wie immer erfolgte der Start von Raumfahrtzentrum Xichang in Zentralchina aus.

24. Januar 2025 – SpaceX startet Starlink-Gruppe 11-6 – Am 24. Januar brachte SpaceX mit einer Trägerrakete des Typs Falcon 9 die 23 Einheiten starke Starlink-Gruppe 11-6 in eine niedrige Erdumlaufbahn. Startort war die Vandenberg Space Force Base. Die Mission brachte zwei neue Rekorde für SpaceX. Zum einen für die schnellste „turn-around-Zeit" an der Startanlage 4E mit zwei Tagen, 22 Stunden und 21 Minuten seit dem Liftoff der vorausgegangenen Mission, und zum anderen für das Bergungsschiff Of Course I Still Love You, das genauso lange brauchte,...

27. Januar 2025 – SpaceX startet Starlink-Gruppe 12-7 – Am 27. Januar brachte SpaceX mit einer Trägerrakete des Typs Falcon 9 die 21 Einheiten starke Starlink-Gruppe 12-7 in eine niedrige Erdumlaufbahn. Startort war die Cape Canaveral Space Force Station. Bei 13 der Satelliten an Bord der Rakete handelte es sich wieder um „Direct-to-Cell-Einheiten". Es war bereits der zwölfte Start von SpaceX im laufenden Jahr. Das Unternehmen geht davon aus, dass es im Jahr 2025 zwischen 160 und 180 Starts mit Falcon-9- und Falcon-Heavy-Raketen durchführen könnte,...

29. Januar 2025 – Indien bringt Navigationssatelliten ins All – Die indische Raumfahrtagentur ISRO brachte am 29. Januar den Navigationssatelliten IRNSS-1K (für: Indian Regional Navigation Satellite System, also das nationale indische regionale Satellitennavigationssystem), auch als NVS-02 bezeichnet, auf eine geostationäre Transferbahn. Als Träger wurde eine Rakete des Typs GSLV Mark II eingesetzt. Startort war das Satish Dhawan-Raumfahrtzentrum auf der Insel Sriharikota in Ostindien. Die Mission war der 100. Orbitalstart von dieser Anlage aus.

30. Januar 2025 – Booster 1073 wird für SpainSat NG1 verbraucht – Am 30. Januar erfolgte eine der sehr seltenen SpaceX-Missionen, bei denen ein Falcon 9-Booster im Verbrauchsmodus geflogen wurde. Notwendig wurde das beim Start von SpainSat NG1, einem massiven militärischen Kommunikationssatelliten, den der spanische Telecom-Dienstleister Hisdesat betreiben wird. Die Mission begann an der historischen Startanlage 39A des Kennedy Space Centers und führte in einen supersynchronen Erdorbit.

02. Februar 2025 – SpaceX startet Starlink-Gruppe 11-4 – Am 2. Februar brachte SpaceX mit einer Trägerrakete des Typs Falcon 9 die 22 Einheiten starke Starlink-Gruppe 11-4 in eine niedrige Erdumlaufbahn. Startort war die Anlage 4E der Vandenberg Space Force Base. Starlink verfügt in der Zwischenzeit über mehr 4,6 Millionen User weltweit in 118 Ländern der Erde. SpaceX hat nunmehr 7.800 Starlink-Satelliten gestartet, davon sind mehr als 3.000 vom neueren V2-Mini-Format. 6242 Satelliten befinden sich entweder in ihrem Arbeitsorbit oder auf dem Weg dahin,...

02. Februar 2025 – Japans H3 bringt Navigationssatelliten in den Orbit – Eine japanische Trägerrakete des Typs H3-22S brachte am 2. Februar die sechste Einheit des Quasi-Zenith Satellite Systems (kurz: QZSS) in eine geostationäre Transferbahn. Wie es der Name schon zum Ausdruck bringt, stehen die Satelliten dieses Systems quasi im Zenith über Japan auf einer inklinierten geosynchronen Bahn. Dies hat den Vorteil, dass auch in den steilen Gebirgstälern Japans und in den Häuserschluchten der japanischen Großstädte eine zentimetergenaue Navigation möglich ist.

04. Februar 2025 – SpaceX startet Starlink-Gruppe 12-3 – Am 4. Februar brachte SpaceX mit einer Trägerrakete des Typs Falcon 9 die 21 Einheiten starke Starlink-Gruppe 12-3 in eine niedrige Erdumlaufbahn. Startort war die Cape Canaveral Space Force Station. Bei 13 der Satelliten an Bord der Rakete handelte es sich wieder um „Direct-to-Cell-Einheiten". Trotz der etwas irritierenden Nummerierung ist dies bereits der achte Starlink-Start in die zwölfte Schicht der Starlink-Konstellation. Der Start erfolgte in dichtem Nebel, einer für Cape Canaveral eher untypischen Wetterlage.

05. Februar 2025 – WorldView Legion 5 und 6 beobachten die Erde – SpaceX brachte am 5. Februar zwei optische Erdbeobachtungssatelliten von Maxar in den Orbit. Der Start erfolgte von der historischen Anlage 39A des Kennedy Space Centers aus. Es war die insgesamt 450. Mission, die SpaceX in seiner Firmengeschichte durchgeführt hatte. Wieder erfolgte der Start, wie schon gestern bei der Starlink 12-3-Mission, in dichtem Bodennebel. Die Mission begann um 0:13 Uhr mitteleuropäischer Zeit. Die beiden Satelliten wurden auf unterschiedlichen Umlaufbahnen abgesetzt,…

05. Februar 2025 – Russland startet vier Militärsatelliten – Beim ersten russischen Orbitalstart des laufenden Jahres brachte eine Trägerrakete des Typs Sojus 2.1v Volga vier kleine Militärsatelliten in eine niedrige Erdumlaufbahn. Nur eine Einheit konnte bislang identifiziert werden. Bei dieser handelt es sich um Nivelir-L Nr. 5, der wahrscheinlich ein Inspektor-Satellit ist. Nach ihrer erfolgreichen Ankunft im Orbit bekamen die vier Einheiten die militärischen Zählnummer Kosmos 2581 bis 2584. Für die Sojus 2.1v war es möglicherweise die letzte Mission,…

08. Februar 2025 – SpaceX startet Starlink-Gruppe 12-9 – Am 8. Februar brachte SpaceX mit einer Trägerrakete des Typs Falcon 9 die 21 Einheiten starke Starlink-Gruppe 12-9 in eine niedrige Erdumlaufbahn. Startort war die Cape Canaveral Space Force Station. Bei 13 der Satelliten an Bord der Rakete handelte es sich wieder um „Direct-to-Cell-Einheiten". Der Liftoff erfolgte um 20:18 Uhr mitteleuropäischer Zeit an der Startanlage 40 des Weltraumbahnhofs. Die Mission führte auf eine Bahnneigung zum Äquator von 43 Grad. Der Absetzorbit wies ein Perigäum von…

08. Februar 2025 – IoT for You and Me – Am 8. Februar brachte vom neuseeländischen Startplatz Mahia aus eine Kleinträgerrakete des Typs Rocket Lab Electron weitere fünf Kleinsatelliten der französischen Kinéis – Konstellation in eine polare sonnensynchrone Erdumlaufbahn. Es waren dies die Flugeinheiten 16 -20 der Konstellation. Wie immer bei Rocket Lab bekam die Mission einen Slogan, der dieses Mal „IoT for You and Me" lautete. Die Mission begann um 21:43 Uhr mitteleuropäischer Zeit an der Startanlage 1A des kleinen privaten…

11. Februar 2025 – SpaceX startet Starlink-Gruppe 11-10 – Am 11. Februar brachte SpaceX mit einer Trägerrakete des Typs Falcon 9 die 22 Einheiten starke Starlink-Gruppe 11-10 in eine niedrige Erdumlaufbahn. Startort war die Anlage 4E der Vandenberg Space Force Base. Zum Stand 1. Februar befinden sich damit 6957 einsatzfähige Starlink-Satelliten im Orbit. 7843 Einheiten wurden bislang insgesamt gestartet, darunter 426 mit so genannten Direct-to-cell-capabilities, mit denen direkt und ohne ein Terminal kommuniziert werden kann, wenngleich bei begrenztem Datenumfang.

11. Februar 2025 – Jungfernflug der Langer Marsch 8A erfolgreich – Der Jungfernflug der Langer Marsch 8A verlief am 11. Februar erfolgreich. Diese Variante der Langer Marsch 8 ist mit einer gegenüber der Basisversion verstärkten zweiten Stufe ausgerüstet. Bei diesem Einsatz brachte der Träger neun Einheiten der Hulianwang Digui-Konstellation (auch als SatNet LEO bezeichnet) in eine sonnensynchrone polare Erdumlaufbahn. Startort war das Raumfahrtzentrum Wenchang am Gelben Meer. Die Mission begann um 10:30 Uhr mitteleuropäischer Zeit an der Startanlage 2 (auch als…Anlage 201 bekannt) des Raumfahrtzentrums.

11. Februar 2025 – SpaceX startet Starlink-Gruppe 12-18 – Am 11. Februar brachte SpaceX mit einer Trägerrakete des Typs Falcon 9 die 21 Einheiten starke Starlink-Gruppe 12-18 in eine niedrige Erdumlaufbahn. Startort war die Cape Canaveral Space Force Station. Bei 13 der Satelliten an Bord der Rakete handelte es sich wieder um „Direct-to-Cell-Einheiten". Der Liftoff erfolgte um 20:18 Uhr mitteleuropäischer Zeit an der Startanlage 40 des Weltraumbahnhofs. Die Mission führte auf eine Bahnneigung zum Äquator von 43 Grad. Der Absetzorbit wies ein Perigäum…

15. Februar 2025 – Booster 1067 fliegt zum 26. Mal – Die Starlink-Mission 12-8 am 15. Februar brachte wieder einen bemerkenswerten Rekord für SpaceX. Zum ersten Mal flog ein Falcon 9-Booster einen 26. Einsatz. Man erinnere sich: SpaceX war vor etwa zehn Jahren mit dem Ziel angetreten, die Erststufen ihrer Standard-Trägerrakete bis zu zehnmal wiederverwendbar zu machen, ein Ziel, für das sie von weiten Teilen der Raumfahrtindustrie verlacht wurden. Inzwischen gilt bei SpaceX ein Booster mit dieser Missionszahl fast noch als neu.

19. Februar 2025 – Fasten your Space Belts – Am 19. Februar brachte eine Kleinträgerrakete des Typs Rocket Lab Electron vom neuseeländischen Startplatz Mahia aus den Erdbeobachtungssatelliten Black Sky 20 des US-Unternehmens Spaceflight Industries in eine niedrige Erdumlaufbahn. Es war – die Bezeichnung drückt es schon aus – die Flugeinheit Nummer 20 der Konstellation. Wie immer bei Rocket Lab bekam auch diese Mission einen Slogan, der dieses Mal „Fasten your Space Belts" lautete. Es war der insgesamt 60. Einsatz…

19. Februar 2025 – Landung in den Bahamas – Die Starlink-Mission 10-12 am 19. Februar brachte erneut eine bemerkenswerte Erstleistung für SpaceX. Bei dieser Mission flog ein Falcon 9-Booster zum ersten Mal quasi von einem Land zu einem anderen Land. Dies wurde dadurch bewerkstelligt, dass die Erststufe B1080 innerhalb der Hoheitsgewässer der Bahamas, inmitten der Inselgruppe, auf dem Bergungsschiff Just Read The Instructions landete. Die Mission begann nur vier Minuten nach dem Start einer Electron von Rocket Lab auf der anderen Seite des Globus.

21. Februar 2025 – SpaceX startet Starlink 12-14 – SpaceX brachte am 21. Februar die 23 Einheiten umfassende Starlink-Gruppe 12-14 in eine niedrige Erdumlaufbahn. Startort war die Cape Canaveral Space Force Station. Es war die insgesamt 450. Mission einer Falcon 9 oder Falcon Heavy. In dieser Zahl ist auch der legendäre Amos 6-Fehlschlag des Jahres 2016 mit beinhaltet, bei dem die Rakete bei einem Test zwei Tage vor dem Start explodierte. Wie häufig bei Starts der Gruppe 12 waren auch dieses Mal 13 der so genannten Direct-to-Cell-satellites mit an Bord.

23. Februar 2025 – Ersatz für Chinasat 10 im Orbit – Die chinesische Raumfahrtagentur brachte am 22. Februar im Auftrag von China Satcom den Kommunikationssatelliten Chinasat 10R (auch: Zhongxing 10R oder ZX 10R) in eine geostationäre Transferbahn. Als Träger wurde eine Rakete des Typs Langer Marsch 3B/E verwendet. Startort war das zentralchinesische Raumfahrtzentrum Xichang. Chinasat 10R (R für Replacement) soll Chinasat 10 ersetzen, der im Juni 2011 ebenfalls von Xichang aus mit einer Rakete gleichen Typs in den Orbit befördert worden war.

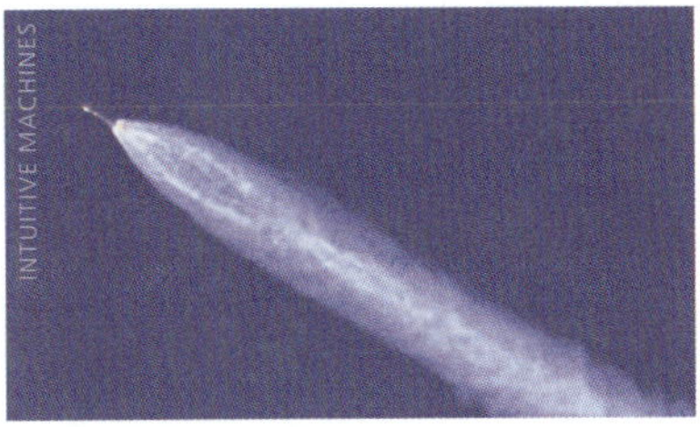

23. Februar 2025 – SpaceX startet Starlink-Gruppe 15-1 – Am 23. Februar brachte SpaceX mit einer Trägerrakete des Typs Falcon 9 die 22 Einheiten starke Starlink-Gruppe 15-1 in eine niedrige Erdumlaufbahn. Startort war die Anlage 4E der Vandenberg Space Force Base. Mit dieser Mission wurde die Zahl von 8000 gestarteten Starlink-Satelliten überschritten. 7078 davon befinden sich noch im Orbit. Die Starlink-Gruppe 15 scheint die Satelliten der Gruppe 2 zu ersetzen, die ab September 2021 bis Mai 2023 gestartet wurden. 12 Einheiten aus der 408 Einheiten…

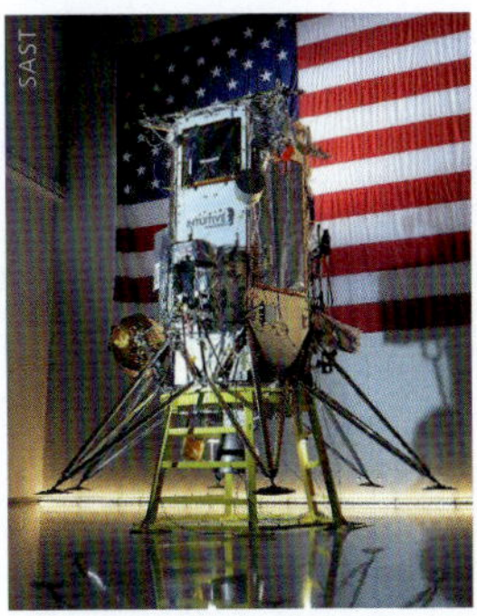

27. Februar 2024 – SpaceX schickt Athena zum Mond – SpaceX brachte am 27. Februar eine ganze Packung lunarer und heliozentrischer Nutzlasten auf den Weg zu ihren Zielorten. Hauptnutzlast dabei war der zweite Nova-C-Lander von Intuitive Machines mit der Bezeichnung IM-2 Athena, der mit drei Rovern und einem Hopper bestückt ist. Es war die dritte Mondsonde, die SpaceX in diesem Jahr bereits gestartet hat. Ziel des IM2-Landers ist der lunare Südpol in der Gegend des Kraters Shackleton. Die Mission begann um 1:16 Uhr mitteleuropäischer Zeit an der…

27. Februar 2025 – SpaceX startet Starlink-Gruppe 12-13 – Am 27. Februar brachte SpaceX mit einer Trägerrakete des Typs Falcon 9 die 21 Einheiten starke Starlink-Gruppe 12-18 in eine niedrige Erdumlaufbahn. Startort war die Cape Canaveral Space Force Station. Bei 13 der Satelliten an Bord der Rakete handelte es sich wieder um „Direct-to-Cell-Einheiten". Der Liftoff erfolgte um 4:34 Uhr mitteleuropäischer Zeit an der Startanlage 40 des Weltraumbahnhofs. Die Mission führte auf eine Bahnneigung zum Äquator von 43 Grad. Der Absetzorbit wies ein…

27. Februar 2025 – Zwei neue SuperView Neos im Orbit – China brachte am 27. Februar zwei neue Erdbeobachtungssatelliten der SuperView-Serie (chinesisch: Siwei Gaojing) in eine sonnensynchrone polare Erdumlaufbahn. Die beiden Raumfahrzeuge tragen die Bezeichnungen SuperView Neo 1-03 und 1-04. Startort war das nordchinesische Raumfahrtzentrum Jiuquan. Als Träger wurde eine Rakete des Typs Langer Marsch 2C eingesetzt. Die Mission begann um 8:08 Uhr an der Rampe 2 der Startanlage 4. Genaue Bahndaten sind nicht bekannt, doch dürften die beiden Satelliten auf einer…

27. Februar 2025 – Progress MS-30 bringt Nachschub zur ISS – Die russische Raumfahrtagentur Roskosmos brachte am 27. Februar ein unbemanntes Nachschubraumschiff auf den Weg zur Internationalen Raumstation. Das Vehikel mit der Bezeichnung Progress MS-30 startete vom russischen – aber in Kasachstan gelegenen – Weltraumbahnhof Baikonur aus in den Orbit. Als Träger wurde eine Rakete des Typs Sojus 2.1a verwendet. Der Start von der Anlage 31/6 erfolgte um 22:24 Uhr mitteleuropäischer Zeit. Das Raumfahrzeug legte zwei Tage nach dem Liftoff am 2. März um 0:02 Uhr…

01. März 2025 – Kuaizhou 1A beim Liftoff explodiert? – Ein Startversager dessen Hergang auch eine Woche nach dem Ereignis nicht geklärt ist, ereignete sich am 1. März in Jiuquan, als eine feststoffbetriebene Kleinträgerrakete des Typs Kuaizhou 1A entweder unmittelbar vor dem Start, im Moment der Triebwerkszündung, oder nur wenige Sekunden danach explodierte oder zumindest schwer beschädigt wurde. Es gibt zu dem Vorfall weder offizielle Stellungnahmen, noch gibt es Bilder davon. Die Hinweise, dass das Ereignis stattgefunden hat stammen allesamt aus indirekten Quellen.

02. März 2025 – Russland bringt Glonass-System auf Sollstärke – Die russischen Streitkräfte brachten am 2. März einen neuen Navigationssatelliten der Glonass-Serie in eine mittelhohe Erdumlaufbahn. Das Raumfahrzeug trägt die Bezeichnung Glonass-K2 14L und wurde vom nordrussischen Kosmodrom Plessezk aus gestartet. Als Träger wurde eine Rakete des Typs Sojus 2.1b mit einer Fregat M-Oberstufe verwendet. Nach dem erfolgreichen Start bekam der Satellit zusätzlich die militärische Zählnummer Kosmos 2584. Die Mission begann um 23:22 Uhr mitteleuropäischer Zeit an der…

03. März 2025 – Start erfolgreich – Booster geht über Bord – SpaceX brachte am 3. März die 21 Einheiten umfassende Starlink-Gruppe 12-20 in eine niedrige Erdumlaufbahn. Trotz der Nummerierung ist dies allerdings erst die 15. Mission innerhalb dieser Serie. Startort war die Cape Canaveral Space Force Station. Wie häufig bei Starts der Gruppe 12 waren auch dieses Mal 13 der so genannten Direct-to-Cell-Satelliten mit an Bord. Die Mission verlief perfekt, einschließlich der Landung des Boosters auf dem Bergungsschiff. Danach entwickelte sich aber ein Feuer…

06. März 2025 – Erster Einsatzflug der Ariane 6 erfolgreich – Der erste Einsatzflug, und die zweite Mission überhaupt, der neuen europäischen Großträgerrakete Ariane 6 verlief erfolgreich. In der Version Ariane 62, ausgestattet mit zwei Feststoffboostern, brachte sie den französischen Militäraufklärer CSO-3 (für: Composante Spatiale Optique) in eine sonnensynchrone polare Erdumlaufbahn. Die Mission begann am Startkomplex 4 (ELA-4) des Guyana Space Center in Kourou. Der Erstflug der Ariane 6 – eine Testmission – war im Juli letzten Jahres erfolgt.

09. März 2025 – China startet erneut einen TJS-Satelliten – China brachte am 9. März erneut einen Satelliten der TJS-Serie auf eine geostationäre Transferbahn, die vierte Einheit dieser Reihe in den letzten zweieinhalb Monaten. In der Vergangenheit starten die Raumfahrzeuge dieser Bezeichnung in Abständen von etwa ein- bis eineinhalb Jahren. Als Träger wurde, wie stets für Satelliten dieser Art, eine Rakete des Typs Langer Marsch 3B/E eingesetzt. Die aktuelle TJS-Mission begann um 18:00 Uhr mitteleuropäischer Zeit an der Startanlage 3 des zentralchinesischen…

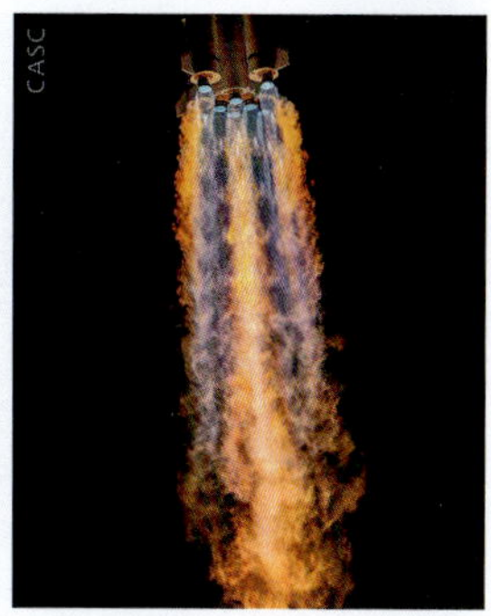

11. März 2025 – Langer Marsch 8 weiht neue Startanlage in Wenchang ein – Am 11. März brachte eine Trägerrakete des Typs Langer Marsch 8 18 Einheiten der Spacesail-Megakonstellation (chinesisch: Qianfan Jigui) in eine niedrige Erdumlaufbahn. Startort war das kommerzielle Raumfahrtzentrum Wenchang und dort die Startanlage 1, die damit ihren „Jungferneinsatz" erlebte. Im Gegensatz zu den nördlich davon – aber auf demselben Gelände – gelegenen institutionellen Startrampen in Wenchang werden die kommerziellen Anlagen von der Hainan International Commercial Aerospace Launch…

12. März 2025 – Falcon 9 im Dienst der Wissenschaft – Eine Trägerrakete des Typs Falcon 9 transportierte am 11. März insgesamt fünf Wissenschaftssatelliten in eine polare, sonnensynchrone Erdumlaufbahn. Sie brachte dabei das Infrarot-Teleskop SPEHREx (für: Spectro-Photometer for the History of the Universe, Epoch of Reionization and Ices Explorer) und vier Kleinsatelliten zur Erforschung der Sonnenphysik mit den Bezeichnungen Punch NFI, sowie Punch WFI-1, 2 und 3 ins All. Startort war die Space Force Basis Vandenberg in Kalifornien.

13. März 2025 – SpaceX startet Starlink-Gruppe 12-21 – Am 13. März brachte SpaceX mit einer Trägerrakete des Typs Falcon 9 die 21 Einheiten starke Starlink-Gruppe 12-21 in eine niedrige Erdumlaufbahn. Startort war die Cape Canaveral Space Force Station. Bei 13 der Satelliten an Bord der Rakete handelte es sich wieder um „Direct-to-Cell-Einheiten“. Der Liftoff erfolgte um 3:36 Uhr mitteleuropäischer Zeit an der Startanlage 40 des Weltraumbahnhofs. Die Mission führte auf eine Bahnneigung zum Äquator von 43 Grad. Der Absetzorbit wies ein Perigäum von 284...

15. März 2025 – SpaceX bringt Crew 10 auf den Weg zur ISS – Eine Trägerrakete des Typs Falcon 9 brachte am 15. März im Auftrag der NASA den Crew Dragon Endurance mit einer vierköpfigen Besatzung auf eine Transferbahn zur Internationalen Raumstation. Der Einsatz begann an der historischen Startanlage 39A des Kennedy Space Centers. Kommandantin der Mission ist die 45jährige Anne McClain, Pilotin des Raumfahrzeugs ist die 36jährige Nicole Ayers. Begleitet werden die beiden Amerikanerinnen vom 49jährigen japanischen Astronauten Takuya Onishi und dem russischen...

15. März 2025 – Die Herrschaft des Blitzgottes beginnt– Rocket Lab führte am 15. März mit QPS-SAR 9 den ersten einer Serie von acht Starts im Rahmen eines neuen Vertrages für den japanischen Hersteller iQPS (für: Institute for Q-shu Pioneers of Space, Inc.) durch. Sie werden Bestandteil einer zukünftig 36 Einheiten starken Konstellation von SAR-Radarsatelliten. Wie stets bei Rocket Lab bekam auch dieser Einsatz einen Slogan und der lautete „The Lightning God Reigns“. Die Mission der Electron-Kleinträgerrakete begann exakt um 1:00 Uhr...

15. März 2025 – Zweiter SuperView-Start innerhalb zwei Wochen – Bei der dritten Mission am 15. März brachte eine Rakete des Typs Langer Marsch 2D erneut einen Satelliten der SuperView Neo-Reihe in den Orbit. Es war dies der zweite Start mit Satelliten dieser Reihe innerhalb von nur 16 Tagen. Die Mission begann dabei erneut an der Startanlage 2 des nordchinesischen Raumfahrtzentrums in Jiuquan. Dieses Mal war noch ein Erdbeobachtungssatellit anderen Typs mit an Bord, der die Bezeichnung Tianyan-23 trägt. Der Liftoff erfolgte um 5:12 Uhr mitteleuropäischer Zeit.

15. März 2025 – Transporter 13 bringt Sammeltransport in den Orbit – Bei der vierten Orbitalmission des 15. März 2025 brachte eine Trägerrakete des Typs Falcon 9 von SpaceX im Rahmen der Mission Transporter 13 insgesamt 89 Satelliten (nach meiner Zählung) plus zwei so genannten „hosted" Nutzlasten in eine sonnensynchrone polare Erdumlaufbahn. Es ist die zweite so genannte Rideshare-Mission des laufenden Jahres, bei der sich viele kleine Einzelnutzlasten eine Trägerrakete teilen. Die Mission Transporter 12 war am 14. Januar gestartet worden. Üblicherweise schickt SpaceX...

15. März 2025 – SpaceX startet Starlink-Gruppe 12-16 – Und noch einen fünften Orbitalstart gab es am 15. März, denn an diesem Trag war SpaceX auch an der Ostküste aktiv und brachte von der Cape Canaveral Space Force Station aus mit einer Trägerrakete des Typs Falcon 9 die 23 Einheiten starke Starlink-Gruppe 12-16 in eine niedrige Erdumlaufbahn. Bei 13 der Satelliten an Bord der Rakete handelte es sich erneut um „Direct-to-Cell-Einheiten". Diese Mission stellte insofern einen weiteren neuen Rekord für SpaceX dar, als es der schnellste...

16. März 2025 – Angara transportiert drei Relaysatelliten in den Orbit – Eine russische Trägerrakete des Typs Angara 1.2 transportierte am 16. März drei Relaysatelliten der Strela-3M-Klasse in eine niedrige Erdumlaufbahn. Die Mission begann am nordrussischen Weltraumbahnhof Plessezk. Nach dem erfolgreichen Start erhielten die drei Einheiten die militärischen Zählnummern Kosmos 2585 – Kosmos 2587. Es war der vierte Einsatz einer Trägerrakete dieses Typs seit dem Erstflug im April 2022. Die Mission begann um 11:50 Uhr mitteleuropäischer Zeit an der Startanlage 35/1 des Kosmodroms.

17. März 2025 – Ceres singt Auld Lang Syne – Wie der private chinesischer Raketenentwickler und Startdienstleister Galactic Energy auf die Idee kommt, einer Mission für den Start von Satelliten zweier Konstellationen den Titel einer alten schottischen Volksweise als Slogan mitzugeben, erschließt sich mir leider nicht. Galactic Energy bezeichnete die Mission auf jeden Fall als „Auld Lang Syne" (das ein Abschiedslied ist). Weitere Informationen zu dieser eigenartigen Wahl waren nicht auszugraben. Als Träger der Mission vom 17. März wurde eine...

18. März 2025 – Electron startet nach drei Tagen erneut – Eine so kurze Abfolge von Flügen hintereinander hat es bei Rocket Lab bislang noch nicht gegeben. Nur drei Tagen nach der vorausgegangenen Mission startete am 18. März erneut eine Electron. Diesmal vom Startplatz 1A des privaten Raumflughafens des Unternehmens auf der Halbinsel Mahia in Neuseeland. An Bord befanden sich fünf Satelliten des französischen Unternehmens Kinéis. Wie stets bei Rocket Lab stand auch dieser Einsatz unter einem Motto, das diesmal „High Five" lautete.

18. März 2025 – SpaceX startet Starlink-Gruppe 12-25 – Am 18. März brachte SpaceX von der Cape Canaveral Space Force Station aus mit einer Trägerrakete des Typs Falcon 9 die 23 Einheiten starke Starlink-Gruppe 12-25 in eine niedrige Erdumlaufbahn. Bei 13 der Satelliten an Bord der Rakete handelte es sich erneut um „Direct-to-Cell-Einheiten". Gleichzeitig führte SpaceX mit dieser Mission die 420. erfolgreiche Booster-Landung durch. Der Liftoff erfolgte um 19:57 Uhr mitteleuropäischer Zeit an der Startanlage 40 des Weltraumbahnhofs.

18. März 2025 – Crew Dragon Freedom landet mit Butch und Suni – Der Ausdruck „Bilderbuchlandung" wird oft bemüht, aber in diesem Fall stimmt er. Mit einer absolut perfekten Wasserung endete am 18. März um 22:57 Uhr mitteleuropäischer Zeit die Mission des Crew Dragon C212 Freedom der Crew 9-Mission im (neuerdings so bezeichneten) Golf von America vor der Küste von Tallahassee. Das Raumfahrzeug kehrte mit dem NASA-Astronauten Nick Hague, dem Kommandanten Raumfahrzeugs, und dem Kosmonauten Alexander Gorbunow, dem Piloten der Mission, zurück.

21. März 2025 – NROL-57 bringt neuen Turnaround-Rekord – SpaceX brachte in den Morgenstunden (mitteleuropäischer Zeit) 15 Starshield-Satelliten für die so genannte Proliferated Architecture des National Reconnaissance Office (NRO) in eine niedrige Erdumlaufbahn. Startort war die Vandenberg Space Force Basis in Kalifornien. Der für diesen Start verwendete Booster, die Einheit B1088, hatte seinen zurückliegenden Einsatz erst vor neun Tagen durchgeführt. Damit wird der alte Rekord in Sachen „schnelle Wiederverwendung" um vier Tage unterboten.

21. März 2025 – Ceres erneut im Einsatz – Nur fünf Tage nach der vorausgegangenen Mission war Galactic Energy mit ihrer Kleinträgerrakete Ceres erneut im Einsatz. Der Trip in den Orbit erfolgte wieder von der Startanlage 95A am nordchinesischen Weltraumbahnhof Jiuquan. Auch diesmal trug die Mission einen Slogan, der diesmal etwas verständlicher war, als der vor fünf Tagen. Er hieß „Vernal Ascent", was man in etwa mit „Frühlingserwachen" übersetzen könnte und was auch irgendwie zum Tag des Frühlingsbeginns passt. Die Mission begann um 12:00 Uhr...

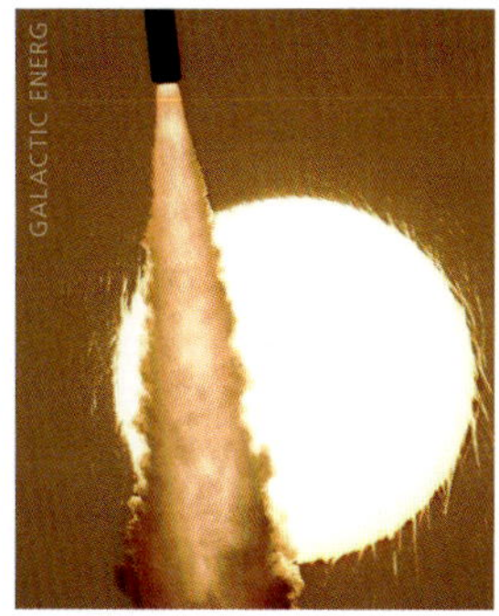

24. März 2025 – NROL-69 und ein Jubiläum für SpaceX – Am 24. März startete SpaceX die dritte Mission des laufenden Jahres für das National Reconnaissance Office (NRO) der USA. Der Einsatz trug die Bezeichnung NROL-69. Startort war die Cape Canaveral Space Force Station. Der 24. März stellt gleichzeitig ein Jubiläum für SpaceX dar, denn an diesem Tag vor 19 Jahren startete das Unternehmen auf dem Kwajalein-Atoll erstmals eine Orbitalrakete. Die Mission der Falcon 1 scheiterte damals schon nach wenigen Sekunden. Der Einsatz begann um 18:48 Uhr...

26. März 2025 – Rocket Lab Electron startet in Münchner Auftrag – Am 26. März wäre es gut gewesen, hätte es eine einsatzfähige deutsche oder zumindest europäische Kleinträgerrakete gegeben. An diesem Tag startete nämlich das US-neuseeländische Unternehmen Rocket Lab für die in München ansässige Orora Tech GmbH (Abkürzung für: Orbital Oracle Technologies GmbH) acht Kleinsatelliten. Die Durchführung des Starts wäre ein „perfect fit" für das ebenfalls in München beheimatete Unternehmen Isar Aerospace gewesen, das dieser Tage in Norwegen einen ersten orbitalen...

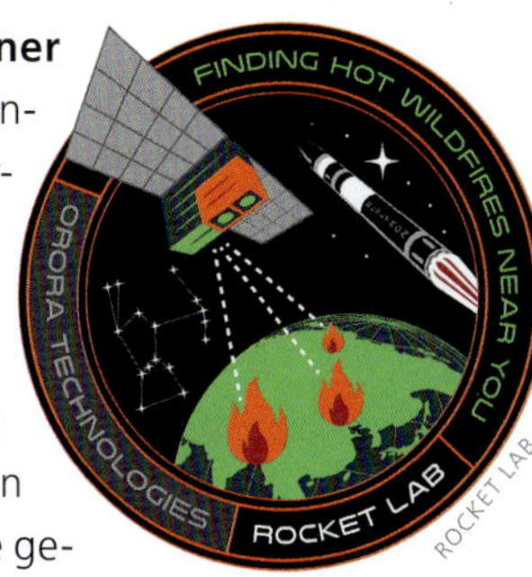

26. März 2025 – China bringt neuen Datenrelay-Satelliten in den Orbit – Die chinesische Raumfahrtagentur brachte am 26. März den vierten Satelliten der Tianlian-2-Serie in eine geostationäre Transferbahn. Als Träger wurde eine Rakete des Typs Langer Marsch 3B/E verwendet. Es war der fünfte Einsatz einer Trägerrakete dieses Typs im laufenden Jahre. Startort war das Raumfahrtzentrum Xichang in Zentralchina. Die Mission begann um 16:55 Uhr mitteleuropäischer Zeit an der Startanlage 2 des Weltraumbahnhofs. Bahndaten waren nicht zu erfahren, doch liegen sie bei Starts von...

26. März 2025 – SpaceX startet Starlink-Gruppe 11-7 – Am 26. März brachte SpaceX mit einer Trägerrakete des Typs Falcon 9 von der Space Force Basis Vandenberg aus die 27 Satelliten der Startlink-Gruppe 11-7 in eine niedrige Erdumlaufbahn. Es war dies die größte Anzahl an Starlinks der v2-Mini-Reihe, die bislang mit einer einzelnen Rakete gestartet wurden.

Offenbar ist es SpaceX gelungen, die Einheiten dieser Klasse um etwa 200 Kilogramm pro Satellit leichter zu machen. Die Mission begann um 23:00 Uhr mitteleuropäischer Zeit an der Startanlage...

29. März 2025 – Chinas TJS-16 im Orbit – Mit einer Trägerrakete des Typs Langer Marsch 7A brachte China am 29. März einen vermutlich militärischen geostationären Satelliten der TJS-Reihe in den Orbit. Startort war das Raumfahrtzentrum Wenchang am Gelben Meer. Es ist der fünfte Satellit dieser Reihe, der in den vergangenen vier Monaten gestartet wurde. Das ist eine ganz erheblich Häufung gegenüber der Startfrequenz der Vergangenheit von Einheiten dieser Serie. Bis dahin lag sie bei etwa einem Start pro Jahr. China bezeichnet die TJS-Satelliten als...

30. März 2025 – Kurze Premiere – Das war eine kurze Premiere, und alles Daumendrücken war vergebens. Die Spectrum-Rakete des Münchner Unternehmens Isar Aerospace folgte dem Schicksal von etwa 50 Prozent aller Orbitalträger, die ihren ersten Testflug unternehmen: Sie scheiterte bedauerlicherweise schon nach wenigen Flugsekunden. Die kleine Trägerrakete hob pünktlich um 13:30 Uhr mitteleuropäischer Zeit von der Startrampe im norwegischen Andøya ab. Aber schon ab der ersten Flugsekunde war klar, dass mit der Flugsteuerung etwas nicht stimmte.

31. März 2025 – SpaceX startet Starlink-Gruppe 6-80 – Am 31. März brachte SpaceX von der Cape Canaveral Space Force Station aus mit einer Trägerrakete des Typs Falcon 9 die Starlink-Gruppe 6-80 in eine niedrige Erdumlaufbahn. Mit dieser Mission wurde erneut eine größere Anzahl von Starlink v2-Mini-Satelliten als üblich in den erdnahen Erdorbit befördert. Es waren dieses Mal 28 Einheiten statt der sonst üblichen 21 – 23 Stück. Ein weiterer Hinweis darauf, dass es SpaceX gelungen ist, eine deutliche Gewichtsersparnis für diese Satelliten zu erreichen und dass diese leichteren Satelliten künftig der neue Standard sein werden.

01. April 2025 – Rabea Rogge fliegt mit Fram2 über die Pole – Die erste deutsche Frau im Weltraum heißt Rabea Rogge und das kam für viele doch recht unerwartet, wie ich den überraschten Kommentaren in meinem Umfeld entnehme. Dabei wurden die Vorbereitungen auf diese Mission seit gut einem halben Jahr öffentlich und vor aller Augen durchgeführt. Das Training der vierköpfigen Crew für die als Fram2 bezeichnete Mission hatte sogar noch einmal ein halbes Jahr früher begonnen. Mit Rogges Flug wurden die langdauernden Bemühungen, endlich – nach elf männlichen…

01. April 2025 – China erweitert Guowang-Konstellation – China brachte am 1. April weitere vier Einheiten der Guowang-Internet-Konstellation in einen niedrigen Erdorbit. Startort war der nordchinesische Weltraumbahnhof Jiuquan. Als Träger wurde eine Rakete des Typs Langer Marsch 2D eingesetzt. Es handelt sich um den sechsten Start von Satelliten dieser Reihe, die auch als Jishu Shiyan bezeichnet werden. Die Mission begann um 5:00 Uhr mitteleuropäischer Zeit an der Rampe 2 des Startkomplexes 4. Die zweite Stufe des Trägers setzte die Satelliten auf einer…

3. April 2025 – Langer Marsch 6 transportiert Tianping-3 A02 in den Orbit – Eine chinesische Kleinträgerrakete des Typs Langer Marsch 6 brachte am 3. April den Radar-Kalibrierungssatellliten Tianping-3 A02 in eine niedrige Erdumlaufbahn. Ort des Startes war der nordchinesische Weltraumbahnhof Taiyuan. Der Einsatz war die 14. Mission einer Langer Marsch 6. Es ist das zweite Mal, dass eine Rakete dieses Typs Satelliten der Tianping-Reihe startet. Der Liftoff erfolgte um 3:12 Uhr mitteleuropäischer Zeit an der Startanlage 16 des Weltraumbahnhofs. Die zweite Stufe des Trägers brachte den…

4. April 2025 – SpaceX startet Starlink-Gruppe 11-13 – Am 4. April brachte SpaceX mit einer Trägerrakete des Typs Falcon 9 von der Space Force Basis Vandenberg aus die 27 Satelliten der Startlink-Gruppe 11-13 in eine niedrige Erdumlaufbahn. Der Einsatz wurde vom Booster 1088 unterstützt. Diese Erststufe flog damit insgesamt zum fünften Mal. Besonders bemerkenswert dabei ist jedoch, dass er innerhalb von nur 23 Tagen zum dritten Mal eingesetzt wurde. Die Mission begann um 2:02 Uhr mitteleuropäischer Zeit an der Startanlage 4E des Weltraumbahnhofs.

4. April 2025 – Fram 2 landet sicher – Nach einer perfekten Kurzzeitmission von drei Tagen, 14 Stunden und 33 Minuten Dauer ging der Crew Dragon Resilience mit seiner vierköpfigen Crew am 4. April, um 18:14 Uhr mitteleuropäischer Zeit im Pazifik, 40 Kilometer vor der Küste von Los Angeles, nieder. Es war die erste Landung eines Crew Dragon im Pazifik. Alle vorausgegangenen bemannten Einsätze von SpaceX führten zu Landungen entweder im Golf von Mexico (oder Golf von America, je nach persönlichem Geschmack) oder vor der Ostküste Floridas.

6. April 2025 – SpaceX startet Starlink-Gruppe 6-72 – Am 6. April brachte SpaceX von der Cape Canaveral Space Force Station aus mit einer Trägerrakete des Typs Falcon 9 die Starlink-Gruppe 6-72 in eine niedrige Erdumlaufbahn. Mit dieser Mission wurden 28 Einheiten in den Orbit transportiert. Es war der 480. Start einer SpaceX-Trägerrakete seit dem (damals missglückten) ersten Flug einer Falcon 1. Der Liftoff erfolgte um 4:07 Uhr mitteleuropäischer Zeit an der Startanlage 40 des Weltraumbahnhofs. Die Mission führte auf eine Bahnneigung zum Äquator von 42,99 Grad.

8. April 2025 – SpaceX startet Starlink-Gruppe 11-11 – Am 8. April brachte SpaceX mit einer Trägerrakete des Typs Falcon 9 von der Space Force Basis Vandenberg aus die 27 Satelliten der Starlink-Gruppe 11-11 in eine niedrige Erdumlaufbahn. Nach längerer Zeit wurde bei dieser Mission erstmals wieder einmal ein neuer Booster eingesetzt, die Einheit 1093. Der Einsatz begann um 0:06 Uhr mitteleuropäischer Zeit an der Startanlage 4E des Weltraumbahnhofs. Die zweite Stufe setzte die Raumfahrzeuge etwa 65 Minuten nach dem Liftoff auf einer Bahn mit einem…

8. April 2025 – Sojus MS-27 fliegt in drei Stunden zur ISS – Am 8. April startete Roskosmos das bemannte Raumschiff Sojus MS-27 auf einen schnellen Transferkurs zur Internationalen Raumstation. Startort war das Kosmodrom in Baikonur. Als Träger fungierte wie immer bei den bemannten russischen Missionen eine Rakete des Typs Sojus 2.1a. Die Crew des Raumfahrzeuges besteht aus dem russischen Kommandanten Sergei Ryschikow, dem ebenfalls russischen Bordingenieur Alexei Subritzki und dem NASA-Astronauten Jonathan „Jonny“ Kim. Für die beiden letzteren ist es die…

10. April 2025 – China bringt TJS-17 ins All – Die schnelle Abfolge von Starts der geheimnisvollen TJS-Satelliten hält weiter an. Mit einer Trägerrakete des Typs Langer Marsch 3B/E brachte China am 10. April erneut einen vermutlich militärischen geostationären Satelliten der TJS-Reihe in den Orbit. Startort war das Raumfahrtzentrum Xichang in Zentralchina. Es ist der sechste Satellit dieser Typenserie, der in den vergangenen gut vier Monaten gestartet wurde. Das ist eine drastische Häufung gegenüber der Startfrequenz der Vergangenheit…

12. April 2025 – NROL-192 liefert Starshield-Gruppe 1-8 in den Orbit – SpaceX brachte am 12. April die inzwischen neunte Gruppe von Starshield-Satelliten, bestehend aus 22 Einheiten, für die so genannte Proliferated Architecture des National Reconnaissance Office (NRO) in eine niedrige Erdumlaufbahn. Startort war, wie immer bei Missionen für diesen Zweck, die Vandenberg Space Force Basis in Kalifornien. Der Auftraggeber bezeichnet die Mission als NROL-192. Die Starshield-Satelliten basieren auf der Starlink-Plattform von SpaceX und sind jeweils mit einer Nutzlast…

13. April 2025 – SpaceX startet Starlink-Gruppe 12-17 – Am 13. April brachte SpaceX von der historischen Startanlage 39A des Kennedy Space Center aus die 21 Einheiten starke Starlink-Gruppe 12-17 in eine niedrige Erdumlaufbahn. Als Träger wurde, wie immer bei den Starlink-Starts, eine Rakete des Typs Falcon 9 verwendet. An Bord befanden sich neben acht Starlink-Standardeinheiten auch 13 Satelliten mit Direct-to-Cell-Einsatzfähigkeiten. Und wieder einmal wurde ein Rekord aufgestellt, denn diese Mission war der 400. Einsatz eines schon einmal geflogenen Boosters.

14. April 2025 – Booster 1067 startet zum 27. Mal – Die Wiederverwendbarkeit der Falcon 9-Booster erreicht immer neue Rekorde. SpaceX war vor zehn Jahren mit Vorsatz angetreten, die Erststufen ihrer Falcon 9-Trägerraketen bis zu zehnmal wiederverwendbar zu machen. Dieses Ziel hat das Unternehmen in der Zwischenzeit weit hinter sich gelassen, denn am 14. April startete Booster 1067 zu seinem 27. Einsatz. Wie so häufig wurde auch dieses Mal eine Fuhre Starlink-Satelliten in eine niedrige Erdumlaufbahn verfrachtet. Startort war einmal mehr die Cape…

16. April 2025 – Seltener Einsatz einer Minotaur IV für NROL-174 – Der US-Geheimdienst (NRO) brachte am 16. April vier Kleinnutzlasten mit einer Feststoff-Trägerrakete des Typs Minotaur IV in den Orbit, eine Rakete, die sich nicht gerade durch eine hohe Startfrequenz auszeichnet. Ein Träger dieses Typs wurde zuletzt vor fünf Jahren von Wallops Island aus gestartet. Insgesamt wurden von der Orbitalversion dieses Trägers (es gibt auch zwei suborbitale Varianten) seit dem Jahr 2010 inklusive der aktuellen Mission nur fünf Einheiten gestartet. Der aktuelle Einsatz erfolgte…

19. April 2025 – China bringt sechs Technologiedemonstratoren in den Orbit – China brachte am 19. April mit einer Trägerrakete des Typs Langer Marsch 6A sechs Technologiedemonstratoren in eine sonnensynchrone polare Erdumlaufbahn. Die Einheiten tragen die Bezeichnungen Shiyan 27-01 – 06. Startort war das nordchinesische Raumfahrtzentrum Taiyuan. Die Mission begann um 0:51 Uhr an der Startanlage 9A des Weltraumbahnhofs und führte auf eine Umlaufbahn mit einem Perigäum von genau 1.000 Kilometern, einem Apogäum von 1.009 Kilometern und einer Bahnneigung zum Äquator von 99,7 Grad.

20. April 2025 – Dienstältester Astronaut kehrt zur Erde zurück – Der weltweit dienstälteste Astronaut, der Amerikaner Donald Petit, kehrte am 20. April nach einem mehr als sieben Monate dauernden Aufenthalt auf der Internationalen Raumstation wieder zur Erde zurück. Mit an Bord der Landekapsel des Sojus MS-26-Raumschiffs waren seine Crewkameraden Alexei Owtschinin und Iwan Wagner. Wie es der Zufall wollte, beging Petit genau an diesem Tag auch seinen 70. Geburtstag. Petit war mit seiner Mannschaft am 11. September 2024 gestartet. Die exakte Dauer seiner…

20. April 2025 – SpaceX startet NROL-145 – SpaceX brachte am 20. April weitere 21 Einheiten für die so genannte Proliferated Architecture des National Reconnaissance Office (NRO) in eine niedrige Erdumlaufbahn. Startort war, wie immer bei Missionen dieser Art, die Vandenberg Space Force Basis in Kalifornien. Es war die zehnte Gruppe dieser gemeinsam von Northrop Grumman und SpaceX gebauten Satelliten.

21. April 2025 – Cargo Dragon Mission CRS-32 versorgt ISS – SpaceX brachte am 21. April 2025 mit einer Trägerrakete des Typs Falcon 9 einen Cargo Dragon auf eine Transferbahn zur Internationalen Raumstation. Startort war die Anlage 39A des Kennedy Space Centers. An Bord des unbemannten Logistik-Raumschiffs befanden sich neben den üblichen Versorgungsgütern für die Crew der ISS auch drei Kleinsatelliten, die später von dort aus abgesetzt werden sollen, sowie ein komplexes, 230 Kilogramm schweres ESA-Experiment, mit der Bezeichnung ACES, eine Vorrichtung die…

22. April 2025 – Bandwagon 3 nur spärlich bepackt – Die Bandwagon-Missionen von SpaceX sind, ähnlich wie die Transporter-Einsätze, in der Regel dazu bestimmt, eine große Anzahl von Kleinnutzlasten in einen vordefinierten Orbit zu bringen. Hinsichtlich der „großen Anzahl" war die Mission Bandwagon 3 am 22. April jedoch eine krasse Ausnahme, denn an Bord befanden sich lediglich drei Satelliten. Und von denen gehörte auch nur einer, nämlich der zwölf Kilogramm schwere 6Unit-CubeSat Tomorrow S7, zum üblichen Kundenkreis. Der Einsatz begann um 2:48 Uhr…

24. April 2025 – Shenzhou 20 bringt Ablösung für Tiangong – Die chinesische Raumfahrtagentur sandte am 24. April das bemannte Raumschiff Shenzhou 20 auf den Weg zur chinesischen Raumstation Tiangong. Als Träger wurde eine Rakete des Typs Langer Marsch 2F/G eingesetzt. Startort war das Raumfahrtzentrum Jiuquan in Nordwestchina. Die Crew besteht aus dem Kommandanten Chen Dong, für den es der dritte Flug in die Umlaufbahn ist. Mit ihm unterwegs sind die beiden Bordingenieure Chen Zhongrui und Wang Jie, die jeweils zu ihrem ersten Einsatz starten.

25. April 2025 – SpaceX startet Starlink-Gruppe 6-74 – Am 25. April brachte SpaceX mit einem Träger vom Typ Falcon 9 die aus 28 Einheiten bestehende Starlink-Gruppe 6-74 in eine niedrige Erdumlaufbahn. Startort war die Cape Canaveral Space Force Station. Ungeachtet dessen, was die Nummer suggeriert, ist dies bereits der 75. Start in diese am besten besetzte „Schale" der Starlink-Konstellation. Der Liftoff erfolgte um 3:32 Uhr mitteleuropäischer Zeit an der Startanlage 40 des Weltraumbahnhofs. Die Mission führte auf eine Bahnneigung zum Äquator von 42,99 Grad.

27. April 2025 – Langer Marsch 3B/E startet Tianlian-2-05 – Die dichte Startfolge chinesischer Trägerraketen des Typs Langer Marsch 3B/E hält an. Am 27. April brachte eine Einheit dieses Typs den Relaysatelliten Tianlian E (auch Tianlian 2-05) in eine geostationäre Transferbahn. Startort war das Raumfahrtzentrum Xichang in Zentralchina. Die Mission begann um 17:54 Uhr mitteleuropäischer Zeit an der Startanlage 2 des Weltraumbahnhofs. Die dritte Stufe des Trägers setzte das Raumfahrzeug auf einer Bahn mit einem Perigäum...

28. April 2025 – SpaceX startet Starlink-Gruppe 12-23 – Am 28. April brachte SpaceX von der Cape Canaveral Space Force Station aus mit einer Trägerrakete des Typs Falcon 9 die Starlink-Gruppe 12-23 in eine niedrige Erdumlaufbahn. Mit dieser Mission wurden 23 Einheiten in den Orbit transportiert. Darunter waren wieder einmal 13 Stück der Direct-to-Cell-Variante mit an Bord. Es war der 250. Einsatz einer Falcon 9 der ganz oder überwiegend dem Aufbau der Starlink-Konstellation gewidmet ist. Der Liftoff erfolgte um 4:04 Uhr mitteleuropäischer Zeit an der...

28. April 2025 – Chinas SatNet Leo Gruppe 03 im All – Ein deutlicher Hinweis darauf, dass nicht nur SpaceX Internetkonstellationen errichtet, war am 28. April der Start der dritten Gruppe der chinesischen SatNet Leo-Konstellation. Dabei wurden mit einer Großrakete des Typs Langer Marsch 5B zehn Guowang-Satelliten in eine niedrige Erdumlaufbahn transportiert. Der Träger war für diesen Zweck mit einer YZ-2-Oberstufe ausgerüstet. Startort war das Raumfahrtzentrum Wenchang auf der Insel Hainan. Es war erst der sechste Einsatz einer Langer Marsch 5B überhaupt.

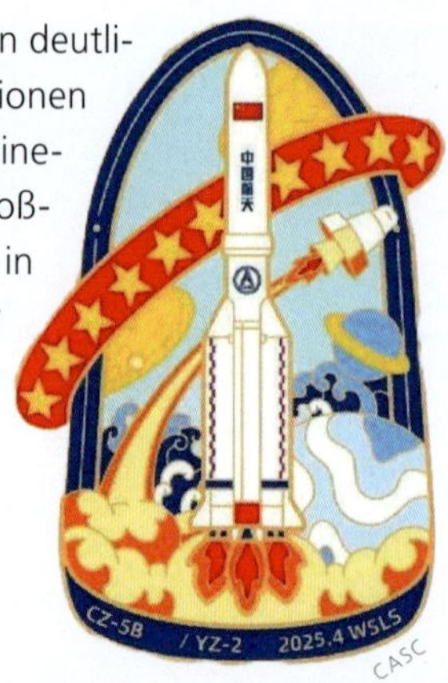

28. April 2025 – SpaceX startet Starlink-Gruppe 11-9 – Am 28. April brachte SpaceX mit einer Trägerrakete des Typs Falcon 9 von der Space Force Basis Vandenberg aus die 27 Satelliten der Starlink-Gruppe 11-9 in eine niedrige Erdumlaufbahn. Der Einsatz wurde vom Booster 1063 unterstützt, der ältesten Erststufe von SpaceX. Sie hatte ihren ersten Einsatz bereits im November 2020 beim Start des europäischen-amerikanischen Umweltbeobachtungssatelliten Sentinel 6A. Die Mission begann um 21:42 Uhr mitteleuropäischer Zeit an der Startanlage 4E des Weltraumbahnhofs.

29. April 2025 – Kuiper 1 – Starlink 250 – In den frühen Morgenstunden des 29. April nahm Amazon die Bestückung der weltweit vierten Internet-Großkonstellation auf. An diesem Tag startete die United Launch Alliance die erste Gruppe von 27 Satelliten der Kuiper-Konstellation in eine niedrige Erdumlaufbahn. Als Träger wurde eine Atlas V der Version 551 eingesetzt. Startort war der Komplex 41 der Cape Canaveral Space Force Station. Die Bezeichnung der Mission war KA-01 (für: Kuiper-Atlas 01). Nach genau 250 Starlink-Missionen folgt somit…

29. April 2025 – SpaceX startet Starlink-Gruppe 12-10 – Beim 50. Start des Jahres für SpaceX brachte das Unternehmen am 29. April mit einem Träger vom Typ Falcon 9 die aus 23 Einheiten bestehende Starlink-Gruppe 12-10 in eine niedrige Erdumlaufbahn. Bei 13 der Satelliten handelt es sich um so genannte „Direct-to-Cell-Einheiten". Startort war das Kennedy Space Center. SpaceX hat nunmehr insgesamt 8367 Starlink-Satelliten gestartet, von denen sich noch 7264 im Orbit befinden. Der Liftoff erfolgte um 4:34 Uhr mitteleuropäischer Zeit an der historischen…

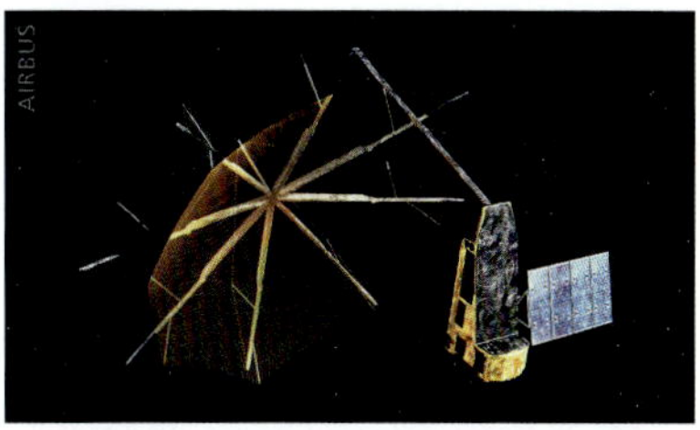

29. April 2025 – Vega C mit VV26 erfolgreich im Einsatz – Ganz langsam scheint es mit den Einsatzzahlen europäischer Trägerraketen wieder aufwärts zu gehen. Nachdem bereits im Februar der Start einer Ariane 6 erfolgreich verlief, startet nun am 29. April auch wieder eine Vega C vom europäischen Raumfahrtzentrum Kourou aus in den Orbit. Dabei wurde der ESA-Erdbeobachtungssatellit Biomass in eine sonnensynchrone polare Erdumlaufbahn befördert. Die Mission trug die offizielle Bezeichnung VV26 (für: Vol Vega 26). Die Mission begann um 11:15 Uhr mitteleuropäischer…

29. April 2025 – Firefly scheitert erneut – Fireflys Alpha-Trägerrakete steht unter keinem guten Stern. Ihre Erfolgsbilanz ist sehr mager. Nur zwei der ersten sechs Missionen dieses Kleinträgers können als Erfolg verbucht werden, und der Flug vom 29. April gehört nicht dazu. Bei, oder unmittelbar nach, der Trennung von erster und zweiter Stufe kam es zu einem noch nicht genau spezifizierten Ereignis, möglicherweise einer Kollision beider Stufen, bei dem die Düsenverlängerung der zweiten Antriebseinheit abgebrochen wurde.

30. April 2025 – Shenzhou 19-Astronauten zurück auf der Erde – Am 30. April kehrte die Landekapsel des chinesischen Raumschiffs Shenzhou 19 nach einer Flugdauer von 183 Tagen wieder zur Erde zurück. An Bord befanden sich der Kommandant Cai Xushe und die beiden Bordingenieure Wang Haoze – sie ist die dritte chinesische Frau im All – und Song Lingdong. Cai war schon mit der Mission Shenzhou 14 im Jahr 2022 im Orbit gewesen. Die Landung erfolgte auf dem Dongfeng-Landeplatz, der sich etwa 60 Kilometer südlich des Weltraumbahnhofs Jiuquan befindet.

02. Mai 2025 – SpaceX startet Starlink-Gruppe 6-75 – Am 2. Mai brachte SpaceX von der Cape Canaveral Space Force Station aus mit einer Trägerrakete des Typs Falcon 9 die Starlink-Gruppe 6-75 in eine niedrige Erdumlaufbahn. Mit diesem Einsatz wurden 28 Einheiten in den Orbit transportiert. Es war die 469. Mission einer Falcon 9. Der Liftoff erfolgte um 2:51 Uhr mitteleuropäischer Zeit an der Startanlage 40 des Weltraumbahnhofs und führte auf eine Bahnneigung zum Äquator von 42,99 Grad. Der Absetzorbit wies ein Perigäum von 274 Kilometern und ein Apogäum…

04. Mai 2025 – SpaceX startet Starlink-Gruppe 6-84 – SpaceX brachte brachte am 4. Mai mit einem Träger vom Typ Falcon 9 die aus 29 Einheiten bestehende Starlink-Gruppe 6-84 in eine niedrige Erdumlaufbahn. Das ist eine neue Rekordzahl an Starlinks, die mit einer einzelnen Falcon 9 in den Orbit gebracht wurden. Startort war das Kennedy Space Center. Der Liftoff erfolgte um 10:54 Uhr mitteleuropäischer Zeit an der historischen Startanlage 39A. Die Mission führte auf eine Bahnneigung zum Äquator von 42,99 Grad. Der Absetzorbit wies ein Perigäum von 274…

07. Mai 2025 – SpaceX startet Starlink-Gruppe 6-93 – Am 7. Mai brachte SpaceX von der Cape Canaveral Space Force Station aus mit einer Trägerrakete des Typs Falcon 9 die Starlink-Gruppe 6-93 in eine niedrige Erdumlaufbahn. Mit dieser Mission wurden 28 Einheiten in den Orbit transportiert. Trotz der Nummer 93 war dieser Flug erst die 77. Mission, welche in die „Schale" 6 der Starlink-Konstellation führte. Der Liftoff erfolgte um 3:17 Uhr mitteleuropäischer Zeit an der Startanlage 40 des Weltraumbahnhofs. Die Mission führte auf eine Bahnneigung zum...

10. Mai 2025 – SpaceX startet Starlink-Gruppe 15-3 – Auch der vierte Start weltweit in Folge im Mai war eine Starlink-Mission. Am 10. Mai brachte SpaceX von der Luftwaffenbasis Vandenberg aus mit einer Trägerrakete des Typs Falcon 9 die Starlink-Gruppe 15-3 in eine niedrige Erdumlaufbahn. Mit diesem Einsatz wurden 26 der Internet-Satelliten in den Orbit transportiert. Bei dem Start wurde auch eine unbekannte Anzahl (wahrscheinlich aber 13) von Direct-to-Cell-Einheiten mitgeführt. Der Einsatz begann um 2:19 Uhr mitteleuropäischer Zeit an der Startanlage 4E...

10. Mai 2025 – SpaceX startet Starlink-Gruppe 6-91 – Auch Satellitenstart Nummer 5 weltweit im Mai ist SpaceX zuzurechnen. Am 10. Mai, nur sechs Stunden nach der vorausgegangenen Starlink-Mission, brachte SpaceX von der Cape Canaveral Space Force Station aus mit einer Trägerrakete des Typs Falcon 9 die Starlink-Gruppe 6-91 in eine niedrige Erdumlaufbahn. Mit dieser Mission wurden erneut 28 Einheiten in den Orbit transportiert. SpaceX hatte zu Beginn der Woche über 8.400 Starlink-Satelliten gestartet, von denen allerdings schon etwa 1.100 ihre...

11. Mai 2025 – Langer Marsch 6A bringt Militärsatelliten in den Orbit – Beim dritten Start einer Langer Marsch 6A in diesem Jahr brachte China am 11. Mai drei Aufklärungssatelliten der Yaogan 40-Reihe in eine polare, sonnensynchrone Erdumlaufbahn. Startort war das Raumfahrtzentrum Taiyuan in Nordchina. Die Mission begann um 15:27 Uhr mitteleuropäischer Zeit an der Startanlage 9A des Weltraumbahnhofs. Die zweite Stufe des Trägers setzte die Satelliten auf einer Bahn mit einem Perigäum von 795 Kilometern, einem Apogäum von 810 Kilometern und einer Bahnneigung zum Äquator von 86 Grad ab.

12. Mai 2025 – Langer Marsch 3C transportiert TJS-19 ins All – Bei einem der sehr selten gewordenen Starts einer Langer Marsch 3C brachte China am 12. Mai einen militärischen Kommunikationssatelliten der TJS-Reihe (für: Tōngxìn Jìshù Shìyàn oder „Kommunikationstechnologie-Test") in eine geostationäre Transferbahn. Hinter dieser Bezeichnung kann sich hier allerdings auch sehr gut ein Aufklärungssatellit verstecken. Es handelt sich um die 19. Einheit dieser Serie, die erstmal am 12. September 2015 gestartet wurde. TJS-1 war damals eindeutig als...

13. Mai 2025 – SpaceX startet Starlink-Gruppe 15-4 – Am 13. Mai brachte SpaceX von der Luftwaffenbasis Vandenberg aus mit einer Trägerrakete des Typs Falcon 9 die Starlink-Gruppe 15-4 in eine niedrige Erdumlaufbahn. Mit diesem Einsatz wurden 26 der Internet-Satelliten in den Orbit transportiert. Bei dem Start wurde auch eine unbekannte Anzahl (aber wahrscheinlich 13) von Direct-to-Cell-Einheiten mitgeführt. Der Einsatz begann um 3:15 Uhr mitteleuropäischer Zeit an der Startanlage 4E des Weltraumbahnhofs. Die Mission führte auf eine Bahnneigung zum Äquator von 70,01 Grad. Der Absetzorbit wies ein Perigäum von 267 Kilometern und...

13. Mai 2025 – Neuer Wiederverwendungsrekord bei SpaceX – Mit der zweiten SpaceX-Mission des Tages brachte SpaceX am 13. Mai mit einem Träger vom Typ Falcon 9 die aus 28 Einheiten bestehende Starlink-Gruppe 6-83 in eine niedrige Erdumlaufbahn. Startort war das Kennedy Space Center. Der Flug war insofern außergewöhnlich, weil es die 28. Wiederwendung eines Boosters darstellte. Das ist eine neue Rekordmarke. Der Liftoff erfolgte um 7:02 Uhr mitteleuropäischer Zeit an der historischen Startanlage 39A. Die Mission führte auf eine Bahnneigung zum Äquator von 42,99 Grad.

14. Mai 2025 – Zwölf Taikong Jisuan für Chinas Computerkonstellation – Der private chinesische Hersteller ADA Space brachte am 14. Mai mit einer Trägerrakete des Typs Langer Marsch 2D zwölf Kleinsatelliten in eine sonnensynchrone polare Erdumlaufbahn. Die Raumfahrzeuge tragen die Bezeichnung Taikong Jisuan 1 – 12. In den offiziellen Meldungen heißt es, die Satelliten seien Teil der so genannten Taikong Jisuan Xingzuo – Konstellation. Übersetzen könnte man das in etwa mit „Weltraum-Computerkonstellation". Die Mission begann um 6:10 Uhr mitteleuropäischer Zeit an...

14. Mai 2025 – SpaceX startet Starlink-Gruppe 6-67 – Am 14. Mai brachte SpaceX von der Cape Canaveral Space Force Station aus mit einer Trägerrakete des Typs Falcon 9 die Starlink-Gruppe 6-67 in eine niedrige Erdumlaufbahn. Bei dieser Mission wurden erneut 28 Einheiten in den Orbit transportiert. Der Einsatz führte auch zur 450. erfolgreichen Landung eines SpaceX-Boosters, wenn man die zwei Starship Super Heavy-Landungen in Texas mitzählt. Der Liftoff erfolgte um 18:38 Uhr mitteleuropäischer Zeit an der Startanlage 40 des Weltraumbahnhofs.

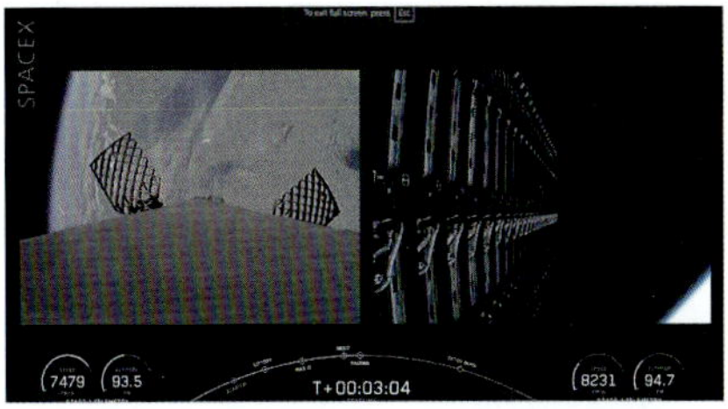

16. Mai 2025 – SpaceX startet Starlink-Gruppe 15-5 – Am 16. Mai brachte SpaceX von der Luftwaffenbasis Vandenberg aus mit einer Trägerrakete des Typs Falcon 9 die Starlink-Gruppe 15-5 in eine niedrige Erdumlaufbahn. Mit diesem Einsatz wurden 26 der Mobilfunk-Satelliten in den Orbit transportiert. Der Start erfolgte in dichtem Nebel, wie er in Vandenberg häufig vorkommt. Der Einsatz begann um 15:43 Uhr mitteleuropäischer Zeit an der Startanlage 4E des Weltraumbahnhofs. Die Mission führte auf eine Bahnneigung zum Äquator von 70,01 Grad.

17. Mai 2025 – Landspace startet sechs Satelliten mit Zhuque-2E – Das chinesische Unternehmen Landspace brachte am 17. Mai sechs Einheiten der Tianyi-Reihe von SpaceTY in eine sonnensynchrone polare Erdumlaufbahn. Sie sind benannt nach der chinesischen Bezeichnung des Herstellers (Chángshā Tiānyí Kōngjiān Kējì Yánjiūyuàn Yǒuxiàn Gōngsī). Bei dreien handelt es sich um Erdbeobachtungssatelliten, die drei anderen sind Technologie-Demonstratoren. Startort war der nordchinesische Weltraumbahnhof Jiuquan. Als Träger wurde eine Rakete des Typs Zhuque-2E eingesetzt.

17. Mai 2025 – The Sea God Sees – „The Sea God Sees" lautet der Slogan der aktuellen Electron-Mission von Rocket Lab, die am 17. Mai gestartet wurde. Startplatz war einmal mehr der kleine private Raumflughafen von Rocket Lab auf der neuseeländischen Halbinsel Mahia. Auftraggeber des Einsatzes war der japanische Satellitenhersteller iQPS. Bei der Nutzlast handelt es sich um einen Radar-Erdbeobachtungssatelliten, der die internationale Bezeichnung QPS-SAR 10 trägt. Die japanische Bezeichnung lautet WADATSUMI-I.

18. Mai 2025 – Indische Trägerrakete scheitert – Am 18. Mai sollte eine indische Trägerrakete des Typs PSLV-XL einen Erdbeobachtungs-satelliten der indischen Raumfahrtagentur ISRO auf eine sonnensynchrone polare Erdumlaufbahn bringen. Doch dann kam es zu einer noch nicht geklärten Anomalie während der Brennphase der dritten Stufe. Die Rakete kam vom Kurs ab und musste aufgegeben werden. Der Satellit – EOS 09 – ist damit ein Totalverlust. Der Gesamtschaden dürfte sich auf mehrere hundert Millionen Euro belaufen. Die Mission begann um 2:29 Uhr…

19. Mai 2025 – Ceres 1S bestückt das Internet of Things – Eine vierstufige Kleinträgerrakete des Typs Ceres 1S von Galactic Energy transportierte am 19. Mai vier Satelliten der Tianqui-Konstellation für das Internet of Things in eine niedrige Erdumlaufbahn. Auftraggeber der Mission und gleichzeitig Hersteller der Satelliten war das chinesische Unternehmen Guodian Guake. Es war der fünfte Flug einer Ceres 1 in der seegestützten Variante, der 20. Einsatz einer Ceres 1 überhaupt und die dritte Mission, die dem Aufbau der Tianqi-Konstellation gewidmet ist.

20. Mai 2025 – Langer Marsch 7A fliegt für China Satcom – Am 20. Mai brachte eine Trägerrakete des Typs Langer Marsch 7A den Kommunikations-satelliten ChinaSat 3B (auch: Feng Huo 3B) für die staatliche China Satcom auf eine geosynchrone Transferbahn. Startort war das Raumfahrtzentrum Wenchang am Gelben Meer, von wo aus nun zunehmend häufiger Raumfahrmissionen beginnen. Der Einsatz begann um 13:30 Uhr mitteleuropäischer Zeit an der Startanlage 201 des Weltraumbahnhofs. Der Flug führte auf eine Umlaufbahn mit einem Perigäum von 215 Kilometern und einem…

21. Mai 2025 – SpaceX startet Starlink-Gruppe 12-15 – Am 21. Mai brachte SpaceX von der Cape Canaveral Space Force Station aus mit einer Trägerrakete des Typs Falcon 9 die Starlink-Gruppe 12-15 in eine niedrige Erdumlaufbahn. Mit dieser Mission wurden 23 Einheiten in den Orbit transportiert, zehn davon waren Standard v2-Einheiten, der Rest bestand aus Direct-to-Cell-Satelliten. Es war die 60. Falcon 9-Mission des laufenden Jahres. Der Liftoff erfolgte um 5:18 Uhr mitteleuropäischer Zeit an der Startanlage 40 des Weltraumbahnhofs.

21. Mai 2025 – Kinetica 1 auf Rideshare-Mission – Eine vierstufige Feststoff-Trägerrakete des Typs Kinetica 1 von CAS Space brachte am 21. Mai insgesamt sechs Kleinsatelliten auf eine polare sonnensynchrone Erdumlaufbahn. Nach einem Fehlstart bei der vorausgegangenen Mission, am 27. Dezember 2024, war dieser Flug somit die Rückkehr zum normalen Einsatzbetrieb. Die Mission begann an der Startanlage 130 des nordchinesischen Weltraumbahnhofs Jiuquan. Der Liftoff erfolgte um 6:00 Uhr morgens mitteleuropäischer Zeit. Detaillierte Bahndaten sind nicht bekannt.

23. Mai 2025 – Kosmos 2588 jagt Satelliten – Am 23. Mai brachte eine russische Trägerrakete des Typs Sojus 2.1b Fregat-M den militärischen Überwachungssatelliten Nivelir-L Nr. 5 in eine niedrige Erdumlaufbahn. Die vermutliche Aufgabe des Raumfahrzeugs dürfte „Space Surveillance" sein, also die Beobachtung anderer Satelliten im Orbit. Die Mission begann am nordrussischen Kosmodrom Plessezk. Nach dem erfolgreichen Erreichen der Erdumlaufbahn erhielt der Satellit die militärische Kennzeichnung Kosmos 2588. Die Mission begann um 10:36 Uhr mitteleuropäischer Zeit an der Startanlage 43/4 des Weltraumbahnhofs.

24. Mai 2025 – SpaceX startet Starlink-Gruppe 11-16 – Am 24. Mai brachte SpaceX von der Luftwaffenbasis Vandenberg aus mit einer Trägerrakete des Typs Falcon 9 die Starlink-Gruppe 11-16 in eine niedrige Erdumlaufbahn. Mit diesem Einsatz wurden 27 der Mobilfunk-Satelliten in den Orbit transportiert. Der Einsatz begann um 0:32 Uhr mitteleuropäischer Zeit an der Startanlage 4E des Weltraumbahnhofs. Die Mission führte auf eine Bahnneigung zum Äquator von 53,16 Grad. Der Absetzorbit wies ein Perigäum von 265 Kilometern und ein Apogäum von 276 Kilometern auf.

24. Mai 2025 – SpaceX startet Starlink-Gruppe 12-22 – Am 24. Mai brachte SpaceX von der Cape Canaveral Space Force Station aus mit einer Trägerrakete des Typs Falcon 9 die Starlink-Gruppe 12-22 in eine niedrige Erdumlaufbahn. Mit dieser Mission wurden 23 Einheiten in den Orbit transportiert, zehn davon waren Standard v2-Einheiten, der Rest bestand aus Direct-to-Cell-Satelliten. Der Liftoff erfolgte um 19:19 Uhr mitteleuropäischer Zeit an der Startanlage 40 des Weltraumbahnhofs. Der Einsatz führte auf eine Bahnneigung zum Äquator von 43,0 Grad.

27. Mai 2025 – SpaceX startet Starlink-Gruppe 17-1 – Am 27. Mai brachte SpaceX von der Luftwaffenbasis Vandenberg aus mit einer Trägerrakete des Typs Falcon 9 die Starlink-Gruppe 17-1 in eine sonnensynchrone polare Erdumlaufbahn. Es ist der erste Starlink-Start in einen solchen Orbit seit dem 27. April 2023, als die Gruppe 3-5 in eine solche Umlaufbahn befördert wurde. Mit dem aktuellen Einsatz wurden 24 der Mobilfunk-Satelliten in den Orbit transportiert. Der Start erfolgte wieder einmal bei dichtem Nebel. Der Einsatz begann um 18:24 Uhr mitteleuropäischer Zeit an der Startanlage 4E des Weltraumbahnhofs.

28. Mai 2025 – SpaceX startet Starlink-Gruppe 10-32 – Am 28. Mai brachte SpaceX mit einem Träger des Typs Falcon 9 die aus 27 Einheiten bestehende Starlink-Gruppe 10-32 in eine niedrige Erdumlaufbahn. Startort war das Kennedy Space Center. Der Liftoff erfolgte um 14:30 Uhr mitteleuropäischer Zeit an der historischen Startanlage 39A. Die Mission führte auf eine Bahnneigung zum Äquator von 53,17 Grad. Der Absetzorbit wies ein Perigäum von 264 Kilometern und ein Apogäum von 276 Kilometern auf. Etwa 65 Minuten nach dem Verlassen der Startanlage gab die…

28. Mai 2025 – Tianwen-2 holt Proben von Kamoʻoalewa zur Erde – Die chinesische Raumfahrtagentur CNSA brachte am 28. Mai die wahrscheinlich bedeutendste heliozentrische Forschungsmission des Jahres auf den Weg. Mit dem gelungenen Start von Tianwen-2 am 28. Mai begann eine hochkomplexe Forschungsreise, die zwei Asteroiden zum Ziel hat und mindestens elf Jahre dauern soll. Die Mission begann am zentralchinesischen Raumfahrtzentrum Xichang. Als Träger wurde eine Rakete des Typs Langer Marsch 3B/E eingesetzt…

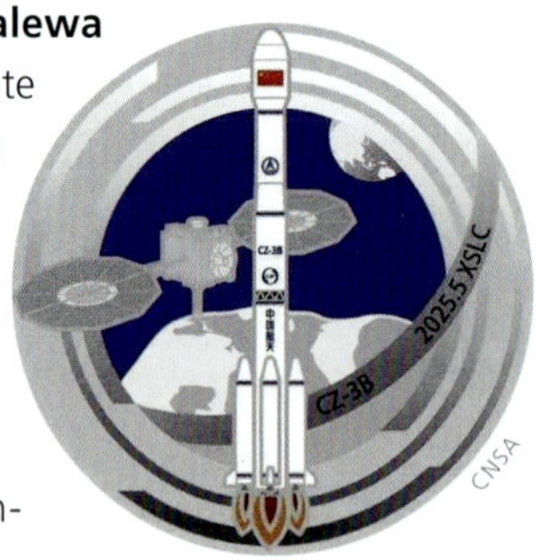

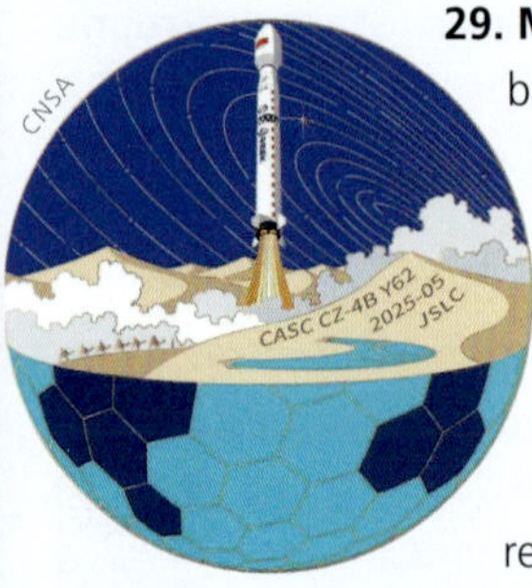

29. Mai 2025 – Shijian 26 auf unbekannter Mission – Am 29. Mai brachte China mit einer Trägerrakete des Typs Langer Marsch 4B den (wahrscheinlich) militärischen Technologiesatelliten Shijian-26 auf eine sonnensynchrone polare Erdumlaufbahn. Startort war die Startrampe 2 der Anlage 4 in Jiuquan. Offiziell wird die Aufgabe des Satelliten als „Erdbeobachtung und Umwelt-Management" angegeben. Wie üblich bei Shijian-Satelliten lässt sich trefflich über ihren wahren Einsatzzweck spekulieren. Sie werden für unterschiedlichste, meist militärisch geprägte Aufgaben eingesetzt.

30. Mai 2025 – Katherine Johnson fliegt mit SpaceX ins All – Bei der US Space Force gibt es den Brauch, neue GPS-Satelliten nach Persönlichkeiten zu benennen, die sich um die Raumfahrt verdient gemacht haben. In diesem Sinne wurde GPS III-07 nach Katherine Johnson benannt. Johnson war Mathematikerin bei der NASA und führte Bahn-Analysen für das bemannte Raumfahrtprogramm und für Planetenmissionen durch. Sie war eines der Rollenmodelle für den Film „Hidden Figures". Die Mission begann am 30. Mai um 19:00 Uhr mitteleuropäischer Zeit von der Startanlage 40

31. Mai 2025 – SpaceX fliegt die 500. Mission – Am 31. Mai brachte SpaceX von der Luftwaffenbasis Vandenberg aus mit einer Trägerrakete des Typs Falcon 9 die Starlink-Gruppe 11-18 in eine niedrige Erdumlaufbahn. Mit dem aktuellen Einsatz wurden 27 der Mobilfunk-Satelliten in den Orbit transportiert. Es war, alle Starts seit dem missglückten Falcon 1-Jungfernflug zusammengenommen, die 500. SpaceX-Mission seit Bestehen des Unternehmens. Der Einsatz begann um 22:00 Uhr mitteleuropäischer Zeit in der Vandenberg-üblichen Nebelsuppe an der Startanlage 4E...

3. Juni 2025 – „Full Stream Ahead" zur 7. Mission des Jahres – Der US-Neuseeländische Startdienstleister Rocket Lab brachte am 3. Juni mit einer Electron-Kleinträgerrakete seine bereits siebte Mission des laufenden Jahres auf den Weg. Der Einsatz begann auf dem kleinen werkseigenen Weltraumbahnhof des Unternehmens auf der Halbinsel Mahia auf der neuseeländischen Nordinsel. Als Nutzlast befand sich der Erdbeobachtungssatellit BlackSky 21 des US-Unternehmens BlackSky Global an Bord. Wie stets vergab Rocket Lab auch für diese Mission einen Slogan, der dieses Mal...

03. Juni 2025 – SpaceX startet Starlink-Gruppe 12-19 – Am 3. Juni brachte SpaceX von der Cape Canaveral Space Force Station aus mit einer Trägerrakete des Typs Falcon 9 die Starlink-Gruppe 12-19 in eine niedrige Erdumlaufbahn. Mit dieser Mission wurden 23 Einheiten in den Orbit transportiert. Zehn davon waren Standard v2-Einheiten, der Rest bestand aus Direct-to-Cell-Satelliten. Der Liftoff erfolgte um 6:43 Uhr mitteleuropäischer Zeit an der Startanlage 40 des Weltraumbahnhofs. Der Einsatz führte auf eine Bahnneigung zum Äquator von 43,0 Grad.

5. Juni 2025 – SpaceX startet Starlink-Gruppe 11-22 – Am 5. Juni brachte SpaceX von der Luftwaffenbasis Vandenberg aus mit einer Trägerrakete des Typs Falcon 9 die Starlink-Gruppe 11-22 in eine niedrige Erdumlaufbahn. Mit dem aktuellen Einsatz wurden 27 der Mobilfunk-Satelliten in den Orbit transportiert. Und der (fast schon) tägliche SpaceX-Rekord lautet dieses Mal: 15. Jahrestag des Falcon 9-Erstflugs. Der Einsatz begann um 1:40 Uhr mitteleuropäischer Zeit in der Vandenberg-üblichen Nebelsuppe, allerdings nicht ganz so trüb wie sonst, an der Startanlage 4E des Weltraumbahnhofs.

5. Juni 2025 – Neue Satelliten für die Guowang-Konstellation – China brachte am 5. Juni fünf neue Satelliten für die staatliche Guowang-Konstellation in eine polare Erdumlaufbahn. Die Mission begann im nordchinesischen Raumfahrtzentrum Taiyuan. Als Träger wurde eine Rakete des Typs Langer Marsch 6A eingesetzt. Es war dies die vierte Gruppe von Satelliten für ein zukünftiges Netz von etwa 13.000 Einheiten. Insgesamt gibt es vier Mega-Konstellationen in China, die alle gerade in einer frühen Aufbauphase sind. Die Mission begann um 22:45 Uhr mitteleuropäischer…

7. Juni 2025 – SpaceX bringt Sirius XM-10 in den Orbit – SpaceX brachte mit einer Trägerrakete des Typs Falcon 9 den Kommunikationssatelliten Sirius XM-10 (SXM-10) in eine subsynchrone geostationäre Transferbahn. Die Mission wurde im Auftrag der Sirius XM-Holding Incorporated durchgeführt. Startort was die Cape Canaveral Space Force Station. Sirius XM-10 wird die beiden älteren Einheiten XM-3 und XM-4 ersetzen, die 2005 und 2006 gestartet worden waren. Die Mission begann um 6:54 Uhr mitteleuropäischer Zeit an der Startanlage 40 des Raumfahrtzentrums. Die Absetzwerte lagen, nach zwei Zündungen der Zweitstufe…

8. Juni 2025 – SpaceX startet Starlink-Gruppe 15-8 – Am 8. Juni brachte SpaceX von der Luftwaffenbasis Vandenberg aus mit einer Trägerrakete des Typs Falcon 9 die Starlink-Gruppe 15-8 in eine niedrige Erdumlaufbahn. Mit dem aktuellen Einsatz wurden 26 Satelliten der Internet-Konstellation in den Orbit transportiert. Es war der 25. Start des Jahres von der Space Force Basis Vandenberg aus und es war der 70. Falcon 9-Start des laufenden Jahres. Der Einsatz begann um 16:20 Uhr mitteleuropäischer Zeit in der Vandenberg-üblichen dichten Nebelsuppe an der…

10. Juni 2025 – SpaceX startet Starlink-Gruppe 12-24 – Am 10. Juni brachte SpaceX von der Cape Canaveral Space Force Station aus mit einer Trägerrakete des Typs Falcon 9 die Starlink-Gruppe 12-24 in eine niedrige Erdumlaufbahn. Mit dieser Mission wurden 23 Einheiten in den Orbit transportiert. Zehn davon waren Standard v2-Einheiten, der Rest bestand aus Direct-to-Cell-Satelliten. Der Liftoff erfolgte um 15:03 Uhr mitteleuropäischer Zeit an der Startanlage 40 des Weltraumbahnhofs. Der Einsatz führte auf eine Bahnneigung zum Äquator von 43,0 Grad.

11. Juni 2025 – The Mountain God Guards – Die Starts von Rocket Lab finden in zunehmender Dichte statt. Nur neun Tage nach der vorausgegangenen Mission folgte am 11. Juni die nächste Mission, die den Slogan „The Mountain God Guards" erhielt. Dabei wurde die dritte von acht Electron-Missionen für das japanische Unternehmen iQPS durchgeführt, bei dem erneut ein Erdbeobachtungssatellit des Unternehmens mit einem Radar synthetischer Apertur für dessen iQPS-Konstellation in einen polaren sonnensynchronen Orbit transportiert wurde.

13. Juni 2025 – SpaceX startet Starlink-Gruppe 15-6 – Am 13. Juni brachte SpaceX von der Space Force Basis Vandenberg aus mit einer Trägerrakete des Typs Falcon 9 die Starlink-Gruppe 15-6 in eine niedrige Erdumlaufbahn. Mit dem aktuellen Einsatz wurden 26 der Mobilfunk-Satelliten in den Orbit transportiert. Wie fast immer bei Starts in Vandenberg war das Wetter „mittelprächtig". Diesmal gab es immerhin keinen dichten Bodennebel sondern nur Hochnebel. Der Einsatz begann um 3:54 Uhr mitteleuropäischer Zeit an der Startanlage 4E des Weltraumbahnhofs.

13. Juni 2025 – SpaceX startet Starlink-Gruppe 12-26 – Am 13. Juni brachte SpaceX von der Cape Canaveral Space Force Station aus mit einer Trägerrakete des Typs Falcon 9 die Starlink-Gruppe 12-26 in eine niedrige Erdumlaufbahn. Mit dieser Mission wurden 23 Einheiten in den Orbit transportiert. Zehn davon waren Standard v2-Einheiten, der Rest bestand aus Direct-to-Cell-Satelliten. Der Liftoff erfolgte um 17:29 Uhr mitteleuropäischer Zeit an der Startanlage 40 des Weltraumbahnhofs. Der Einsatz führte auf eine Bahnneigung zum Äquator von 43,0 Grad.

14. Juni 2025 – China bringt CSES-02 ins All – Die nationale chinesische Raumfahrtagentur, kurz: CNSA, brachte am 14. Juni mit einer Trägerrakete des Typs Langer Marsch 2D den Ionosphären-Forschungssatelliten CSES-02 (für: China Seismo-Electromagnetic Satellite), auch Zhangheng 1-02 genannt, auf eine sonnensynchrone polare Erdumlaufbahn. Die Mission ist ein Vorhaben in Zusammenarbeit mit der italienischen Raumfahrtagentur ASI. Die Mission nahm ihren Anfang an der Rampe 2 der Startanlage 4 des nordchinesischen Weltraumbahnhofs Jiuquan.

17. Juni 2025 – SpaceX startet Starlink-Gruppe 15-9 – Am 17. Juni brachte SpaceX von der Space Force Basis Vandenberg aus mit einer Trägerrakete des Typs Falcon 9 die Starlink-Gruppe 15-9 in eine niedrige Erdumlaufbahn. Mit dem aktuellen Einsatz wurden 26 der Mobilfunk-Satelliten in den Orbit transportiert. Das Startwetter war, anders als bei den meisten Missionen von Vandenberg aus, dieses Mal ausgezeichnet. Der Einsatz begann um 5:36 Uhr mitteleuropäischer Zeit an der Startanlage 4E des Weltraumbahnhofs. Die Mission führte auf eine Bahnneigung...

18. Juni 2025 – SpaceX startet Starlink-Gruppe 10-18 – Am 18. Juni brachte SpaceX von der Cape Canaveral Space Force Station aus mit einer Trägerrakete des Typs Falcon 9 die Starlink-Gruppe 10-18 in eine niedrige Erdumlaufbahn. Mit dieser Mission wurden 28 Einheiten in den Orbit transportiert. Es war der 75. Start einer Falcon 9 im laufenden Jahr. Der Liftoff erfolgte um 7:38 Uhr mitteleuropäischer Zeit an der Startanlage 40 des Weltraumbahnhofs. Der Einsatz führte auf eine Bahnneigung zum Äquator von 53,16 Grad. Der Absetzorbit wies ein Perigäum...

19. Juni 2025 – Erster operationeller Start der Angara 5 geglückt – Eine lange Entwicklungsgeschichte scheint ihr Ende erreicht zu haben. Mit dem Start am 19. Juni führte Russland den ersten Einsatzflug einer Angara 5 durch. Dabei wurde eine Briz-M-Oberstufe eingesetzt. Die Mission begann am nordrussischen Weltraumbahnhof Plessezk. An Bord befand sich ein Satellit der russischen Streitkräfte, dessen Einsatzzweck nicht offiziell bekannt gegeben wurde. Nach dem erfolgreichen Einschuss in eine supersynchrone Erdumlaufbahn erhielt er die Bezeichnung Kosmos 2589.

20. Juni 2020 – ChinaSat 9C ersetzt ChinaSat 9 – China brachte am 20. Juni einen großen Kommunikationssatelliten auf eine geosynchrone Transferbahn. Das Raumfahrzeug trägt die Bezeichnung ChinaSat 9C und wird ChinaSat 9 ersetzen, der im Juni 2008 gestartet worden war, und nun seine Entwurfslebensdauer von 15 Jahren bereits deutlich überschritten hat. Startort war der zentralchinesische Weltraumbahnhof Xichang. Als Träger wurde eine Rakete des Typs Langer Marsch 3B/E eingesetzt. Die Mission nahm um 14:37 Uhr mitteleuropäischer Zeit an der…

23. Juni 2025 – SpaceX startet Starlink-Gruppe 10-23 – Am 23. Juni brachte SpaceX von der Cape Canaveral Space Force Station aus mit einer Trägerrakete des Typs Falcon 9 die Starlink-Gruppe 10-23 in eine niedrige Erdumlaufbahn. Mit dieser Mission wurden 27 Einheiten der Internet-Konstellation in den Orbit transportiert. Es war der 260. Start einer Falcon 9 vom Startkomplex 40 aus. Der Liftoff erfolgte um 7:58 Uhr mitteleuropäischer Zeit an der Startanlage 40 des Weltraumbahnhofs. Der Einsatz führte auf eine Bahnneigung zum Äquator von 53,16 Grad.

23. Juni 2025 – ULA Atlas V fliegt für Amazon – Am 23. Juni brachte die United Launch Alliance mit einer Trägerrakete des Typs Atlas V 551 27 Satelliten für Amazons Kuiper-Konstellation in einen niedrigen Erdorbit. Es war der zweite von insgesamt neun Starts einer Atlas V für das Vorhaben. Die Mission begann an der Cape Canaveral Space Force Station. Wie schon bei Mission eins wurden auch dieses Mal 27 Satelliten in den Orbit transportiert. Der Liftoff des Trägers erfolgte um 12:54 Uhr mitteleuropäischer Zeit an der Startanlage 41 des Weltraumbahnhofs.

23. Juni 2025 – Transporter 14 bringt 70 Nutzlasten ins All – SpaceX brachte am 23. Juni mit einer Trägerrakete des Typs Falcon 9 insgesamt 70 Satelliten in eine sonnensynchrone polare Erdumlaufbahn. Es handelt sich bei dieser Mission um die insgesamt 14. so genannten „Transporter"-Mission, einer Art Sammeltransport zu sehr günstigen Startpreisen, die SpaceX etwa vierteljährlich anbietet. Die Mission begann an der Space Force Basis Vandenberg. Anders als bei den vorausgegangenen Transporter-Missionen war das Gesamtgewicht der Nutzlasten so hoch, dass die…

25. Juni 2025 – Peggy Whitson startet zu Raumflug Nummer 5 – Die US-Raumfahrtlegende Peggy Whitson startete am 25. Juni zu ihrem fünften Raumflug. Allerdings nicht im Auftrag ihres früheren Arbeitgebers, der NASA, sondern für Axiom Space, bei dem sie nach ihrer aktiven Zeit bei der US-Raumfahrtbehörde angeheuert hatte. Axiom Space steuert die ISS mit Erlaubnis der NASA mit „privaten" Raumfahrern an. Bedingung der Raumfahrtbehörde für die Axiom-Missionen (von denen es zuvor bereits drei gab) ist, dass die „Privatraumfahrer" von einem erfahrenen Ex-Astronauten…

25. Juni 2025 – SpaceX startet Starlink-Gruppe 10-16 – Am 25. Juni brachte SpaceX von der Cape Canaveral Space Force Station aus mit einer Trägerrakete des Typs Falcon 9 die Starlink-Gruppe 10-16 in eine niedrige Erdumlaufbahn. Mit dieser Mission wurden 27 Einheiten der Internet-Konstellation in den Orbit transportiert. Der Liftoff erfolgte um 21:54 Uhr mitteleuropäischer Zeit an der Startanlage 40 des Weltraumbahnhofs. Der Einsatz führte auf eine Bahnneigung zum Äquator von 53,16 Grad. Der Absetzorbit wies ein Perigäum von 265 Kilometern und ein…

26. Juni 2025 – Get The Hawk Outta Here – Rocket Lab brachte am 26. Juni drei Signalaufklärer und einen kleinen Technologiedemonstrator auf eine sonnensynchrone, polare Erdumlaufbahn. Alle vier Einheiten stammen vom US-Unternehmen HawkEye 360. Die Mission ist die zweite einer Serie von drei Starts für diese Firma. Wie immer bei Rocket Lab gab es auch dieses Mal einen „schmissigen" Slogan. Der lautete „Get The Hawk Outta Here" (in etwa: Hol den Falken hier raus). Startort war der kleine private Raumflughafen auf der Halbinsel Mahia,…

27. Juni 2025 – SpaceX startet Starlink-Gruppe 10-34 – Am 27. Juni brachte SpaceX von der Cape Canaveral Space Force Station aus mit einer Trägerrakete des Typs Falcon 9 die Starlink-Gruppe 10-34 in eine niedrige Erdumlaufbahn. Mit dieser Mission wurden 27 Einheiten der Internet-Konstellation in den Orbit transportiert. Für die Startanlage 40 war diese Mission ein neuer Rekord, denn der vorausgegangene Start von dieser Rampe war nur zwei Tage, acht Stunden und 31 Minuten zuvor erfolgt. Damit wurde die alte Rekordmarke um 28 Minuten unterboten. Es war der 80. Falcon 9-Flug des laufenden Jahres.

28. Juni 2025 – „Symphonie In The Stars" bringt Rekord für Rocket Lab – Rocket Lab erzielte am 28. Juni beim Start des Lyra-2-Satelliten von Echostar einen neuen Turn-around-Rekord, denn es war der zweite Start einer Electron innerhalb von weniger als zwei Tagen. Für die beiden Missionen wurden beide Startanlagen des firmeneigenen Raumflughafens auf der Halbinsel Mahia in Neuseeland eingesetzt. Es ist der erste von zwei Einsätzen bei denen je ein einzelnes Raumfahrzeug für den in Englewood in Colorado ansässigen Satellitenbetreiber gestartet wird.

28. Juni 2025 – Das Ende einer Familie – Am 28. Juni führte die japanische Raumfahrtagentur JAXA den 50. und letzten Flug einer Trägerrakete des Typs H-2A durch. Nachdem schon vor fünf Jahren der neunte und letzte Flug einer H-2B-Rakete erfolgt war, ist die aktuelle Mission gleichzeitig auch das „Aus" für die gesamte H-2-Trägerraketenfamilie. Diese beiden Typen werden zukünftig von der H3 ersetzt, von der bislang schon fünf Einheiten gestartet sind. 49 der insgesamt 50 Missionen der H-2A verliefen erfolgreich. Bei ihrem abschließenden Einsatz brachte die H-2A den Umweltbeobachtungssatelliten GOSAT-GW...

28. Juni 2025 – SpaceX startet Starlink-Gruppe 15-7 – Am 28. Juni brachte SpaceX von der Space Force Basis Vandenberg aus mit einer Trägerrakete des Typs Falcon 9 die Starlink-Gruppe 15-7 in eine niedrige Erdumlaufbahn. Mit dem aktuellen Einsatz wurden 26 der Mobilfunk-Satelliten in den Orbit transportiert. Der Start erfolgte, wie sehr häufig in Vandenberg, in einer dichten Nebelsuppe. Bei der Startübertragung war die Rakete nicht zu erkennen. Der Einsatz begann um 18:30 Uhr mitteleuropäischer Zeit an der Startanlage 4E des Weltraumbahnhofs.

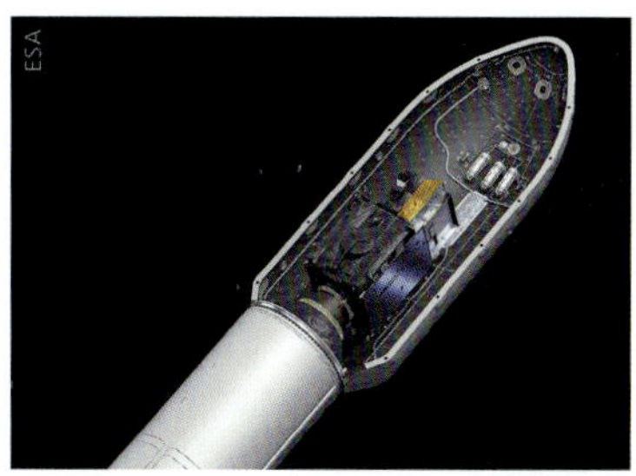

01. Juli 2025 – Falcon 9 bringt MTG-S1 ins All – Noch immer sind die Folgen der europäischen Trägerraketen-Misere wirksam. Da die Ariane 6 aufgrund des langsamen Fertigungshochlaufs weiterhin nicht zur Verfügung steht, startete EUMETSAT am 1. Juli seinen jüngsten Wettersatelliten mit einer Falcon 9 von SpaceX. Damit wurde mit einer langen Tradition gebrochen, denn bis auf einen waren zuvor sämtliche früheren europäischen Meteorologie-Satelliten mit europäischen Trägerraketen gestartet worden. Eumetsat und die EU, aber auch die ESA versuchten...

02. Juli 2025 – 500. Start einer Falcon 9 – Am 2. Juli brachte SpaceX von der Cape Canaveral Space Force Station aus mit einer Trägerrakete des Typs Falcon 9 die Starlink-Gruppe 10-25 in eine niedrige Erdumlaufbahn. Dabei wurden 27 Einheiten der Internet-Konstellation in den Orbit transportiert. Der Einsatz brachte gleich zwei neue Rekorde für SpaceX. Zum einen war es die 500. Mission einer Falcon 9 und zum anderen wurde erstmals ein Booster zum 29. Mal verwendet. Der Liftoff erfolgte um 8:28 Uhr mitteleuropäischer Zeit an der Startanlage...

03. Juli 2025 – Shiyan 28B-01 auf unbekannter Mission – China brachte am 3. Juli mit einer Trägerrakete des Typs Langer Marsch 4C den (wahrscheinlich militärischen) Technologiesatelliten Shiyan 28B-01 in eine niedrige Erdumlaufbahn. Der genaue Einsatzzweck des Raumfahrzeugs ist unklar. Die Mission begann am zentralchinesischen Weltraumbahnhof Xichang. Es war der erste Start einer Rakete des Typs Langer Marsch 4C seit sieben Jahren und erst der zweite überhaupt von Xichang aus. Insgesamt wurden bislang 56 Raketen dieses Typs gestartet.

03. Juli 2025 – Progress MS-31 versorgt die ISS – Russland brachte am 3. Juli ein neues Versorgungsraumschiff auf den Weg zur Internationalen Raumstation. Der Start von Progress MS-31 erfolgte am Kosmodrom von Baikonur. Als Träger wurde eine Rakete des Typs Sojus 2.1a eingesetzt. Die Sojus-Trägerrakete wurde weiß-blau lackiert und trug ein Abzeichen zur Feier des 50. Jahrestages der ersten bemannten internationalen Weltraummission der Geschichte, des Apollo-Sojus-Test-Projekts, das am 15. Juli 1975 begann. Die Mission begann um 21:32 Uhr...

08. Juli 2025 – SpaceX startet Starlink-Gruppe 10-28 – Am 8. Juli brachte SpaceX von der Cape Canaveral Space Force Station aus mit einer Trägerrakete des Typs Falcon 9 die Starlink-Gruppe 10-28 in eine niedrige Erdumlaufbahn. Dabei wurden 28 Einheiten der Internet-Konstellation in den Orbit transportiert. Die Nummerierung geht ein wenig durcheinander und ist daher auch ziemlich verwirrend. Tatsächlich handelt es sich bei der aktuellen Mission um die 19. Mission in die „Schale" 10. Der Liftoff erfolgte um 10:21 Uhr mitteleuropäischer Zeit an der...

13. Juli 2025 – SpaceX startet Dror-1 für Israel – Am 13. Juli brachte eine Trägerrakete des Typs Falcon 9 von SpaceX eine (mehr oder weniger) geheime Nutzlast im Auftrag von Israel Aircraft Industries (IAI) auf eine supersynchrone geostationäre Transferbahn. Startort war die Cape Canaveral Space Force Station. Die Mission trägt den wenig aufschlussreichen Namen „Commercial GTO-1", die Nutzlast selbst wird als Dror-1 bezeichnet. Der Endkunde des Satelliten ist die israelische Regierung. Der Einsatz begann um 5:30 Uhr mitteleuropäischer Zeit an der...

14. Juli 2025 – Langer Marsch 7 sendet Tianzhou 9 zu Tiangong – Mit einem Präzisionsstart schickte die chinesische Raumfahrtagentur das Nachschubraumschiff Tianzhou 9 auf eine Transferbahn zur nationalen chinesischen Tiangong-Raumstation. Als Träger wurde eine Rakete des Typs Langer Marsch 7 verwendet. Startort war das Raumfahrtzentrum Wenchang am Gelben Meer. Die Mission begann um 23:34 Uhr mitteleuropäischer Zeit an der Startanlage 201 des Weltraumbahnhofs. Etwa neun Minuten nach dem Liftoff war eine Übergangs-Umlaufbahn erreicht und nach nur dreistündiger Flugzeit...

15. Juli 2025 – Axiom 4-Crew kehrt zur Erde zurück – Am 15. Juli kehrte der SpaceX Crew Dragon Grace mit der vierköpfigen Besatzung der Axiom 4-Mission wieder zur Erde zurück. Dieser privat organisierte Flug zur Internationalen Raumstation hatte insgesamt 20 Tage, zwei Stunden und 59 Minuten gedauert, davon angedockt an der ISS 18 Tage und 43 Minuten. An Bord befanden sich neben der Kommandantin Peggy Whitson auch der indische Luftwaffenoberstleutnant und Testpilot Shubanshu Shukla, der für die indische Raumfahrtagentur ISRO an Bord war. Als Pilot der Grace fungierte der polnische ESA-Astronaut Sławosz Uznański-Wiśniewski...

16. Juli 2025 – SpaceX startet Starlink-Gruppe 15-2 – Am 16. Juli brachte SpaceX von der Space Force Basis Vandenberg aus mit einer Trägerrakete des Typs Falcon 9 die Starlink-Gruppe 15-2 in eine niedrige Erdumlaufbahn. Mit dem aktuellen Einsatz wurden 26 der Mobilfunk-Satelliten in den Orbit transportiert. Trotz der Missionsbezeichnung hat SpaceX zuvor bereits acht Starlink-Ladungen in die „Schale" 15 des Starlink-Systems geschickt. Damit hat das Unternehmen bislang 9165 Starlink-Satelliten gestartet, von denen 1197 bereits wieder in die Erdatmosphäre eingetreten sind.

16. Juli 2025 – SpaceX hilft bei Kuiper aus – Die vorgesehenen primären Startvehikel für die Kuiper-Internet-Konstellation von Amazon kommen nur schwer von der Rampe. Sowohl die Ariane 6 als auch der New Glenn von Blue Origin und die Vulcan der United Launch Alliance haften wie Blei am Boden. Die gegenwärtig einzigen Startmöglichkeiten für diese Satelliten sind die altgediente Atlas V, von der aber nur noch wenige Exemplare existieren, und die Falcon 9 des – mit der Starlink-Konstellation – direkten Konkurrenten SpaceX.

19. Juli 2025 – SpaceX startet Starlink-Gruppe 17-3 – Am 19. Juli brachte SpaceX von der Space Force Basis Vandenberg aus mit einer Trägerrakete des Typs Falcon 9 die Starlink-Gruppe 17-3 in eine niedrige Erdumlaufbahn. Mit dem aktuellen Einsatz wurden 24 der Mobilfunk-Satelliten in den Orbit transportiert. Die etwas geringere Zuladung als gewöhnlich liegt daran, dass die Rakete einen polaren, sonnensynchronen Orbit ansteuerte, der einen höheren Geschwindigkeitsbedarf hat als die gewöhnlichen Starlink-Missionen.

22. Juli 2025 – O3b mPOWER 9 und 10 im Orbit – SpaceX brachte am 22. Juli die beiden Kommunikationssatelliten O3b mPOWER 9 und O3b mPOWER 10 in einen Transferorbit für eine mittelhohe Erdumlaufbahn. Auftraggeber war das in Luxemburg ansässige Unternehmen SES SA, das bereits über 70 Großsatelliten betreibt. SES ist der älteste und treueste Kunde von SpaceX. Die Mission begann an der Cape Canaveral Space Force Station. Der Liftoff erfolgte um 23:12 Uhr mitteleuropäischer Zeit an der Startanlage 40 des Weltraumbahnhofs. Die zweite Stufe der Falcon 9...

23. Juli 2025 – SpaceX bringt Explorer 106 und 107 ins All – Explorer, das älteste Satellitenprogramm der Welt, hat zwei neue Mitglieder. Die Reihe begann mit Explorer 1 am 31. Januar 1958, der vom Team von Wernher von Braun mit einer Jupiter C-Rakete gestartet wurde. Am 23. Juli 2025 starteten nun auf einer Falcon 9 von SpaceX Explorer 106 und 107. Besser bekannt sind die beiden Satelliten allerdings unter der Bezeichnung TRACERS A und B (für: Tandem Reconnection and Cusp Electrodynamics Reconnaissance Satellites). Betrieben werden die beiden Einheiten, wie im Übrigen alle Satelliten der Explorer-Reihe, von der NASA.

25. Juli 2025 – Russische Rideshare-Mission erfolgreich gestartet – Die russische Raumfahrtagentur Roskosmos brachte am 25. Juli zwei Wissenschaftssatelliten in den Orbit. Die Hauptnutzlasten der Mission waren die Flugeinheiten 3 und 4 der am Ende fünf Einheiten starken Ionozond-Konstellation. Die ersten vier Satelliten tragen den Namen Ionosfera-M 1-4, der fünfte Satellit, der noch zu starten ist, trägt die Bezeichnung Zond. Der Start war die erste russische Mission dieses Jahres von Wostotschnij aus. Als Träger wurde eine Rakete des Typs Sojus 2.1b Fregat eingesetzt.

26. Juli 2025 – Fünf Erdbeobachtungssatelliten für Europa – Endlich wieder einmal gute Nachrichten aus Europas Raumfahrt. Am 25. Juli brachte eine Trägerrakete des Typs Vega C fünf französische Erdbeobachtungssatelliten in einen sonnensynchronen polaren Orbit. Alle fünf Einheiten entstanden im Auftrag der französischen Raumfahrtagentur CNES. Es handelt sich dabei um vier Satelliten mit der Bezeichnung CO3D sowie den Kleinsatelliten MicroCarb. Die Mission trägt die Bezeichnung VV27 (Vol Vega 27), weil es sich um die 27. Mission dieses Trägers handelt.

26. Juli 2025 – SpaceX startet Starlink-Gruppe 10-26 – Am 26. Juli brachte SpaceX von der Cape Canaveral Space Force Station aus mit einer Trägerrakete des Typs Falcon 9 die Starlink-Gruppe 10-26 in eine niedrige Erdumlaufbahn. Dabei wurden 28 Einheiten der Internet-Konstellation in den Orbit transportiert. SpaceX hat bislang mehr als 280 Starts alleine für den Aufbau der Starlink-Konstellation durchgeführt. Der Liftoff erfolgte um 11:01 Uhr mitteleuropäischer Zeit an der Startanlage 40 des Weltraumbahnhofs. Der Flug führte auf eine Bahnneigung zum...

27. Juli 2025 – SpaceX startet Starlink-Gruppe 17-2 – Am 27. Juli brachte SpaceX von der Space Force Basis Vandenberg aus mit einer Trägerrakete des Typs Falcon 9 die Starlink-Gruppe 17-2 in eine niedrige Erdumlaufbahn. Mit dem aktuellen Einsatz wurden 24 der Mobilfunk-Satelliten in den Orbit transportiert. Die etwas geringere Zuladung als gewöhnlich liegt daran, dass die Rakete einen polaren, sonnensynchronen Orbit ansteuerte, der einen höheren Geschwindigkeitsbedarf hat, als normale Starlink-Missionen. Der Einsatz begann um 6:31 Uhr mitteleuropäischer...

27. Juli 2025 – Chinas SatNet Leo-Konstellation wird weiter bestückt – Eine chinesische Trägerrakete des Typs Langer Marsch 6A brachte am 27. Juli fünf weitere Satelliten der SatNet-Leo-Konstellation in eine niedrige Erdumlaufbahn. Es war dies die fünfte Mission zur Bestückung dieser Konstellation, die in China Guowang oder auch Hulianwang genannt wird. Der Start erfolgte vom nordchinesischen Weltraumbahnhof Taiyuan aus. Es war der 14. Start einer Rakete dieses Typs. Die Mission begann um 12:04 Uhr mitteleuropäischer Zeit an der Startanlage 9A des Weltraumbahnhofs.

29. Juli 2025 – Hyperbola-1 wieder erfolgreich – Die chinesische Kleinträgerrakete Hyperbola-1 von iSpace zeichnete sich bislang durch eine eher mäßige Erfolgsbilanz aus. Vier der zuvor erfolgten insgesamt sieben Missionen endeten als Fehlschlag. Mission acht aber, am 29. Juli, brachte die Erfolgsstatistik dieser Rakete immerhin ins Gleichgewicht. Der Start mit dem Erdbeobachtungssatelliten Kunpeng-03 Enshi Xidou Shanquan/HS-9, oder auch kurz nur Kunpeng-03 genannt, gelang. Der letzte Fehlstart der Hyperbola-1 hatte sich am 11. Juli 2024 ereignet.

30. Juli 2025 – Eris 1 scheitert beim Erstflug – Den Rekord für den kürzesten Raumflugversuch des Jahres 2025 hielt bislang Isar Aerospace mit ihrer Spectrum-Rakete. Die komplette Flugdauer bis zum Aufschlag auf dem Wasser betrug beim Erstflug dieser Rakete am 30. März 39 Sekunden (wobei die Triebwerke bereits nach 21 Sekunden ihren Dienst quittierten). Dieser zweifelhafte Rekord wurde am 29. Juli von der Eris-Rakete des australischen Herstellers Gilmour Space noch einmal deutlich unterboten. Die nur 22 Sekunden dauernde Mission der etwa…

30. Juli 2025 – SpaceX startet Starlink-Gruppe 10-29 – Am 30. Juli brachte SpaceX von der Cape Canaveral Space Force Station aus mit einer Trägerrakete des Typs Falcon 9 die Starlink-Gruppe 10-29 in eine niedrige Erdumlaufbahn. Dabei wurden 28 Einheiten der Internet-Konstellation in den Orbit transportiert. Der Liftoff erfolgte um 5:37 Uhr mitteleuropäischer Zeit an der Startanlage 40 des Weltraumbahnhofs. Der Flug führte auf eine Bahnneigung zum Äquator von 53,16 Grad. Der Absetzorbit wies ein Perigäum von 265 Kilometern und ein Apogäum von 275 Kilometern auf.

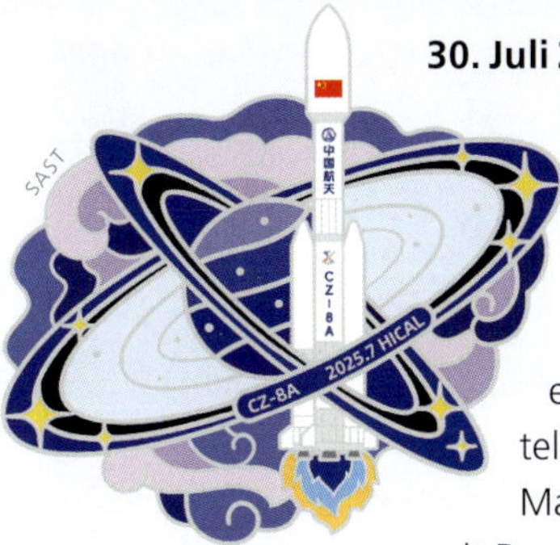

30. Juli 2025 – Langer Marsch 8A bringt 9 Guowang-Satelliten ins All – Der Aufbau der chinesischen SatNet-Leo-Konstellation nimmt Fahrt auf. Am 30. Juli wurde die sechste Gruppe dieses auch Guowang genannten Satellitennetzes in eine Erdumlaufbahn mittelhoher Inklination gestartet. Als Träger wurde eine Langer Marsch 8A eingesetzt, eine relativ neu eingeführte Trägerrakete der mittleren Mittelklasse, die in ihrer Leistungsfähigkeit der Langer Marsch 6A recht ähnlich ist. Ihre Basisversion fliegt seit Dezember 2020 und die aktuelle Mission ist ihr...

30. Juli 2025 – GSLV Mark II startet NISAR – Vor diesem Start hatte die indische Raumfahrtagentur ISRO großen Bammel. Noch nie hatte sie einen so teuren Satelliten gestartet wie NISAR (für: NASA-ISRO Synthetic Aperture Radar). Konstruktion, Bau und die ersten Jahre des Betriebs kosten unglaubliche 1,5 Milliarden Dollar. Und dieses Raumfahrzeug galt es mit einer Rakete des Typs GSLV zu starten, die bei ihren bis dato nur 17 Starts vier vollständige Fehlschläge und zwei Teilversager zu verzeichnen hat. Kein Wunder, dass die ISRO nicht einmal an den Pressekonferenzen zum Start...

31. Juli 2025 – China fliegt für SUPARCO – Mit einer Kleinträgerrakete des Typs Kuaizhou 1A Pro brachte der staatliche chinesische Startdienstleister ExPace einen Satelliten für die pakistanische Raumfahrtagentur SUPARCO mit der Bezeichnung PRSS-S1 in eine niedrige Erdumlaufbahn. Der Satellit ist Bestandteil des so genannten „Space Programme 2040", dem Nachfolgevorhaben des Badr-Programms, in dem 1990 und 2001 zwei kleine experimentelle Satelliten gestartet wurden. Startort war der zentralchinesische Weltraumbahnhof Xichang.

31. Juli 2025 – SpaceX startet Starlink und Starshield – SpaceX brachte am 31. Juli eine gemischte Ladung von Starlink- und Starshield-Satelliten in eine niedrige Erdumlaufbahn. Startort war die Space Force Basis Vandenberg. Die Falcon 9-Trägerrakete brachte bei dieser Mission die 19 Einheiten starke Starlink-Gruppe 13-4 zusammen mit den zwei Einheiten der Starshield-Gruppe 2-4 in den Orbit. Der Start erfolgte, wie so häufig bei Missionen von Vandenberg aus, in dichtem Nebel. Der Einsatz begann um 18:25 Uhr mitteleuropäischer Zeit an der Startanlage 4E

01. August 2025 – SpaceX bringt vier Astronauten ins All – SpaceX brachte am 1. August den Crew Dragon Endeavour mit seiner vierköpfigen Besatzung auf eine Übergangsbahn zur Internationalen Raumstation. Es war der 100. US-Start des Jahres. Zählt man Rocket Lab dazu (das seine Starts derzeit ausschließlich in Neuseeland durchführt, aber in den USA registriert ist), dann sind es sogar 110. An Bord des Raumfahrzeugs befanden sich die Astronauten Zena Cardman (Kommandantin), Mike Fincke (Pilot), Kimia Jui von der JAXA und der russische Kosmonaut Oleg Platonow.

04. August 2025 – SpaceX startet Starlink-Gruppe 10-30 – Am 04. August brachte SpaceX von der Cape Canaveral Space Force Station aus mit einer Trägerrakete des Typs Falcon 9 die Starlink-Gruppe 10-30 in eine niedrige Erdumlaufbahn. Dabei wurden 28 Einheiten der Internet-Konstellation in den Orbit transportiert. Der Liftoff erfolgte um 9:47 Uhr mitteleuropäischer Zeit an der Startanlage 40 des Weltraumbahnhofs. Wieder einmal gab es auch ein Jubiläum: Die Mission war der 450. Einsatz einer „gebrauchten" Falcon 9. Dies beinhaltet auch Missionen der Falcon Heavy-Booster.

04. August 2025 – Neun neue Satelliten für Guowang – China brachte am 4. August neun Satelliten für die nationale SatNet Leo-Konstellation, auch bekannt unter der chinesischen Bezeichnung Guowang, in eine niedrige Erdumlaufbahn. Als Träger wurde eine Rakete des Typs Langer Marsch 12 eingesetzt. Startort war der Wenchang Commercial Spaceport am Gelben Meer, der nun zunehmend häufiger Starts sieht. Die letzte Mission für die Guowang-Konstellation liegt erst fünf Tage zurück. Beim aktuellen Einsatz wurde die Gruppe 7 in den Orbit transportiert.

05. August 2025 – The Harvest Goddess Thrives – Bei der Auswahl von Start-Slogans macht niemand Rocket Lab etwas vor. Sie sind immer originell. So auch für den Start am 5. August, wo er „The Harvest Goddess Thrives" lautete (die Erntegöttin gedeiht). Dort bezog er sich auf die Aufgabe der Nutzlast, den japanischen Erdbeobachtungssatelliten KUSHINADA-I (auch bekannt als QPS-SAR 12). Die Mission begann an der Startanlage 1B des kleinen privaten Raumfahrtzentrums von Rocket Lab auf der neuseeländischen Halbinsel Mahia. Der Liftoff erfolgte um

08. August 2025 – Jielong 3 bringt elf GeeSats in den Orbit – Eine Trägerrakete des Typs Jielong 3 des privaten chinesischen Startdienstleisters China Rocket brachte am 8. August elf Satelliten der GeeSat-Konstellation für den Autohersteller Geely auf eine niedrige Erdumlaufbahn. Der Start erfolgte von der Barke Dongfanghang Tiangang statt, die für diese Mission vor der 1,2-Millionen-Einwohner-Stadt Rizhao im Gelben Meer positioniert war. Es ist in diesem Jahr schon die dritte Mission, die von dieser Plattform aus stattfindet. Die Mission begann um...

09. August 2025 – Endurance kehrt mit Crew 10 zur Erde zurück – Am 09. August kehrte der SpaceX Crew Dragon Endurance mit der vierköpfigen Crew der Crew-10-Mission wieder sicher zur Erde zurück. Ihre Besatzung, bestehend aus der Kommandantin Anne McClain und ihren Kollegen Nichole Ayers, Takuya Onishi und Kyril Peskow hatten sich insgesamt 147 Tage, 16 Stunden und 29 Minuten im Orbit aufgehalten. Die Landung erfolgte um 17:34 Uhr mitteleuropäischer Zeit im Pazifik, wenige Kilometer vor der Küste von San Diego. Aufgenommen wurde die Kapsel mit der Crew...

11. August 2025 – SpaceX arbeitet wieder für die Konkurrenz – Nach vier wetterbedingt vergeblichen Versuchen und weniger als einen Monat nach der ersten Mission für die Kuiper-Internet-Konstellation von Amazon, brachte SpaceX am 11. August erneut 24 Satelliten für seinen direkten Konkurrenten in den Orbit. Das mag vielleicht ein wenig beschämend sein, aber gegenwärtig sind die einzigen Startmöglichkeiten für diese Satelliten die altgediente Atlas V, von der aber nur noch wenige Exemplare existieren, und eben die Falcon 9. Der Einsatz begann erneut an der...

13. August 2025 – Ariane 6 bringt MetOp-SG A1 in den Orbit – In noch langen Zeitabständen zwischen den einzelnen Missionen, aber immerhin, steigt die Ariane 6 zusehends häufiger in das Startgeschäft mit ein. Bei ihrer dritten Mission innerhalb von 13 Monaten brachte der Träger am 13. August in der Version 62 (ausgerüstet mit zwei Feststoff-Boostern) eine Nutzlast für die europäische Wetterbehörde EUMETSAT in eine polare sonnensynchrone Erdumlaufbahn. Die Bezeichnung des Satelliten lautet MetOp-SG A1/Sentinel-5A. Wobei letzteres – nach dem Schrägstrich – ein...

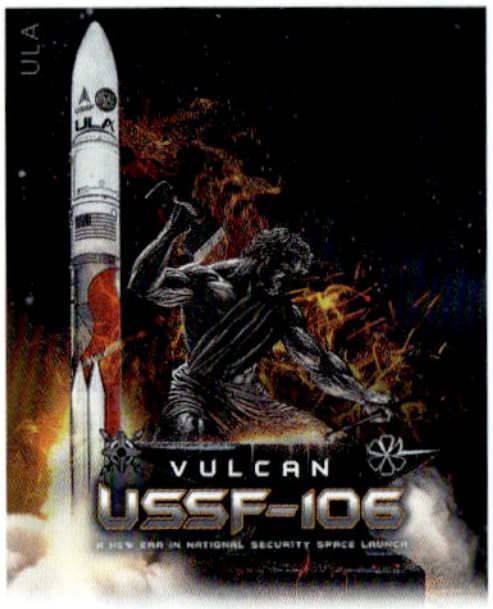

13. August 2025 – Vulcan Centaur absolviert ersten Militäreinsatz – Nur 22 Minuten nach dem Start einer Ariane 62 von Kourou aus, startete mit einer Vulcan Centaur der ULA eine weitere schwere Trägerrakete in den Orbit. Dieses Mal von der Space Force Basis Cape Canaveral. Der Träger brachte bei dem als USSF-106 bezeichneten Einsatz zwei Nutzlasten in den Orbit, bei der nur von einer der Einsatzzweck bekannt ist. Die beiden Komponenten der USSF-106-Mission tragen die Bezeichnungen USA-554 und NTS-3. Für die Vulcan war es, genau wie bei der Ariane 6 nur Minuten zuvor, erst der dritte Flug.

13. August 2025 – Langer Marsch 5B bringt zehn Guowangs in den Orbit – Auch die dritte Mission am 13. August wurde von einer Großrakete durchgeführt. Dieses Mal handelte es sich um eine Langer Marsch 5B, die weitere zehn Guowang-Einheiten in eine polare Erdumlaufbahn transportierte. Das gibt zu Spekulationen Anlass, denn eine wesentlich leistungsschwächere Rakete des Typs Langer Marsch 12 brachte nur neun Tage zuvor neun Guowang-Einheiten in eine Erdumlaufbahn. Wenn nun die massive Langer Marsch 5B, die in der Lage ist 25 Tonnen Nutzlast in eine niedrige...

14. August 2025 – SpaceX startet Starlink-Gruppe 17-4 – Am 14. August brachte SpaceX von der Space Force Basis Vandenberg aus mit einer Trägerrakete des Typs Falcon 9 die Starlink-Gruppe 17-4 in eine niedrige Erdumlaufbahn. Mit dem aktuellen Einsatz wurden 24 Einheiten der Internet-Satelliten in den Orbit transportiert. Die etwas geringere Zuladung als gewöhnlich liegt daran, dass die Rakete einen polaren, sonnensynchronen Orbit ansteuerte, der einen höheren Geschwindigkeitsbedarf hat, als die gewöhnlicher Starlink-Missionen. Der Einsatz begann um...

14. August 2025 – SpaceX startet Starlink-Gruppe 10-20 – Nur siebeneinhalb Stunden nach der vorausgegangenen Starlink-Mission brachte SpaceX am 14. August von der Cape Canaveral Space Force Station aus mit einer Trägerrakete des Typs Falcon 9 die Starlink-Gruppe 10-20 in eine niedrige Erdumlaufbahn. Dabei wurden 28 Einheiten der Internet-Konstellation in den Orbit transportiert. Wieder einmal gab es dabei auch ein Jubiläum: Der eingesetzte Booster absolvierte zehn Missionen innerhalb eines Jahres nach seinem Erstflug. Der Liftoff erfolgte um 14:29 Uhr...

15. August 2025 – Zhuque 2 scheitert mit vier Guowangs – Der Aufbau des chinesischen Guowang-Satellitennetzes muss einen ersten Rückschlag hinnehmen. Am 15. August scheiterte der Start einer Zhuque-2E-Rakete des privaten Pekinger Startdienstleister Land Space. Dabei gingen vier Einheiten der Internet-Konstellation verloren. Der Start war von der Anlage 96 des Raumfahrtzentrums Jiuquan erfolgt. Details dazu sind nicht bekannt, doch scheint der Fehler gegen Ende des Erststufenbetriebes oder unmittelbar nach der Stufentrennung aufgetreten zu sein.

17. August 2025 – Shiyan 28B-02 in ungewöhnlichem Orbit – China brachte am 17. August Shiyan 28B-02 in einen Erdorbit mit sehr geringer Inklination. Die Mission begann am zentralchinesischen Raumfahrtzentrum Xichang. Als Träger wurde eine Rakete des Typs Langer Marsch 4C verwendet. Der Einsatzzweck von Satelliten dieser Reihe wird in der Regel mit wenig aussagekräftigen Beschreibungen illustriert. Meist heißt es, er diene der „Beobachtung der Weltraumumgebung" oder ähnlich nichtssagendes.Die Mission begann um 10:55 Uhr mitteleuropäischer Zeit…

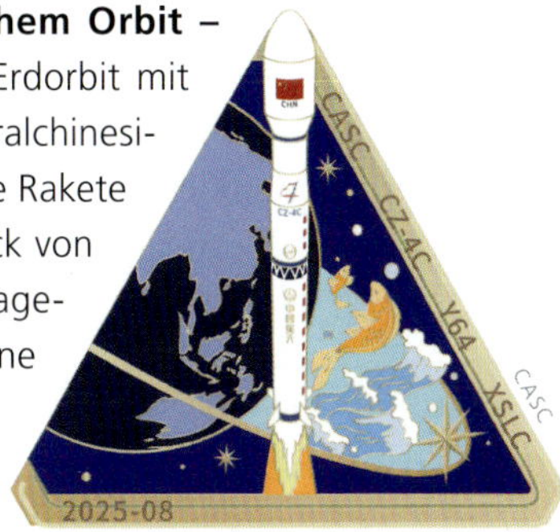

17. August 2025 – China startet erneut fünf Guowangs – China startet derzeit in schneller Folge Satelliten der Guowang-Konstellation. Nach dem missglückten Flug mit einer Zhuque-2 von Jiuquan aus, bei dem vier Satelliten verloren gingen, war am 17. August eine Langer Marsch 6A beim Start von Taiyuan aus erfolgreich. Deren Ladung wird nun offiziell als SatNet Leo-Gruppe 09 geführt. Es war der dritte chinesische Orbitalstart innerhalb von nur zwei Tagen. Die Mission begann um 16:15 Uhr an der Startanlage 9A des nordchinesischen Raumfahrtzentrums. Die…

18. August 2025 – SpaceX startet Starlink-Gruppe 17-5 – Am 18. August brachte SpaceX von der Space Force Basis Vandenberg aus mit einer Trägerrakete des Typs Falcon 9 die Starlink-Gruppe 17-5 in eine niedrige Erdumlaufbahn. Mit dem aktuellen Einsatz wurden 24 Einheiten der Internet-Satelliten in den Orbit transportiert. Es war der 100. Start einer Falcon 9-Rakete im laufenden Jahr. Der Einsatz begann um 17:40 Uhr mitteleuropäischer Zeit an der Startanlage 4E des Weltraumbahnhofs und führte auf ein Perigäum von 266 Kilometern und ein Apogäum von…

19. August 2025 – Kinetica 1 bringt sieben Kleinsatelliten ins All – Eine Trägerrakete des Typs Kinetica 1 des halbstaatlichen Startdienstleisters CAS Space brachte am 19. August sieben Kleinsatelliten unterschiedlicher Hersteller in eine polare sonnensynchrone Erdumlaufbahn. Die Mission begann an der Startanlage 130 des Raumfahrtzentrums Jiuquan in Nordwestchina. Es war der achte Flug einer Kinetica 1. Sieben der Missionen verliefen erfolgreich. Der aktuelle Einsatz begann um 9:33 Uhr mitteleuropäischer Zeit. Die vierte Stufe des Trägers setzte die Satelliten auf…

20. August 2025 – Der Geist von Wostok ist wieder im All – Nach langer Zeit startete Russland am 20. August wieder eine Wissenschaftsmission in den Orbit. Bei dem Raumfahrzeug handelt es sich um Bion-M Nr. 2, dessen Design noch auf die Wostok-Kapsel in den Anfangstagen der sowjetischen Raumfahrt zurückgeht, die wiederum ihrerseits auf der noch früheren Zenit-Aufklärungsplattform beruht. Es ist zwölf Jahre her, seit Russland Bion-M Nr. 1 in den Orbit gestartet hat. Als Träger wurde eine Rakete des Typs Sojus 2.1b verwendet. Startort war das Kosmodrom Baikonur in Kasachstan.

21. August 2025 – Angara 1.2 wieder aktiv – Zur Sowjetzeit war es gang und gäbe, aber in der russischen Ära hat es das schon eine ganze Weile nicht mehr gegeben: Zwei aufeinanderfolgende russische Orbitalmissionen ohne eine weitere internationale Mission dazwischen. Weniger als 24 Stunden nach dem Flug einer Sojus 2.1b in Baikonur startete am 21. August eine Trägerrakete des Typs Angara 1.2 vom nordrussischen Weltraumbahnhof Plessezk aus. Es war der zweite Start einer Rakete dieses Typs im laufenden Jahr. An Bord des Trägers befanden…

22. August 2025 – Militärischer Raumgleiter fliegt mit Falcon 9 – SpaceX brachte am 22. August mit einer Trägerrakete des Typs Falcon 9 den X-37B Mini-Shuttle der US Space Force in eine niedrige Erdumlaufbahn. Es ist der dritte Transport dieses wiederverwendbaren geflügelten Kleinraumschiffes, den das Unternehmen durchführt. Insgesamt verbrachten die beiden Einheiten dieses auch „Orbital Test Vehicle" (OTV) genannten Fahrzeugs bei ihren sieben früheren Einsätzen 4208 Tage im Orbit. Die Mission begann um 5:50 Uhr mitteleuropäischer Zeit an der historischen…

22. August 2025 – SpaceX startet Starlink-Gruppe 17-6 – Am 22. August brachte SpaceX von der Space Force Basis Vandenberg aus mit einer Trägerrakete des Typs Falcon 9 die Starlink-Gruppe 17-6 in eine niedrige Erdumlaufbahn. Mit dem aktuellen Einsatz wurden 24 Einheiten der Internet-Satelliten in den Orbit transportiert. Die Mission begann um 19:04 Uhr mitteleuropäischer Zeit an der Startanlage 4E des Weltraumbahnhofs und führte auf ein Perigäum von 266 Kilometern, ein Apogäum von 280 Kilometern und eine Bahnneigung zum Äquator von 97,61 Grad.

24. August 2025 – Rocket Labs aktuelles Motto: Live, Lauch, Launch – Rocket Lab brachte am 24. August mit einer Kleinträgerrakete des Typs Electron einen Lyra-Datenrelaysatelliten von EchoStar auf eine sonnensynchrone polare Erdumlaufbahn. Zusätzlich mit an Bord waren vier Cubesats eines unbekannten Herstellers mit genauso unbekannter Aufgabenstellung. Der Start erfolgte vom firmeneigenen kleinen Raumflughafen auf der neuseeländischen Halbinsel Mahia. Das bei Rocket Lab übliche Missionsmotto lautete dieses Mal „Live, Laugh, Launch". Die Mission begann um 0:42 Uhr...

24. August 2025 – SpaceX sendet Cargo Dragon zur ISS – Am 24. August begann die nun schon 33. SpaceX-Frachtmission zur Internationalen Raumstation. Beim aktuellen Einsatz mit der Bezeichnung SpaceX CRS-33 (CRS für: Commercial Resupply Service) gab es einige Besonderheiten. Zum einen ist das Raumschiff bei dieser Mission mit einem so genannten „Boost Trunk" ausgerüstet. Er beinhaltet Zusatztanks mit Treibstoff und Zusatztriebwerken, mit deren Hilfe die Bahn der ISS im Flugverlauf angehoben werden wird. Zum anderen befanden sich neben der normalen Fracht noch fünf Kleinsatelliten an Bord, die im Laufe ...

25. August 2025 – Langer Marsch 8A bringt neun Guowangs in den Orbit – Beim zehnten erfolgreichen Start einer Gruppe von Guowang-Satelliten, im Westen besser bekannt unter der Bezeichnung SatNet Leo, brachte eine Trägerrakete des Typs Langer Marsch 8A weitere neun Einheiten dieser staatlichen chinesischen Internet-Konstellation in eine niedrige Erdumlaufbahn. Die Mission begann an der Anlage 1 des kommerziellen Startkomplexes von Wenchang. Der Liftoff erfolgte am 25. August um 22:00 Uhr mitteleuropäischer Zeit. Die zweite Stufe des Trägers setzte die Satelliten auf...

26. August 2025 – SpaceX auf Mini-Rideshare-Mission – Das geringe Gewicht der Hauptnutzlast ließ es zu, aus dem Start einer Erdbeobachtungsmission für Luxemburg am 25. August eine Mini-Rideshare-Mission zu machen, bei der am Ende insgesamt acht Satelliten auf eine sonnensynchrone polare Erdumlaufbahn transportiert wurden. Beim primären Raumfahrzeug an Bord der Falcon 9-Trägerrakete handelte es sich um NAOS (für: National Advanced Optical System), einen institutionellen Satelliten mit hohem Auflösungsvermögen, den Luxemburg militärisch und zivil nutzen will.

27. August 2025 – SpaceX startet Starlink-Gruppe 10-56 – Am 27. August brachte SpaceX von der Cape Canaveral Space Force Station aus mit einer Trägerrakete des Typs Falcon 9 die Starlink-Gruppe 10-56 in eine niedrige Erdumlaufbahn. Dabei wurden 28 Einheiten der Internet-Konstellation in den Orbit transportiert. Wieder einmal gab es dabei auch ein Jubiläum, denn bei dieser Mission wurde die 400. Landung auf einem Bergungsschiff durchgeführt. Der Liftoff erfolgte um 13:10 Uhr mitteleuropäischer Zeit an der Startanlage 40 des Weltraumbahnhofs.

28. August 2025 – Mit Starlink 10-11 zu neuem Rekord bei SpaceX – Am 28. August brachte SpaceX vom Kennedy Space Center aus mit einer Trägerrakete des Typs Falcon 9 die Starlink-Gruppe 10-11 in eine niedrige Erdumlaufbahn. Dabei wurden 28 Einheiten der Internet-Konstellation in den Orbit transportiert. Und erneut gab es dabei ein Jubiläum, denn bei dieser Mission wurde erstmals eine Boosterstufe zum 30. Mal eingesetzt. Man erinnere sich: Das Ziel von SpaceX war es vor zehn Jahren, die Falcon 9-Erststufen bis zu zehn Mal wiederzuverwenden.

30. August 2025 – SpaceX startet Starlink-Gruppe 17-7 – Am 30. August brachte SpaceX von der Space Force Basis Vandenberg aus mit einer Trägerrakete des Typs Falcon 9 die Starlink-Gruppe 17-7 in eine niedrige Erdumlaufbahn. Mit dem aktuellen Einsatz wurden 24 Einheiten der Internet-Satelliten in den Orbit transportiert. Die Mission begann um 6:59 Uhr mitteleuropäischer Zeit an der Startanlage 4E des Weltraumbahnhofs und führte auf ein Perigäum von 266 Kilometern und ein Apogäum von 280 Kilometern und eine Bahnneigung zum Äquator von 97,61 Grad.

31. August 2025 – SpaceX startet Starlink-Gruppe 10-14 – Am 31. August brachte SpaceX von der Cape Canaveral Space Force Station aus mit einer Trägerrakete des Typs Falcon 9 die Starlink-Gruppe 10-14 in eine niedrige Erdumlaufbahn. Dabei wurden 28 Einheiten der Internet-Konstellation in den Orbit transportiert. Damit hat SpaceX mehr als 1900 Starlink-Satelliten, verteilt auf 77 Starts, im laufenden Jahr in den gestartet. Der Liftoff erfolgte um 13:49 Uhr mitteleuropäischer Zeit an der Startanlage 40 des Weltraumbahnhofs. Der Flug führte auf eine Bahnneigung…

Am dritten Flugtag der Polaris Dawn-Mission führte Jared Isaacman gemeinsam mit der Missionsspezialistin Sarah Gillis das erste „private" Außenbordmanöver in der Geschichte der Raumfahrt durch. Auch die beiden anderen Besatzungsmitglieder an Bord der *Resilience*, Anna Menon und Scott Poteet, befanden sich technisch im freien Weltraum, denn das Raumschiff verfügte über keine Luftschleuse.

SPACE-PANORAMA
SEPTEMBER 2024 – AUGUST 2025

Die Polaris Dawn-Crew. Von links: Anna Menon, Scott Poteet, Jared Isaacman und Sarah Gillis.

11. September 2024

POLARIS-DAWN BRICHT HÖHENREKORD

Die Polaris Dawn Mission, die am 11. September 2024 begann, erzielte mehrere Meilensteine in der bemannten Raumfahrt. Die Crew, bestehend aus dem Kommandanten Jared Isaacman, dem Piloten Scott Poteet und den beiden SpaceX-Ingenieurinnen Sarah Gillis und Anna Menon erreichte eine maximale Höhe von etwa 1400 Kilometern über der Erdoberfläche. Dies übertraf den bisherigen bemannten Orbitalrekord aus dem Jahr 1966, der von Gemini 11 aufgestellt worden war.

Während der fünftägigen Mission führte die Besatzung zahlreiche wissenschaftliche Experimente durch und testete neue Technologien. Darunter wurden auch spezielle leichte Raumanzüge von SpaceX erprobt. Diese Anzüge wurden auch für das erste nicht-institutionelle Außenbordmanöver der Raumfahrtgeschichte eingesetzt, das am dritten Flugtag durchgeführt wurde.

Anna Mennon hat im Übrigen im September 2025 die Seiten getauscht und wechselte von SpaceX, wo sie als Space Operations Engineer gearbeitet hatte, ins Astronautencorps der NASA. Vor ihrer Zeit bei SpaceX war sie schon einmal für sieben Jahre bei der NASA gewesen und arbeitete dort als Space Station Flight Controller. Vielleicht sehen wir Anna Menon ja eines Tages auf dem Mond.

Ihr Start bewirkte den Rekord. Von links Donald Pettit, Alexei Owtschinin und Iwan Wagner.

11. September 2024

19 MENSCHEN GLEICHZEITIG IM ORBIT

Am 11. September 2024 gab es noch einen weiteren Raumfahrt-Rekord. An diesem Tag befanden sich erstmals 19 Menschen gleichzeitig in der Erdumlaufbahn. Ausgelöst wurde das durch den Start der Sojus MS-26-Mission mit den Kosmonauten Alexei Owtschinin, Iwan Wagner und Donald Pettit, die an diesem Tag zur Internationalen Raumstation (ISS) aufbrachen.

Die Besatzung der ISS umfasste nach deren Ankunft zwölf Personen. Neben der dreiköpfigen Crew von Sojus MS-26 waren dies Matthew Dominick, Michael Barratt, Jeanette Epps und Alexander Grebenkin von der SpaceX Crew 8-Mission, Oleg Kononenko, Tracy Dyson und Nikolai Tschub von Sojus MS-25 und außerdem Barry Wilmore und Sunita Williams. Diese beiden waren beim Boeing Crew Flight Test mit dem Starliner am 6. Juni 2024 für einen – geplant – achttägigen Aufenthalt an der Station angekommen. Tatsächlich sollten sie aber erst am 18. März 2025 mit der SpaceX Crew 9-Besatzung zur Erde zurückkehren.

Auf der chinesischen Tiangong-Raumstation hielten sich gleichzeitig drei weitere Astronauten auf, nämlich Ye Guangfu, Li Cong und Li Guangsu. Und schließlich waren zwischen dem 11. und 15. September die vier Crewmitglieder der privaten Polaris Dawn-Mission unterwegs, nämlich Jared Isaacman, Sarah Gillis, Anna Menon und Scott Poteet. Dieser Einsatz führte nicht zur ISS sondern war eine Solo-Mission. Der Rekord hielt bis zum 15. September, dem Tag der Rückkehr von Polaris Dawn. Er übertraf damit die vorherige Marke von 17 Personen.

Rückkehr des Boosters 12 zum kombinierten Start- und Fangturm.

13. Oktober 2024

WICHTIGER MEILENSTEIN IM STARSHIP-PROGRAMM

Am 13. Oktober 2024 erfolgte der Start zum fünften integrierten Testflug (kurz: IFT-5) des Starship-Programms. Der markierte einen entscheidenden Schritt in der Entwicklung des wiederverwendbaren Super-Heavy-Boosters, der die erste Stufe des Starship-Gesamtsystems bildet. Die Mission begann um 14:25 Uhr mitteleuropäischer Zeit.

Highlight dieses Testfluges war der Versuch, Booster 12 mit den „Chopstick"-Armen des Startturms (genannt: Mechazilla) einzufangen. Dieses Unterfangen gelang sechs Minuten und 54 Sekunden nach dem Verlassen der Startrampe auf spektakuläre Art und Weise. Die Oberstufe, das Ship No. 30, durchlief während ihre Fluges in einer orbitnahen Suborbitalbahn eine Reihe von Experimenten, darunter das Testen von Hitzeschild-Technologien während des Wiedereintritts in die Atmosphäre.

Der IFT-5 demonstrierte die Machbarkeit einer raschen Wiederverwendung des Starship, sobald es seine Einsatzreife einmal erreicht hat. Mit den Flugtests IFT-7 (mit Booster 14) und IFT-8 (mit Booster 15 am 6. März 2025) wurden in dieser Berichtsperiode von SPACE noch zwei weitere „catches" am Fangturm erfolgreich durchgeführt.

Jared Isaacman beim Senat Confirmation Hearing, das ihn als zukünftigen NASA-Administrator bestätigte. Doch dann änderte Donald Trump seine Meinung

4. Dezember 2024

TRUMP ERNENNT JARED ISAACMAN ZUM NASA-ADMINISTRATOR

Am 4. Dezember 2024 ernannte Donald Trump noch vor seiner offiziellen Amtseinführung als US-Präsident Jared Isaacman zum Kandidaten für den Posten des NASA-Administrators. Isaacman ist ein erfolgreicher Unternehmer und machte zuletzt als Kommandant der Polaris-Dawn-Mission von sich reden. Es war das erste Mal in der US-Geschichte, dass ein „Präsident-elect", also ein Präsident, der sein Amt noch nicht angetreten hat, eine solche Nominierung verkündet.

Trump lobte dabei Isaacman als idealen Führer für eine „neue Ära" der Raumfahrt. Die formale Einreichung der Nominierung beim Senat folgte am 20. Januar 2025, dem „Inauguration Day". Isaacman akzeptierte die Nominierung öffentlich auf X und betonte seine Vision für eine blühende Weltraumwirtschaft und Entdeckungen in Bereichen wie Biotechnologie und Energie.

Trotz breiter Unterstützung aus der Raumfahrt-Community, einschließlich 24 ehemaliger Astronauten, sorgten jedoch seine engen Verbindungen zu Elon Musk und SpaceX sowie zur Demokratischen Partei von Anfang an für Kontroversen, die ihm Monate später seine Nominierung kosten sollten.

17. Dezember 2024

LÄNGSTER AUSSENBORDEINSATZ DER RAUMFAHRTGESCHICHTE

Am 17. Dezember 2024 führten die chinesischen Astronauten Cai Xuzhe und Song Lingdong einen historischen Außeneinsatz an der Tiangong-Raumstation durch. Historisch insofern, als er neun Stunden und sechs Minuten dauerte. Das ist ein neuer Weltrekord für die längste Dauer eines einzelnen Außenbordmanövers (EVA), und unterstreicht damit Chinas wachsende Kompetenz in der bemannten Raumfahrt.

Die Shenzhou 19-Crew. Von links: Wang Haoze, Cai Xushe und Song Lingdong. Song wurde im August 1990 in Heze in der Provinz Shandong geboren.

Während des Einsatzes installierten Cai und Song wissenschaftliche Instrumente und Meteoriten-Schutzschilde an der Außenhülle der Tiangong-Station. Den bisherigen Weltrekord für die längste Dauer eines einzelnen Außeneinsatzes (EVA) wurde von den NASA-Astronauten James Voss und Susan Helms gehalten. Deren Rekord stammt aus dem Jahr 2001 während der Bauarbeiten an der Internationalen Raumstation (ISS). Die Dauer betrug damals 8 Stunden und 56 Minuten.

Song war überdies mit 34 Jahren der zweitjüngste Mensch, der jemals ein Außenbordmanöver unternommen hat. Der jüngste Mensch, der je eine EVA durchgeführt hat, ist die SpaceX-Ingenieurin Sarah Gillis. Ihren Rekord erzielte sie bei der Axiom 4-Mission.

20. Januar 2025

BUZZ ALDRIN FEIERT SEINEN 95. GEBURTSTAG

Edwin „Buzz" Aldrin, der zweite Mensch, der den Mond betrat, wurde am 20. Januar 2025 95 Jahre alt. Zum Stand September 2025 sind die fünf ältesten lebenden Astronauten, die noch mit einem Apollo-Raumschiff geflogen sind, neben Buzz Aldrin der 94-jährige Vance Brand (geboren 19. Mai 1931), der 97-jährige Frank Borman (geboren 14. Oktober 1928), der 92-jährige Fred Haise (geboren 14. November 1933) und der 93-jährige David Scott

Buzz Aldrin wurde am 25. Januar 2025 95 Jahre alt.

(geboren 6. Juni 1932). Vance Brand flog als Kommandomodul-Pilot bei der Apollo-Sojus-Testmission im Jahre 1975 und kommandierte danach drei der frühen Space-Shuttle-Missionen (STS-5, STS-41-B und STS-35). Buzz Aldrin flog zusammen mit dem im August 2025 verstorbenen James Lovell die Mission Gemini 12. Frank Borman kommandierte Gemini 7 und Apollo 8, die erste bemannte Mondumkreisung. Fred Haise ist bekannt als Lunar-Modul-Pilot auf der dramatischen Apollo-13-Mission, die er zusammen mit Jim Lovell und dem schon 1982 verstorbenen Jack Swigert flog. David Scott kommandierte Apollo 15 mit dem ersten Mondrover und startete zuvor mit Gemini 8 und Apollo 9 ins All. Auf dem Mond führte er das berühmt gewordene Experiment mit Feder und Hammer durch.

Die beiden einzigen Mondflieger, die derzeit noch leben und unter 90 Jahre alt sind, sind Harrison Schmidt und Charles Duke. Beide sind bei Erscheinen dieses Buches 89 Jahre alt. Und es gibt – neben Vance Brand – noch einen weiteren lebende Apollo-Astronauten, der nicht zum Mond geflogen ist, nämlich Russell Schweickart von Apollo 9. Er ist heute 90 Jahre alt.

30. Januar 2025

AUSSENBORD-REKORD FÜR SUNITA WILLIAMS

Am 30. Januar 2025 brach die US-Astronautin Sunita Williams während eines Außeneinsatzes an der Internationalen Raumstation (ISS) den Frauenrekord für die kumulierte Zeit von Außenbordtätigkeiten (auch Extravehicular Activities oder kurz EVAs). Mit einer Gesamtdauer von 62 Stunden und 6 Minuten über insgesamt neun EVAs übertraf sie den bisherigen Rekord ihrer NASA-Kollegin Peggy Whitson von 60 Stunden und 21 Minuten.

Dieser Erfolg war allerdings nicht geplant. Er ereignete sich inmitten einer stark erweiterten Mission, die durch technische Probleme mit dem Boeing Starliner-Raumschiff bedingt war. An sich war ihre Aufenthaltsdauer auf der ISS nur für etwa acht Tage geplant worden. Weil aber sie und ihr Kollege Barry Wilmore nicht mehr mit dem Starliner zur Erde zurückkehren konnten, verlängerte sich das am Ende auf mehr als 286 Tage. In dieser Zeit wurden Williams und Wilmore in den normalen Betrieb der ISS integriert.

Während des fünfeinhalbstündigen Außeneinsatzes entfernte Williams zusammen mit

Sunita Williams und Barry Wilmore bei den Vorbereitungen zur Boeing Crew Flight Test Mission im Jahre 2022.

ihrem Starliner-Kollegen Barry „Butch" Wilmore erfolgreich eine defekte Funk-Einheit an der ISS, eine Aufgabe, die in zwei vorherigen Versuchen fehlgeschlagen war. Der Einsatz umfasste zudem Probenentnahmen von Mikroben auf der Außenhülle der Station, die man dort bei einem früheren EVA platziert hatte. Man wollte damit die Überlebensfähigkeit einfacher Lebensformen im All untersuchen. Sunita Williams' kumulierte Flugzeit im Orbit belief sich nach der Mission auf über 608 Tage. Das machte sie zur US-Astronautin mit der zweitlängsten Raumflugerfahrung nach Peggy Whitson.

Das Startlogo der Blue Ghost-Mission.

2. März 2025

MONDLANDUNG FIREFLY BLUE GHOST

Am 2. März 2025 legte der Blue Ghost Mondlander von Firefly Aerospace eine perfekte Landung auf dem Mond hin. Gestartet war das Raumfahrzeug am 15. Januar 2025 im Auftrag der NASA-Commercial Lunar Payload Services (CLPS)-Initiative auf einer SpaceX-Trägerrakete des Typs Falcon 9. An Bord führte der Blue Ghost zehn wissenschaftliche Instrumente und Technologiedemonstrationen mit, um Daten für zukünftige Artemis-Missionen zu sammeln. Nach einer 45-tägigen Transitphase von über 2,8 Millionen Kilometern landete das Vehikel am 2. März 2025 erfolgreich im Mare Crisium.

Damit wurde Firefly das erste kommerzielle Unternehmen, das eine vollständig erfolgreiche Mondlandung durchführte. Während der darauf folgenden mehr als 14-tägigen Oberflächenoperation, also einen vollen Mondtag lang, versorgte der Blue Ghost seine Nutzlasten mit Strom, Daten und thermischer Unterstützung, einschließlich des Einsatzes von Solarpaneelen und Antennen für HD-Videoübertragungen.

Die Instrumente, wie das Lunar PlanetVac für Regolith-Sampling oder das Electrodynamic Dust Shield für Versuche zur Staubminderung, sammelten Daten zu Mondboden-Eigenschaften, geophysikalischen Merkmalen und Wechselwirkungen mit dem Sonnenwind. Insgesamt wurden über 119 Gigabyte an Daten, darunter 51 Gigabyte wissenschaftlicher Inhalte, an das Firefly-Mission Control Center in Texas übermittelt. Firefly Aerospace plant noch mindestens drei Folgemissionen in den Jahren 2026, 2028 und 2029.

6. März 2025

INTUITIVE MACHINES KIPPT ERNEUT

Einer weiteren Mondlandemission des Commercial Lunar Payload Services (CLPS)-Programmes gelang nur ein Teilerfolg, wenn man es großzügig werten will. Am 6. März 2025 „landete" der Nova-C-Lander mit der Bezeichnung Athena (IM-2) von Intuitive Machines in der Nähe des Mons Mouton in der Südpolregion des Mondes. Dieses Gebiet ist

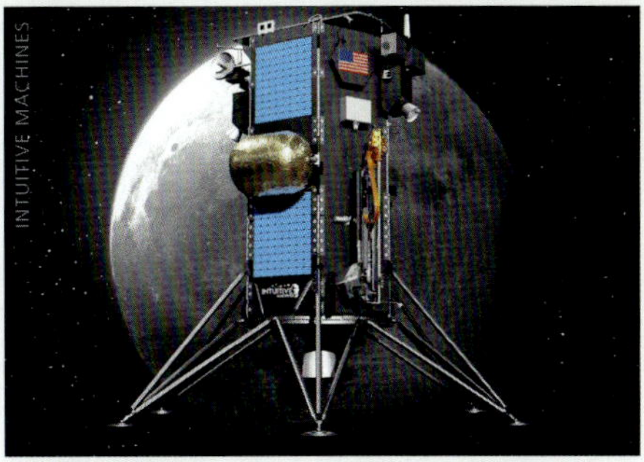

Grafische Darstellung des IM-2 Athena-Landers.

für seine potenziellen Wasserressourcen von großer Bedeutung für das NASA Artemis-Programm. Die Mission war am 26. Februar 2025 mit einer SpaceX Falcon 9 Rakete gestartet worden. Ähnlich wie der Blue Ghost von Firefly sollte auch die Athena wissenschaftliche Instrumente zum Erdtrabanten bringen. Trotz eines erfolgreichen Abstiegs kippte der Lander bei der Landung wegen einer etwas zu großen Lateralgeschwindigkeit auf die Seite, was die Einsetzbarkeit der Instrumente erheblich einschränkte.

Auch die Lebensdauer des Landers war durch die Bruchlandung erheblich verkürzt, denn weniger als einen Tag nach der verunglückten Landung waren die Batterien entleert. Wegen der Seitenlage des Landers konnten die Solargeneratoren keinen Strom erzeugen. An Bord befand sich, neben anderen Instrumenten, der PRIME-1-Bohrer, der erstmals die In-situ-Ressourcennutzung durch Bohren nach volatilen Stoffen demonstrieren sollte. Immerhin konnte Intuitive Machines durch schnelle Anpassungen trotz des Missgeschicks einige Daten sichern.

Schon der vorausgegangene IM-1 Lander (Name „Odysseus") war beim Landeversuch umgekippt. Die beiden Teil-Fehlschläge stellten erneut die Sinnhaftigkeit der Konstruktion mit seinen langen Landebeinen und dem sehr hohen Schwerpunkt in Frage, der auf höhere Lateralgeschwindigkeiten bei der Landung und auf unebenes Terrain sehr empfindlich reagiert. Intuitive Machines plant für das Jahr 2026 eine weitere Mission. Wir können gespannt sein, ob es dann im dritten Anlauf endlich klappt.

18. März 2025

60. JAHRESTAG DES ERSTEN AUSSENBORDMANÖVERS

Am 18. März 1965 schrieb der sowjetische Kosmonaut Alexei Leonow Raumfahrtgeschichte, als er während der Woschod-2-Mission als erster Mensch einen Weltraumausstieg (EVA) durchführte. Das Manöver dauerte seinerzeit exakt zwölf Minuten und neun Sekunden. Zusammen mit ihm an Bord war Kommandant Pawel Beljajew, der in der Woschod verblieb. Leonow

Dieses Bild entstand Ende Februar 1975 beim Training, nur wenige Wochen vor der ASTP-Mission. Links Stafford, rechts Leonow.

verließ die Kapsel durch eine aufblasbare Schleuse und schwebte im All, mit dem Raumfahrzeug nur durch eine gut fünf Meter lange Leine verbunden.

Sein Ausstieg war hoch riskant: Der Raumanzug blähte sich im Vakuum so auf, dass er nur mit Mühe wieder zurück in die Schleuse gelangte. Kurz darauf ereigneten sich in der Kapsel eine Reihe von Systemfehlern, die eine Notlandung notwendig machten, worauf die Crew in einem verschneiten sibirischen Wald strandete, wo sie sich gegen Wölfe zur Wehr setzen mussten. Erst nach zwei Tagen erreichten die Rettungskräfte die Kapsel.

Immerhin legte der Weltraumausstieg von 1965 den Grundstein für komplexe EVA-Missionen, wie sie während des Apollo-Programms auf dem Mond, und heute an der Internationalen Raumstation (ISS) fast alltäglich sind. Zehn Jahre nach der Woschod 2-Mission war Leonow Kommandant von Sojus 19, mit der die UdSSR den sowjetischen Teil des Apollo-Sojus-Test-Projektes bestritt. Leonow, der 2019 verstarb, war eine Ikone der sowjetischen und russischen Raumfahrt.

31. März 2025

RABEA ROGGE – DIE ERSTE DEUTSCHE FRAU IM WELTRAUM

Nun hat auch Deutschland endlich seine erste Frau im Weltraum, und das ziemlich unspektakulär und für viele überraschend. Sie heißt Rabea Patricia Rogge, ist eine 29-jährige Elektroingenieurin und Polarforscherin aus Berlin, und wurde 2024 als Missionsspezialistin für die private SpaceX-Mission Fram2 ausgewählt. Sie lernte den Missionskommandanten Chun Wang, einen chinesisch-maltesischen Milliardär, auf einer Expedition in Spitzbergen kennen.

Die Crew der SpaceX Fram 2-Mission. Rabea Rogge ist die zweite von links.

Rogge, die an der ETH Zürich studierte und dort schon studentische Satellitenprojekte leitete, wurde zusammen mit der Norwegerin Anna Meland und dem Australier Jannick Peters für die Mission ausgewählt. Seit August 2024 trainierte Rogge mit Wang, Meland und Peters in Kalifornien bei SpaceX. Ihre Expertise in Robotik und Polarforschung passte perfekt zu den Missionszielen. Die Crew durchlief eine praxisorientierte Vorbereitung für den kurzen Orbitalflug, ohne die formale Ausbildung klassischer Astronauten.

Am 31. März 2025 startete Rogge dann mit ihren drei Kollegen an Bord des SpaceX Crew Dragon Resilience von Cape Canaveral aus in eine polare Umlaufbahn. Es war das erste Mal überhaupt, dass eine solche Bahn bei einem bemannten Raumflug angesteuert wurde. Zuvor hielt den Rekord für die steilste geflogene Bahnneigung (damals 65,1 Grad) ebenfalls eine Frau, nämlich Valentina Tereschkowa mit Wostok 6. Die Fram2-Mission umfasste 55 Erdumrundungen und 22 Experimente, darunter Versuche mit dem Wachstum von Speisepilzen in der Schwerelosigkeit, um Langzeitmissionen zu unterstützen. Am 4. April 2025 landete die Crew sicher vor der Küste Kaliforniens.

20. April 2025

DONALD PETTIT – ÄLTESTER AKTIVER BERUFSASTRONAUT

Am 20. April kehrte der dienstälteste Karriere-Astronaut der Welt mit der Landekapsel von Sojus MS-26 von seiner aktuellen, 220 Tage langen, Mission aus dem Weltraum zurück. Genau an diesem Tag feierte er auch seinen 70. Geburtstag. Donald Pettit wurde am 20. April 1955 in Silverton, Oregon geboren. Er war 1996 von der NASA als Astronautenkandidat ausgewählt worden.

Pettit erwarb einen Bachelor als Chemie-Ingenieur an der Oregon State University und einen Doktortitel an der University of Arizona, bevor er als Wissenschaftler am Los Alamos National Laboratory arbeitete. Im Laufe seiner Karriere hat Pettit über 590 Tage im All verbracht. Er ist bekannt für seine atemberaubenden astrophysikalischen Fotos aus dem All und seine innovativen Erfindungen wie den Zero-G-Cup, dem ersten patentierten Gegenstand, der in der Schwerelosigkeit entwickelt wurde.

Pettits Karriere umfasst vier Raumflüge, beginnend mit der Expedition 6 zur Internationalen Raumstation (ISS) im Jahr 2002. 2008 flog er als Missionsspezialist bei der Space-Shuttle-Mission STS-126. 2012 diente er als Flugingenieur für 193 Tage bei der Expedition 30/31. Zu seiner aktuellen Mission startete er am 11. September 2024 mit den Kosmonauten Alexei Owtschinin und Iwan Wagner an Bord von Sojus MS-26. Trotz seines Alters denkt Pettit noch nicht an Rücktritt und plant weitere Flüge. Mal sehen, ob sein Arbeitgeber dabei mitmacht.

Donald Pettit vor seinem Einsatz mit Sojus MS-26.

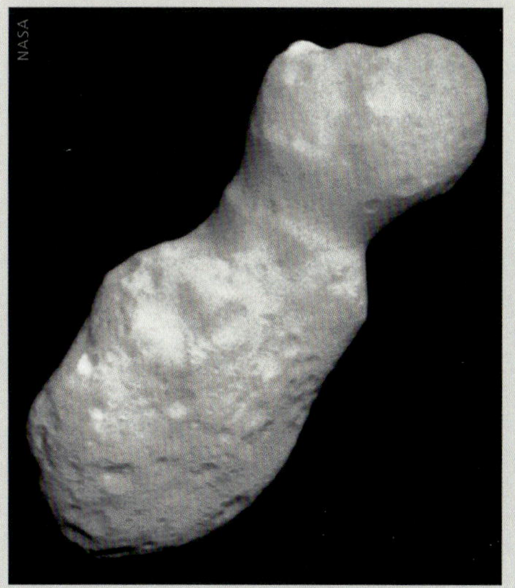

Beim Asteroiden Donaldjohanson handelt es sich um einen so genannten Kontaktbinärkörper. Das sind zwei Asteroiden, die durch eine sehr langsame Kollision aneinander geklebt sind.

20. April 2025

RAUMSONDE LUCY KNIPST DONALDJOHANNSON

Am 20. April 2025 flog die NASA Raumsonde Lucy in einer Entfernung von etwa 920 Kilometern am Hauptgürtel-Asteroiden (52246) Donaldjohanson vorbei, dem zweiten Asteroiden in ihrer zwölfjährigen Mission. Einen ersten Vorbeiflug hatte das Raumfahrzeug bereits am 1. November 2023 absolviert. Dabei fotografierte es den 700 Meter großen (152830) Dinkinesh und seinen erst während des Vorbeiflugs entdeckten Begleiter Selam.

Donaldjohanson ist benannt nach dem Paläoanthropologen Donald Johanson, der 1974 das berühmte Lucy-Fossil entdeckte. Er ist etwa vier Kilometer lang und rotiert extrem langsam. Ein „Tag" dauert bei ihm 251 Stunden. Als Mitglied der Erigone-Familie entstand dieser Asteroid vor rund 150 Millionen Jahren durch die Kollision eines größeren Elternkörpers. Die von Lucys L'LORRI-Kamera aufgenommenen Bilder haben eine Detailauflösung von etwa 50 Meter pro Bildpunkt.

Trotz der beiden Vorbeiflüge hat Lucy ihr eigentliches Zielgebiet, nämlich eine Gruppe der Trojaner-Asteroiden des Jupiter, noch gar nicht erreicht. Deren erster Besuch steht noch bevor, wenn die Raumsonde im August 2027 den 68 Kilometer großen (3548) Eurybates erreichen wird. Danach erfolgen in kurzen Zeitabständen drei weitere Vorbeiflüge an Jupiter-Trojanern.

25. April 2025

EHRUNG FÜR PAMELA MELROY

Am 25. April 2025 wurde Pamela Melroy mit der National Space Trophy der Rotary National Award for Space Achievement Foundation für ihre herausragenden Beiträge zur Raumfahrt geehrt. Als Astronautin flog Melroy auf drei Space-Shuttle-Missionen: STS-92 (2000), STS-112 (2002) und STS-120 (2007), wobei sie als Kommandantin der Mission STS-120 nur eine von insgesamt zwei Frauen war, die einen Space Shuttle befehligten. Nach ihrem Ausscheiden aus dem aktiven Astronautencorps übernahm sie eine Reihe von Führungspositionen. Unter anderem war sie stellvertretende Programmmanagerin für das Commercial Crew Program der NASA, stellvertretende Direktorin des Tactical Technology Office (TTO) der DARPA (für: Defense Advanced Research Projects Agency) und stellvertretende NASA-Administratorin in den Jahren 2021-2025.

Die stellvertretende NASA-Administratorin Pam Melroy am 5. April 2022 bei einer Rede auf dem 37th Space Symposium in Colorado Springs, Colorado.

Pamela Ann Melroy, wurde am 17. September 1961 im kalifornischen Palo Alto geboren. Nach ihrem Abschluss in Physik und Astronomie am Wellesley College und einem Master in Erd- und Planetenwissenschaften am MIT trat sie der US Air Force bei, wo sie als Testpilotin über 5000 Flugstunden absolvierte. Ihre militärische Karriere umfasste auch Einsätze als Kampfpilotin im Golfkrieg, bevor sie 1994 von der NASA für das Astronautenprogramm ausgewählt wurde.

Am 20. Januar 2025, mit dem Regierungswechsel in den USA, schied sie aus ihrem Amt als stellvertretende NASA-Administratorin aus. Derzeit ist sie selbstständig tätig und lebt in Upstate, New York, wo sie ihre Expertise in der Luft- und Raumfahrt durch Beratungen und öffentliche Auftritte einbringt.

esa

European Space Agency

30. Mai 2025

50. JAHRESTAG DER GRÜNDUNG DER ESA

Am 30. Mai 2025 jährte sich das Gründungsdatum der Europäischen Weltraumorganisation (ESA) zum 50. Mai. Vor 1975 kooperierten europäische Länder durch zwei Vorgängerorganisationen: die European Space Research Organisation (ESRO) und die European Launcher Development Organisation (ELDO). Die ESRO, 1964 gegründet, konzentrierte sich dabei auf die Entwicklung wissenschaftlicher Satelliten, während ELDO an der Ariane-Vorgängerrakete Europa arbeitete, die jedoch aufgrund technischer und politischer Probleme scheiterte. Der Kalte Krieg und der Wettlauf ins All zwischen den USA und der Sowjetunion motivierten Europa, eine gemeinsame Weltraumagentur zu schaffen, um die technologische Souveränität herzustellen.

Die eklatanten Schwächen von ESRO und ELDO, vor allem die mangelhafte Koordination, das Fehlen von Systemführern und Finanzierungsstreitigkeiten, führten in den frühen 1970er Jahren zu Verhandlungen über eine einheitliche europäische Raumfahrtagentur. Am 30. Mai 1975 unterzeichneten zehn europäische Staaten – darunter Deutschland, Frankreich und das Vereinigte Königreich – das Übereinkommen, das die beiden Organisationen zur ESA fusionierte. Die neue Agentur sollte Raumfahrtmissionen, Raketenentwicklung und internationale Kooperationen unter einem Dach bündeln, mit dem Ziel, Europa als bedeutende Raumfahrtmacht zu etablieren. Gemeinsame Erfolge stärkten die Position der neuen Agentur, wie etwa der erfolgreiche Start der Ariane 1 im Dezember 1979. Er markierte insofern einen Wendepunkt, als Europa nun über einen unabhängigen Zugang zum All verfügte und die ESA als globale Akteurin etablierte.

BUITENLAND HLM.BE

Trump beruft Isaacman wieder ab.

31. Mai 2025

TRUMP BERUFT ISAACMAN WIEDER AB

Am 31. Mai 2025 zog Präsident Donald Trump die Nominierung von Jared Isaacman als NASA-Administrator überraschend wieder zurück. Offizielle Gründe wurden nicht bekannt gegeben, weswegen darüber nur spekuliert werden kann. Trump hatte Isaacman am 4. Dezember, noch vor seiner Amtseinführung, als neuen NASA-Administrator nominiert. Die Vermutungen sind weit gestreut. Sie reichen von Spenden Isaacmans an demokratische Kandidaten in den vergangenen Jahren bis hin zu seiner engen Verbindung zu Elon Musk. Musk war als ehemaligen Leiter des Department of Government Efficiency (DOGE) bei Trump in Ungnade gefallen. Musk war es wohl auch, der Isaacman ursprünglich empfohlen hatte. Es wurden auch Berichte lanciert, dass Trumps Team Bedenken hinsichtlich potenzieller Interessenkonflikte bei NASA-Verträgen mit SpaceX hegte. Die Entscheidung fällt zeitlich mit der Veröffentlichung der drastischen Kürzungen des NASA-Budgets zusammen, das massive Einschnitte bei den Wissenschaftsprogrammen vorsieht. Isaacman könnte als zu innovativ oder nicht ausreichend kompromissbereit gegenüber diesen Sparmaßnahmen wahrgenommen worden sein.

Der Rückzug der Nominierung signalisiert somit eine strategische Korrektur, damit nun ein Kandidat installiert werden kann, der die Ziele des Präsidenten „mission aligned", also uneingeschränkt und widerspruchslos umsetzt. Isaacman hatte erst am 9. April 2025 ein Hearing absolviert, bei dem der Senatsausschuss für Handel, Wissenschaft und Verkehr seiner Nominierung mit großer Mehrheit zugestimmt hatte.

5. Juni 2025

MONDLANDER „RESILIANCE" STÜRZT AB

Trotz erfolgreichem Erreichen der Mondumlaufbahn am 7. Mai 2025 scheiterte die Landung eines japanischen Mondlanders am 5. Juni 2025 buchstäblich auf den letzten Metern, nur 90 Sekunden vor dem geplanten Aufsetzzeitpunkt. Die Hakuto-R Mission 2, auch bekannt unter dem Namen Resilience, wurde von der japanischen Firma iSpace am 15. Januar 2025 auf einer SpaceX Falcon 9 Rakete vom Kennedy Space Center aus auf die Reise geschickt. Die Resilience hatte sich den Flug mit der erfolgreichen Blue Ghost Mission von Firefly Aerospace geteilt.

Das Vehikel war eine verbesserte Version des Designs aus der gescheiterten Mission 1 des Jahres 2023. Beabsichtigt war eine Landung in der nördlichen Mare Frigoris-Region. Resilience trug mehrere wissenschaftliche Nutzlasten, darunter ein Wasser-Elektrolyse-Experiment, ein Modul zur Algen-basierten Nahrungsmittelproduktion und einen Monitor für Weltraumstrahlung. Besonders gespannt warteten die Wissenschaftler auf den Einsatz des fünf Kilogramm schweren Rovers Tenacious. Dieses Mini-Fahrzeug stammte aus Luxemburg und sollte zum ersten in Europa gebauten Mondrover aus Luxemburg werden.

Der erneute Absturz wurde auf einen Defekt des Laser-Range-Finders zurückgeführt, der falsche Daten an die Landetriebwerke übermittelte. Der Lunar Reconnaissance Orbiter der NASA fotografierte den Absturzort am 11. Juni. Das Bild zeigte einen dunklen Fleck mit hellem Auswurfmaterial, verursacht durch den weggesprengten Regolith.

Der Hakuto-R M2-Lander namens „Resiliance" wird hier auf den Start vorbereitet.

Explosion des Ship 36 auf dem Teststand.

18. Juni 2025

EXPLOSION AUF DEM TESTSTAND

Am 18. Juni 2025 explodierte das für den 10. Starship-Testflug vorgesehene Ship 36, die Oberstufe des Starship, während der Vorbereitungen auf Prüfstandslauf am Starbase-Gelände in Texas. Die Explosion ereignete sich gegen 23 Uhr Ortszeit, kurz vor einem geplanten statischen Brennlauf der sechs Raptor-Triebwerke. Ship 36 und der Prüfstand wurden dabei vollständig zerstört. Laut SpaceX gab es keine Verletzten. Die weitere Umgebung blieb sicher, auch weil SpaceX keine toxischen Materialien einsetzt.

SpaceX identifizierte die Ursache in einem defekten Composite Overwrapped Pressure Vessel (COPV), einem Stickstoff-Druckbehälter im Bereich des Nasenkonus des Starships. Der Behälter versagte weit unterhalb seiner zulässigen Druckgrenze. Der Vorfall verschob den Testflug, der ursprünglich für Ende Juni 2025 geplant war, um zwei Monate. Er erforderte eine FAA-Untersuchung sowie Anpassungen an die Testverfahren.

Nachdem die Anlage mit der Bezeichnung „Masseys" vollständig zerstört worden war, musste die bislang einzige Starship-Startrampe in Boca Chica so modifiziert werden, dass auf ihr auch Brenntests durchgeführt werden können. Die erheblichen Verwüstungen auf dem Start- und Testgelände verzögerten den Start der Nachfolgeeinheit (Ship 37) bis zum 26. August. Elon Musk zeigte sich von dem Vorfall unbeeindruckt. Er betonte einmal mehr, dass solche „unscheduled rapid disassemblies", wie er sie bezeichnet, eine unvermeidliche Nebenwirkung des iterativen Entwicklungsprozesses seien.

Gruppenfoto auf der ISS. Die Crew der Axiom 4-Mission ist dunkel gekleidet. Von links: Tibor Kapu, Peggy Whitson, Shubhanshu Shukla und Sławosz Uznański-Wiśniewski.

25. Juni 2025

SŁAWOSZ UZNAŃSKI-WIŚNIEWSKI FLIEGT MIT AXIOM FÜR DIE ESA

Sławosz Uznański-Wiśniewski, ein polnischer Staatsangehöriger mit komplexem Namen, war der zweite ESA-Astronaut, der an einer Axiom-Mission teilnahm. Die privaten Axiom-Missionen zur Internationalen Raumstation (ISS) haben seit ihrem Beginn im Jahre 2022 schon mehrmals sowohl ESA-Astronauten an Bord gehabt. Bislang waren zwei Personen aus dem ESA-Astronautencorps bei solchen Flügen mit dabei: Marcus Wandt aus Schweden bei der Mission Ax-3 und nun Uznański-Wiśniewski beim Ax-4-Flug.

Aber nicht nur die internationale ESA, sondern auch nationale Raumfahrtbehörden schicken „heimische" Astronauten mit Axiom Space ins All. Für Ax-3 (gestartet am 18. Januar 2024) bezahlten die Regierungen Italiens, der Türkei und Schweden die Plätze für ihre Astronauten Walter Villadei, Alper Gezeravcı und eben Marcus Wandt. Bei Ax-4 (gestartet am 25. Juni 2025) finanzierten die Regierungen Indiens (für Shubhanshu Shukla), Polens (für Sławosz Uznański-Wiśniewski) und Ungarns (für Tibor Kapu) die Fluggelegenheit ihrer Astronauten. Die Finanzierung des Fluges von Uznański-Wiśniewski auf der Ax-4-Mission erfolgte somit nicht durch die ESA (obwohl er ein ESA-Astronaut ist) sondern durch die polnische Regierung. Das polnische Ministerium für Wirtschaftsentwicklung und Technologie (MRiT) und die Polnische Raumfahrtagentur (POLSA) hatte im Juli 2023 eine Budgetsumme von etwa 70–75 Millionen Euro für die gesamte technologische und wissenschaftliche Mission mit der Bezeichnung „Ignis" bereitgestellt. Die ESA agierte – genauso wie schon zuvor bei Wandt – lediglich als Partner und Koordinator. Sie unterstützte die Vorbereitung und Experimente, ohne aber eine Zahlung für den Flug zu leisten.

29. Juni 2025

30. JAHRESTAG DOCKING SPACE SHUTTLE ATLANTIS MIT MIR-STATION

Am 29. Juni 1995 markierte das erste Anlegemanöver eines Space Shuttle mit der russischen Raumstation Mir während der Mission STS-71 einen Wendepunkt in der internationalen Raumfahrtkooperation. Dieses Ereignis, das am 29. Juni 2025 seinen 30. Jahrestag erlebte, war der erste Schritt im Shuttle-Mir-Programm, das die Zusammenarbeit zwischen den USA und Russland nach dem Kalten Krieg einläu-

Space Shuttle Atlantis, angedockt an der russischen Raumstation Mir. Aufgenommen vom russischen Raumschiff Sojus TM-21.

tete. Die erfolgreiche Kopplung zwischen der Raumfähre Atlantis und der russischen Raumstation bewies, dass komplexe Weltraummanöver zwischen unterschiedlichen Raumfahrtsystemen möglich waren und legte den Grundstein für die spätere Internationale Raumstation (ISS).

Das Docking erforderte die Entwicklung eines speziellen Andockmoduls, das die unterschiedlichen Systeme von Atlantis und Mir kompatibel machte. Dieser Dockingadapter ist noch heute ein internationaler Raumfahrtstandard. Bei der Mission wurde erstmals auch ein Austausch von Crewmitgliedern zwischen Shuttle und der Raumstation durchgeführt. Diplomatisch war die Mission ein Zeichen der Entspannung, da sie zeigte, wie einstige Rivalen im Weltraumwettlauf gemeinsam an der Erforschung des Alls arbeiten konnten.

Das Shuttle-Mir-Programm, beginnend mit der Mission STS-71, führte in der Folge zu acht weiteren Docking-Missionen und lieferte wertvolle Erfahrungen für den Bau und Betrieb der ISS. Der Jahrestag wurde mit Gedenkveranstaltungen bei NASA und Roskosmos gefeiert, welche die Bedeutung der Zusammenarbeit für die heutige Raumfahrt trotz geopolitischer Spannungen betonten.

Noch einmal Peggy Whitson mit ihrer Axiom 4-Crew.

15. Juli 2025

PEGGY WHITSON – DIE FRAU DER REKORDE

Am 15. Juli 2025 kehrte Peggy Whitson von ihrem fünften Raumflug zurück. Den absolvierte sie im Rahmen der Axiom Mission Nr. 4, die am 25. Juni gestartet worden war und 20 Tage gedauert hatte. Dadurch stieg ihr schon bestehender Rekord für die längste kumulierte Aufenthaltsdauer eines US-Astronauten im Weltraum auf 695 Tage. Zusätzlich ist sie mit 65 Jahren die älteste aktive US-Astronautin.

Peggy Annette Whitson, geboren am 9. Februar 1960 in Mount Ayr in Iowa, ist von Beruf Biochemikerin. Sie erwarb einen Bachelor in Biologie und Chemie am Iowa Wesleyan College und einen Doktortitel in Biochemie an der Rice University, bevor sie als Forscherin am Johnson Space Center arbeitete. 1996 wurde sie von der NASA als Astronautin ausgewählt. Im Laufe ihrer Raumfahrtkarriere kommandierte sie zweimal die ISS und war die erste nicht-militärische Chefin des NASA-Astronautencorps. Whitsons NASA-Karriere umfasste drei Langzeitmissionen zur Internationalen Raumstation: Expedition 5 (2002, 185 Tage), Expedition 16 (2007–2008, 192 Tage) und Expedition 50/51/52 (2016–2017, 289 Tage), in denen sie insgesamt 665 Tage im All verbrachte und zehn Außeneinsätze mit über 60 Stunden Dauer absolvierte. Nach ihrer „Pensionierung" im Jahr 2018 wechselte sie zu Axiom Space als Direktorin für bemannte Raumflüge und kommandierte 2023 die Axiom Mission 2 (Ax-2) und, wie erwähnt, 2025 die Axiom Mission 4 (Ax-4).

Die beiden ASTP-Crews. Von links nach rechts: Donald Slayton, Tom Stafford, Vance Brand, Alexei Leonow und Waleri Kubassow.

15. Juli 2025

50. JAHRESTAG DES APOLLO-SOJUS-TESTPROGRAMMS

Am 15. Juli 2025 jährte sich der Start des Apollo-Sojus-Testprogramms (ASTP) zum 50. Mal. Es war dies seinerzeit die erste internationale Weltraummission. Dabei waren zwei Raumschiffe beteiligt, eines aus den USA, das andere aus der Sowjetunion. Die amerikanische Besatzung mit Apollo 18 bestand aus Thomas Stafford, Vance Brand und Donald Slayton. Die sowjetische Crew mit Sojus 19 bildeten Kommandant Alexei Leonow und Bordingenieur Waleri Kubassow.

Das Apollo-Testprogramm war technisch herausfordernd, da ein spezielles Andockmodul entwickelt werden musste, um die unterschiedlichen Lebenserhaltungssysteme des Apollo- und des Sojus-Raumschiffs kompatibel zu machen. Die Besatzungen trainierten gemeinsam in den USA und der Sowjetunion, führten wissenschaftliche Experimente durch und vollzogen einen symbolischen Handschlag im Orbit. Diese Zusammenarbeit ebnete den Weg für zukünftige internationale Projekte wie die Internationale Raumstation (ISS).

Die Mission war der letzte Einsatz eines Apollo-Raumschiffs und der letzte Einsatz einer Saturn-Rakete, in diesem Fall einer Saturn 1b. Stafford war zu diesem Zeitpunkt einer der erfahrensten US-Astronauten und Brigadegeneral der Luftwaffe. Für ihn war es der vierte Raumflug. Slayton war der langjährige Chef des Astronautenbüros. Für alle, bis auf Vance Brand, war die ASTP-Mission der jeweils letzte Raumflug ihrer Karriere. Nur Brand blieb weiter aktiv, und kommandierte später noch drei Shuttle-Missionen.

1. August 2025

NEUE LANDING PADS FÜR SPACEX

SpaceX wird die Landing Zones 1 und 2 (LZ-1 und LZ-2) an der Cape Canaveral Space Force aufgeben. Sie waren seit 2015 zentrale Orte für die Wiederverwendung von Falcon-9-Boostern. Die letzte Landung auf LZ-1 erfolgte am 1. August 2025 während der Crew-11-Mission. Danach lief der Leasing-Vertrag aus, und das Gelände wurde an die Startups Vaya Space und Phantom Space übergeben.

Als Alternativen baut SpaceX drei neue Landezonen: zwei am Startkomplex 39A (LC-39A) am Kennedy Space Center und eine am Startkomplex 40 (SLC-40) auf dem Gelände der Cape Canaveral Space Force

Die beiden ASTP-Crews. Von links nach rechts: Donald Slayton, Tom Stafford, Vance Brand, Alexei Leonow und Waleri Kubassow.

Station. Die neuen Pads erlauben Landungen direkt an der Startinfrastruktur, ähnlich wie das bereits heute an der Vandenberg Space Force Base in Kalifornien der Fall ist. Am Startkomplex 40 sollen damit bis zu 34 Booster-Landungen pro Jahr möglich sein. Die Höchstzahl von Landungen am Startkomplex 39A ist noch nicht bekannt.

Die FAA hat im August 2025 eine Umweltverträglichkeitsprüfung für die neuen Landeeinrichtungen abgeschlossen. Trotz des Verlusts der schon ikonischen Landeflächen 1 und 2, die Schauplätze historischer Landungen wie der ersten Falcon-9-Rückkehr im Dezember 2015 waren, versprechen die neuen Pads eine nahtlosere Integration in den Arbeitsfluss direkt an den Startanlagen. SpaceX plant, den Bau bis Ende 2025 abzuschließen und dann umgehend dort den Betrieb aufzunehmen.

7. August 2025

TOD VON JIM LOVELL

Am 7. August 2025 starb der Astronaut Jim Lovell im Alter von 97 Jahren. Lovell ist einer der bekanntesten Astronauten der Gemini- und Apollo-Ära. Er war Mitglied der Apollo 8-Mission im Dezember 1968, der ersten bemannten Umkreisung des Mondes, bei der er zusammen mit Frank Borman und William Anders die ikonischen Earthrise-Fotos aufnahm und Weihnachtsgrüße an die Menschheit sendete. Nur gut zwei Jahre später, am 13. April 1970, kommandierte er die Apollo 13-Mission, die durch eine Explosion im Sauerstofftank zu einer dramatischen Überlebensgeschichte wurde. Sein ikonischer Satz „Houston, we've had a problem" ist in die Umgangssprache eingegangen. Durch kluge Improvisationen des Bodenpersonals und der Crew brachte Lovell sich und seine Kameraden Fred Haise und Jack Swigert sicher zurück zur Erde.

James Arthur Lovell wurde am 25. März 1928 in Cleveland, Ohio, geboren und wuchs nach dem frühen Tod seines Vaters in Milwaukee auf, wo er seine Faszination für Raketen und Raumfahrt entwickelte. Als Absolvent der United States Naval Academy und Testpilot der US Navy wurde er 1962 in die zweite Astronautenklasse der NASA aufgenommen, wo er als Teil der „New Nine" schnell zu einem der prominentesten Raumfahrer avancierte. Seine Karriere umfasste vier Flüge, darunter die Gemini 7-Mission 1965, bei der er mit Frank Borman einen Langzeit-Flugrekord von fast 14 Tagen aufstellte, und die Gemini 12-Mission 1966 mit Buzz Aldrin, eine wichtige Vorbereitungsmission für die Apollo-Flüge.

Nach seiner NASA-Karriere im Jahr 1973 arbeitete Lovell als Vizepräsident bei der Bay-Houston Towing Company und betrieb mit seiner Familie ein Restaurant in Lake Forest, Illinois, das er nach sich selbst benannte. Er schrieb das Bestseller-Buch „Lost Moon" (1994), das die Grundlage für den Oscar-prämierten Film „Apollo 13" mit Tom Hanks in seiner Rolle bildete, und erhielt zahlreiche Auszeichnungen, darunter die Presidential Medal of Freedom.

Jim Lovell beim North Carolina Science Festival im April 2017.

Sind die so genannten Leoparden-Flecken organische Rückstände von Organismen aus der Urzeit des Mars? Eine definitive Klärung kann nur eine Proben-Rückholmission bringen.

FAKTEN, FAKTEN, FAKTEN

Die Gravity 1 startet am 11. Januar 2024 zu ihrem Jungfernflug.

DAS RAUMFAHRTJAHR 2024 – FAKTEN & HIGHLIGHTS

Auch in dieser Rubrik von SPACE lässt sich gut erkennen, dass gerade im letzten Jahrzehnt die Raumfahrtaktivitäten stark zunehmen. Ausnahmsweise eröffnete im Jahr 2024 nicht – wie sonst schon serienmäßig üblich – SpaceX das Raumfahrtjahr, sondern bereits am 1. Januar die indische Raumfahrtagentur ISRO mit dem Start des Röntgen-Astronomiesatelliten XPoSat. Somit landete SpaceX im Jahr 2024 nur auf dem zweiten Platz, mit der ersten von vielen Starlinks-Missionen am 3. Januar. Insgesamt trug aber SpaceX ganz alleine mit einer schier unglaublichen Zahl von 133 Starts zur Gesamtbilanz des Jahres 2024 bei. Die vier suborbitalen Starship-Einsätze dieses Jahres sind da noch gar nicht mitgezählt.

Der Trend zu immer mehr Missionen hält also weiterhin ungebrochen an. 2022 waren es insgesamt 186 Starts, die entweder in den Erdorbit oder darüber hinaus führten. 2023 waren es schon 220 und im Jahr 2024 schließlich 258. 2025 dürfte bis zum 31. Dezember wohl die Zahl von 300 überschritten werden. Unsere Tabelle „Starts bis Dezember 2025", zeigt den Trend dazu bereits jetzt an, obwohl wir für die letzten zweieinhalb Monate des Jahres 2025 nur eine Schätzung vornehmen können, denn unser Redaktionsschluss erfolgte am 15. Oktober.

Von diesen 258 Starts des Jahres 2024 entfielen 138 Missionen auf die USA, 68 auf die Volksrepublik China und lediglich 17 auf Russland. Für die USA und China bedeutete das jeweils einen Rekord, für Russland bedeutet es einen weiteren Abstieg von seiner ehemals herausragenden Bedeutung als Weltraum-Supermacht.

An dieser Stelle ist wieder – wie schon in den Jahren zuvor, und in dieser Ausgabe wahrscheinlich zum letzten Mal – ein Wort zur neuseeländisch/amerikanischen Firma Rocket Lab angebracht, die zusehends mehr Einsätze durchführt. 2023 waren es neun, im Jahr 2024 waren es 14. Im Jahr 2025 dürften es 20 oder mehr werden. Rocket Lab ist aus vermarktungstechnischen Gründen (vor allem der lukrativen institutionellen US-Aufträge wegen) in den USA registriert. Der überwiegende Teil der Leistungserfüllung findet jedoch immer noch in Neuseeland statt. Auch die Nationalität des Firmengründers ist neuseeländisch und weiterhin ist ein großer Teil Mitarbeiter in Neuseeland beschäftigt. Aus diesem Grund wird Rocket Lab in dieser Ausgabe von SPACE noch einmal als rein neuseeländisches Unternehmen geführt. Andere Statistiken dieser Art, vor allem die aus den USA, haben sich Rocket Lab schon seit Jahren als US-Unternehmen einverleibt.

2024 kam es zu 5,5 Fehlstarts. Von der absoluten Zahl her gesehen liegt das knapp über dem Durchschnitt der letzten 25 Jahre. Angesichts der hohen Zahl von Starts entspricht es aber andererseits nur einer Fehlerquote von 2,1 Prozent, und das ist einer der niedrigsten in der ganzen Geschichte der Raumfahrt. Noch niedriger war der Prozentsatz der Fehlstarts in diesem Jahrtausend nur noch im Jahre 2001, damals bei einer Gesamtzahl von nur 59 Missionen weltweit. Wie üblich ist die überwiegende Anzahl dieser Fehlstarts den Exoten oder den „Erstfliegern" zuzuordnen. Eine Rakete (die japanische KAIROS) scheiterte sogar zweimal.

Es gab in diesem Jahr allerdings auch den Fehlstart eines „Profilierten", wenn auch nur denkbar knapp. Am 12. Juli fiel die Apogäumszündung eine Falcon 9-Zweitstufe etwa eine halbe Sekunde zu knapp aus. Das reichte jedoch, um die 20 Starlink-Satelliten innerhalb nur weniger Tage in die Erdatmosphäre zurückfallen zu lassen. Das Missgeschick verhinderte aber nicht, dass die Falcon 9 weiterhin die mit Abstand betriebssicherste Trägerrakete der Welt ist. Ihre Zuverlässigkeitsquote liegt bei 99,3 Prozent.

Von den weltweit 258 Missionen des Jahres 2024 waren 249 für den Erdorbit bestimmt, neun von ihnen gingen in Richtung Mond oder darüber hinaus. Die beiden bedeutendsten heliozentrischen Missionen des Jahres 2024 waren der Start der europäischen Raumsonde Hera auf einer Falcon 9 am 7. Oktober und der Start der NASA-Raumsonde Europa Clipper am 14. Oktober auf einer Falcon Heavy zum Jupiter. Sieben weitere Missionen gingen entweder zum Mond oder zu einem

Landung des Boosters 1082 in der Landing Zone 1 in Cape Canaveral nach seinem Einsatz zum Start des militärischen Wettersatelliten WSF-M1.

der beiden Lagrange-Punkte der Erde. Von den Erdorbit-Starts ging die weitaus überwiegende Zahl, nämlich 218, in eine niedrige Erdumlaufbahn von meist weniger als 1.000 Kilometern Höhe und hatten da häufig sonnensynchrone Orbits zum Ziel. Der Rest verteilte sich auf geosynchrone Orbits und ihre Transferbahnen, auf hoch elliptische Tundra- und Molnija-Orbits und auf mittelhohe Umlaufbahnen, vor allem zur Bestückung der Navigationsnetze in etwa 22.000 Kilometern Höhe.

Bei den Missionen des Jahres 2024 wurden, zieht man die bei Fehlstarts verloren gegangenen 22 Raumfahrzeuge ab, insgesamt 2.643 Satelliten aller Klassen bis hinunter zu Pico-Satelliten in den Erdorbit, oder Raumsonden in eine Sonnenumlaufbahn transportiert. Das sind elf Prozent weniger als im vergangenen Jahr. Die Verminderung der Zahl ist darauf zurückzuführen, dass in 2024 erheblich weniger Pico-Sats gestartet wurden, und die durchschnittliche Zuladung bei Starlink-Missionen wegen der wesentlich schwereren Einheiten der v2-Serie von etwa 60 Satelliten pro Start auf durchschnittlich etwa 25 Einheiten sank. Dennoch betraf wie immer in den letzten Jahren die mit weitem Abstand größte Zahl dieser Satelliten das Starlink-System von SpaceX.

Wie schon 2023 war auch 2024 die Falcon 9 wieder am häufigsten geflogene Orbitalrakete der Welt. Bei ihren 129 gelungenen Einsätzen wurden von dieser Rakete etwa 85 Prozent aller weltweit gestarteten Satelliten abgesetzt. Wäre das Privatunternehmen SpaceX ein Land, es hätte mit seinen insgesamt 132 erfolgreichen Missionen (zwei Falcon Heavy-Starts sind hier noch mit beinhaltet) 2024 in der Startstatistik mit weitem Abstand Platz 1 belegt. China läge dann mit 68 Missionen bereits deutlich zurück. Auf Platz 3 wäre in dieser fiktiven Statistik Russland mit seinen 17 Starts gekommen, gefolgt von den 14 Flügen Neuseelands und den sieben Missionen von Japan. Erst dann wären, mit nur sechs Einsätzen, die USA OHNE SpaceX gekommen.

Die am zweithäufigsten verwendete Rakete weltweit war 2024 die in vier Versionen eingesetzte Sojus 2.1 aus Russland. Sie kam insgesamt 14-mal zum

Einsatz. Gleichauf lag die Electron, mit ebenfalls 14 Starts. Platz drei ging an die Langer Marsch 2D in zwei Varianten mit neun Einsätzen und Platz vier an die Langer Marsch 3B/E mit acht Missionen.

Die mit weitem Abstand weltweit größte Anzahl an Starts von einem einzelnen Weltraumbahnhof aus wurde erneut am Cape Canaveral in Florida durchgeführt. Dort nahmen 91 Missionen ihren Anfang. Den zweiten Platz belegte 2024 die Vandenberg Space Force Basis in Kalifornien mit insgesamt 48 Starts. Der chinesische Weltraumbahnhof Jiuquan, letztes Jahr noch an zweiter Stelle mit 35 Missionen, erzielte in diesem Jahr nur 21 Flüge. Das chinesische Raumfahrtzentrum Xichang belegte mit 19 Missionen Platz 4 und Platz 5 teilen sich gleichauf mit jeweils 13 Starts das chinesische Raumfahrtzentrum Taiyuan und der kleine neuseeländische Spaceport Mahia.

Schier unfassbar: es gibt selbst im Jahr 2024, also dem 67. Jahr der Raumfahrt, weiterhin Länder, die erst jetzt ihren ersten eigenen Satelliten starten. Dies waren Kroatien und der Senegal.

Werfen wir nun einen Blick auf die Daten der bemannten Raumfahrt. 2024 fanden neun bemannte Orbitalmissionen statt, drei mehr als im Vorjahr. Es waren dies Axiom-3, SpaceX Crew 8, Shenzhou 18, Sojus MS-25, Boe-CFT, Polaris Dawn, Sojus MS-26, SpaceX Crew 9 und Shenzhou-19. Dabei erreichten insgesamt 28 Menschen die Erdumlaufbahn, darunter sieben Frauen.

13 dieser Astronauten waren US-Bürger, sechs waren Chinesen. Dazu kamen fünf Russen, ein Italiener, ein Türke, ein Schwede und eine Weißrussin. Weiterhin gab es noch fünf bemannte suborbitale Missionen, bei denen insgesamt 30 Menschen Höhen zwischen 85 und 107 Kilometern erreichten. Von diesen 30 Personen flog einer zweimal. Dabei kamen das SpaceShipTwo von Virgin Galactic und der New Shepard von Blue Origin zum Einsatz.

Insgesamt fanden im Rahmen der bemannten Aktivitäten in der Internationalen Raumstation sowie in der nationalen chinesischen Raumstation Tiangong im Jahr 2024 acht Außenbordmanöver statt. Daran waren 18 Astronauten und Kosmonauten beteiligt. Und so gut verteilt waren die Außenbordmanöver noch nie. Von den 18 Personen unternahm nur ein einziger, nämlich Ye Guangfu von Shenzhou 18, zwei EVA's. Alle anderen unternahmen nur je einen einzelnen Ausstieg. Den vier Crew-Mitgliedern der Polaris Dawn-Mission wurde jeweils ein EVA zugerechnet. Zwar steckten nur Jared Isaacman und Sarah Gillis jeweils den Oberkörper aus der Luke, aber nach dem diese ganz geöffnet war, und der Crew Dragon über keine Luftschleuse verfügt, waren auch die anderen beiden Besatzungsmitglieder den Bedingungen des freien Weltraums ausgesetzt.

2024 erfolgten elf Erstflüge neuer Träger oder neuer Varianten bereits eingeführter Raketen. Diese Erst- und Testflüge waren naturgemäß stark mitbestimmend für die Anzahl der Fehlstarts des Jahres. Bei diesen neuen oder modifizierten Trägern

Die Polaris Dawn-Crew. Von links: Jared Isaacman, Anna Menon, Sarah Gillis und Scott Poteet.

handelte es sich um die russische Angara 5 mit der Orion-Oberstufe, die europäische Ariane 6 in der Version 62 (sie war nur teilweise erfolgreich), die chinesischen Gravity 1, die Kuaizhou 1A Pro, eine verstärkte Version der Kuaizhou 1A, die Langer Marsch 6C, die Langer Marsch 5B mit der YZ-2-Oberstufe, die Langer Marsch 12 und die Zhuque in der Version 2E. Ihren Erstflug – der schon in einer sehr frühen Flugphase scheiterte – absolvierte auch die japanischen KAIROS. Nordkorea startete eine Rakete unbekannten Typs, die jedoch ebenfalls schon in einer frühen Flugphase explodierte. Die United Launch Alliance erzielte einen erfolgreichen Erstflug mit der Vulcan Centaur VC2S.

Erneut nicht in dieser Statistik aufgenommen ist das Starship von SpaceX. Es führte 2024 insgesamt vier Testflüge durch. Weil aber jeweils nur suborbitale Flugbahnen abgeflogen wurden, werden sie in der Chronik nicht als Orbitalmissionen gewertet.

Den einzigen Fehlstart einer „etablierten“ Rakete erlebte SpaceX mit der Falcon 9. Hier waren allerdings bei einem ansonsten perfekten Start nur Hundertstelsekunden in der Brenndauer der zweiten Stufe ausschlaggebend gewesen. Bei einer Gesamtzahl von 131 Missionen bedeutete dieser einzelne Vorfall immer noch eine weltweit ansonsten unerreichte Erfolgsquote von 99,3 Prozent.

All die genannten Umstände führten am Ende zu einer Fehlstartquote für das Jahr 2024 von 2,13 Prozent. Das ist eine der besten Jahresbilanzen in der Geschichte der Raumfahrt. Zwei Mal war Japan mit der KAIROS betroffen, einmal Nordkorea, einmal China, einmal die USA und der „halbe“ Fehlstart geht zu Lasten der europäischen Ariane 6.

Ihre jeweils letzten Missionen unternahmen im Jahr 2024 die Delta IV Heavy, die Sojus 2.1v und die europäische Vega-Rakete.

Das Tempo im Flugbetrieb bei den beiden derzeit einzigen existierenden bemannten suborbitalen Transportsystemen verlief weiterhin gemächlich. Es kam im Jahr 2024 zu insgesamt fünf Einsätzen. Zwei wurden von Virgin Galactic mit dem „SpaceShipTwo" durchgeführt, und drei von Blue Origin mit dem „New Shepard".

Die Crew-Kapsel eines suborbitalen New Shepard-Raumfahrzeugs kehrt nach einem wenige Minuten dauernden Ausflug über die Karman-Linie an ihren drei Fallschirmen wieder zur Erde zurück.

Es gab im Jahr 2024 neun Starts interplanetarer und lunarer Missionen, bei denen insgesamt 14 Objekte auf den Weg gebracht wurden. Dies waren…

- …am 8. Januar der US-Mondlander Peregrine von Astrobotic. Der Start erfolgte mit einer ULA Vulcan.
- …am 15. Februar der IM-1 Nova C-Lander mit dem Namen „Odysseus" von Intuitive Machines mit einer Falcon 9.
- …am 13. März der Start der beiden chinesischen Raumsonden DRO-A und DRO-B auf einen entfernten rückläufigen Orbit um die Erde-Mond-Lagrange-Punkte L1 und L2. Der Start erfolgte mit einer Langer Marsch 2C mit einer YZ-1S-Oberstufe.
- …am 20. März die chinesische Relaysonde Quequiao-2, sowie die beiden Technologiedemonstratoren Tiandu-1 und 2. Sie wurden von einer Langer Marsch 8 in eine stark elliptische Mondumlaufbahn transportiert.

- …am 3. Mai der chinesische Mondlander Chang'e 6, gestartet mit einer Langer Marsch 5.
- …am 2. September die Sonnensonde Aditya-L1 der indischen Raumfahrtagentur ISRO. Sie wurde zum Erde-Sonne-Lagrangepunkt L1 geschickt. Als Träger wurde eine Rakete des Typs PSLV-XL verwendet.
- …am 4. Oktober ein Massensimulator beim Qualifizierungsflug der ULA Vulcan für wertvolle Regierungsnutzlasten in einen heliozentrischen Orbit.
- …am 7. Oktober die europäischen Asteroidensonden Hera, Juventas und Milani mit einer Falcon 9.
- …am 14. Oktober der Europa Clipper der NASA mit einer Falcon Heavy zum Jupiter und dessen Mond Europa.

Zusätzlich gab es eine Reihe von bedeutenden Ereignissen bei lunaren oder interplanetaren Missionen.

- Am 18. Januar führte der Mars-Helikopter Ingenuity seinen 72. und letzten Flug auf dem Mars durch. Bei der Landung bekam der Rotor Bodenkontakt, wodurch die Blattspitzen abbrachen. Die Sende- und Empfangseinheit des kleinen Hubschraubers funktionierte jedoch weiter. Dennoch beendeten die Jet Propulsion Laboratories am 25. Januar den Kontakt mit dem Fluggerät.
- Der Start des Peregrine-Mondlanders gelang am 8. Januar zwar perfekt, aber schon nach wenigen Tagen entwickelte sich ein Treibstoffleck, das die Weiterführung der Mission unmöglich machte. Peregrine trat zehn Tage nach dem Start wieder in die Erdatmosphäre ein.

Der japanische SLIM-Lander kippte bei der Landung um. Das Bild machte einer seiner beiden Mini-Rover (bezeichnet als Sora-Q), die noch im Schwebeflug, unmittelbar vor dem Aufsetzen, abgeworfen worden waren.

- Der japanische SLIM (für Smart Lander Investigating Moon)-Mondlander erzielte zwar am 19. Januar die erste Landung einer japanischen Mondsonde. Er kippte allerdings dabei um und bekam zu wenig Sonnenenergie, um in der Folge sein Forschungsprogramm vollständig zu erfüllen. Er zeigte sich aber erstaunlich robust, und überlebte drei lunare Nächte, obwohl er dafür nicht ausgelegt gewesen war.
- Am 3. Februar flog die Raumsonde Juno bei ihrer 58. Umrundung des Jupiter in einem Abstand von nur 1.500 Kilometern an Io vorbei.
- Am 22. Februar erlebte der IM-1 Nova C-Lander „Odysseus" eine Bruchlandung, weil eines der Landebeine brach und das Vehikel umfiel. Trotzdem wurden viele Daten übermittelt und die Landung als zumindest teilweise erfolgreich gewertet.
- Am 1. Juni gelang die Landung von Chang'e 6 auf der Mondrückseite perfekt und die Sonde begann mit der Entnahme von Bodenproben. Am 25. Juni landete die Rückkehrkapsel mit knapp zwei Kilogramm Mondmaterial in der Inneren Mongolei.
- Am 19. und 20. August führte die europäische Jupitersonde Gravitationsunterstützungsmanöver am Mond und an der Erde durch.
- Am 5. September und am 2. Dezember führte die europäisch/japanische Bepi Colombo Raumsonde zwei nahe Vorbeiflüge als Gravitationsunterstützung am Merkur durch.
- Am 13. Dezember führte die US-Raumsonde Lucy auf dem Weg zu den Jupiter-Trojanern ein Gravitationsunterstützungsmanöver an der Erde durch und passierte diese in einem Abstand von 350 Kilometern.

Zum Abschluss wie immer an dieser Stelle noch ein einige bunt gemischte Ereignisse und Jubiläen des Raumfahrtjahres 2024:

- Am 4. Februar brach der russische Kosmonaut Oleg Kononenko den Weltrekord für die längste Zeit im Weltraum, als er den bisherigen Rekord von 878 Tagen, 11 Stunden, 29 Minuten und 48 Sekunden des (inzwischen) pensionierten Kosmonauten Gennadi Padalka übertraf. Nachdem Kononenko aber erst am 23. September aus dem Orbit zurückkehrte liegt der neue Rekord nun bei 1.110 Tagen, 14 Stunden und 57 Minuten. Eine Bestmarke, die sicher lange Bestand haben wird.
- Am 5. Juni wurde Sunita Williams zur ersten Frau, die beim Jungfernflug eines bemannten Raumschifftyps an Bord war.

Der Start zur Starlink-Mission 9-9 am 30. Oktober 2024 von der Space Force Basis Vandenberg aus war die 200. Mission, die ganz oder überwiegend dem Aufbau der SpaceX Internet-Konstellation diente. Hier in einer raffinierten Langzeitbelichtung. Der zweite helle Strich links unten zeigt das erste der beiden Landebrennmanöver, das etwa 640 Kilometer südlich der Startstelle erfolgte. Der weitere Strich noch tiefer links ist eine Spiegelung des Starts im Wasser des Pazifik.

- Am 11. September befanden sich 19 Menschen gleichzeitig im Orbit. Das ist Weltrekord. Details dazu finden Sie im Kapitel „Raumfahrt-Panorama" in diesem Buch.
- Ebenfalls am 11. September erreichte die Polaris Dawn Crew mit dem Crew Dragon Resilience ein Apogäum von 1.400 Kilometern. Das ist Rekord bei einem bemannten Orbitalflug.
- Am 30. Oktober führte SpaceX den 200. Start durch, der ganz oder überwiegend dem Aufbau des Starlink-Systems gewidmet war.
- Am 3. Dezember erfolgte der 1.000. Start einer Rakete der R-7-Reihe vom Kosmodrom in Plessezk aus.
- Am 4. Dezember erlebte der Falcon 9-Booster Nummer 1067 seinen 24. Einsatz. Dabei gilt es zu bedenken: SpaceX war ursprünglich mit der Vorgabe angetreten, die Falcon 9-Booster bis zu 10-mal wiederzuverwenden.
- Am 17. Dezember führten die beiden chinesischen Astronauten Cai Xuzhe und Song Lingdong das längste Außenbordmanöver in der Geschichte der Raumfahrt durch. Es dauerte neun Stunden und sechs Minuten.
- Am 25. Dezember erfolgte der 2.000. Start einer Rakete der R-7-Reihe beim Start des Erdbeobachtungssatelliten Resurs-P mit einer Sojus 2.1b. Diese Rakete ist der letzte Abkömmling der ersten Interkontinentalrakete der Welt, die ihren Erstflug im Jahr 1957 hatte.

DIE STARTS DES JAHRES 2024: ÜBERBLICK UND VERGLEICH

Im Jahr 2024 wurden von 9 Nationen (Europa und Neuseeland werden für den Zweck dieses Buches als „Nation" geführt) insgesamt 258 Orbitalflüge und interplanetare Missionen durchgeführt oder versucht. Nachfolgend zum Vergleich die Zahlen bis 1957, dem Jahr, in dem das Raumfahrtzeitalter begann. In dieser Liste sind alle Starts miterfasst, auch solche, die als Fehlschlag endeten.

Jahr	Nationen	Starts	Jahr	Nationen	Starts	Jahr	Nationen	Starts
2024	7	258	2001	6	59	1978	4	128
2023	11	220	2000	5	84	1977	3	130
2022	9	186	1999	7	78	1976	4	131
2021	7	144	1998	7	83	1975	4	132
2020	9	114	1997	7	89	1974	3	113
2019	8	101	1996	6	76	1973	3	116
2018	6	114	1995	5	80	1972	3	113
2017	7	90	1994	6	93	1971	4	134
2016	8	86	1993	6	83	1970	5	124
2015	7	87	1992	6	98	1969	2	125
2014	7	92	1991	5	91	1968	3	128
2013	7	81	1990	5	121	1967	2	139
2012	9	76	1989	5	101	1966	3	130
2011	7	84	1988	5	121	1965	3	124
2010	8	74	1987	5	114	1964	2	99
2009	9	78	1986	5	103	1963	2	69
2008	7	68	1985	5	121	1962	2	81
2007	7	68	1984	5	129	1961	2	50
2006	6	66	1983	6	129	1960	2	38
2005	6	55	1982	4	128	1959	2	23
2004	6	55	1981	5	126	1958	2	28
2003	7	63	1980	5	108	1957	2	3
2002	6	65	1979	6	110			

249 Einsätze des Jahres 2024 waren Erdorbit-Starts, neun Missionen führten in den interplanetaren Raum. Dabei werden auch Einsätze auf lunare Transferbahnen mitgezählt, obwohl es sich von einem himmelsmechanischen Standpunkt aus genau genommen um hochelliptische Erdumlaufbahnen handelt. Aber auch hier wechseln die Raumfahrzeuge vom Einflussbereich eines gravitativen Zentrums (Erde) in den Einflussbereich eines anderen Himmelskörpers (Mond)

Zum Vergleich die Zahlen zurück bis ins Jahr 2000.

Jahr	Orbital	Solar	Jahr	Orbital	Solar	Jahr	Orbital	Solar
2024	249	9	2015	85	2	2006	64	2
2023	213	7	2014	91	1	2005	52	3
2022	182	4	2013	75	5	2004	54	1
2021	141	3	2012	76	0	2003	59	4
2020	108	5	2011	80	4	2002	64	1
2019	99	2	2010	72	2	2001	57	2
2018	108	6	2009	75	3	2000	84	0
2017	89	0	2008	67	1			
2016	84	2	2007	64	4			

ERFOLGREICHE MISSIONEN UND FEHLSTARTS

252 Flüge waren hinsichtlich des Transportes ihrer Nutzlasten vollständig erfolgreich. Es gab fünf Fehlschläge und einen Teilversager.

- Am 13. März scheiterte der Erstflug des KAIROS-Kleinträgers von Space One unmittelbar nach dem Liftoff wegen eines fälschlich ausgelösten Selbstvernichtungsbefehls an die zu diesem Zeitpunkt normal funktionierende Rakete.
- Am 27. Mai scheiterte der Start einer nordkoreanischen Trägerrakete schon während des Erststufenbetriebes. Der Fehlschlag konnte von China und Japan aus beobachtet werden. Der Typ des Trägers ist unbekannt. Nordkorea meldete die Mission nicht.
- Beim Jungfernflug der Ariane 6 am 9. Juli versagte das Hilfsantriebssystem der zweiten Stufe bei der dritten Zündung. Dadurch konnten die beiden Wiedereintritts-Demonstratoren ihre Mission nicht durchführen. Es konnte in der Folge auch kein De-orbit-Manöver durchgeführt werden und die zweite Stufe strandete in ihrem Orbit in 580 Kilometern Höhe.
- Am 12. Juni misslang einer Falcon 9 die Apogäumszündung. 20 Starlink-Satelliten strandeten in einem unbrauchbaren Orbit und verglühten innerhalb weniger Tage nach dem Start. Verursacht wurde der Fehler durch ein Leck in einer Sauerstoffleitung.
- Bei der zweiten Mission der KAIROS am 18. Dezember trat etwa zehn Sekunden vor Brennschluss der ersten Stufe eine Fehlfunktion der Schubvektorsteuerung auf. Die Rakete kam dadurch von Kurs ab und musste gesprengt werden.
- Am 27. Dezember scheiterte der Start einer Kinetica-1 von Jiuquan aus. Die Ursache ist nicht bekannt.

Hier die Erfolgsbilanz bei den Starts mit den Vergleichswerten der Vorjahre:

Jahr	Missionen	Fehlstarts	Quote	Jahr	Missionen	Fehlstarts	Quote
2024	258	5,5	2,13	2011	84	6	7,14
2023	220	9,5	4,32	2010	74	4	5,41
2022	186	6,5	3,49	2009	78	3	3,84
2021	144	9,5	6,60	2008	68	3	4,41
2020	114	10	8,77	2007	68	3	4,41
2019	101	5	4,95	2006	66	3	4,55
2018	114	2,5	2,19	2005	55	3	5,45
2017	89	5,5	6,18	2004	55	3	5,55
2016	86	3,5	3,93	2003	63	3	4,76
2015	87	4,5	5,17	2002	65	3	4,84
2014	92	3	3,26	2001	59	1	1,72
2013	81	3	3,7	2000	85	3	3,66
2012	76	2,5	3,29				

STARTPLÄTZE

Auf der nachfolgenden Seite befindet sich die Aufteilung auf die einzelnen Startplätze mit Vergleichswerten aus den Vorjahren bis zurück in das Jahr 2000. Die Jahreszahlen in der Kopfzeile sind abgekürzt. Beispiel: 00 = 2000, 01 = 2001). Für die Einträge in die Startplätze, die hier als „Andere" gekennzeichnet sind, bitte ich Sie, in den entsprechenden früheren SPACE-Bänden in der Rubrik „Überblick und Vergleich" für Details nachzusehen. Es sind dies Startplätze, die von jeher schon wenig benutzt wurden, und nunmehr seit mindestens zehn Jahren stillliegen.

Startort/Jahr	00	01	02	03	04	05	06	07	08	09	10	11	12	13	14	15	16	17	18	19	20	21	22	23	24
Cape Canaveral/ KSC	19	16	14	17	13	8	10	13	7	16	11	10	10	10	16	17	19	19	21	16	30	31	56	71	91
Vandenberg	8	5	3	6	3	5	6	4	4	6	3	6	2	5	4	2	3	9	8	3	1	8	16	31	48
Jiuquan	0	0	2	2	2	4	1	2	3	2	4	6	5	7	8	5	9	7	16	9	13	22	26	35	21
Xichang	4	1	0	3	3	1	3	6	4	2	8	9	9	3	2	9	7	7	16	13	13	16	16	16	19
Taiyuan	1	1	5	3	3	0	2	2	4	2	3	4	5	5	6	5	4	2	6	10	7	11	14	9	13
Mahia Rocket Lab LC 1	0	0	0	0	0	0	0	0	0	0	0	0	0	0	0	0	0	1	3	6	7	6	9	7	13
Wenchang	0	0	0	0	0	0	0	0	0	0	0	0	0	0	0	0	2	2	0	1	5	5	6	4	9
Baikonur	30	16	15	14	17	18	17	20	18	24	24	25	21	23	21	18	11	13	10	13	7	15	7	9	8
Plessezk	5	6	10	7	5	6	5	5	6	8	6	7	3	7	9	7	5	5	6	7	7	5	13	7	5
Satish Dhawan	0	2	1	2	1	1	1	3	3	2	3	3	2	3	4	5	7	5	7	6	2	2	5	7	5
Tanegashima	0	0	1	1	0	1	4	2	1	3	2	3	2	2	4	4	3	6	4	1	4	2	0	3	5
B. Dongfanghang Tiangang	0	0	0	0	0	0	0	0	0	0	0	0	0	0	0	0	0	0	0	0	0	0	0	0	5
Wostotschny	0	0	0	0	0	0	0	0	0	0	0	0	0	0	0	0	1	1	2	1	1	5	1	3	4
Kourou	12	8	12	4	3	5	5	6	6	7	6	7	10	7	11	12	11	11	11	9	7	7	6	3	3

Startort/Jahr	00	01	02	03	04	05	06	07	08	09	10	11	12	13	14	15	16	17	18	19	20	21	22	23	24
Shahrud	0	0	0	0	0	0	0	0	0	0	0	0	0	0	0	0	0	0	0	0	1	0	0	2	2
Semnan	0	0	0	0	0	0	0	0	1	1	0	1	1	0	0	0	0	0	0	2	1	1	1	0	2
Kii Spaceport	0	0	0	0	0	0	0	0	0	0	0	0	0	0	0	0	0	0	0	0	0	0	0	0	2
Wallops Island	0	0	0	0	0	0	1	1	0	1	0	1	0	4	3	0	1	1	2	2	3	3	2	3	1
Sohae	0	0	0	0	0	0	0	0	0	1	0	1	1	0	0	1	1	0	0	0	0	0	0	3	1
Barke Bo Run Jiu Zhou	0	0	0	0	0	0	0	0	0	0	0	0	0	0	0	0	0	0	0	0	0	0	0	2	1
Naro+Sea Launch Platfor	0	0	0	0	0	0	0	0	0	1	1	0	0	1	0	0	0	0	0	0	0	1	1	2	0
Barke Tai Rui/ De-Bo/DeFu	0	0	0	0	0	0	0	0	0	0	0	0	0	0	0	0	0	0	0	1	1	0	3	1	0
Palmachin	0	0	1	0	1	0	0	1	0	0	1	0	0	0	1	0	1	0	0	0	1	0	0	1	0
Spaceport Cornwall	0	0	0	0	0	0	0	0	0	0	0	0	0	0	0	0	0	0	0	0	0	0	0	1	0
Mojave Air & Spaceport	0	0	0	0	0	0	0	0	0	0	0	0	0	0	0	0	0	0	0	0	1	1	2	0	0
Kodiak Island	0	1	0	0	0	0	0	0	0	0	1	1	0	0	0	0	0	0	0	0	2	2	1	0	0
Uchinura/ Kagoshima	1	0	0	1	0	1	2	0	0	0	0	0	0	1	0	0	1	1	2	1	0	1	1	0	0
Jasny/ Domarowski	0	0	0	0	0	0	1	1	1	0	1	1	0	2	2	1	0	0	0	0	0	0	0	0	0
Omelek/ Kwajalein	1	0	0	0	0	0	1	1	4	1	0	0	1	0	0	0	0	0	0	0	0	0	0	0	0
Andere (nicht mehr aktiv)	1	1	0	0	0	0	2	0	1	0	0	0	0	0	0	1	0	0	0	0	0	0	0	0	0
Gesamt	**85**	**59**	**65**	**63**	**54**	**55**	**66**	**68**	**68**	**78**	**74**	**84**	**76**	**81**	**92**	**87**	**86**	**90**	**114**	**101**	**114**	**144**	**186**	**220**	**258**

DIE NATIONEN IM EINZELNEN

USA

Die USA führten 2024 139 Missionen durch und brachten dabei sechs verschiedene Trägertypen zum Einsatz, nämlich die Atlas V in zwei Varianten, die Delta 4 Heavy, Falcon 9 und Falcon Heavy, die Firefly Alpha und die Vulcan in der Version VC2S.

Die Rocket Lab Electron wird offiziell als US-amerikanische Rakete geführt. Das Unternehmen ist auch in den USA gemeldet und wird somit in der Regel der US-Statistik zugeschlagen. Der Eintrag als US-Unternehmen ist dem Umstand geschuldet, dass Rocket Lab auf diese Weise leichter an die lukrativen US-Regierungsaufträge gelangen kann.

Der weitaus überwiegende Teil der Wertschöpfung erfolgt jedoch immer noch in Neuseeland. Auch zwei der drei Startplätze befinden sich dort, so dass sie hier bis zum Einsatz der Neutron, die ausschließlich in den USA starten wird, nicht als US-Rakete, sondern als neuseeländischer Träger geführt wird. Erst dann verschiebt sich die Wertschöpfung zu mehr als 50 Prozent in die USA.

Träger	Starts	Erfolg	Teil-erfolg	Fehler	Träger	Starts	Erfolg	Teil-erfolg	Fehler
Atlas V 551	1	1	0	0	Firefly Alpha	1	1	0	0
Atlas V N22	1	1	0	0	Vulcan VC2S	2	2	0	0
Delta 4 Heavy		1	1	0	LauncherOne	1	0	0	1
Falcon Heavy	2	2	0	0	RS1	1	0	0	1
Falcon 9 Block 5	131	130	0	1	Terran 1	1	0	0	1

Zum Vergleich die Endzahlen US-amerikanischer Starts seit dem Jahr 2000:

Jahr	Starts	Jahr	Starts	Jahr	Starts	Jahr	Starts
2024	139	2017	29	2010	15	2003	27
2023	105	2016	23	2009	24	2002	17
2022	78	2015	20	2008	15	2001	22
2021	45	2014	23	2007	19	2000	28
2020	37	2013	19	2006	22		
2019	21	2012	15	2005	16		
2018	31	2011	18	2004	19		

Volksrepublik China

Die Volksrepublik China führte im Jahr 2024 insgesamt 68 Missionen durch. Eingesetzt wurden dabei Trägerraketen der Typen Ceres 1 und die für den Abschuss von See aus leicht modifizierte Version Ceres 1S, die Gravity 1, die Hyperbola 1, die Jielong 3, die Kinetica 1, Kuaizhou 1A, Langer Marsch 2C, 2D und 2F, Langer Marsch 3B/E, 4B, 4C, 5 und 5B, 6, 6A und 6C, 7 und 7A, 8, und 12 sowie die Zhuque 2.

Träger	Starts	Erfolg	Fehler	Träger	Starts	Erfolg	Fehler
Ceres 1 und Ceres 1S	5	5	0	Langer Marsch 3B/E und 3B/E YZ-1	8	8	0
Gravity 1	1	1	0	Langer Marsch 4B	4	4	0
Hyperbola 1	1	1	0	Langer Marsch 4C	2	2	0
Jielong 3	2	2	0	Langer Marsch 5	2	2	0
Kinetica 1	4	3	1	Langer Marsch 5B	1	1	0
Kuaizhou 1A und 1A Pro	4	4	0	Langer Marsch 6	2	2	0
Kuaizhou 11	1	1	0	Langer Marsch 6A	5	5	0
Langer Marsch 2C und 2C/YZ-1	7	7	0	Langer Marsch 6C	1	1	0
Langer Marsch 2D und 2D/YZ-3	9	9	0	Langer Marsch 7	2	2	0
Langer Marsch 2F und 2F/T	2	2	0	Langer Marsch 7A	2	2	0
				Langer Marsch 8	1	1	0
				Langer Marsch 12	1	1	0
				Zhuque 2E	1	1	0

Zum Vergleich die jährlichen chinesischen Starts seit dem Jahr 2000:

Jahr	Starts	Jahr	Starts	Jahr	Starts	Jahr	Starts
2024	68	2017	18	2010	15	2003	7
2023	67	2016	23	2009	6	2002	5
2022	64	2015	19	2008	11	2001	1
2021	55	2014	15	2007	10	2000	5
2020	39	2013	15	2006	6		
2019	34	2012	19	2005	5		
2018	38	2011	19	2004	8		

Russland

Russland führte 2024 17 Missionen durch und brachte dabei fünf Trägertypen zum Einsatz, nämlich die Sojus in den Versionen Sojus 2.1a und 2.1b, die Sojus 2.1v, die Angara 5 und die Angara 1.2

Träger	Starts	Erfolg	Fehler	Träger	Starts	Erfolg	Fehler
Angara 1.2	1	1	0	Sojus 2.1b	3	3	0
Angara 5 „Orion“	1	1	0	Sojus 2.1b „Fregat M“	3	3	0
Sojus 2.1 a	7	7	0	Sojus 2.1v “Volga”	1	1	0
Sojus 2.1a "Fregat M"	1	1	0				

Zum Vergleich die Endzahlen russischer Starts seit dem Jahr 2000. Bei den russischen Starts werden bis zum Bruch der Beziehungen mit Russland im Februar infolge des Überfalls auf die Ukraine im Jahr 2022 auch die Starts der Sojus ST-A und ST-B von Kourou aus mitgezählt, da hier ein russischer Träger mit ausschließlich russischem Personal im Auftrag von Arianespace betrieben wurde. Die Arianespace übernahm damals lediglich die Vermarktung und stellte den Startplatz zur Verfügung.

Jahr	Starts	Jahr	Starts	Jahr	Starts	Jahr	Starts
2024	17	2017	19	2010	31	2003	21
2023	19	2016	19	2009	33	2002	25
2022	22	2015	28	2008	31	2001	23
2021	25	2014	37	2007	27	2000	35
2020	16	2013	35	2006	25		
2019	24	2012	29	2005	26		
2018	20	2011	34	2004	23		

Neuseeland

Rocket Lab führte 2024 14 Orbitalmissionen durch. Neuseelands Raumfahrt besteht praktisch zu 100 Prozent aus dem Unternehmen Rocket Lab, das aber aus vermarktungstechnischen Gründen (vor allem um die lukrativen institutionellen US-Aufträge erhalten zu können) in den USA registriert ist. Dort werden auch die Rutherford-Triebwerke des Trägers gebaut. Der weitaus überwiegende Teil der Leistungserfüllung findet jedoch noch (das wird sich jedoch nach der Einführung der Neutron ändern) in Neuseeland statt. Auch die Nationalität des Firmengründers ist neuseeländisch. 80 Prozent der Mitarbeiter sind ebenfalls in Neuseeland beschäftigt. Aus diesem Grund wird Rocket Lab hier für dieses Jahr noch als neuseeländisches Unternehmen geführt.

Träger	Starts	Erfolg	Fehler
Electron	14	14	0

Zum Vergleich die bisherigen neuseeländischen Starts

Jahr	Starts	Jahr	Starts	Jahr	Starts
2024	14	2021	6	2018	3
2023	9	2020	7	2017	1
2022	9	2019	6	2016	0

Europa

Europa führte 2024 drei Orbitalmissionen durch. Eingesetzt wurden dabei die Ariane 6 in der Version 62, die (letzte) Vega in der Basisversion und eine Vega-C.

Träger	Starts	Erfolg	Fehler	Träger	Starts	Erfolg	Fehler
Ariane 6	1	0,5	0,5	Vega-C	1	1	0
Vega	1	1	0				

Zum Vergleich die europäischen Starts seit dem Jahr 2000.

Jahr	Starts	Jahr	Starts	Jahr	Starts	Jahr	Starts
2024	3	2017	7	2010	6	2003	3
2023	3	2016	8	2009	7	2002	12
2022	5	2015	9	2008	6	2001	8
2021	6	2014	7	2007	6	2000	12
2020	5	2013	5	2006	5		
2019	6	2012	7	2005	5		
2018	8	2011	5	2004	3		

Indien

Indien startete 2024 fünf Mal in den Weltraum. Dabei wurden Trägerraketen der Typen GSLV Mark II, PSLV und SSLV eingesetzt.

Träger	Starts	Erfolg	Fehler	Träger	Starts	Erfolg	Fehler
GSLV Mark II	1	1	0	PSLV XL	1	1	0
PSLV-CA	1	1	0	SSLV	1	1	0
PSLV-DL	1	1	0				

Zum Vergleich die indischen Starts seit dem Jahr 2000:

Jahr	Starts	Jahr	Starts	Jahr	Starts	Jahr	Starts
2024	5	2017	5	2010	3	2003	2
2023	7	2016	7	2009	2	2002	1
2022	5	2015	5	2008	3	2001	2
2021	2	2014	4	2007	3	2000	0
2020	2	2013	3	2006	1		
2019	6	2012	3	2005	1		
2018	7	2011	3	2004	1		

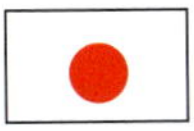

Japan

Im Jahr 2024 fanden sieben Missionen statt. Zum Einsatz kamen dabei die H-2A, die H3 in der Version 22S und die KAIROS.

Träger	Starts	Erfolg	Fehler	Träger	Starts	Erfolg	Fehler
H-2A 202	2	2	0	**KAIROS**	**2**	**0**	**2**
H3-22S	3	3	0				

Zum Vergleich die japanischen Starts seit dem Jahr 2000.

Jahr	Starts	Jahr	Starts	Jahr	Starts	Jahr	Starts
2024	7	2017	7	2010	1	2003	0
2023	3	2016	4	2009	2	2002	3
2022	1	2015	4	2008	2	2001	1
2021	3	2014	4	2007	2	2000	1
2020	4	2013	3	2006	6		
2019	2	2012	2	2005	2		
2018	6	2011	3	2004	0		

Nordkorea

Im Jahr 2024 erfolgte eine einzelne nordkoreanische Mission mit einem Träger unbekannten Typs. Der Flug missglückte. Die Explosion der Rakete konnte sowohl von China als auch von Japan aus beobachtet werden.

Träger	Starts	Erfolg	Fehler
Unbekannt	1	0	1

Zum Vergleich die nordkoreanischen Starts seit dem Jahr 2000.

Jahr	Starts	Jahr	Starts	Jahr	Starts	Jahr	Starts
2024	1	2017	0	2010	0	2003	0
2023	3	2016	0	2009	1	2002	0
2022	0	2015	1	2008	0	2001	0
2021	1	2014	0	2007	0	2000	0
2020	0	2013	0	2006	0		
2019	0	2012	1	2005	0		
2018	0	2011	1	2004	0		

IRAN

2024 fanden vier Orbitalmissionen des Iran statt, mit überraschend erfolgreicher Bilanz.

Träger	Starts	Erfolg	Fehler	Träger	Starts	Erfolg	Fehler
Qaem 100	2	2	0	Simorgh	2	2	0

Zum Vergleich die iranischen Starts seit dem Jahr 2000. Mangels exakt belegter Startversuchszahlen werden bis 2018 nur erfolgreiche Starts angezeigt. Ab 2019 alle eindeutig nachgewiesenen Starts, seien sie erfolgreich oder fehlgeschlagen.

Jahr	Starts	Jahr	Starts	Jahr	Starts	Jahr	Starts
2024	4	2017	0	2010	0	2003	0
2023	2	2016	0	2009	1	2002	0
2022	1	2015	1	2008	0	2001	0
2021	1	2014	0	2007	0	2000	0
2020	0	2013	0	2006	0		
2019	0	2012	1	2005	0		
2018	0	2011	1	2004	0		

CHRONOLOGIE DER WELTRAUMSTARTS IM JAHR 2024

Um angesichts stark steigender jährlicher Startzahlen die Tabelle nicht unnötig aufzublähen, wird ab dieser Ausgabe von SPACE zur Nutzlast-Einzelaufstellung bei mehr als zehn unterschiedlichen Satelliten pro Start jeweils auf den entsprechenden Chronik-Eintrag verwiesen. Auch zu allen anderen Satelliten finden Sie dort weitere Details. Vergessen Sie nicht, den dort abgebildeten QR-Code zu verwenden. Der enthüllt einen Link, der Sie zum ausführlichen Text weiterleitet.

	DATUM	TRÄGER	NUTZLAST	MISSION
1	01. Jan	PSLV-DL	XPoSat	Röntgen-Astronomie
2	03. Jan	Falcon 9 Block 5	21 x Starlink 7-9	Kommunikation
3	04. Jan	Falcon 9 Block 5	Ovzon-3	Kommunikation
4	05. Jan	Kuaizhou 1A	4 x Tianmu 1	Meteorologie
5	08. Jan	Falcon 9 Block 5	23 x Starlink 6-35	Kommunikation
6	08. Jan	Vulcan	Peregrine	Mondlander
7	09. Jan	Langer Marsch 2C	Einstein Probe	Röntgen-Astronomie
8	11. Jan	Kuaizhou 1A	Tianxing 1-02	Beobachtung der Weltraum-Umgebung
9	11. Jan	Gravity-1	3 x Yunyao-1	Meteorologie
10	12. Jan	H-2A	IGS-Optical 8	Militärischer optischer Aufklärer
11	14. Jan	Falcon 9 Block 5	22 x Starlink 7-10	Kommunikation
12	15. Jan	Falcon 9 Block 5	23 x Starlink 6-37	Kommunikation
13	17. Jan	Langer Marsch 7	Tianzhou 7	Nachschub für Tiangong
14	18. Jan	Falcon 9 Block 5	Axiom 3	Privater Raumflug zur ISS
15	20. Jan	Qaem 100	Soraya	Kommunikation
16	23. Jan	Kinetica 1	1 x Taiing-1; 2 x Taijing-2; 1 x Taijing-3; 1 x Taijing-4	Erdbeobachtung
17	24. Jan	Falcon 9 Block 5	22 x Starlink 7-11	Kommunikation
18	28. Jan	Simorgh	Mahda	Technologie-Demonstrator
			Hatef-1; Keyhan-2	Kommunikation
19	29. Jan	Falcon 9 Block 5	23 x Starlink 6-38	Kommunikation
20	29. Jan	Falcon 9 Block 5	22 x Starlink 7-12	Kommunikation
21	30. Jan	Falcon 9 Block 5	Cygnus NG-20	Versorgung ISS
22	31. Jan	Electron	4 x Lemur 2 (Skylark)	Beobachtung Weltraum-Umgebung
23	02. Feb	Langer Marsch 2C	11 x GeeSat-2	Navigation/ Kommunikation
24	03. Feb	Jielong 3	Yantai 2	Erdbeobachtung
			DRO-L; NExSat-1; 2 x Weihei-1	Technologiedemonstrator
			3 x Xingshidai; Zhizhing-2A	Erdbeobachtung
25	08. Feb	Falcon 9 Block 5	PACE	Erdbeobachtung
26	09. Feb	Sojus 2.1v	Razbeg Nr. 2 (Kosmos 2575)	Militärische Aufklärung
27	10. Feb	Falcon 9 Block 5	22 x Starlink 7-13	Kommunikation
28	15. Feb	Falcon 9 Block 5	2 x HBTSS	Militärische Frühwarnung
			4 x TOTR	Militärische Frühwarnung
29	15. Feb	Sojus 2.1a	Progress MS-26	Nachschub ISS
30	15. Feb	Falcon 9 Block 5	IM-1 „Odysseus“	Mondlander
31	15. Feb	Falcon 9 Block 5	22 x Starlink 7-14	Kommunikation
32	17. Feb	H3-22S	VEP-4	Dummy-Nutzlast
			CE-SAT-IE; TIRSAT	Erdbeobachtung
33	17. Feb	GSLV Mk. II	INSAT-3DS	Meteorologie

	DATUM	TRÄGER	NUTZLAST	MISSION
34	18. Feb	Electron	ADRAS-J	Weltraummüll-Beseitigung
35	20. Feb	Falcon 9 Block 5	Telkomsat Merah Putih	Telekommunikation
36	23. Feb	Falcon 9 Block 5	22 x Starlink 7-15	Kommunikation
37	23. Feb	Langer Marsch 5	TJS-11	Militärischer Signalaufklärer
38	25. Feb	Falcon 9 Block 5	24 x Starlink 6-39	Kommunikation
39	29. Feb	Sojus 2.1b Fregat M	Meteor-M Nr. 2-4	Meteorologie
			Marafon-D-GVM	Dummy-Nutzlast
			Pars 1; Zorkiy-2M-2	Erdbeobachtung
			16 x SITRO-AIS	Schiffs-Tracking
40	29. Feb	Langer Marsch 3B/E	Gaogui-01	Kommunikation
41	29. Feb	Falcon 9 Block 5	23 x Starlink 6-40	Kommunikation
42	04. Mrz	Falcon 9 Block 5	SpaceX Crew 8	Crew-Transport zur ISS
43	05. Mrz	Falcon 9 Block 5	Transporter 10 – 53 Einzelnutzlasten. Siehe Chronik-Artikel vom 5. März 2024 ...QR-Code benutzen.	
44	05. Mrz	Falcon 9 Block 5	23 x Starlink 6-41	Kommunikation
45	11. Mrz	Falcon 9 Block 5	23 x Starlink 6-43	Kommunikation
46	11. Mrz	Falcon 9 Block 5	23 x Starlink 7-17	Kommunikation
47	12. Mrz	Electron	StriX-3	Erdbeobachtung
48	13. Mrz	KAIROS	CSICE-Satellit	Technologiedemonstrator
49	13. Mrz	Langer Marsch 2C YZ-1S	DRO-A und B	Lunare Technologie-demonstratoren
50	16. Mrz	Falcon 9 Block 5	23 x Starlink 6-44	Kommunikation
51	19. Mrz	Falcon 9 Block 5	20 x Starlink 7-16	Zivile Kommunikation
			2 x Starshield (USA 350 und USA 351)	Militärische Kommunikation
52	20. Mrz	Langer Marsch 8	Quequiao-2	Lunare Kommunikation
			Tiandu-1 und 2	Technologiedemonst-ratoren
53	21. Mrz	Langer Marsch 2D/ YZ-3	6 x Yunhai 2	Meteorologie
54	21. Mrz	Electron	RASR-5 (USA-352)	Technologiedemonstrator
			Aerocube 16 A und B	Technologie-demonstratoren
			Mola	Technologiedemonstrator
55	21. Mrz	Falcon 9 Block 5	Space X CRS-30	Versorgung ISS
			+ 10 Kleinsatelliten – Für Infos über die Kleinsatelliten Chronik-Artikel vom 21. März 2024 ...QR-Code benutzen	
56	23. Mrz	Sojus 2.1a	Sojus MS-25	Crew-Transport zur ISS
57	24. Mrz	Falcon 9 Block 5	23 x Starlink 6-42	Kommunikation
58	26. Mrz	Falcon 9 Block 5	23 x Starlink 6-46	Kommunikation
59	27. Mrz	Langer Marsch 6A	Yunhai 3-02	Meteorologie
60	30. Mrz	Falcon 9 Block 5	Eutelsat 36D	Kommunikation
61	31. Mrz	Falcon 9 Block 5	23 x Starlink 6-45	Kommunikation
62	31. Mrz	Sojus 2.1b	Resurs-P Nr. 4	Erdbeobachtung
63	02. Apr	Falcon 9 Block 5	22 x Starlink 7-18	Kommunikation
64	03. Apr	Langer Marsch 2D	Yaogan 42-01	Militärischer Erdbeob-achter
65	05. Apr	Falcon 9 Block 5	23 x Starlink 6-47	Kommunikation
66	07. Apr	Falcon 9 Block 5	21 x Starlink 8-1	Kommunikation
67	08. Apr	Falcon 9 Block 5	KORSAT-1	Radar-Aufklärer (militärisch)
			Acadia-4; QPS-SAR 7	Erdbeobachtung
			Hawk 8A, 8B, 8C; Hawk 9A, 9B, 9C	Signalaufklärung
			TSAT-1A	TASL
			Centauri-6	Internet of Things
68	09. Apr	Delta IV Heavy	Mentor 10 (USA-353)	Signalaufklärer (militärisch)

	DATUM	TRÄGER	NUTZLAST	MISSION
69	10. Apr	Falcon 9 Block 5	23 x Starlink 6-48	Kommunikation
70	11. Apr	Angara 5 Orion	GMM-KA	Testinstrumentierung
			Gagarinets	Technologiedemonstrator
			Massensimulator	Massensimulator
71	11. Apr	Falcon 9 Block 5	WSF-M1	Militärischer Weltraum-Wettersatellit
72	13. Apr	Falcon 9 Block 5	23 x Starlink 6-49	Kommunikation
73	15. Apr	Langer Marsch 2D	SuperView Neo 3-01	Erdbeobachtung
74	17. Apr	Falcon 9 Block 5	23 x Starlink 6-51	Kommunikation
75	19. Apr	Falcon 9 Block 5	23 x Starlink 6-52	Kommunikation
76	21. Apr	Langer Marsch 2D	Yaogan 42-02	Militärische Aufklärung
77	24. Apr	Falcon 9 Block 5	23 x Starlink 6-53	Kommunikation
78	24. Apr	Electron	NeonSat-1	Erdbeobachtung
79	25. Apr	Langer Marsch 2F	Shenzhou 18	Crew Transport zur Tiangon-RS
80	28. Apr	Falcon 9 Block 5	Galileo FM 25 & FM 27	Navigation
81	29. Apr	Falcon 9 Block 5	23 x Starlink 6-54	Kommunikation
82	02. Mai	Falcon 9 Block 5	World View Legion 1 und 2	Erdbeobachtung
83	03. Mai	Falcon 9 Block 5	23 x Starlink 6-55	Kommunikation
84	03. Mai	Langer Marsch 5	Chang'e 6	Mondlander
85	06. Mai	Falcon 9 Block 5	23 x Starlink 6-57	Kommunikation
86	07. Mai	Langer Marsch 6C	Haiwangxing 01; Gaofen Shipin; Kuanfu Guangxue; Zhixing-1C	Erdbeobachtung
87	08. Mai	Falcon 9 Block 5	23 x Starlink 6-56	Kommunikation
88	09. Mai	Langer Marsch 3B/E	Tianwang 1-01A und 1-01B	Kommunikation
89	10. Mai	Falcon 9 Block 5	20 x Starlink 8-2	Kommunikation
90	11. Mai	Langer Marsch 4C	Shiyan 23	Militärischer Technologiedemonstrator
91	13. Mai	Falcon 9 Block 5	23 x Starlink 6-58	Kommunikation
92	14. Mai	Falcon 9 Block 5	20 x Starlink 8-2	Kommunikation
93	16. Mai	Sojus 2.1b Fregat-M	Nivelir-L Nr. 4	Miltärische Weltraum-Überwachung
			3 x Rassvet-2	Kommunikation
			4 x SITRO-AIS	Schiffs-Tracking
			Zorkiy-2M-4 und 2M-6	Erdbeobachtung
94	18. Mai	Falcon 9 Block 5	23 x Starlink 6-59	Kommunikation
95	20. Mai	Langer Marsch 2D	4 x Beijing-3C	Erdbeobachtung
96	21. Mai	Kuaizhou 11	Luojia 3-02; Tianyan-22	Erdbeobachtung
			Chaodigui Jishu Shiyan	Kommunikation
			Lingque-3 01	Unbekannt
97	22. Mai	Falcon 9 Block 5	21 x Starshield 1-1	Militärische Aufklärung
98	23. Mai	Falcon 9 Block 5	23 x Starlink 6-62	Kommunikation
99	24. Mai	Falcon 9 Block 5	23 x Starlink 6-63	Kommunikation
100	25. Mai	Electron	PREFIRE 1	Meteorologie
101	27. Mai	Unbekannt	Malligyong 1.1	Aufklärung
102	28. Mai	Falcon 9 Block 5	23 x Starlink 6-60	Kommunikation
103	29. Mai	Falcon 9 Block 5	EarthCARE	Erdbeobachtung
104	29. Mai	Ceres 1S	4 x Tianqi	Internet of Things
105	30. Mai	Sojus 2.1a	Progress MS-27	Nachschub ISS
106	30. Mai	Langer Marsch 3B/E	Paksat-MMR	Kommunikation
107	31. Mai	Ceres 1	2 x Jiguang Xingzuo	Technologiedemonstration
			3 x Yunyao-1	Meteorologie

Rot : Fehlschlag Orange : Teilerfolg

	DATUM	TRÄGER	NUTZLAST	MISSION
108	01. Jun	Falcon 9 Block 5	23 x Starlink 6-64	Kommunikation
109	05. Jun	Falcon 9 Block 5	20 x Starlink 8-5	Kommunikation
110	05. Jun	Electron	PREFIRE 2	Meteorologie
111	05. Jun	Atlas V N22	Starliner Calypso	Crew-Testflug zur ISS
112	06. Jun	Ceres 1	Eros	Space Tug
			Naxing-3A und 3B; TEE-01B	Erdbeobachtung
113	08. Jun	Falcon 9 Block 5	22 x Starlink 10-1	Kommunikation
114	08. Jun	Falcon 9 Block 5	20 x Starlink 8-8	Kommunikation
115	19. Jun	Falcon 9 Block 5	20 x Starlink 9-1	Kommunikation
116	20. Jun	Electron	5 x Kinéis	Internet of Things
117	20. Jun	Falcon 9 Block 5	Astra 1P/SES-24	Kommunikation
118	22. Jun	Langer Marsch 2C	SVOM	Gammastrahlen-Astronomie
			CATCH 1	Röntgenstrahlungs-Astronomie
119	23. Jun	Falcon 9 Block 5	22 x Starlink 10-2	Kommunikation
120	24. Jun	Falcon 9 Block 5	20 x Starlink 9-2	Kommunikation
121	25. Jun	Falcon Heavy	GOES-19	Meteorologie
122	27. Jun	Falcon 9 Block 5	22 x Starlink 10-2	Kommunikation
123	29. Jun	Falcon 9 Block 5	21 x Starshield 1-2	Militärische Aufklärung
124	29. Jun	Langer Marsch 7A	ChinaSat 3A	Kommunikation
125	01. Jul	H3-22S	ALOS-4	Erdbeobachtung
126	03. Jul	Falcon 9 Block 5	20 x Starlink 8-9	Kommunikation
127	04. Jul	Alpha	CatSat; R5-S2-2.0; R5-S4	Technologiedemonstrator
			KUBeSat-1	Ionosphärenforschung
			MESAT 1	Atmosphärenforschung
			Serenity	Bildung
			SOC-i	Technologiedemonstrator
			TechEdSat-11	Technologiedemonstrator
128	05. Jul	Langer Marsch 6A	Tianhui 5C und 5D	Erdbeobachtung
129	09. Jul	Falcon 9 Block 5	Türksat 6A	Kommunikation
130	09. Jul	Ariane 6 62	Nyx Bikini; SpaceCase SC-X01	Wiedereintritts-Demonstrator
			3Cat-4; Méditerranée	Meteorologie
			Curie A und B; Curium One; ISTSat-1; OOV-Cube; Replicator	Technologie-Demonstrator
			GRBBeta	Gammastrahlen-Physik
131	10. Jul	Hyperbola 1	4 x Yunyao 1	Meteorologie
132	12. Jul	Falcon 9 Block 5	20 x Starlink 9-2	Kommunikation
133	19. Jul	Langer Marsch 4B	Gaofen 11-05	Erdbeobachtung
134	27. Jul	Falcon 9 Block 5	23 x Starlink 10-9	Kommunikation
135	28. Jul	Falcon 9 Block 5	23 x Starlink 10-4	Kommunikation
136	28. Jul	Falcon 9 Block 5	20 x Starlink 9-4	Kommunikation
137	30. Jul	Atlas V 551	USA 396-398	Unbekannt – Militärisch
138	01. Aug	Langer Marsch 3B/E	Gaogui-02	Kommunikation
139	02. Aug	Falcon 9 Block 5	23 x Starlink 10-6	Kommunikation
140	02. Aug	Electron	StriX-4	Erdbeobachtung
141	04. Aug	Falcon 9 Block 5	23 x Starlink 11-1	Kommunikation
142	04. Aug	Falcon 9 Block 5	Cygnus NG-21	Nachschub ISS
			Binar 2, 3 und 4; CySat 1; DORA	Technologie-demonstratoren
			EMMA	Amateurfunk
			SaganSat 0; SAKURA; Wisseed Sat	Bildung

	DATUM	TRÄGER	NUTZLAST	MISSION
143	06. Aug	Langer Marsch 6A	18 x Qianfan	Kommunikation
144	10. Aug	Falcon 9 Block 5	20 x Starlink 8-3	Kommunikation
145	11. Aug	Electron	Acadia 3	Erdbeobachtung
146	12. Aug	Falcon 9 Block 5	ASBM-1 und 2	Militärische Kommunikation
147	12. Aug	Falcon 9 Block 5	23 x Starlink 10-7	Kommunikation
148	15. Aug	Sojus 2.1a	Progress MS-28	Nachschub ISS
149	15. Aug	Falcon 9 Block 5	World View Legion 3 und 4	Erdbeobachtung
150	16. Aug	SSLV	EOS-08	Erdbeobachtung
			SR-0 DEMOSAT	Unbekannt
151	16. Aug	Langer Marsch 4B	9 x Yaogan 43-01	Militärische Aufklärung
152	16. Aug	Falcon 9 Block 5	Transporter 11 – 102 Einzelnutzlasten. Siehe Chronik-Artikel vom 16. August 2024 ...QR-Code benutzen	
153	20. Aug	Falcon 9 Block 5	22 x Starlink 10-5	Kommunikation
154	22. Aug	Langer Marsch 7A	ChinaSat 4A	Kommunikation
155	28. Aug	Falcon 9 Block 5	21 x Starlink 8-3	Kommunikation
156	29. Aug	Ceres 1S	3 x Yunyao-1	Meteorologie
			Jitianxing A-03; Suxing 1-01; Tianfu Gaofeng 2	Erdbeobachtung
157	31. Aug	Falcon 9 Block 5	21 x Starlink 8-10	Kommunikation
158	31. Aug	Falcon 9 Block 5	21 x Starlink 9-4	Kommunikation
159	03. Sep	Langer Marsch 4B	6 x Yaogan 43-02	Militärische Aufklärung
160	05. Sep	Vega	Sentinel-2C	Erdbeobachtung
161	05. Sep	Falcon 9 Block 5	21 x Starlink 8-10	Kommunikation
162	05. Sep	Langer Marsch 6	10 x GeeSat-3	Kommunikation
163	06. Sep	Falcon 9 Block 5	21 x Starshield 1-3	Militärische Aufklärung
164	10. Sep	Falcon 9 Block 5	Polaris Dawn	Bemannter Raumflug
165	11. Sep	Sojus 2.1a	Sojus MS-26	Crew-Transport zur ISS
166	12. Sep	Falcon 9 Block 5	5 x Bluebird	Kommunikation
167	13. Sep	Falcon 9 Block 5	21 x Starlink 9-6	Kommunikation
168	14. Sep	Qaem 100	Chamran 1	Technologiedemonstrator
169	17. Sep	Angara 1.2	OO MKA Nr. 1 und 2	Militärische Aufklärung
170	18. Sep	Falcon 9 Block 5	Galileo FM 26 und 32	Navigation
171	19. Sep	Langer Marsch 3B/E YZ-1	Beidou-3 M25 und M27	Navigation
172	20. Sep	Langer Marsch 2D	6 x Kuanfu-02B	Erdbeobachtung
173	20. Sep	Kuaizhou 1A	4 x Tianqi	Internet of Things
174	20. Sep	Falcon 9 Block 5	20 x Starlink 9-17	Kommunikation
175	21. Sep	Electron	5 x Kinéis	Internet of Things
176	24. Sep	Jielong 3	Fudan-1; Jitianxing A-01; Luojia 4-01; Tianyan-15; Tianyi-41; 3 x Xhingshidai	Erdbeobachtung
177	25. Sep	Kinetica 1	AIRSAT 01 und 02; Jilin-1 SAR-01A	Erdbeobachtung
			2 x Yunyao-1	Meteorologie
178	25. Sep	Falcon 9 Block 5	20 x Starlink 9-8	Kommunikation
179	26. Sep	H-2A 202	IGS Radar-8	Militärische Aufklärung
180	27. Sep	Langer Marsch 2D	Shijian 19	Wiedereintritts-demonstrator
181	28. Sep	Falcon 9 Block 5	SpaceX Crew-9	Crew Transport zur ISS
182	04. Okt.	Vulcan VC2S	Massensimulator	Massensimulator
183	07. Okt	Falcon 9 Block 5	Hera; Juventas; Milani	Asteroidensonden
184	10. Okt	Langer Marsch 3B/E	Gaogui-03	Kommunikation
185	14. Okt	Falcon Heavy	Europa Clipper	Jupiter Orbiter

Rot : Fehlschlag Orange : Teilerfolg

	DATUM	TRÄGER	NUTZLAST	MISSION
186	15. Okt	Falcon 9 Block 5	23 x Starlink 10-10	Kommunikation
187	15. Okt	Falcon 9 Block 5	20 x Starlink 9-7	Kommunikation
188	15. Okt	Langer Marsch 6A	18 x Qianfan	Kommunikation
189	16. Okt	Langer Marsch 4C	Gaofen 12-05	Erdbeobachtung
190	19. Okt	Falcon 9 Block 5	20 x Starlink 8-19	Kommunikation
191	20. Okt	Falcon 9 Block 5	20 x One Web	Kommunikation
192	22. Okt	Langer Marsch 6	3 x Tianping	Kommunikation
193	23. Okt	Langer Marsch 2C	Yaogan 43-03A, B, C	Militärische Aufklärung
194	23. Okt	Falcon 9 Block 5	Starlink 6-61	Kommunikation
195	24. Okt	Falcon 9 Block 5	17 x Starshield 1-4	Militärische Aufklärung
196	26. Okt	Falcon 9 Block 5	22 x Starlink 10-8	Kommunikation
197	29. Okt	Langer Marsch 2F/G	Shenzhou-19	Crew-Transport zur Tiangong-Station
198	30. Okt	Falcon 9 Block 5	20 x Starlink 9-9	Kommunikation
199	30. Okt	Falcon 9 Block 5	20 x Starlink 10-13	Kommunikation
200	31. Okt	Sojus 2.1a	Bars-M 6L (Kosmos 2579)	Militärische Aufklärung
201	04. Nov	H3-22S	DSN-3 (Kirameki-3)	Kommunikation
202	05. Nov	Sojus 2.1b Fregat M	Ionosphera M Nr. 1 und 2 + 53 CubeSats – Ionosphärenforschung. Zu den 53 CubeSats siehe Chronik-Artikel vom 05. November 2024 ...QR-Code benutzen	
203	05. Nov	Falcon 9 Block 5	SpaceX CRS-31	ISS Logistik
			DENDEN-01; LignoSat	Technologiedemonstrator
			ONGLAISAT	Erdbeobachtung
			YODAKA	Bildung
			YOMOGI	Amateurfunk
204	05. Nov	Electron	Protosat-1	Kommunikation
205	07. Nov	Falcon 9 Block 5	23 x Starlink 6-77	Kommunikation
206	09. Nov	Langer Marsch 2C	1 x PIESAT-2A	Erdbeobachtung
			3 x PIESAT-2B	Erdbeobachtung
207	09. Nov	Falcon 9 Block 5	20 x Starlink 9-10	Kommunikation
208	11. Nov	Kinetica 1	3 x Shiyan 26	Technologie-demonstratoren
			6 x Yunyao 1	Meteorologie
			2 x Jilin 1; 2 x Xiguang 1; Tianyan-24; OmanSat-1	Erdbeobachtung
209	11. Nov	Falcon 9 Block 5	Koreasat-6A	Kommunikation
210	13. Nov	Langer Marsch 4B	Haiyang-4A	Ozeanografie
211	14. Nov	Falcon 9 Block 5	20 x Starlink 9-11	Kommunikation
212	14. Nov	Falcon 9 Block 5	24 x Starlink 6-68	Kommunikation
213	15. Nov	Langer Marsch 7	Tianzhou 8	Nachschub für Tiangong
			NaSat-4A und 4B	Erdbeobachtung
214	18. Nov	Falcon 9 Block 5	Optus-X	Kommunikation
215	18. Nov	Falcon 9 Block 5	20 x Starlink 9-12	Kommunikation
216	18. Nov	Falcon 9 Block 5	GSAT-20	Kommunikation
217	21. Nov	Sojus 2.1a	Progress MS-29	Nachschub ISS
218	21. Nov	Falcon 9 Block 5	24 x Starlink 6-66	Kommunikation
219	24. Nov	Falcon 9 Block 5	20 x Starlink 9-13	Kommunikation
220	25. Nov	Langer Marsch 2C	SuperView Neo 2-03 und 2-04	Erdbeobachtung
221	25. Nov	Electron	5 x Kinéis	Internet of Things
222	25. Nov	Falcon 9 Block 5	23 x Starlink 12-1	Kommunikation
223	27. Nov	Zhuque 2	Guangchuan-01 und 02	Kommunikation
224	27. Nov	Falcon 9 Block 5	24 x Starlink 6-76	Kommunikation

	DATUM	TRÄGER	NUTZLAST	MISSION
225	29. Nov	Sojus 2.1a Fregat M	Kondor FKA	Militärische Aufklärung
226	30. Nov	Falcon 9 Block 5	24 x Starlink 6-65	Kommunikation
227	30. Nov	Falcon 9 Block 5	2 x Starshield 2-2	Militärische Aufklärung
			20 x Starlink N-01	Kommunikation
228	30. Nov	Langer Marsch 12	Shiyan 5A	Kommunikation
			JSW-03	Technologiedemonstrator
229	03. Dez	Langer Marsch 3B/E	TJS-13	Militärische Frühwarnung
230	04. Dez	Kuaizhou 1A Pro	AIRSAT 08	Erdbeobachtung
231	04. Dez	Falcon 9 Block 5	24 x Starlink 6-70	Kommunikation
232	04. Dez	Sojus 2.1b	Lotos-S1 Nr. 8	Militärischer Signalaufklärer
233	05. Dez	Falcon 9 Block 5	20 x Starlink 9-14	Kommunikation
234	05. Dez	Langer Marsch 6A	18 x Qianfan	Kommunikation
235	05. Dez	PSLV-XL	2 x PROBA-3	Sonnenphysik
236	05. Dez	Falcon 9 Block 5	SXM-9	Kommunikation
237	05. Dez	Vega-C	Sentinel-1C	Erdbeobachtung
238	06. Dez	Simorgh	Saman-1	Space Tug
			Fakhr-1	Kommunikation
			Unbekannt	Unbekannt
239	08. Dez	Falcon 9 Block 5	20 x Starlink 12-5	Kommunikation
240	12. Dez	Langer Marsch 2D	5 x Xingzuo Shiyan Xitong	Technologie-demonstratoren
241	13. Dez	Falcon 9 Block 5	20 x Starlink 11-2	Kommunikation
242	16. Dez	Langer Marsch 5B	10 x Guowang	Kommunikation
243	16. Dez	Langer Marsch 2D	4 x Piesat 2	Erdbeobachtung
244	17. Dez	Falcon 9 Block 5	GPS III-07	Navigation
245	17. Dez	Falcon 9 Block 5	21 x Starshield 1-5	Militärische Aufklärung
246	17. Dez	Falcon 9 Block 5	O3b mPower 7 & 8	Kommunikation
247	18. Dez	KAIROS	TATARA-1; ISHIKI; SC-Sat-1	Technologiedemonstrator
			PARUS-T1A	Unbekannt
			NARIT-Cube	Unbekannt
248	19. Dez	Ceres-1S	4 x Tianqi	Internet of Things
249	20. Dez	Langer Marsch 3B/E	TJS-12	Militärischer Signalaufklärer
250	21. Dez	Falcon 9 Block 5	Bandwagon-2-Mission mit insgesamt 27 Satelliten – Bezüglich Details zur Nutzlast siehe Chronik-Artikel vom 21. Dezember 2024 ...QR-Code benutzen	
251	21. Dez	Electron	StriX-2	Erdbeobachtung
252	23. Dez	Falcon 9 Block 5	21 x Starlink 12-2	Kommunikation
253	25. Dez	Sojus 2.1b	Resurs-P Nr. 5	Erdbeobachtung
254	27. Dez	Kinetica 1	DEAR-3	Technologiedemonstrator
			Yinglong 1; Yangwang 2; Yixian-A	Unbekannt
			6 x Yunyao-1	Meteorologie
			CASAA-Sat	Atmosphärenforschung
255	29. Dez	Falcon 9 Block 5	22 x Starlink 11-3	Kommunikation
256	29. Dez	Falcon 9 Block 5	Agila; NuView Alpha & Bravo; UtilitySat-1	Kommunikation;
257	30. Dez	PSLV-CA	SPACEX-A und B	Technologiedemonstrator
258	31. Dez	Falcon 9 Block 5	20 x Starlink 12-6	Kommunikation

Rot : Fehlschlag   Orange : Teilerfolg

BEMANNTE SUBORBITALE FLÜGE IN 2024

Im Jahr 2024 gab es zwei Flüge des SpaceShipOne von Virgin Galactic und drei bemannte (von vier insgesamt) Einsätze des New Shepard von Blue Origin.

Die Mission NS-27 wurde unbemannt geflogen. Dabei wurden ein Dutzend Experimente für Blue Origin und die NASA mitgeführt. Auch ein neuer Booster und eine neue Besatzungskapsel (RSS Kármán Line) wurden bei diesem Flug eingesetzt.

Die beiden Flüge mit der VSS-Unity von Virgin Galactic im Jahre 2024 waren die folgenden:

BEZEICHNUNG	DATUM	CREW	FLUGHÖHE (KM)	BEMERKUNGEN
VSS-Unity Flight Galactic 06	26.01.2024	* CJ Sturckow (Com) * Nicola Pecile (P) * Lina Borozdina * Robie Vaughn * Franz Haider * Neil Kornswiet	88,2	Erste Mission ohne Instructor an Bord. Franz Haider wird nach Franz Viehböck zweiter Österreicher im Weltraum. Lina Borozdina ist die erste ukrainische Frau im Weltraum.
VSS-Unity Flight Galactic 07	08.06.2024	* Nicola Pecile (Com) * Jameel Janjua (P) * Tuva Cihangir Atasever * Giorgio Manenti * Irving Pergamen * Andy Sadhwani	87,5	-

Die Flüge mit dem New Shepard RSS First Step waren die folgenden:

BEZEICHNUNG	DATUM	CREW	FLUGHÖHE (KM)	BEMERKUNGEN
NS-25 RSS First Step	19. Mai 24	* Mason Angel * Sylvain Chiron * Ed Dwight * Kenneth Hess * Carol Schaller * Gopchand Thotakura	107	Nur zwei der drei Landefallschirme entfalteten sich. Ed Dwight wurde mit einem Alter von 90 Jahren und 253 Tagen der älteste Mensch, der den Weltraum erreichte.
NS-26 RSS First Step	29. Aug 24	* Nicolina Elrick * Rob Ferl * Eugene Grin * Elman Jahangir * Karsen Kitchen * Ephraim Rabin	105	Der Flug von Professort Rob Ferl wurde von der NASA bezahlt. Karsen Kitchen wurde mit 21 Jahren die jüngste Frau, die jemals die Karman-Linie (100-Kilometer) überschritt.
NS-28 RSS First Step	22. Nov 24	* Sharon Hagle * Marc Hagle * Emely Candrelli * Austin Litteral * J.D. Russell * Henry Wolfond	107	Für Marc und Sharon Hagle war es jeweils der zweite Flug mit dem New Shepard.

Angaben zu Besatzungsmitgliedern bei bemannten Orbitalflügen finden Sie im jeweiligen Eintrag im Chronik-Teil dieses Buches. Auch hier gilt: Für zusätzliche Informationen QR-Code verwenden.

ENTWICKLUNG DER WELTRAUMSTARTS IN DIAGRAMMEN

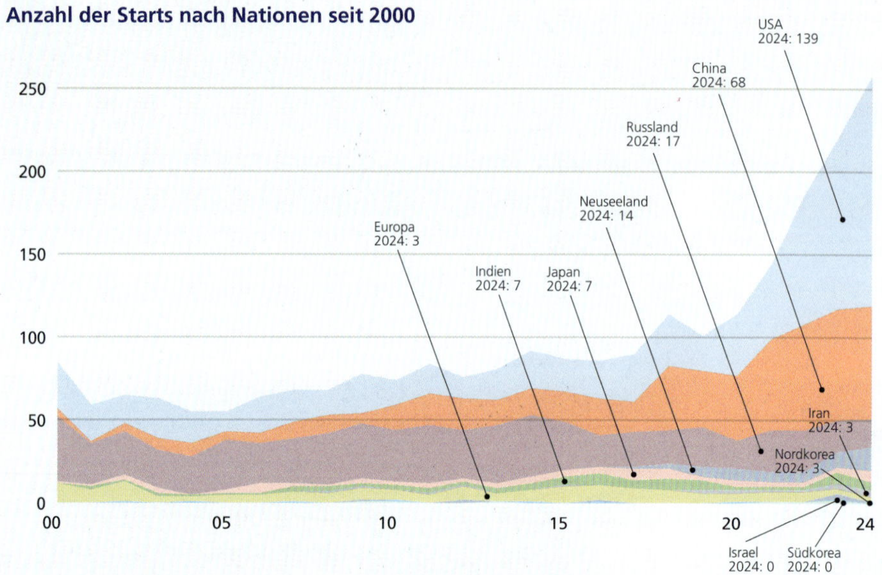

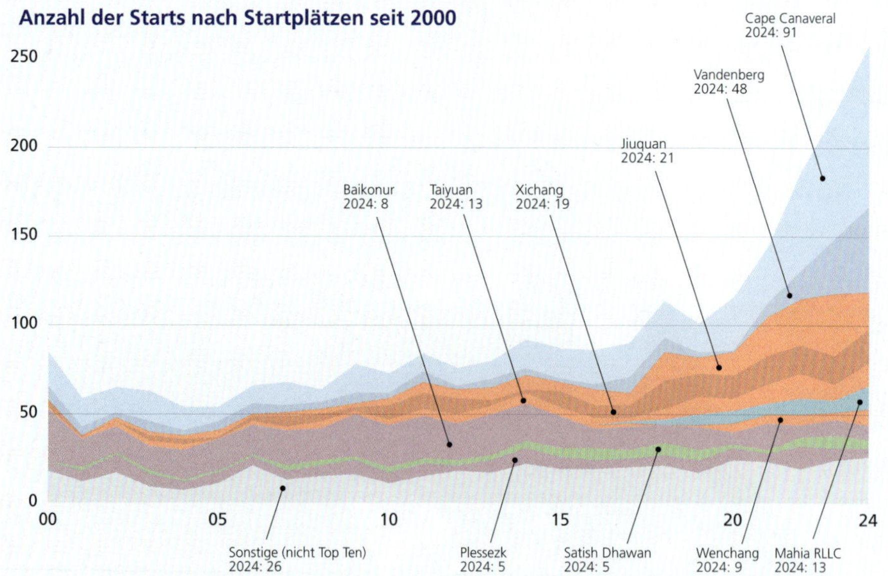

Anzahl der Starts nach Haupt-Missionszweck seit 2000

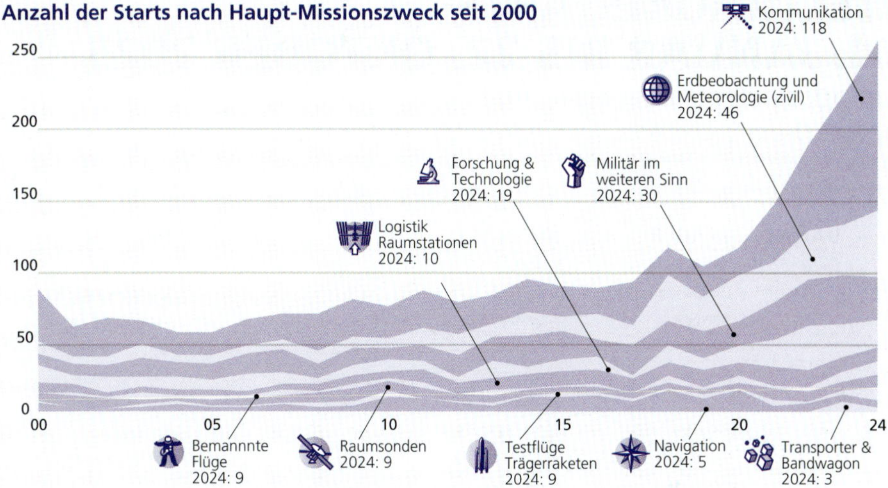

Fehlerquote seit 2000 in %

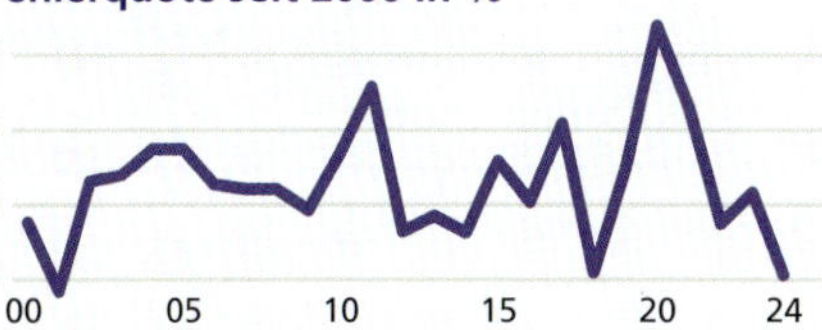

Nutzlasten vs. Starts seit 2000

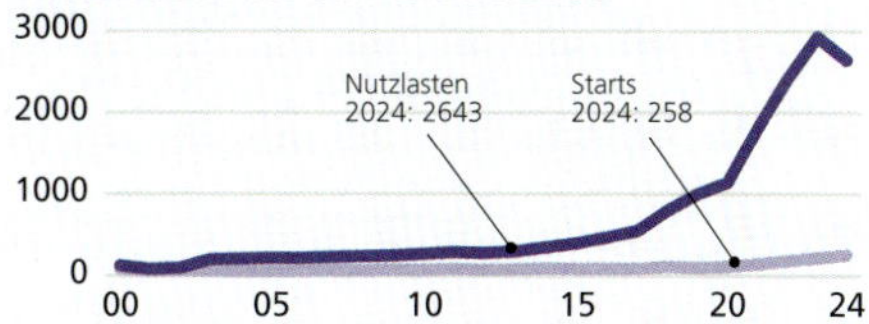

Starts 2024 nach Nationen

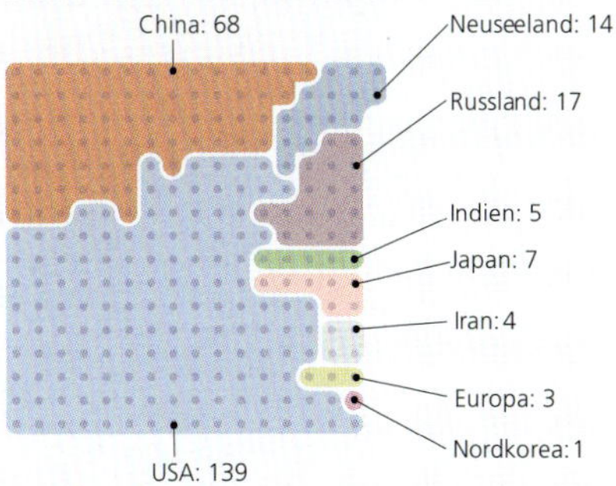

Starts nach Haupt-Missionszweck 2024

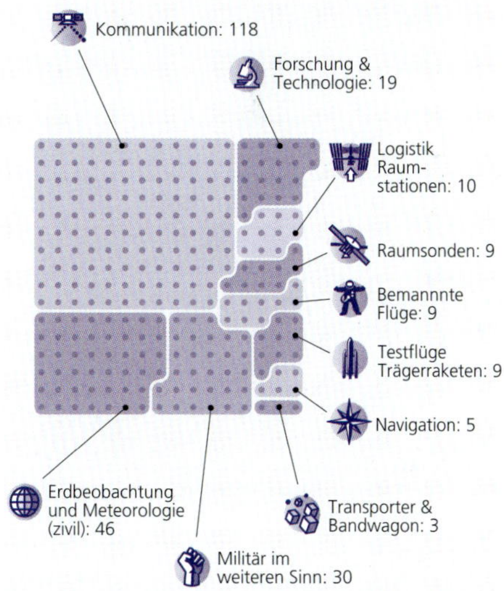

Starts 2024 nach Startplatz

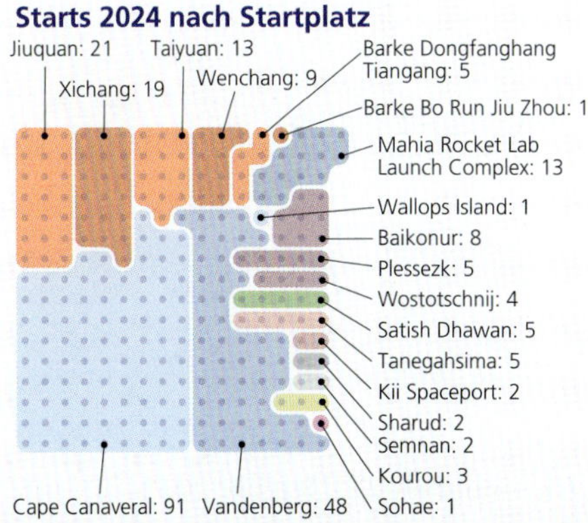

WELTRAUMSTARTS 01. JANUAR BIS 22. OKTOBER 2025

MIT AUSBLICK BIS DEZEMBER 2025

Die Schätzung der Starlink-Missionen von SpaceX für den Rest des Jahres 2025, sowie für die nicht genau spezifizierten chinesischen Missionen, basieren basieren auf der durchschnittlichen Flugfrequenz des laufenden Jahres.

	DATUM	TRÄGER	NUTZLAST	MISSION
1	04. Jan	Falcon 9 Block 5	Thuraya 4-NGS	Kommunikation
2	06. Jan	Langer Marsch 3B/E	Shijian-25	Technologiedemonstrator
3	06. Jan	Falcon 9	24 x Starlink 6-71	Kommunikation
4	08. Jan	Falcon 9	21 x Starlink 12-11	Kommunikation
5	10. Jan	Falcon 9	22 x Starshiel 1-6	Kommunikation
6	10. Jan	Falcon 9	21 x Starlink 12-12	Kommunikation
7	13. Jan	Jielong 3	10 x Centispace 1	Navigation
8	13. Jan	Falcon 9	21 x Starlink 12- 4	Kommunikation
9	14. Jan	Falcon 9	Transporter 12 – 112 Einzelnutzlasten. Siehe Chronik-Artikel vom 14. Januar 2025 ...dortigen QR-Code benutzen.	
10	15. Jan	Falcon 9	Blue Ghosts M1; Hakuto-R M2	Mondlander
11	16. Jan	New Glenn	Blue Ring Pathfinder	Technologiedemonstrator
12	17. Jan	Langer Marsch 2D	PRSC-EO1	Erdbeobachtung
			Tianlu-1	Atmosphärenforschung
			Lantan-1	Ozeanografie
13	20. Jan	Ceres-1	4 x Yunyao 1	Meteorologie
			Jitianxing A-05	Erdbeobachtung
14	21. Jan	Falcon 9	21 x Starlink 13-1	Kommunikation
			2 x Starshield 2-3	Militärische Aufklärung
15	21. Jan	Falcon 9	27 x Starlink 11-8	Kommunikation
16	23. Jan	Langer Marsch 6A	18 x Qianfan	Kommunikation
17	23. Jan	Langer Marsch 3B/E	TJS-14	Technologiedemonstrator
18	24. Jan	Falcon 9	23 x Starlink 11-6	Kommunikation
19	28. Jan	Falcon 9	21 x Starlink 12-7	Kommunikation
20	29. Jan	GSLV Mk. II	NVS-02	Navigation
21	30. Jan	Falcon 9	SpainSat NG1	Kommunikation
22	01. Feb	Falcon 9	22 x Starlink 11-4	Kommunikation
23	02, Feb	H3-22S	QZS-6	Navigation
24	04. Feb	Falcon 9	21 x Starlink 12-3	Kommunikation
25	05. Feb	Falcon 9	Worldview Legion 5 & 6	Erdbeobachtung
26	05. Feb	Sojus 2.1v Wolga	Kosmos 2581; Kosmos 2582; Kosmos 2583; Unbekannter Satellit	Unbekannt – militärisch
27	08. Feb	Falcon 9	21 x Starlink 12-9	Kommunikation
28	08. Feb	Electron	5 x Kinéis	Internet of Things
29	11. Feb	Falcon 9	22 x Starlink 11-10	Kommunikation
30	11. Feb	Langer Marsch 8A	9 x Guowang	Kommunikation
31	11. Feb	Falcon 9	21 x Starlink 12-18	Kommunikation
32	19. Feb	Electron	Black Sky 20	Erdbeobachtung
33	19. Feb	Falcon 9	23 x Starlink 10-12	Kommunikation
34	21. Feb	Falcon 9	23 x Starlink 12-14	Kommunikation
35	22. Feb	Langer Marsch 3B/E	ChinaSat-10R	Kommunikation
36	23. Feb	Falcon 9	22 x Starlink 15-1	Kommunikation

	DATUM	TRÄGER	NUTZLAST	MISSION
37	27. Feb	Falcon 9	IM-2 Athena	Mondlander
			Brokkr-2 Odin	Technologiedemonstrator heliozentrisch
			Chimera GEO-1	Space Tug
			Lunar Trailblazer	Mondorbiter
38	27. Feb	Falcon 9	21 x Starlink 12-13	Kommunikation
39	27. Feb	Langer Marsch 2C	SuperView Neo 1-03 und 1-04	Erdbeobachtung
40	27. Feb	Sojus 2.1a	Progress MS-30	Versorgung ISS
41	03. Mrz	Sojus 2.1b Fregat M	Glonass K2-14L	Navigation
42	03. Mrz	Falcon 9	21 x Starlink 12-20	Kommunikation
43	06. Mrz	Ariane 62	CSO-3	Militärische Aufklärung
44	09. Mrz	Langer Marsch 3B/E	TJS-15	Militärischer Technologiedemonstrator
			Unbekannter Satellit	Unbekannt
45	11. Mrz	Langer Marsch 8	18 x Qianfan	Kommunikation
46	12. Mrz	Falcon 9	SPHEREx	Infrarot-Astronomie
			PUNCH-NFI; PUNCH-WFI 1, 2 und 3	Sonnenphysik
47	13. Mrz	Falcon 9	21 x Starlink 12-21	Kommunikation
48	15. Mrz	Falcon 9	SpaceX Crew 10	Crew-Transport zur ISS
49	15. Mrz	Electron	QPS-SAR 9	Erdbeobachtung
50	15. Mrz	Langer Marsch 2D	SuperView Neo 2-03; Tianyian-23	Erdbeobachtung
51	15. Mrz	Falcon 9	Transporter 13 – 53 Einzelnutzlasten. Siehe Chronik-Artikel vom 15. Januar 2025 ...QR-Code benutzen	
52	15. Mrz	Falcon 9	21 x Starlink 12-16	Kommunikation
53	16. Mrz	Angara 1.2	Rodnik-S Nr. 19, 20 und 21	Militärische Kommunikation
54	17. Mrz	Ceres-1	AIRSAT 06 und 07	Erdbeobachtung
			6 x Yunyao-1	Meteorologie
55	18. Mrz	Electron	5 x Kinéis	Internet of Things
56	18. Mrz	Falcon 9	23 x Starlink 12-25	Kommunikation
57	21. Mrz	Falcon	21 x Starshield 1-7	Militärische Aufklärung
58	21. Mrz	Ceres-1	6 x Yunyao 1	Meteorologie
59	24. Mrz	Falcon 9	USA 498	Militärischer Signalaufklärer
60	26. Mrz	Electron	8 x OTC-P1	Erdbeobachtung
61	26. Mrz	Langer Marsch 3B/E	Tianlian 2-04	Kommunikation
62	27. Mrz	Falcon 9	27 x Starlink 11-7	Kommunikation
63	29. Mrz	Langer Marsch 7A	TJS-16	Technologiedemonstrator
64	30. Mrz	Spectrum	Keine Nutzlast	Testflug
65	31. Mrz	Falcon 9	28 x Starlink 6-80	Kommunikation
66	01. Apr	Falcon 9	Crew Dragon Resilience	Bemannter Raumflug
67	01. Apr	Langer Marsch 2D	4 x Guowang	Kommunikation
68	03. Apr	Langer Marsch 6	Tianping 3A-02	Kalibrierungszielsatellit
69	04. Apr	Falcon 9	27 x Starlink 11-13	Kommunikation
70	06. Apr	Falcon 9	28 x Starlink 6-72	Kommunikation
71	08. Apr	Falcon 9	27 x Starlink 11-11	Kommunikation
72	08. Apr	Sojus 2.1a	Sojus MS-27	Crew-Transport zur ISS
73	10. Apr	Langer Marsch 3B/E	TJS-17	Militärischer Technologiedemonstrator
74	12. Apr	Falcon 9	21 x Starshield 1-8	Militärische Aufklärung
75	13. Apr	Falcon 9	21 x Starlink 12-17	Kommunikation
76	14. Apr	Falcon 9	27 x Starlink 6-73	Kommunikation
77	16. Apr	Minotaur IV	USA 521 und 522	Militärische Aufklärung

Rot : Fehlschlag Orange : Teilerfolg

	DATUM	TRÄGER	NUTZLAST	MISSION
78	19. Apr	Langer Marsch 6A	6 x Shiyan 27	Technologie-demonstratoren
79	19. Apr	Falcon 9	21 x Starshield 1-9	Militärische Aufklärung
80	21. Apr	Falcon 9	SpaceX CRS-32	ISS Logistik
81	22. Apr	Falcon 9	KORSAT-3	Militärische Aufklärung
			PHOENIX-1	Wiedereintritts-demonstrator
			Tomorrow S7	Meteorologie
82	24. Apr	Langer Marsch 2F/G	Shenzhou 20	Crew Transfer zur Tiangong-Station
83	25. Apr	Falcon 9	28 x Starlink 6-74	Kommunikation
84	27. Apr	Langer Marsch 3B/E	Tianlian 2-05	Kommunikation
85	28. Apr	Falcon 9	23 x Starlink 12-23	Kommunikation
86	28. Apr	Langer Marsch 5B/YZ-2	10 x Guowang	Kommunikation
87	28. Apr	Falcon 9	27 x Starlink 11-9	Kommunikation
88	29. Apr	Atlas V 551	27 x KuiperSat	Kommunikation
89	29. Apr	Falcon 9	23 x Starlink 12-10	Kommunikation
90	29. Apr	Vega C	Biomass	Erdbeobachtung
91	29. Apr	Alpha	LM-400 Demo	Technologiedemonstrator
92	02. Mai	Falcon 9	28 x Starlink 6-75	Kommunikation
93	04. Mai	Falcon 9	29 x Starlink 6-84	Kommunikation
94	07. Mai	Falcon 9	28 x Starlink 6-93	Kommunikation
95	10. Mai	Falcon 9	26 x Starlink 15-3	Kommunikation
96	10. Mai	Falcon 9	28 x Starlink 6-91	Kommunikation
97	11. Mai	Langer Marsch 6A	Yaogan 40-02A, 02B und 02C	Militärische Aufklärung
98	12. Mai	Langer Marsch 3B/E	TJS-19	Technologiedemonstrator
99	13. Mai	Falcon 9	26 x Starlink 15-4	Kommunikation
100	11. Mai	Falcon 9	28 x Starlink 6-83	Kommunikation
101	14. Mai	Langer Marsch 2D	12 x Taikong Jisuan	Space Computing
102	14. Mai	Falcon 9	28 x Starlink 6-67	Kommunikation
103	16. Mai	Falcon 9	26 x Starlink 15-5	Kommunikation
104	17. Mai	Zhuque-2E	6 x Tianyi	Erdbeobachtung
105	17. Mai	Electron	QPS-SAR 10	Erdbeobachtung
106	21. Mai	PSLV-XL	EOS-09	Erdbeobachtung
107	19. Mai	Ceres 1S	4 x Tianqi	Internet of Things
108	20. Mai	Langer Marsch 7A	ChinaSat 3B	Kommunikation
109	21. Mai	Falcon 9	23 x Starlink 12-15	Kommunikation
110	21. Mai	Kinetica 1	Taijing-3 04; Taijing-4 02A; Xingrui 11; Xiguang-1 02	Erdbeobachtung
			Xingjiyuan-1; Lifangti-108	Unbekannt
111	23. Mai	Sojus 2.1b Fregat M	Nivelir-L Nr. 5	Militärische Raumüberwachung
112	24. Mai	Falcon 9	27 x Starlink 11-16	Kommunikation
113	24. Mai	Falcon 9	24 x Starlink 11-22	Kommunikation
114	27. Mai	Falcon 9	24 x Starlink 17-1	Kommunikation
115	28. Mai	Falcon 9	27 x Starlink 10-32	Kommunikation
116	28. Mai	Langer Marsch 3B/E	Tianwen-2	Asteroiden-Sonde
117	29. Mai	Langer Marsch 4B	Shijian-26	Erdbeobachtung
118	30. Mai	Falcon 9	GPS-III 08	Navigation
119	31. Mai	Falcon 9	27 x Starlink 11-18	Kommunikation
120	03. Jun	Electron	Black Sky Global 3-2	Erdbeobachtung
121	03. Jun	Falcon 9	23 x Starlink 12-19	Kommunikation
122	05. Jun	Falcon 9	27 x Starlink 11-22	Kommunikation

	DATUM	TRÄGER	NUTZLAST	MISSION
123	05. Jun	Langer Marsch 6A	5 x Guowang	Kommunikation
124	07. Jun	Falcon 9	SXM-10	Kommunikation
125	08. Jun	Falcon 9	26 x Starlink 15-8	Kommunikation
126	08. Jun	Falcon 9	23 x Starlink 14-24	Kommunikation
127	11. Jun	Electron	QPS-SAR 11	Erdbeobachtung
128	13. Jun	Falcon 9	26 x Starlink 15-6	Kommunikation
129	13. Jun	Falcon 9	23 x Starlink 12-26	Kommunikation
130	14. Jun	Langer Marsch 2D	CSES-02	Ionosphärenforschung
131	17. Jun	Falcon 9	25 x Starlink 15-9	Kommunikation
132	18. Jun	Falcon 9	28 x Starlink 10-18	Kommunikation
133	19. Jun	Angara 5 Briz-M	Kosmos 2589 und 2590	Militärische geosynchrone Satelliten unbekannter Aufgabenstellung
134	20. Jun	Langer Marsch 3B/E	ChinaSat 9C	Kommunikation
135	23. Jun	Falcon 9	27 x Starlink 10-23	Kommunikation
136	23. Jun	Atlas V 551	27 x KuiperSat	Kommunikation
137	23. Jun	Falcon 9	Transporter 14 – 58 Einzelnutzlasten. Siehe Chronik-Artikel vom 15. Januar 2025 ...QR-Code benutzen	
138	25. Jun	Falcon 9	Axiom 4	Bemannter Flug zur ISS
139	25. Jun	Falcon 9	27 x Starlink 10-16	Kommunikation
140	26. Jun	Electron	Hawk 12A, B und C	Signalaufklärung zivil
			Kestrel-0A	Technologiedemonstrator
141	27. Jun	Falcon 9	27 x Starlink 10-34	Kommunikation
142	28. Jun	Electron	Lyra 4	Kommunikation
143	28. Jun	H-2A	GOSAT-GW	Erdbeobachtung
144	28. Jun	Falcon 9	26 x Starlink 15-7	Kommunikation
145	01. Jul	Falcon 9	MTG-S1/Sentinel-4A	Meteorologie
146	02. Jul	Falcon 9	27 x Starlink 10-25	Kommunikation
147	03. Jul	Langer Marsch 4C	Shiyan 28B-01	Militärisch. Unbekannter Einsatzzweck.
148	03. Jul	Sojus 2.1a	Progress MS-31	Nachschub ISS
149	08. Jul	Falcon 9	28 x Starlink 10-25	Kommunikation
150	13. Jul	Falcon 9	Dror-1	Kommunikation
151	14. Jul	Langer Marsch 7	Tianzhou 9	Logistik zu Tiangong
152	16. Jul	Falcon 9	26 x Starlink 15-2	Kommunikation
153	16. Jul	Falcon 9	24 x KuiperSat	Kommunikation
154	19. Jul	Falcon 9	24 x Starlink 17-3	Kommunikation
155	22. Jul	Falcon 9	O3b mPower 9 und 10	Kommunikation
156	23. Jul	Falcon 9	TRACERS A und B	Magnetosphären-forschung
			Athena EPIC; Bard; LIDE; REAL	Technologiedemonstrator
			Skycraft 4A – 4C	Kommunikation
157	25. Jul	Sojus 2.1b Fregat M	Ionosfera M 3 und 4	Ionosphärenforschung
			Nahid-2	Kommunikation
			6 x Geoscan	Technologiedemonstrator
			Alferov-239; 4 x Astroline; 16 x Innosat 3; CSTP-4.1, 4,2, 4,3, 4,4	Unbekannt
158	26. Jul	Vega C	4 x CO3D; MicroCarb	Erdbeobachtung
159	26. Jul	Falcon 9	28 x Starlink 10-26	Kommunikation
160	27. Jul	Falcon 9	24 x Starlink 17-2	Kommunikation
161	27. Jul	Langer Marsch 6A	5 x Guowang	Kommunikation
162	29. Jul	Hyperbola 1	Kunpeng-03	Erdbeobachtung
163	29. Jul	Eris	Keine Nutzlast	Testflug

Rot : Fehlschlag Orange : Teilerfolg

	DATUM	TRÄGER	NUTZLAST	MISSION
164	30. Jul	Falcon 9	28 x Starlink 10-29	Kommunikation
165	30. Jul	Langer Marsch 8A	9 x Guowang	Kommunikation
166	30. Jul	GSLV Mk. II	NISAR	Erdbeobachtung
167	31. Jul	Kuaizhou 1A Pro	PRSC-S1	Erdbeobachtung
168	31. Jul	Falcon 9	19 x Starlink	Kommunikation
			2 x Starshield	Militärische Aufklärung
169	01. Aug	Falcon 9	SpaceX Crew-11	Crew Transport zur ISS
170	04. Aug	Falcon 9	28 x Starlink 10-30	Kommunikation
171	04. Aug	Langer Marsch 12	9 x Guowang	Kommunikation
172	05. Aug	Electron	QPS-SAR 12	Erdbeobachtung
173	08. Aug	Jielong 3	9 x GeeSat	Navigation
			GeeSat Zoom Lion; GeeSat Qianli Haohan	Kommunikation
174	11. Aug	Falcon 9	24 x KuiperSat	Kommunikation
175	13. Aug	Ariane 62	Metop-SG A1/Sentinel 5A	Meteorologie
176	13. Aug	Vulcan Centaur VC4S	NTS-3	Militärischer Technologiedemonstrator
			USA 554	Militärisch Einsatzzweck unbekannt
177	13. Aug	Langer Marsch 5B YZ-2	10 x Guowang	Kommunikation
178	14. Aug	Falcon 9	24 x Starlink 17-4	Kommunikation
179	14. Aug	Falcon 9	28 x Starlink 10-20	Kommunikation
180	15. Aug	Zhuque-2E	4 x GuangChuan	Einsatzzweck unbekannt
181	17. Aug	Langer Marsch 4C	Shiyan 28B-02	Einsatzzweck unbekannt
182	17. Aug	Langer Marsch 6A	5 x Guowang	Kommunikation
183	18. Aug	Falcon 9	24 x Starlink 17-5	Kommunikation
184	19. Aug	Kinetica 1	AIRSAT-05; 3 x Duogongfeng 2; Tianyan-26	Erdbeobachtung
			Thumbsat 1 und 2	Technologie-demonstratoren
185	20. Aug	Sojus 2.1b	Bion-M Nr. 2	Biologie
186	21. Aug	Angara 1.2	OO MKA Nr. 3, 4, 5, 6	Militärisch. Zweck unbekannt.
187	22. Aug	Falcon 9	24 x Starlink 17-6	Kommunikation
188	24. Aug	Electron	5 x Callistus	Einsatzzweck unbekannt
189	24. Aug	Falcon 9	SpaceX CRS-33	ISS Logistik
			ASC; RSP-03	Unterhaltung
			GHS-01	Bildung
			STARS-Me2	Technologiedemonstrator
			Dragonfly	Amateurfunk
190	25. Aug	Langer Marsch 8A	9 x Guowang	Kommunikation
191	26. Aug	Falcon 9	NAOS; Acadia-6; Pelican 3 und 4; Firefly 4, 5, 6	Erdbeobachtung
			LEAP-1	Technologiedemonstrator
192	28. Aug	Falcon 9	28 x Starlink 10-56	Kommunikation
193	28. Aug	Falcon 9	28 x Starlink 10-11	Kommunikation
194	30. Aug	Falcon 9	24 x Starlink 17-7	Kommunikation
195	31. Aug	Falcon 9	28 x Starlink 10-14	Kommunikation
196	02. Sep	Shavit 2	Ofeq 19	Militärische Aufklärung
197	03. Sep	Falcon 9	24 x Starlink 17-8	Kommunikation
198	03. Sep	Falcon 9	28 x Starlink 10-22	Kommunikation
199	05. Sep	Langer Marsch 3C/E YZ-1	Shiyan 29	Militärische Technologie
200	05. Sep	Ceres 1	Kaiyun-1; Yuxing-3 08	Unbekannt
			Yunyao-1 27	Erdbeobachtung

	DATUM	TRÄGER	NUTZLAST	MISSION
201	05. Sep	Falcon 9	28 x Starlink 10-57	Kommunikation
202	06. Sep	Langer Marsch 6A	3 x Yaogan 40-03	Militärische Aufklärung
203	06. Sep	Falcon 9	24 x Starlink 17-9	Kommunikation
204	08. Sep	Jielong 3	11 x GeeSat	Navigation
205	09. Sep	Langer Marsch 7A	Yaogan 45	Militärischer Aufklärer
206	10. Sep	Falcon 9	21 x T1TL-B	Militärische Kommunikation
207	11. Sep	Sojus 2.1a	Progress MS-32	Logistik ISS
208	12. Sep	Falcon 9	Nusantara Lima	Kommunikation
209	13. Sep	Sojus 2.1b Fregat M	Glonass-K 18L	Navigation
			Mozhaets-6	Technologiedemonstrator
210	13. Sep	Falcon 9	24 x Starlink 17-10	Kommunikation
211	15. Sep	Falcon 9	Cygnus NG-23 Logistik zur ISS + 10 Cubsats unterschiedlicher Aufgabenstellung. Für Details siehe Chronik-Artikel vom 15. Sept. 2025 + den dortigen QR-Code.	
			10 Cubesats	
212	15. Sep	Langer Marsch 2C YZ-1S	4 x Huliangwang Jishu Shiyan-7B	Guowang Technologie-demonstratoren
213	18. Sep	Falcon 9	28 x Starlink 10-61	Kommunikation
214	19. Sep	Falcon 9	24 x Starlink 17-12	Kommunikation
215	21. Sep	Falcon 9	28 x Starlink 10-27	Kommunikation
216	22. Sep	Falcon 9	8 x Starshield	Militärische Aufklärung
217	24. Sep	Jielong 3	12 x GeeSat	Navigation
			Shikongxing 01	Technologiedemonstrator
218	24. Sep	Falcon 9	IMAP	Sonnenphysik
			Carruthers Observatory	Exosphärenforschung
			SWFO-L1	Weltraumwetter-Monitoring
219	25. Sep	Falcon 9	28 x Starlink 10-15	Kommunikation
220	25. Sep	Atlas V 551	27 x KuiperSat	Kommunikation
221	26. Sep	Falcon 9	24 x Starlink 17-11	Kommunikation
222	26. Sep	Langer Marsch 4C	Fengyun-3H	Meteorologie
223	27. Sep	Langer Marsch 6A	5 x Guowang	Kommunikation
224	29. Sep	Falcon 9	28 x Starlink 11-20	Kommunikation
225	29. Sep	Langer Marsch 2D	Shiyan 30A und 30B	Militärischer Technologie-demonstrator
226	03. Okt	Falcon 9	28 x Starlink 11-39	Kommunikation
227	07. Okt.	Falcon 9	28 x Starlink 10-59	Kommunikation
228	08. Okt	Falcon 9	28 x Starlink 11-17	Kommunikation
229	11. Okt	Gravity 1	Kuanfu-02B-07	Erdbeobachtung
			Shutianyuxing 01 + 02	Unbekannt
230	13. Okt	Langer Marsch 2D	Shiyan-31	Militärische Technologie
231	14. Okt	Falcon 9	24 x KuiperSat	Kommunikation
232	15. Okt	Electron	StriX-5	Erdbeobachtung
233	16. Okt	Falcon 9	21 x T1TL-C	Militärische Kommunikation
234	16. Okt	Langer Marsch 8A	9 x Guoweng	Kommunikation
235	17. Okt	Langer Marsch 6A	18 x Quianfan	Kommunikation
236	19. Okt	Kinetica 1	PRSC-HS1	Einsatzzweck unbekannt
			AIRSAT-03 und 04	Erdbeobachtung
237	19. Okt	Falcon 9	28 x Starlink 10-17	Kommunikation
238	19. Okt	Falcon 9	24 x Starlink 11-19	Kommunikation
239	22. Okt	Falcon 9	24 x Starlink 11-5	Kommunikation

Rot : Fehlschlag Orange : Teilerfolg

	DATUM	TRÄGER	NUTZLAST	MISSION
240	23. Okt	Falcon 9	Spainsat NG II	Kommunikation
241	23. Okt	Langer Marsch 5	Noch unbekannt	Noch unbekannt
242	23. Okt	Falcon 9	24 x Starlink 11-12	Kommunikation
243	25. Okt	Falcon 9	28 x Starlink 10-21	Kommunikation
244	25. Okt	Sojus 2.1a	Kosmos	Militärische Mission
245	26. Okt	Langer Marsch 3B/E	Fengyun 4C	Meteorologie
246	28. Okt	Falcon 9	24 x Starlink 11-21	Kommunikation
247	28. Okt	Falcon 9	28 x Starlink 10-37	Kommunikation
248	28. Okt	Langer Marsch 11H	Unbekannt	unbekannt
249	30. Okt	Falcon 9	28 x Starlink 11-23	Kommunikation
250	31. Okt	Langer Marsch 2 F/G	Shenzhou 21	Crew-Transport zu Tiangong
251	03. Nov	Atlas V 551	ViaSat-3	Kommunikation
252	04. Nov	Ariane 62	Sentinel-1D	Erdbeobachtung
253	05. Nov	LVM3	GSAT-7R	Kommunikation
254	05. Nov	Electron	QPS-SAR-14	Erdbeobachtung
255	06. Nov	Falcon 9	xx x Starlink x-xx	Kommunikation
256	06. Nov	Falcon 9	xx x Starlink x-xx	Kommunikation
257	07. Nov	Chinesischer Träger	Unbekannt	Unbekannt
258	09. Nov	New Glenn	ESCAPADE Blue und Gold	Mars Orbiter
259	10. Nov	Falcon 9	Transporter 15	Etwa 50 Smallsats
260	06. Nov	Falcon 9	xx x Starlink x-xx	Kommunikation
261	06. Nov	Falcon 9	xx x Starlink x-xx	Kommunikation
262	15. Nov	Hanbit Nano	5 Cubesats	Testflug der Hanbit Nano
263	16. Nov	Falcon 9	Sentinel 6B	Erdbeobachtung
264	17. Nov	Chinesischer Träger	Unbekannt	Unbekannt
265	15. Nov	Falcon 9	xx x Starlink x-xx	Kommunikation
266	06. Nov	Falcon 9	xx x Starlink x-xx	Kommunikation
267	07. Nov	Chinesischer Träger	Unbekannt	Unbekannt
268	07. Nov	Chinesischer Träger	Unbekannt	Unbekannt
269	07. Nov	Chinesischer Träger	Unbekannt	Unbekannt
270	06. Nov	Falcon 9	xx x Starlink x-xx	Kommunikation
271	06. Nov	Falcon 9	xx x Starlink x-xx	Kommunikation
272	26. Nov	Nuri	CAS500-3	Technologiedemonstrator
			BEE 100; ETRISat; Sejong 4; COSMIC; JACK 003 und 004	Unbekannt
273	06. Nov	Falcon 9	xx x Starlink x-xx	Kommunikation
274	06. Nov	Falcon 9	xx x Starlink x-xx	Kommunikation
275	27. Nov	Sojus 2.1a	Sojus MS-28	Besatzungstransfer zur ISS
276	28. Nov	Vulcan Centaur VC2S	GPS III-09	Navigation
277	28. Nov	Falcon 9	xx x Starlink x-xx	Kommunikation
278	29. Nov	Vega C	KOMPSAT-7	Erdbeobachtung
279	02. Dez	Falcon 9	xx x Starlink x-xx	Kommunikation
280	03. Dez	Falcon 9	xx x Starlink x-xx	Kommunikation
281	04. Dez	Electron	RAISE-4	Technologiedemonstrator
282	05. Dez	Chinesischer Träger	Unbekannt	Unbekannt
283	06. Dez	Falcon 9	KOMPSAT-7A	Erdbeobachtung
284	07. Dez	Chinesischer Träger	Unbekannt	Unbekannt
285	07. Dez	Falcon 9	xx x Starlink x-xx	Kommunikation
286	08. Dez	Falcon 9	xx x Starlink x-xx	Kommunikation
287	09. Dez	H3	QZS-5	Navigation
288	10. Dez	Chinesischer Träger	Unbekannt	Unbekannt

	DATUM	TRÄGER	NUTZLAST	MISSION
289	11. Dez	Falcon 9	xx x Starlink x-xx	Kommunikation
290	11. Dez	Falcon 9	xx x Starlink x-xx	Kommunikation
291	12. Nov	Chinesischer Träger	Unbekannt	Unbekannt
292	13. Dez	Sojus-2.1a	Progress MS-33	Nachschub ISS
293	14. Dez	Chinesischer Träger	Unbekannt	Unbekannt
294	15. Dez	Proton M Briz M	Electro-L Nr. 5	Meteorologie
295	15. Nov	Chinesischer Träger	Unbekannt	Unbekannt
296	16. Dez	Hyperbola 3	Keine Nutzlast	Testflug
297	17. Dez	Falcon 9	xx x Starlink x-xx	Kommunikation
298	18. Dez	Falcon 9	xx x Starlink x-xx	Kommunikation
299	19. Dez	Chinesischer Träger	Unbekannt	Unbekannt
300	19. Dez	Ariane 62	Galileo FOC 29 und 30	Navigation
301	20. Dez	Sojus-5	Dummy-Nutzlast	Testflug
302	20. Dez	Vulcan VC6L	45 x KuiperSat	Kommunikation
303	21. Dez	Falcon 9	xx x Starlink x-xx	Kommunikation
304	21. Dez	Falcon 9	xx x Starlink x-xx	Kommunikation
305	25. Dez	Sojus 2.1b Fregat M	16 x Rassvet	Kommunikation
306	30. Dez	Electron	LEO-PNT Pathfinder 1 und 2	Technologie
307	30. Dez	Falcon 9	Thaicom 9; Apco 1 und 2; Chunghwa-1; Philippines Sat-1	Kommunikation
308	31. Dez	Chinesischer Träger	Unbekannt	Unbekannt
309	31. Dez	Falcon 9	xx x Starlink x-xx	Kommunikation
310	31. Dez	Falcon 9	17 x Globalstar	Kommunikation

Bemerkungen

Zum Zeitpunkt des Redaktionsschlusses geplante Missionen für den Zeitraum 6. November – 31. Dezember 2025 sind blau und kursiv dargestellt. Bitte beachten Sie, dass es noch erhebliche Änderungen in diesen Plandaten erfolgen werden, je näher die Startdaten liegen.

Für bislang noch unbekannt chinesische Missionen wurden aufgrund fehlender Daten Platzhalter eingefügt, denen die durchschnittliche Startfrequenz des dritten Quartals 2025 zugrunde liegt.

Die Schätzung der Starlink-Missionen von SpaceX für den Rest des Jahres 2024 basieren auf der durchschnittlichen Flugfrequenz des laufenden Jahres, die bei etwa einer Mission alle 2 – 3 Tage liegt.

Am 18. Februar startete der Iran vermutlich eine Simorgh mit einem Satelliten namens Navak-1, der einen geostationären Orbit erreichen sollte. Dieser Start ist offenbar in einer frühen Flugphase gescheitert. Die Datenlage ist so dünn, dass dieser Start in der Tabelle nicht mit aufgenommen ist.

Am 1. März wurde von verschiedenen Quellen der Fehlstart einer Kuaizhou 1A gemeldet. Es gab aber weder durch den Hersteller und Betreiber der Rakete, noch durch einen Kunden eine entsprechende Bestätigung. Aus diesem Grund wird dieser (möglicherweise gescheiterte) Start nicht in die Tabelle mit aufgenommen.

Am 18. September scheiterte der Start einer iranischen Mikro-Trägerrakete des Typs Zuljanah. Da diese Rakete bislang aber nur für suborbitale Missionen verwendet wurde, wird sie hier nicht gelistet, vor allem aber auch weil die iranischen Offiziellen die Natur des Starts nicht bekanntgemacht haben.

GLOSSAR

Hier erläutern wir Ihnen einige der in diesem Buch verwendeten Fachbegriffe und Abkürzungen. Ein umfassendes Weltraumglossar finden Sie auf www.space-jahrbuch.de als Online-Version sowie bestellbar in gedruckter Form.

BEGRIFF	ERLÄUTERUNG
Apoapsis	Scheitelpunkt einer elliptischen Orbitalbahn um einen Himmelskörper mit dem g stand. Der mit dem kleinsten Abstand heißt Periapsis.
AVIK	Abkürzung für: Aviation Industry Corporation
Blue Origin	Raumfahrtfirma des US-Unternehmers Jeff Bezos
Booster	Seitlich an der Basis der Rakete angebrachte Starthilfsrakete. Wird zunehmend häufiger auch für die erste Stufe einer Trägerrakete verwendet.
Ceres 1 und Ceres 1S	Feststoff-Trägerraketen des chinesischen Herstellers Galactic Energy
Chang'e 6	Chinesische Mondproben-Rückführmission. Transportierte im Mai 2024 zwei Kilogramm Mondmaterial zu Erde.
CMSEO	Abkürzung für: China Manned Space Engineering Office
CNSA	China National Space Agency; Nationale Raumfahrtagentur Chinas
Crew Dragon	Bemanntes Raumfahrzeug des US-Unternehmens SpaceX
Cubesats	Standardisierte, würfelförmige Nanosatelliten
DART	Double Asteroid Redirection Test. Die Sonde DART flog zu dem Doppelasteroiden Didymos und schlug am 26. September 2022 auf dem Begleiter Dimorphos ein.
de Gerlache	Krater am Südpol des Mondes und mögliches Ziel amerikanischer und chinesischer unbemannter und bemannter Mondexpeditionen. Benannt nach dem belgischen Astronomen Adrien de Gerlache.
Deep Blue Aerospace	Chinesischer Entwickler der Nebula-Trägerraketenserie und eines suborbitalen Vehikels für Touristenflüge
DLR	Deutsches Zentrum für Luft- und Raumfahrt; Nationale deutsche Luft- und Raumfahrtbehörde
Europa Clipper	US-Raumsonde zum Jupiter mit Schwerpunkt Beobachtung des Mondes Europa
FAA	Federal Aviation Administration; Nationale Luftfahrtbehörde der Vereinigten Staaten
Fairing	Nutzlastverkleidung einer Rakete
Falcon 9	Trägerrakete von SpaceX
Falcon Heavy	Leistungsstarke Trägerrakete von SpaceX
Feitian	Chinesischer Raumanzug für Außenbordaktivitäten
Galileische Monde	Die vier großen Monde des Jupiter: Io, Europa, Ganymed, Callisto, die von Galileo Galilei entdeckt wurden und ihm zu Ehren so heißen
GEO	Geostationärer Orbit
Geosynchroner Orbit	Inklinierte und/oder elliptische Umlaufbahn eines Satelliten, auf welcher er die Erde in genau 24 Stunden einmal umrundet.
Gravity-Assist	Eine Methode der Raumfahrt, bei der eine Raumsonde dicht an einem sehr viel größeren Körper (etwa einem Planeten oder einem großen Mond) vorbeifliegt, wodurch die Flugrichtung und die Geschwindigkeit der Sonde verändert wird; Auch Swing-by genannt
GTO	Geosynchronous Transfer Orbit; Stark elliptische Übergangsbahn zum Erreichen des geosynchronen Orbits (GEO)
HLS	Human Landing System; Der Mondlander des Orion-Programms
Hopper	Raketenbetriebenes Kurzstrecken-Fluggerät für Einsätze auf atmosphärelosen Himmelskörpern
Hot-Staging	Stufentrennung bei laufenden Triebwerken der ersten und zweiten Stufe. Stammt aus der russischen Raketenpraxis.
HWA	Heereswaffenamt
IAC	International Astronautical Congress – die weltweit führende jährliche Konferenz für Raumfahrt, bei der Fachleute aus Wissenschaft, Industrie und Politik neueste Entwicklungen und Zukunftsvisionen der Raumfahrt austauschen.
IAF	International Astronautical Federation – weltweit führende Raumfahrtverband zur Förderung internationaler Zusammenarbeit und des Wissensaustauschs in der Raumfahrt.
IAMCAS	Innovation Academy for Microsatellites der chinesischen Akademie der Wissenschaften
IFT	Integrated Flight Test; Flugtest des Starship-Gesamtsystems
ILA	Internationale Luft- und Raumfahrtmesse in Berlin, jährlich
L2	Lagrange-Punkt 2
Lagrange-Punkt	Ein Punkt im Weltraum, an dem sich die Gravitationskräfte zweier großer Himmelskörper, wie Erde und Sonne, so ausgleichen, dass ein Objekt in diesem Punkt relativ stabil "schweben" kann

Langer Marsch 5	Derzeit (2025) stärkste chinesische Trägerrakete
LC	Launch Complex; Startanlage
Lunar Gateway	Geplante Raumstation von NASA, ESA, JAXA und CSA; Sie soll den Mond in einer weiten Umlaufbahn umkreisen und nicht durchgängig bemannt sein
MARS	Mid-Atlantic Regional Spaceport (USA)
MIRI	Abkürzung für Mid Infrared Instrument; Das astronomische Instrument für Beobachtung im mittleren Infrarotbereich an Bord des James Webb-Space-Teleskops
MVac	Merlin Vacuum Engine; Version des SpaceX Merlin-Triebwerks für die zweite Stufe der Falcon 9
Neutron	In Entwicklung befindliche mittelschwere Trägerrakete von Rocket Lab
New Glenn	Trägerrakete der Firma Blue Origin
NIRCam	Abkürzung für die Nahinfrarot-Kamera des James Webb-Space-Teleskops
OneWeb	Geplante Internet-Konstellation des gleichnamigen Unternehmens
Orbit insertion burns	Triebwerksbrennmanöver, das für den finalen Impuls zum Erreichen eines Orbits sorgt
Payload	Nutzlast
Periselenum	Mondnächster Punkt einer elliptischen Mondumlaufbahn (mondfernster Punkt: Aposelenum)
PEZ-Dispenser	Absetzvorrichtung für Starlink-Satelliten vom Starship aus
Qianfan	Bezeichnung der chinesischen "1000 Segel" Breitband-Internetkonstellation. Sie soll am Ende etwa 15.000 Satelliten umfassen.
Qingzhou	Zukünftiges unbemanntes Frachtraumschiff für Transporte zur nationalen chinesischen Raumstation
Quequiao	Bezeichnung chinesischer Datenrelay-Sonden in einer weiten Mondumlaufbahn
Raptor	Triebwerk des Starship von SpaceX; 33 in der ersten Stufe, 6 in der zweiten Stufe
ROI	Return on Investment; Wirtschaftlichkeitsbegriff
Rocket Lab	Neuseeländisch/amerikanischer Entwickler und Hersteller der Kleinträgerrakete Electron
Rosetta	Für den Zweck der SPACE-Raumfahrtbücher: Eine europäische Raumsonde zum Kometen Tschurjumow-Gerassimenko
RUD	Rapid Unscheduled Disassemby (Schnelle ungeplante Zerlegung); Euphemismus für eine Explosion
Shackleton-Krater	Krater am Südpol des Mondes und Ziel amerikanischer und chinesischer unbemannter und bemannter Mondexpeditionen
Shenzhou	Bemanntes chinesisches Raumschiff der ersten Generation. Wird derzeit für Crew-Transfers zur Tiangong-Raumstation verwendet.
SLS	„Space Launch System"; Großträgerrakete der NASA, die das Orion-Raumschiff zum Gateway senden soll
SpaceX	US-Raumfahrtunternehmen (Elon Musk)
Starbase	Versuchsflugbasis von SpaceX in Boca Chica, Südwest-Texas, an der Grenze zu Mexiko
Starliner	Boeing-Raumfahrzeug für bemannte Missionen
Starliner	Bemanntes US-Raumfahrtsystem für Erdorbit-Einsätze, entwickelt von Boeing
Starlink	Satelliteninternet-Netzwerk von SpaceX
Starlink	Konstellation niedrig fliegender Kommunikationssatelliten von SpaceX, für einen weltumspannenden Breitband-Internetzugang
Starship	Wiederverwendbares Raumfahrtsystem von SpaceX
Starship	Neuartiges, zweistufiges, voll wiederverwendbares Raumschiff von SpaceX
Avionics	Steuer- und Elektroniksysteme von Raketen
Super Heavy	Boosterstufe des SpaceX Starship
Supersynchrone geostationäre Transferbahn	Geostationärer Orbit mit einem Apogäum von mehr als 35.800 Kilometern. Wird häufig gewählt, wenn bei leichteren Nutzlasten ein Leistungsüberschuss seitens der Trägerrakete vorliegt. Den dadurch niedrigeren Treibstoffverbrauch zum Erreichen des geostationären Orbits kann der Satellit in eine längere Einsatzdauer investieren.
SUSIE	Abkürzung für Smart Upper Stage for Innovative Exploration; Geplantes europäisches Mehrzweckraumfahrzeug, auch für bemannte Einsätze
Tianhe	Zentralmodul der nationalen chinesischen Raumstation
Tianwen-2	Chinesische Raumsonde zum erdnahen Asteroiden 469219 Kamoʻoalewa und zum kometenähnlichen Objekt 311P/PanSTARRS
Tianwen-3	Chinesische Probenrückführ-Mission zum Mars
TLI	Trans Lunar Injection; Einschuss in eine Flugbahn zum Mond
Virgin Orbit	US-Raumfahrtunternehmen
VTOL	Abkürzung für: Vertical Takeoff and Landing
VTVL	Abkürzung für Vertial Takeoff Vertical Landing
Yang Liwei	Erster Chinese im Orbit; Mit Shenzhou 5 am 15. Oktober 2003

RAUMFAHRT-GESCHICHTE IN JAHRESTAGEN

Hier finden Sie einige Raumfahrtereignisse, die 2026 ein „Jubiläum" begehen werden. In Gestalt unseres ***SPACE-Kalenders*** *auch als kultiger Monatsplaner erhältlich.*

DATUM	RAUMFAHRTEREIGNIS	JAHRE
	William Herschel entdeckt über 800 neue Nebel und Sternhaufen (NGC-Katalog beginnt)	240 Jahre
	Entdeckung des Planeten Uranus durch Wilhelm Herschel	245 Jahre
	Beobachtung des Kometen Halley bei seiner Rückkehr – begleitet u.a. von Sonde Giotto	40 Jahre
	Erste europäische Sichtung der Südhalbkugel-Sternbilder (durch Pedro Fernandes de Queirós)	420 Jahre
10.01.1946	Erste Nutzung von Radar zur Beobachtung des Mondes (Projekt Diana, USA)	80 Jahre
15.01.2006	Stardust bringt erste Materialproben von einem Kometen (81P/Wild) zurück zur Erde.	20 Jahre
15.01.1976	Start von Helios 2 – Erzielte die größte Sonnennähe, bis der Rekord im Jahre 2018 von der Parker Solar Probe gebrochen wurde.	50 Jahre
19.01.2006	Start der Raumsonde New Horizons zum Pluto	20 Jahre
24.01.1986	Voyager 2 – Erster und bislang einziger Vorbeiflug am Uranus (Annäherung bis auf 81.500 km)	40 Jahre
28.01.1986	73 Sekunden nach dem Start der Mission STS-51-L, explodierte die Raumfähre Challenger in etwa 15 Kilometer Höhe, alle sieben Astronauten starben.	40 Jahre
31.01.1971	Apollo 14 mit den Astronauten Alan Shepard, Stuart Roosa und Edgar Mitchell wiederholen die Mission von Apollo 13. Diesmal mit Erfolg. Die Landung von Shepard und Mitchell im Fra Mauro Hochland gelingt.	55 Jahre
31.01.1961	Beim suborbitalen Flug von Mercury Redstone 3 erreicht der Schimpanse HAM eine Höhe von 257 Kilometern; Erster Menschenaffe im Weltraum	65 Jahre
02.02.1971	Mars 3 landet auf dem Mars, sendet aber nur wenige Signalfragmente	55 Jahre
03.02.1966	Luna 9 – Erste sanfte Landung auf einer anderen Welt (dem Mond), erste Fotos von einer anderen Welt	60 Jahre
12.02.2001	Die Raumsonde NEAR Shoemaker landet auf dem Asteroiden 433 Eros	25 Jahre
12.02.1961	Start von Venera 1 , der ersten interplanetaren Raumsonde	65 Jahre
17.02.1996	Start der Raumsonde NEAR zum Asteroiden 433 Eros	30 Jahre
18.02.2021	Der US-Marsrover Perseverance landet auf dem Marsin einem ehemaligen Flussdelta des Jezero-Kraters.	5 Jahre
19.02.1986	Erstes Modul der Raumstation Mir gestartet	40 Jahre
28.02.1966	Die Primärcrew von Gemini 9, Kommandant Elliott See und Pilot Charles Bassett kommen beim Absturz ihrer T-38 beim Anflug auf das Werksgelände von McDonnell in St. Louis ums Leben.	60 Jahre
01.03.1966	Venera 3 – Erster Aufschlag auf einem fremden Planeten	60 Jahre
04.03.1986	Die sowjetischen Raumsonden Vega 1 & Vega 2 passieren den Halleyschen Kometen in einem Abstand von knapp 9.000 Kilometern.	40 Jahre
11.03.2001	Längstes Außenbordmanöver in der Geschichte der Raumfahrt. Durchgeführt von Susan Helms und James Voss als Mitglieder der Expedition 2. Dauer des EVA – 8 Stunden 56 Min.	25 Jahre
13.03.1986	Die europäische Raumsonde Giotto fotografiert den Halleyschen Kometen aus einer Distanz von weniger als 600 Kilometern.	40 Jahre
14.03.2016	Start des Trace Gas Orbiters (Mars 2016) der ESA.	10 Jahre
16.03.1926	Robert H. Goddard startet die erste Rakete mit Flüssigtreibstoff.	100 Jahre
16.03.1966	Gemini 8 Agena Target Vehicle startet zum 1. orbitalen Rendezvousmanöver.	60 Jahre
18.03.2011	MESSENGER tritt in einen Merkur-Orbit ein.	15 Jahre
23.03.2001	Raumstation Mir tritt in die Erdatmosphäre ein	25 Jahre
28.03.2026	Tag der Raumfahrt	0 Jahre
08.04.2016	Erstmals gelingt SpaceX die Landung einer Erststufe auf einem unbemannten Bergungsschiff.	10 Jahre
12.04.1981	Start zur Space Shuttle-Mission STS-1 mit den Astronauten John Young und Robert Crippen	45 Jahre
12.04.1961	Wostok 1 – Juri Gagarin fliegt an Bord von Wostok 1 als erster Mensch ins All; Erster bemannter Orbitalflug in der Geschichte der Menschheit	65 Jahre
16.04.1946	Erster Start einer A4 (vormals V2) von White Sands in New Mexico aus	80 Jahre
19.04.1971	Salyut 1 – Erste Raumstation	55 Jahre
21.04.2021	Erster Flug des Marshelikopters Ingenuity auf dem Roten Planeten; Somit erster Einsatz eines aerodynamischen Fluggerätes auf einem anderen Planeten als der Erde	5 Jahre
23.04.1996	Start des Priroda-Moduls zur russischen Raumstation Mir.	30 Jahre
28.04.2001	Mit dem US-Unternehmer Dennis Tito fliegt der erste "Weltraumtourist" zur ISS.	25 Jahre
28.04.2021	Tod von Michael Collins, einem der drei Apollo 11-Astronauten. Er wurde 90 Jahre alt.	5 Jahre

29.04.2021	Mit einer Rakete des Typs Langer Marsch 5 wird das erste Modul der neuen chinesischen Raumstation gestartet. Es trägt die Bezeichnung Tianhe.	5 Jahre
05.05.2021	Starship-Prototyp SN 15 führt erstmals einen vom Start bis zur weichen Landung vollständig erfolgreichen atmosphärischen Testflug (bis in 11.000 Meter Höhe) durch.	5 Jahre
05.05.1961	Freedom 7 – Erster pilotengesteuerter Raumflug von Alan Shepard	65 Jahre
10.05.2026	Die Internationale Luft- und Raumfahrtmesse ILA 2026 startet in Berlin	0 Jahre
15.05.2021	China bringt mit Zhurong einen Rover auf die Oberfläche des Mars und wird damit nach den USA zum zweiten Land, dem dies gelingt	5 Jahre
18.05.1991	Helen Sherman fliegt für eine Woche zur Raumstation Mir und wird damit zur ersten Europäerin im Weltraum.	35 Jahre
19.05.1961	Venera 1 vollführt ersten planetarischer Vorbeiflug (Annäherung bis auf 100.000 km)	65 Jahre
30.05.1971	Start von Mariner 9. Erste Raumsonde, die in den Orbit um einen anderen Planeten eintrat	55 Jahre
30.05.1966	Start von Surveyor 1. Landete am 2. Juni auf dem Mond und übermittelte mehr als 10.000 Bilder. Blieb sieben Monate im Einsatz.	60 Jahre
03.06.1966	Start von Gemini 9 mit den Astronauten Tom Stafford und Eugene Cernan.	60 Jahre
05.06.2001	Entdeckung des Kuipergürtel-Objekts 2001 KX76, später als Quaoar bekannt	25 Jahre
15.06.2021	Der russische Kosmonaut Wladimir Alexandrowitsch Schatalow stirbt im Alter von 93 Jahren. Kommandierte zwischen 1969 und 1971 drei Sojus-Missionen	5 Jahre
27.06.2026	Zum Geburtstag Hermann Oberths findet in Feucht bei Nürnberg der „Tag der Raumfahrtgeschichte“ mit interessanten Vorträgen statt.	0 Jahre
27.06.1971	Auch der dritte Testflug der N1 scheitert schon während des Betriebs der ersten Stufe.	55 Jahre
29.06.1971	Georgi Dobrowolski, Wiktor Pazajew und Wladislaw Wolkow kommen nach 23 Tagen Aufenthalt in der Raumstation Saljut 1 bei der Landung ums Leben.	55 Jahre
30.06.2001	Start der US-Raumsonde WMAP zum Lagrangepunkt 2	25 Jahre
08.07.2011	Start Mission STS-135, dem letzten Flug des Shuttle-Programms. Für diesen Flug wurde die Raumfähre Atlantis eingesetzt.	15 Jahre
16.07.2011	Raumsonde Dawn tritt in einen Orbit um den Asteroiden Vesta ein.	15 Jahre
18.07.1966	Start von Gemini 10 mit John Young (Kommandant) und Michael Collins (Pilot)	60 Jahre
20.07.1976	Viking 1 landet erfolgreich auf dem Mars – erste US-Marslandung	50 Jahre
26.07.1971	Apollo 15 startet mit den Astronauten David Scott, Alfred Worden und James Irwin zum Mond; Scott und Irwin landen nahe der Hadley-Rille; Erster Einsatz eines Mondautos	55 Jahre
31.07.2006	Juno – Jupiter-Raumsonde Start	20 Jahre
03.08.2006	Thomas Reiter ist der erste ESA-Astronaut der ein Außenbordmanöver (EVA) unternimmt; von der ISS aus zusammen mit Jeffrey Williams	20 Jahre
09.08.1976	Start von Viking 2 zum Mars.	50 Jahre
09.08.1976	Start von Luna 24. Landete am 18. August 1976 auf dem Mond und brachte 170 Gramm Bodenproben zur Erde zurück.	50 Jahre
08.09.2016	Start der US-Raumsonde OsirisRex zum Asteroiden 101955 Bennu	10 Jahre
08.09.2001	Genesis – Rückkehr Proben	25 Jahre
12.09.1966	Start von Gemini 11 mit Charles Conrad (Kommandant) und Richard Gordon (Pilot)	60 Jahre
28.09.1971	Start der unbemannten Raumsonde Luna 18 in eine Mondumlaufbahn.	55 Jahre
02.10.1991	Franz Viehböck fliegt zur Mir und wird damit der erste Österreicher im All.	35 Jahre
05.10.2026	International Astronautical Congress 2026	0 Jahre
16.10.2021	Start der US-Asteroidensonde Lucy. Besucht mindestens acht Asteroiden.	5 Jahre
21.10.1991	Erster Vorbeiflug an einem Asteroiden (951 Gaspra) durch Raumsonde Galileo	35 Jahre
22.10.1966	Start von Luna 12. Trat am 25.10.1966 in die Mondumlaufbahn ein.	60 Jahre
24.10.1946	V-2 – Erste Fotos der Erde aus dem All, aus einer Höhe von 105 km	80 Jahre
28.10.1961	Schimpanse Enos umkreist die Erde mit Mercury-Atlas 5 2x und bereitet damit Flug von John Glenn vor.	65 Jahre
01.11.1826	Heinrich Schwabe beginnt Sonnenfleckenbeobachtung, was später zum 11-Jahres-Zyklus führt	200 Jahre
08.11.2011	Start zur russischen Mission "Fobos-Grunt". Die Sonde kann den Erdorbit nicht verlassen und stürzt wenige Tage nach dem Start ab.	15 Jahre
12.11.1981	Start zur Shuttle-Mission STS-2 mit den Astronauten Joe Engle und Richard Truly. Erstmals wird ein bemanntes Raumfahrzeug erneut verwendet.	45 Jahre
12.11.1966	Start von Gemini 12 mit James Lovell (Kommandant) und Buzz Aldrin (Pilot)	60 Jahre
15.11.1996	47 Ursae Majoris wird Erstes Planetensystem, in dem mehr als ein Planet entdeckt wurden.	30 Jahre
24.11.2021	Start der US-Raumsonde DART zum Doppelasteroiden Dydimos/Dimorphos	5 Jahre
26.11.2011	Start des Rovers Curiosity zum Mars	15 Jahre
27.11.1971	Absturz von Mars 2 als erstes menschliches Objekt auf dem Mars. Mit dabei: Rover PrOP-M	55 Jahre
23.12.1656	Giovanni Cassini entdeckt Saturnmond Rhea	370 Jahre
25.12.2021	Start des James Webb Space Telescope (JWST) mit einer europäischen Ariane 5-Rakete	5 Jahre